HYNEK BURDA | GERO HILKEN | JAN ZRZAVÝ

Systematische Zoologie

160 Abbildung

UTB basics

Verlag Eugen Ulmer Stuttgart

Inhaltsverzeichnis

Metazoa ⇒ Cubozoa, Scyphozoa, Hydrozoa
Orthonectida
Myxozoa

Vorwort

Bislang sind über **1,5 Millionen Tierarten** beschrieben worden, die **circa 36 unterschiedlichen Bauplänen** („Stämmen“) zugeordnet werden. Ein im Umfang stark beschränktes Lehrbuch über die zoologische Systematik muss sich daher auf die wesentlichen Tiergruppen beschränken. Die Entscheidung darüber, welche dies sein sollen, ist nicht leicht. Ein Kriterium könnte die Ebene der „Klassen“ sein. Da es jedoch keine real existierenden „Klassen“, „Ordnungen“, „Familien“ usw. gibt, führt diese Herangehensweise unweigerlich zu Problemen. Was es gibt, sind Individuen, Populationen und Arten, die entsprechend ihren verwandtschaftlichen Beziehungen verschiedenen Gruppen zugeordnet werden. Die Mitglieder solcher Gruppen gehen jeweils auf einen gemeinsamen Vorfahren zurück. Wir bezeichnen solche Gruppen von Organismen, die eine systematische Einheit bilden, als Taxa (Singular Taxon), geben ihnen Namen (z.B. Säugetiere) und ordnen sie in eine hierarchische Kategorie (z.B. „Klasse“) ein.

Die **Klassifikationsebene** eines Taxons ist jedoch nicht objektiver als sein Name. Streitigkeiten darüber, ob die Chordaten ein Stamm mit drei Unterstämmen (Manteltiere, Lanzettfischchen, Wirbeltiere) oder drei selbständige Stämme sind, sind subjektiv. Wichtiger ist zu wissen, dass die Chordaten eine gemeinsame Stammart hatten (= monophyletisch sind) und ihre Subtaxa ebenfalls auf einen Vorfahren zurückgehen. Deswegen werden im weiteren Text die Kategorien „Stämme“ und „Klassen“ nur in Anführungszeichen aufgeführt. Trotzdem erscheint in der Struktur unseres Buches die formale Klassifikation, sofern die Kategorien nach dem heutigen Stand der Kenntnis natürliche Einheiten sind. Wir haben uns bemüht, nicht natürliche (= polyphyletische oder paraphyletische) Gruppen unberücksichtigt zu lassen. Wo sie aber aus wissenschaftshistorischen oder anderen Gründen erwähnt sein müssen, werden sie in Anführungszeichen (z.B. „Reptilia“) aufgeführt.

Für das Verständnis der Evolution und Phylogenese sind die **Kenntnisse der Formenvielfalt** notwendig. Allerdings kann und soll dieses Buch Bestimmungsbücher und Enzyklopädien der Tierwelt nicht ersetzen. Um die Orientierung in der Systematik zu erleichtern, werden die wesentlichen Angaben zu den einzelnen Taxa wie Habitus (d.h. die sichtbare morphologische Erscheinungsform), Vorkommen, Biologie und Ökologie, sowie ihre Bedeutung für den Menschen in Stichworten zusammengefasst. Die Hierachieebene („Stämme“ und „Unterstämme“, „Klassen“ und „Unterklassen“ oder „Ordnungen“) ist (für die Traditionalisten) durch Balken von drei unterschiedlichen Farbintensitäten gekennzeichnet. In diesen Übersichten wird weiterhin die Klassifikation des jeweiligen Taxons kurz skizziert und einige exemplarische Vertreter (Familien, Gattungen oder Arten) aufgeführt. Einige Ergänzungen und Erklärungen werden in den Boxen gegeben. Wir haben uns bemüht, hierbei die evolutionären Neuheiten (sogenannte Apomorphien) hervorzuheben, doch nicht immer ist die Interpretation eines Merkmals als Apomorphie eindeutig möglich.

Generationen von Zoologen waren mit einem System der Tiere vertraut, das seit 250 Jahren sukzessive aufgebaut, ergänzt und verfeinert wurde, aber in den Grundzügen weitgehend unverändert blieb. Vor fast sechzig Jahren begann Willi Hennig viele etablierte Konzepte in Frage zu stellen. Sein **kladistischer Ansatz** hatte sich noch nicht ganz durchgesetzt, als die Anwendung neuer molekularbiologischer Methoden für eine weitere Revolution in der Systematik sorgte. In den letzten zwanzig Jahren wurde am ganzen Stammbaum, und nicht nur an den Endverzweigungen, heftig geschüttelt. Die Taxonomie erhielt **neue Impulse** und einen neuen Reiz, vor allem **dank der Molekularbiologen**, die aber häufig nur wenig mit der Morphologie der von ihnen untersuchten Tiere vertraut waren. Vor allem die älteren Gelehrten versuchen die traditionellen Systeme zu bewahren. Hierzu kommt auch allzu oft die unkritische Bewertung der heute verfügbaren molekularen Daten und unser (immer noch eingeschränktes) Verständnis der Evolution auf molekularer Ebene. Auch auf die daraus resultierenden Konfikte werden wir in unserem Buch eingehen.

Seit Generationen war es nur eine Frage des Fleißes, ein Lehrbuch der systematischen Zoologie zu schreiben. Die Gliederung der Lehrbücher und Reihenfolge der Kapitel blieben aber über Lehrbuch-Generationen nahezu unverändert. **Heute ist das Schreiben eines Lehrbuchs der zoologischen Systematik eine viel schwierigere, vielleicht sogar eine undankbare Angelegenheit.** Bei dem längeren Schreibprozess, der bei einer alltäglichen Auslastung unabdingbar ist, passierte es immer wieder, dass einige Passagen und Abbildungen neu bearbeitet werden mussten, weil neue Informationen publiziert wurden. Unser Ziel war es, ein modernes Lehrbuch zu schreiben, das den neuesten Stand der Kenntnisse möglichst objektiv wiedergibt. Es ist jedoch nicht einfach, beide Kriterien einzuhalten, denn oft kann erst die Zeit zeigen, ob eine neue Publikation die endgültige Lösung eines Problems oder nur eine weitere ephemere Meinung darstellt.

In einer sich rasant entwickelnden Wissenschaft wie der Systematik, in der viele Hypothesen und Konzepte in Diskussion sind, ist ein Lehrbuch eine Momentaufnahme und die Kritik ist vorprogrammiert. Wir selbst sind uns hinsichtlich mancher Hypothesen nicht immer einig gewesen und die hier wiedergegeben Darstellungen spiegeln nicht unbedingt die Meinung jedes Autor wieder. Studenten sollten sich von der **Vielfalt der Hypothesen** jedoch nicht verwirren lassen, sondern im Gegenteil motiviert erkennen, dass es auf dem Gebiet der Systematik noch viel zu entdecken und zu klären gibt, und dass diese Disziplin extrem spannend und ganz und gar nicht verstaubt ist. Sie sollten lernen, dass die **Systematik eine dynamische Wissenschaft ist und kein Dogma darstellt**. Das Lehrbuch soll den Studierenden auch als Repetitorium für die Prüfungen dienen. Wir übernehmen jedoch keine Garantie für die Richtigkeit der hier niedergeschriebenen Tatsachen. Die Studierenden sollen wissen, dass im Zweifelsfall die „Wahrheit" bei ihren jeweiligen Dozenten liegt.

Das hier vorgelegte Lehrbuch der Systematischen Zoologie stellt den dem Ulmer Verlag, den Kollegen und Studierenden seit längerem versprochenen **zweiten Teil einer Lehrbuchreihe zur Zoologie** dar und ergänzt somit die *Allgemeine Zoologie* (Burda, Ulmer Verlag, 2005), auf die im Text dieses Buches regelmäßig Bezug genommen wird. Wir hoffen, dass die beiden Bücher sich sinnvoll ergänzen und damit auch diejenigen zufrieden stellen, die beim ersten Buch das Wort „Allgemeine" im Titel übersehen haben.

Danksagung, Widmung: Wir haben für die Illustrationen wieder Jan Burda gewinnen können und von seiner Erfahrung, Know-How, Geduld und Bereitschaft, auf die Vorstellungen der Autoren einzugehen, profitiert. Große Geduld mit und Verständnis für uns haben unsere Lebensgefährtinnen, Jana (H. B.), Claudia (G. H.), Magda (J. Z.) und Anna (J. B.) mitbringen müssen. Ihnen sind wir tief verbunden und widmen ihnen dieses Buch. Wir danken auch unseren Kollegen, die das Manuskript gelesen und die Abbildungen kontrolliert und kommentiert haben, namentlich Sabine Begall, Charlotte Decker, Jessica Driever, Oldrich Nedved, Julia Neef, Anika Schinköth, Marcus Schmitt. Ein besonderes Dankeschön geht an den Verlag Ulmer, und hier insbesondere an Frau Nadja Kneissler und Frau Alessandra Kreibaum, dass sie uns das Schreiben dieses Buchs anvertraut und geduldig auf die Lieferung des Manuskripts gewartet haben. Das Buch hat von der Sorgfalt und Erfahrung, die sie und Herr Jürgen Sprenzel der redaktionellen Bearbeitung und dem Herausgeben dieses Buches gewidmet haben, sehr profitiert.

Einleitung

1

Inhalt

Die **systematische Zoologie klassifiziert** die Organismen in ein hierarchisches System von Kategorien (sogenannte **Taxa**), das den derzeitigen Wissenstand der **Phylogenese** (= Stammesentwicklung) widerspiegelt. Die Phylogenese schließt zwei unterschiedliche Prozesse ein: die **Kladogenese** (= Aufspaltung von evolutionären Linien) und die **Anagenese** (= Entstehung von evolutionären Neuheiten, d.h. abgeleiteten Merkmalen, sogenannten **Apomorphien**) innerhalb einzelner Stammlinien. Die **Phylogenetik** (= phylogenetische Forschung) beruht auf der Identifizierung von **Homologien** (= Gleichartigkeiten), d.h. morphologischen, physiologischen und anderen Merkmalen, die denselben evolutionären Ursprung haben und auf dieselbe genetischen Informationen zurückzuführen sind. Immer häufiger werden molekulare und morphologische Daten in phylogenetischen Analysen kombiniert. Jeder Evolutionsprozess verläuft in einer bestimmten Zeit. Möglichkeiten zur **Datierung** dieser Prozesse bietet die **Paläontologie** und seit Kurzem auch die **Molekularbiologie**.

Systematik und Phylogenese

1.1

Die Systematische Zoologie, oder **Spezielle Zoologie**, ist ein Wissenschaftszweig, der der Allgemeinen Zoologie gegenübergestellt wird. Sie beschäftigt sich mit der Vielfalt der Tiere, diagnostiziert Arten, vergleicht die verschiedenen Taxa untereinander und ordnet sie entsprechend ihrem Verwandtschaftsgrad in ein hierarchisch organisiertes System ein.

Die **Klassifikation** von Organismen in ein System hierarchisch angeordneter Einheiten, sogenannte **Taxa** (Sg. das Taxon), erfolgt mit Hilfe diverser Methoden, deren Prinzipien durch die **Systematik** (= **Taxonomie**) untersucht und geregelt werden (Box 1-4). Sie beschreibt die spezifischen Merkmale, mit deren Hilfe sich ein Taxon diagnostizieren lässt. Unter **Diagnose** verstehen wir nicht nur das Erkennen, sondern auch das Benennen eines Taxons. Die Benennung erfolgt nach einheitlichen und verbindlichen **Nomenklatur-Regeln** (Box 4). Die systematische Zoologie ist bestrebt Organismen so einzuordnen, dass ihre Klassifikation die **Phylogenese** (= Stammesentwicklung, Genealogie) widerspiegelt. Hierzu werden diverse systematische Methoden angewandt (Box 3). In diesem Buch halten wir uns an die in der modernen Systematik gängigen Methoden der **Kladistik** (Box 3). Wie jede wissenschaftliche Disziplin hat auch die Systematik eine spezifische Terminologie (Box 2-7).

Box 1

Artbegriff

Organismen bilden natürliche, oft scharf abgegrenzte Gruppen - Arten (Spezies). Üblicherweise verstehen wir unter einer Art die kleinste evolutionär isolierte phylogenetische Linie, denn die Art stellt die taxonomische Grundeinheit dar (siehe Box 2). Es gibt zahlreiche prinzipiell unterschiedliche theoretische Auffassungen und Definitionen des Artbegriffs. Die **typologische Art-Definition** beruht darauf, dass die zu einer Art gehörenden Individuen untereinander phänotypisch ähnlicher sind als Individuen verschiedener Arten. Am häufigsten werden für die Artdiagnose morphologische Merkmale herangezogen, weshalb man in diesem Zusammenhang auch von einer **„morphologischen Art (Morphospezies)“** spricht. Arten, die in ihrem gesamten Verbreitungsareal nur durch eine Form vertreten sind, werden als **monotypisch** bezeichnet. **Polytypisch** ist eine Art dann, wenn sie in mehreren phänotypischen Formen (Unterarten) vorkommt. Ein Problem für die Diagnose der morphologischen Art stellt die Existenz von **Geschwisterarten** (sibling species) dar: diese Arten können mit morphologischen Methoden kaum unterschieden werden, dafür unterscheiden sie sich in ethologischen oder ökologischen Eigenschaften oder anhand der geographischen Verbreitung. Der Phänotyp von Individuen einer Art kann sich auch in Abhängigkeit von Geschlecht (**Geschlechtsdimorphismus**), Alter (**Alterspolymorphismus**) oder Sozialstatus (**ethologischer Polymorphismus**) unterscheiden bzw. eine **klinale Variabilität,** d.h. einen allmählichen Gradienten, abhängig vom Ort des Vorkommens (z.B. Breitengrad oder Höhe über dem Meeresspiegel) aufweisen. Die Auswahl eines diagnostischen Merkmals unterliegt meistens pragmatischen Aspekten.

Die **Definition der „biologischen Art“**, vielleicht die älteste Konzeption einer Art als natürliches Taxon, stammt von G.-L. L. Buffon (1855). Populär wurde dieses Konzept aber erst durch den berühmten Evolutionsbiologen Ernst Mayr (1963). Nach seiner inzwischen klassischen Lehrbuchdefinition wird die Art als **eine Gruppe von Populationen** definiert, **deren Mitglieder sich untereinander sexuell fortpflanzen können und fruchtbare Nachkommen haben, wobei diese Gruppe von anderen Gruppen reproduktiv isoliert ist.** Diese Art-Definition ignoriert also alle sich asexuell und parthenogenetisch fortpflanzenden Organismen. Darüber hinaus kann sie auf viele Organismen nicht angewandt werden. Viele beschriebene Arten kennen wir nur anhand konservierter Museumsexemplare, bei denen die Kreuzbarkeit nicht zu überprüfen ist. Auch wenn wir manche Arten wie z.B. Zebras oder Menschenaffen, die häufig in Zoos gehalten werden, gut kennen, ist die Frage, ob sie sich untereinander fruchtbar kreuzen lassen, nicht einfach zu beantworten. Individuen einer geographisch isolierten (= allopatrischen) Population, die sich nie begegnen, können sich natürlich auch nicht kreuzen. Ein Labortest ist hier nicht von Nutzen, denn im Labor können sich auch solche Arten manchmal miteinander fortpflanzen, die in der Natur klar abgegrenzte Evolutionslinien darstellen. Gerade die allopatrischen Arten, die sich in der Natur nie begegnen können, haben oft keine speziellen reproduktiven Isolationsmechanismen ausgebildet. Ob wir den Alpenschneehasen für eine selbständige Art oder für eine Unterart des nördlichen Schneehasen halten, kann nur durch den Hinweis auf die von uns vertretene taxonomische Konzeption entschieden werden.

In letzter Zeit wird daher, vor allem aus praktischen Gründen, eine andere Art-Definition angewendet, die sogenannte **„phylogenetische Art"**. Diese wird als **Gruppe von Individuen aufgefasst, die mindestens ein bestimmtes einzigartiges Merkmal teilen, das in keiner anderen Gruppe vorkommt und nicht an ein bestimmtes Geschlecht oder eine bestimmte Alterskohorte gebunden ist**. Diese pragmatische Auffassung (die Art ist hinsichtlich eines Merkmals uniform und gleichzeitig auch unikat) entspricht am besten der allgemeinen Auffassung, nämlich eine Art als eine unabhängige evolutionäre Linie zu begreifen. Da der Genfluss **nur** innerhalb der phylogenetischen Arten und **nicht** zwischen verschiedenen Arten stattfindet, entwickeln sich unikate, aber im Rahmen einer Art uniform verbreitete Merkmale. Dadurch kommen wir auf einem Umweg wieder zur „biologischen Art". Die Artzugehörigkeit bestimmen wir jedoch durch die Analyse der Individuen, also aufgrund von Organismen, die wir tatsächlich sehen, und nicht durch Spekulationen über die Populationsgenetik der teilnehmenden Organismen, über die wir gewöhnlich kaum etwas wissen. Wir sollten hinzufügen, dass zur Diagnose nicht nur die morphologischen Merkmale, sondern auch molekulare, ökologische oder ethologische Merkmale verwendet werden können; wichtig ist nur ihre unikat-uniforme Verteilung.

In der derzeit populären Praxis führt die **Anwendung der „phylogenetischen Art"** dazu, dass allopatrische Populationen, die sich vielleicht nur geringfügig, dafür aber in unikaten Merkmalen unterscheiden, zu selbständigen Arten werden, während eine graduelle Variabilität innerhalb von Populationen ihren taxonomischen Wert zunehmend verliert. Die Taxonomie wird dadurch vereinfacht – die komplizierte Hierarchie der Arten, Unterarten, Formen und Varietäten verschwindet; dafür aber wächst die Zahl der Arten (die numerische Analyse der taxonomischen Revisionen zeigt einen Anstieg von fast 50 %). Dies hat natürlich auch praktische Konsequenzen für den Arterschutz. Eine phylogenetische Art ist schneller „vom Aussterben bedroht" bzw. „stark gefährdet" als eine biologische Art. War einst der Orang-Utan „stark gefährdet", so müssen wir nun den „vom Aussterben bedrohten" Sumatra-Orang-Utan und den „stark gefährdeten" Borneo-Orang-Utan retten.

Box 2

Monophylie, Paraphylie, Polyphylie

Fast alle Phylogenetiker sind sich seit Darwin einig, dass ein Taxon nur dann **natürlich** ist, wenn es die Arten enthält, die auf einen gemeinsamen Vorfahren zurückgehen. Ein

Abb. 1

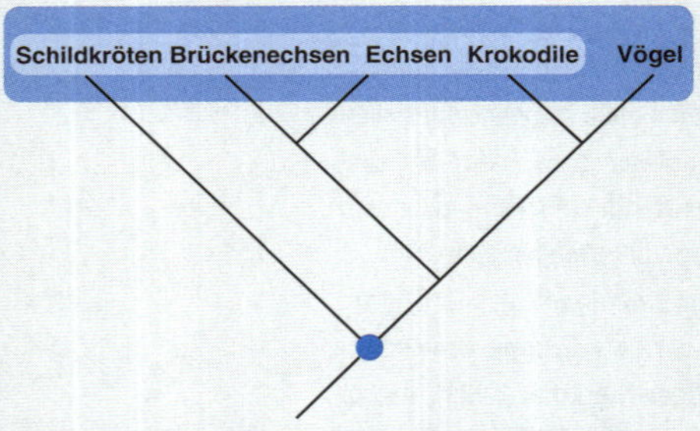

Unterschied zwischen einer monophyletischen (dunkelblau) **und einer paraphyletischen Gruppe** (hellblau plus dunkelblau) **am Beispiel der „Reptilia"**.

Taxon ist immer **monophyletisch** und umfasst die sogenannte Stammart und deren Nachkommen. Es repräsentiert einen ganzen Zweig des „Baums des Lebens", keine Art aus dieser Gruppe wird künstlich abgetrennt (z.B. aufgrund einer subjektiven Einschätzung, dass sie von verwandten Arten zu verschieden ist). Viele traditionell benutzte Gruppierungen sind jedoch nicht monophyletisch, sondern **paraphyletisch**. So enthält z.B. die „Klasse der Reptilia" zwar ihren Vorfahren aber nicht alle ihre Nachkommen (Abb. 1). Die Vögel wurden als selbständige, gleichwertige „Klasse" abgetrennt, weil sie Systematikern als zu unterschiedlich vorkamen. Dadurch wurde die Tatsache verschleiert, dass die Vögel die Schwestergruppe der Krokodile sind. Sie teilen mit ihnen eine Reihe abgeleiteter Merkmale, wie z.B. ein ähnliches Sozialverhalten und Brutfürsorge. Die Krokodile sind mit den Vögeln näher verwandt als mit allen anderen Reptilien. Im Gegensatz dazu wurden die Schildkröten traditionell innerhalb der „Klasse Reptilia" angesiedelt, weil uns ihre Unterschiedlichkeit nicht so groß erscheint. An diesem Beispiel wird deutlich, dass Zoologen, die Organismen nach subjektiven Eigenschaften und nicht nach phylogenetischen Beziehungen sortieren, schnell in Bereiche der Beliebigkeit geraten. Noch problematischer wird es, wenn künstliche Gruppierungen gebildet werden, die auf mehrere Stammarten zurückgehen. Wir sprechen dann von **polyphyletischen Gruppen**, die von nahezu allen Schulen der Systematik abgelehnt werden. Ein Beispiel für eine polyphyletische Gruppierung sind die Fische („Pisces").

Box 3

Methoden der Taxonomie

Zurzeit existieren im Wesentlichen drei Schulen der Systematik: die evolutionssystematische, die kladistische und die phänetische Schule.

Die **Evolutionssytematik** ist bestrebt, die verwandtschaftlichen Beziehungen (also nicht die Ähnlichkeiten) zwischen den Organismen zu rekonstruieren. Hierbei berücksichtigt sie neben der Kladogenese **auch die Anagenese**, d.h. die Diversifizierung in der Qualität der Merkmale. Wenn in irgendeiner phylogenetischen Linie eine bedeutende Veränderung der phänotypischen Eigenschaften (wichtige evolutive Innovation) stattgefunden hat, halten die Evolutionssystematiker es für sinnvoll, diese Linie gegenüber anderen Linien in ein selbständiges Taxon auszugliedern. Der größte Nachteil dieser Methode beruht darin, dass die Auswahl der Kriterien, nach denen der erreichte Grad der Anagenese beurteilt wird, und somit auch die Abgrenzung einzelner Taxa, subjektiv ist. Evolutionssystematiker fordern, dass die Taxa monophyletisch sein sollten, **paraphyletische Taxa** werden jedoch **zugelassen** und oft auch bewusst gebildet (Box 2). Die graphische Darstellung des Systems wird als **Phylogramm** oder **Dendrogramm** bezeichnet. Die Evolutionssystematik hat das früher schon formalisierte hierarchische **Linnésche System der Taxa**, einschließlich der Nomenklatur (Box 4), beibehalten.

Die **Kladistik** (= kladistische Methode, „phylogenetische Systematik“) wurde in den fünfziger Jahren des letzten Jahrhunderts durch den Entomologen Willi Hennig in Deutschland formalisiert. Für die Rekonstruktion der verwandtschaftlichen Beziehungen werden ausschließlich homologe Merkmale verwendet, wobei die evolutionären Neuheiten (**Apomorphien**) im Vordergrund der Analyse stehen. Kladistik ist die konsequente Suche nach Schwestergruppenverhältnissen – denn die Verwandtschaft zweier Arten beruht darauf, dass diese einen gemeinsamen Vorfahren besitzen (**Stammart**). „Kladisten“ berücksichtigen **die Kladogenese** (also nicht die Anagenese) und sind somit schwerpunktmäßig am Verlauf der Verzweigungen des Stammbaumes interessiert. Die Rekonstruktion der Phylogenese bedeutet die Rekonstruktion der allmählichen Abtrennung der Äste (Linien, **Kladen**). Die graphische Darstellung des Stammbaumes wird als **Kladogramm** bezeichnet. **Paraphyletische Gruppierungen** werden **nicht zugelassen**.

Die Phänetik (= **numerische Taxonomie**) bildet **aufgrund von Ähnlichkeiten (nicht primär der Verwandtschaft)** ein hierarchisch angeordnetes System einzelner Arten. Die vieldimensionale statistische Methode der sogenannten Cluster-Analyse ermöglicht aufgrund der Ähnlichkeit einzelner Objekte, überlappende oder vollkommen getrennte Cluster (Gruppen) zu bilden. Der Abstand zwischen den Clustern oder der Anteil der Überlappung ist ein Maß der Ähnlichkeit zwischen den analysierten Objekten. Die graphische Darstellung wird als **Phänogramm** bezeichnet. Die Anwendbarkeit dieser Methode in der Biologie wurde erst durch leistungsstarke Rechner ermöglicht, da große Datenmengen verarbeitet werden müssen. Verschiedene Formeln zur Berechnung der Ähnlichkeiten und verschiedene Methoden der Gruppierung (Cluster-Bildung) liefern verschiedene Phänogramme, obwohl sie auf denselben Merkmalen beruhen. Das grundsätzliche Problem der Phänetik liegt darin, dass man nicht entscheiden kann, welches der so entstandenen Phänogramme das Beste ist. Die Methode kann zur Bildung von polyphyletischen Taxa führen. Trotzdem hat die Entfaltung der Phänetik in der systematischen Biologie zu wesentlichen Änderungen geführt: wiederholbare Forschungsmethoden und quantitative Ansätze werden gefordert, Spekulationen und Arbeit mit traditionellen Methoden nach „Augenmaß“ dagegen gemieden. Stimulierend war der Einsatz von Rechnern, die seitdem auch von den anderen Schulen verwendet werden.

Box 4

Nomenklaturregeln

Das **Linnésche System der Taxa** unterscheidet folgende **Hierarchie-Ebenen:** Art (species, Box 1), Gattung (genus), Familie (familia), Ordnung (ordo), Klasse (classis), Stamm (phylum), Reich (regnum). Weil in manchen Taxa diese Zahl der Hierarchieebenen nicht ausreichend war, wurden **Ergänzungskategorien**, gekennzeichnet durch die Präfixe Infra- (infra-),

Unter- (sub-), Über- (supra-) (z.B. Infrafamilie, Unterfamilie, Überfamilie) und **Zusatzkategorien** (z.B. Tribus, Kohorte) gebildet.

Ein wichtiges Instrument der Taxonomie ist die **Nomenklatur**. Die Namensgebung von Lebewesen erfolgt nicht willkürlich, sondern orientiert sich international an dem wichtigen Regelwerk, **Internationale Regeln für die Zoologische Nomenklatur**. Ziel der Nomenklaturregeln ist die **Gewährleistung** wissenschaftlicher Namen und ihre **Eindeutigkeit**. Die **Namensgebung** der Taxa von der Ebene der Unterart bis zur Ebene der Überfamilien folgt formalisierten Regeln. Einige sind bindend, andere haben einen Empfehlungscharakter. Jede Art hat einen 2-Wort-Namen (Binomen), üblicherweise lateinisch oder lateinisiert, der aus dem Namen der Gattung, zu der sie gehört, und dem Artnamen besteht. Die Namen der höheren Taxa bestehen aus einem Wort. Art- und Gattungsnamen werden kursiv geschrieben, der Name der Gattung mit einem großen ersten Buchstaben, der zweite Name (= Name der Art, **Epitheton**) mit einem kleinen ersten Buchstaben (z.B. *Homo sapiens*). Hinter dem Namen des Taxons können auch der Name des Beschreibers und das Jahr stehen, in dem das Taxon beschrieben wurde. Falls der Autor die Art ursprünglich unter einem anderen Gattungsnamen beschrieben hat, stehen diese Angaben in Klammern. Wurde eine Art oder Gattung unabhängig voneinander von mehreren Autoren beschrieben, erhält der Name den Vorrang, unter dem das Taxon zuerst beschrieben wurde. Dieses **Prioritätsprinzip** gilt nicht für die Beschreibungen, die vor der 1758 erschienenen 10. Auflage der „Systema naturae" durch Karl von Linné vorgenommen wurden. Die taxonomische Nomenklatur oberhalb der Gattungsebene ist nicht bindend und so finden wir in der Fachliteratur und in Lehrbüchern nicht nur unterschiedliche Einteilungen, sondern auch unterschiedliche Bezeichnungen für einzelne Taxa. Die Namen der Familien haben die Endung -idae. Die Namen der Ordnungen enden manchmal (z.B. bei Fischen und Vögeln) mit der Endung -formes.

1.2 | Phylogenese: Anagenese und Kladogenese

Die Phylogenese ist durch zwei Prozesse gekennzeichnet, die Kladogenese und die Anagenese. Die **Kladogenese** (= Entstehung der Zweige) betrifft die Aufspaltung von Stammarten in Tochterarten. Die **Anagenese** (= Hinauf-Entstehung) beschreibt die Transformation von Merkmalen und Entstehung von evolutionären Neuheiten (**Apomorphien,** abgeleitete Merkmale) zwischen Aufspaltungen, also innerhalb einzelner Stammlinien.

Jedes Tier weist sowohl abgeleitete als auch ursprüngliche Merkmale auf. Ursprünglichkeit ist immer relativ (Box 7). Das Schnabeltier ist im Vergleich zu den Beutel- und Plazentatieren ursprünglich darin, dass es Eier legt. Die Entwicklung des hartschaligen Eis mit weiteren Eihüllen ist jedoch auf der Ebene der Nabeltiere (Amniota) ein abgeleitetes Merkmal.

Wenn wir eine Art als ursprünglich bezeichnen, meinen wir, dass sie viele ursprüngliche Merkmale bewahrt hat, die bereits früher in der Stammesgeschichte entstanden sind (z. B. die Arten A und D in Abb. 2).

Eine Art, die sich nahe der Wurzel des Stammbaumes befindet und damit dem gemeinsamen Vorfahren auch kladogenetisch nahe steht, wird als **basal** bezeichnet (z.B. die Art A in Abb. 2). So **eine basale Art muss aber gar nicht ursprünglich erscheinen**. (In Abb. 2 ist die Art A ursprünglich und basal, die Art B immer noch relativ basal, aber nicht ursprünglich, die Arten D und E sind ursprünglich, aber nicht mehr basal.)

Das Schnabeltier ist ein basales Säugetier, da die erste Abzweigung der Stammline der rezenten Säugetiere zu Kloakentieren führt. Ob aber das Schnabeltier auch viele ursprüngliche Merkmale aufweist, können wir aus dem Kladogramm nicht ablesen. In einigen Aspekten ist es natürlich sehr ursprünglich (es legt Eier, hat eine Kloake, besitzt keine Zitzen), in anderen Aspekten ist es aber hoch spezialisiert (es hat Giftdrüsen, keine Zähne, lebt im Wasser und hat eine spezielle Art der chromosomalen Geschlechtsbestimmung). **Die Begriffe basal und ursprünglich müssen daher scharf unterschieden werden.**

Abb. 2

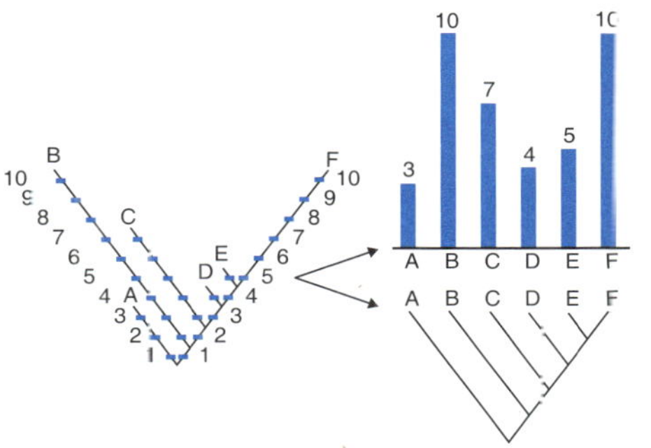

Verwandtschaftsdiagramm mit gekennzeichneten Apomorphien (links); rechts dasselbe Diagramm „zerlegt" in Anagenese (oben) und Kladogenese (unten). Die Buchstaben bezeichnen einzelne phylogenetische Linien, die Nummern bezeichnen die Anzahl der Apomorphien (durch kurze Querstriche markiert).

Dies führt uns zu einem wichtigen Aspekt: wenn wir die **Hierarchie der gemeinsamen Vorfahren** (z. B. die Vorfahren von Säugetieren – Landwirbeltieren – Wirbeltieren – Chordaten etc.) vornehmen, suchen wir mit kladistischen Methoden in Wahrheit die **Hierarchie der Apomorphien**, die diese verschiedenen Vorfahren entwickelten. Die Säugetiere unterscheiden sich von den anderen Wirbeltieren durch zahlreiche Apomorphien (z.B. Haare, Homoiothermie, Heterodontie, kernlose Erythrozyten) und damit durch Eigenschaften, die in der Stammlinie der Amnioten zum gemeinsamen Vorfahren der Säugetiere entstanden. Säugetiere weisen daneben weiterhin zahlreiche ursprüngliche, sogenannte **plesiomorphe** Eigenschaften auf, durch die sie nicht zu diagnostizieren sind (z.B. Eihüllen, Kiefer oder vier Extremitäten), denn sie teilen diese Merkmale mit den anderen Gruppen der Wirbeltiere. Bei jedem Taxon interessieren uns also insbesondere die einzigartigen Neuheiten (sogenannte **Autapomorphien**), d.h. abgeleitete Merkmale, die auf das jeweilige Taxon beschränkt sind. Und vom anderen Ende. Jedes hochrangige Taxon ist durch gemeinsame Apomorphien der Subtaxa (**Synapomorphien**) charakterisiert. So können wir die Säugetiere durch Haare und Heterodontie charakterisieren, auch wenn es sekundär wieder haarlose und zahnlose Säugetiere gibt. Die Evolution ist ein kontinuierlicher Prozess und stoppt nicht einfach auf einem bestimmten Level. Uns interessiert der Bauplan (**Grundmuster**) des ganzen Taxons. Das Grundmuster entspricht dem Satz evolutionärer Neuheiten der rekonstruierten Stammart und beschreibt nicht die rezente Vielfalt eines Taxons.

1.3 | Rekonstruktion der Phylogenese

Systematiker gehen davon aus, dass die Merkmale der Organismen Spuren der Phylogenese sind und dass Organismen, die Apomorphien miteinander teilen, sehr wahrscheinlich miteinander verwandt sind. Es ist die Hauptaufgabe von Systematikern zu klären, ob gemeinsame Merkmale ursprünglich oder abgeleitet sind, da ansonsten mehrere Verwandtschaftshypothesen möglich wären. Hinsichtlich der Methoden, die bei diesen Bewertungen eingesetzt werden, unterscheiden sich die einzelnen phylogenetischen Schulen (Box 3).

Für eine adäquate Analyse von Merkmalen müssen Grundvoraussetzungen gegeben sein. So interessieren den modernen Phylogenetiker ausschließlich **Homologien** (Box 6,7; Burda, Allg. Zoologie, 2005, S. 80). Die Extremitäten der Wirbeltiere sind z. B. homolog, weil sie diese von ihrer Stammart übernommen haben. Häufig ist es jedoch schwierig, die homologen Merkmale zu erkennen. Die **Identifizierung von Homologien ist ein Grundanliegen der phylogenetischen Forschung**.

Analogien, also Merkmale, die nicht von der gemeinsamen Stammart vererbt wurden, sagen nichts über die Phylogenese aus, da sie unabhängig voneinander entstanden sind. Häufig entstehen solche Ähnlichkeiten infolge **konvergenter Evolution**, wenn zwei nichtverwandte Arten sich den vergleichbaren Umweltbedingungen unabhängig voneinander in ähnlicher Weise anpassten. So ähnelt ein Delphin einem Hai hinsichtlich seiner hydrodynamischen Körperform.

Als Informationsquellen über die verwandtschaftlichen Beziehungen der Tiere können uns nicht nur morphologische oder molekulare Merkmale, sondern auch physiologische oder ethologische Eigenschaften dienen. Immer häufiger werden **molekulare und morphologische Daten kombiniert,** mit dem Ziel, die Widersprüche zwischen morphologischen und molekularen Analysen aufzulösen. Die molekulare Phylogenetik endet nicht mit Arbeitsschritten der Kladistik (z.B. Maximale Sparsamkeit), sondern schließt auch die Herangehensweisen ein, die auf Evolutionsmodellen beruhen (Maximale Wahrscheinlichkeit, Bayes-Analyse).

Box 5

Kronengruppen und Stammlinien

Die Endäste eines Stammbaumes repräsentieren die rezent existierenden Arten bzw. Taxa. Wir bezeichnen sie, um bei der etablierten Baummetaphorik zu bleiben, als **„Kronengruppen“**. Die einzelnen Linien, die heute ein hochrangiges Kronentaxon darstellen, haben sich in der Vergangenheit jedoch vom Taxon einer niedrigeren Hierarchie-Ebene abgespalten. Die meisten Seitenäste der sogenannten **Stammlinie** des gegebenen Taxons gibt es heute nicht mehr und meistens sind sie auch fossil nicht erhalten. Viele Autoren bestehen darauf, dass in die Stammlinie nur die ausgestorbenen Arten eingeordnet werden dürfen, während rezente Arten in die Kronengruppe gehören müssen. Allerdings wird durch diesen Formalismus die künstliche und phylogenetisch irrelevante Grenze zwischen den ausgestorbenen und den *noch* nicht ausgestorbenen Organismen betont.

Abb. 3

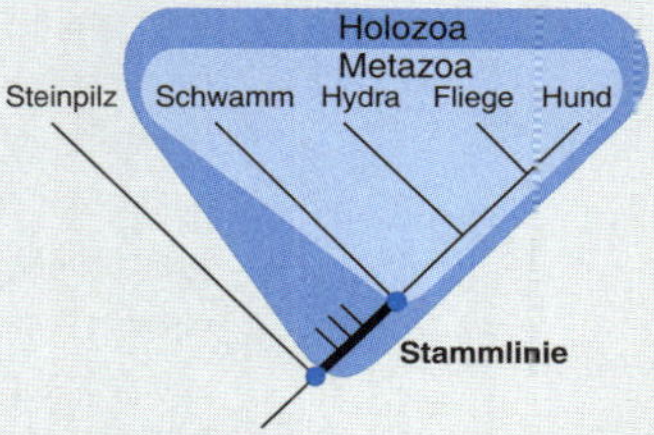

Gesamtgruppe (dunkelblau), **Kronengruppe** (hellblau), **Stammlinie am Beispiel der Holozoa.**

Box 6

„Qualität“ der Merkmale und ihre Entstehung

Wie oben schon mehrfach betont, werden die Arten (Taxa im Allgemeinen) aufgrund diverser (morphologischer, molekularer, physiologischer, ethologischer und ökologischer) Merkmale diagnostiziert. Für die Rekonstruktion der verwandtschaftlichen Beziehungen sind **Homologien** von besonderer Bedeutung, d.h. Merkmale, die auf die gleiche genetische Information der Stammart zurückgehen. Homologe Merkmale sind sich nicht zwangläufig ähnlich, sondern weichen häufig sogar aufgrund unterschiedlicher Anpassungen strukturell und funktionell mehr oder weniger stark voneinander ab (z.B. Pferdeextremität und Vogelflügel) (Burda, Allg. Zoologie, 2005, S. 80). Das Gegenstück der Homologien sind die **Homoplasien (= Analogien)**, d.h. die Ähnlichkeiten, die in der Evolution zweier Taxa unabhängig entstanden sind und bei dem gemeinsamen Vorfahren der verglichenen Arten nicht vorhanden waren (z.B. Grabhände der Gold- und Beutelmulle). Homologe Merkmale sind allerdings stets relativ zu sehen. Der Flügel der Vögel und der Fledermäuse ist auf der Ebene der jeweiligen Gruppen eine Homoplasie, denn Vögel und Fledermäuse haben Flügel unabhängig voneinander evolviert. Die Ausgangsstruktur ist jedoch ein homologes Merkmal, denn das Vorhandsein und das Grundmuster der vorderen Extremitäten sind Homologien der Tetrapoden. Die einst gleiche Form der Stammart diversifiziert aufgrund unterschiedlicher Selektionsdrücke im Prozess der **Divergenz**. Homoplasien entstehen durch **Konvergenz**. Ähnliche Merkmale können aber in zwei phylogenetischen Linien, unabhängig voneinander, auch durch **Parallelismus** entstehen – hierbei war aber auch das ursprüngliche Merkmal schon ähnlich und seine Form hat sich, unabhängig, aber parallel transformiert. Merkmale, die durch die Wirkung der natürlichen Selektion entstehen und die Fitness (siehe Burda, Allg. Zoologie, S. 195) erhöhen, werden als **Adaptationen (Anpassungen)** bezeichnet.

Box 7

Apomorphien und Plesiomorphien

Als **Apomorphien** werden abgeleitete, „moderne" Merkmale oder evolutionäre Neuheiten bezeichnet, die im Vergleich zur Schwestergruppe der untersuchten phylogenetischen Linie neu erworben wurden. Eine **Autapomorphie** ist eine evolutionäre Neuheit, die nur bei einer Art oder im Grundmuster eines terminalen Taxons vorkommt und dieses damit von anderen unterscheidet. Als **Synapomorphie** wird der gemeinsame Besitz eines apomorphen Merkmals auf der Ebene von Schwestertaxa bezeichnet. Das Gegenstück zu den apomorphen **Merkmalen** sind die **plesiomorphen (ursprünglichen, konservativen, „primitiven") Merkmale**, d.h. die Merkmale, die bereits früh in der Evolution entstanden sind und sich gegenüber dem Merkmalszustand der untersuchten Stammart nicht verändert haben. Das Wort „primitiv" scheint im deutschen, nicht jedoch im englischen Schrifttum(!), im phylogenetischen Kontext geradezu ein Tabu zu sein. „Primitiv" hat in der Phylogenetik jedoch eine andere Bedeutung als im üblichen Leben. Es ist kein Schimpfwort, sondern eine ganz neutrale Bezeichnung für einen Organismus, der nur wenige abgeleitete Eigenschaften, also wenige Apomorphien aufweist. Ein Organismus ist also umso primitiver, je mehr er seinen Vorfahren ähnelt. Vergessen wir jedoch nicht, dass auch die sekundäre „Rückkehr" zum primitiven Zustand eine Apomorphie ist; die Zähne sind eine Apomorphie aller Wirbeltiere, weil die „Nicht-Wirbeltiere" zahnlos sind; aber sekundäre Zahnlosigkeit ist z.B. eine Apomorphie der Bartwale und Monotremata.

1.4 | Morphologische Merkmale

Morphologische Merkmale, beginnend mit der allgemeinen Anatomie (z.B. Körperhöhlen, Körpersymmetrie) bis hin zur Ultrastruktur einzelner Zellen, und embryologische Merkmale bilden die Basis phylogenetischer Analysen. Ein großer Vorteil morphologischer Merkmale ist ihre Anwendbarkeit auch auf fossile Organismen. Hier ist allerdings der Interpretationscharakter der morphologischen Phylogenetik besonders deutlich (jedem sei ein Vergleich zwischen einem Fossilfragment und seiner nachträglichen Rekonstruktion zu empfehlen). Der wesentliche Vorteil morphologischer Vergleiche ist, dass wir sie seit Jahrhunderten betreiben und somit auf eine reiche Datenbasis zurückgreifen können. Allerdings treten manche morphologische Merkmale, die in der traditionellen Lehrbuchzoologie verwendet werden, nur bei wenigen Modellorganismen auf und sind gar nicht typisch für das Taxon.

Seit langem wird einigen Merkmalskomplexen eine besondere Bedeutung zugeschrieben. Hier sind z.B. die **Körpersymmetrie, Segmentierung, Lage des Nervensystems, Keimblätter**, **Körperhöhlen** und ihre embryonale Herkunft, die Beziehung des **Urdarmes** zum **Urmund** und **After** des Embryos, **Eifurchung** und die **Larven**-Typen aufzuführen. Gerade hinsichtlich dieser Merkmale treffen wir allerdings häufig auf tief verwurzelte Vorurteile. Erstens geraten hier die Hypothesen der verschiedenen Schulen in Konflikte, z.B. die „Hohlraum-Schule" mit der „Furchungs-Schule". Üblicherweise wird nicht mit Rohdaten, sondern mit den alten Konzepten gearbeitet. Zweitens treffen wir hier häufig auf die irrtümliche Vorstellung, dass die Evolutionsrichtung stets von einfachen zu komplexeren Formen verläuft. Das ist im Allgemeinen richtig; die ersten Organismen waren bestimmt nicht vielzellig, es kann auch umgekehrt sein – wir kennen auch sekundär einzellige Organismen, z.B. Hefepilze. Drittens, Begriffe, wie z.B. Mesoderm, Coelom oder primäre Larve eignen sich für die Rekonstruktion der Phylogenese nur eingeschränkt, da sich mit ihnen schon a-priori-Vorstellungen über den Verlauf der Phylogenese verbinden. Sie sind also nicht nur beobachtbare Phänomene, sie schließen häufig schon die Hypothesen bzw. Konzepte mit ein. Wenn wir konkrete morphologische Merkmale (und nicht a-priori-Hypothesen) und die phylogenetischen Methoden korrekt verwenden, gelangen wir zu Ergebnissen, die den Ergebnissen der molekularen Phylogenetik häufig sehr ähneln.

Die Entwicklung neuer Methoden (**Immunhistochemie, konfokale Mikroskopie**) ermöglicht es heute, einzelne Embryonalzellen zu identifizieren und die Entwicklung der Zelllinien zu verfolgen. Die Kombination ultrastruktureller, immunologischer und molekularer Methoden erlaubt es uns heute, Organe und insbesondere Muskel- und Nervengewebe sehr viel detaillierter zu untersuchen als bislang möglich. Das Problem dieser aufwändigen und komplizierten Methoden ist natürlich offensichtlich – die Datenlage ist vergleichsweise gering und viele Tiergruppen sind für Laboruntersuchungen dieses Typs nur schwer zugänglich.

Molekulare Merkmale | 1.5

In den letzten Dekaden werden in der Phylogenetik verstärkt auch molekulare Methoden eingesetzt. Hierbei werden üblicherweise Nukleotid-Sequenzen, Zwischen-Gen Segmente (sogenannte intergene Regionen) der DNA und teilweise auch Aminosäure-Sequenzen untersucht. Ein wesentlicher **Vorteil** dieser Methoden ist **die riesige Menge der verwendbaren Moleküle (Merkmale)**. Während wir in der phylogenetischen Analyse maximal Hunderte morphologischer Merkmale verwenden können, deren Erforschung sehr zeitaufwändig ist, stehen den Molekularbiologen in relativ kurzer Zeit Zehntausende von Sequenzen zur Verfügung und ihre

Zahl wächst exponentiell. Auf der anderen Seite wäre es naiv zu glauben, dass molekulare Merkmale objektiver seien als morphologische. Bevor aus DNA-Sequenzen Merkmale abgeleitet werden können, muss zunächst entschieden werden, welche DNA-Abschnitte und Nukleotide evolutionär zusammengehören, damit sie miteinander verglichen werden können. **Auch in Molekülen müssen homologe Abschnitte bestimmt werden.**

Bei der Auswahl der Moleküle, die tatsächlich etwas über die Phylogenese der Großgruppen aussagen, müssen wir daher hohe Anforderungen stellen. Ein ausreichend langes Gen muss bei allen Arten vorhanden sein, die uns interessieren, und eine mehr oder weniger identische Funktion haben. Nur dann können wir uns einigermaßen sicher sein, dass es ähnlichen Evolutionsdrücken unterlegen hat. Letztendlich muss es sich mit einer Geschwindigkeit entwickelt haben, die es uns ermöglicht, die relevanten Evolutionsereignisse zu verfolgen. Sich zu langsam evolvierende Gene enthalten üblicherweise nicht genügend Informationen, bei sich zu schnell evolvierenden Genen werden Informationen über frühere Ereignisse schnell wieder durch neue Änderungen ersetzt. Es wäre einfältig zu denken, dass es ein richtiges Gen gäbe, mit dem alle phylogenetischen Fragestellungen beantwortet werden können. Unterschiedliche Gene eignen sich zur Lösung unterschiedlicher Fragestellungen. Somit bleibt uns nichts anderes übrig, als eine möglichst große Anzahl von Genen zu analysieren, wenn wir zu einer einheitlichen Hypothese der Phylogenese aller existierenden Taxa gelangen wollen.

Das erste Gen, dessen Sequenz für eine ausreichende Anzahl von Arten bekannt war, war das nukleare Gen für eine Ribonukleinsäure (RNA), die am Aufbau der kleinen Untereinheit des Ribosoms beteiligt ist. Nach ihren Sedimentierungseigenschaften wird sie **18S rRNA** oder auch kleine ribosomale RNA Untereinheit SSU (= „small-subunit") rRNA genannt. Gegen die Nutzung dieses Gens in der Phylogenetik wurden ernstzunehmende Einwände erhoben. Da es sich um ein Gen handelt, das nicht in ein Protein übersetzt wird, hat es eine sehr variable Evolutionsgeschwindigkeit. Seine Länge variiert, was die Arbeit mit ihm erschwert. Einige evidente Missinterpretationen beruhen auf der Nutzung dieses Gens. Auf der anderen Seite liefert 18S rRNA die Ergebnisse, die am besten mit den Ergebnissen der traditionellen, morphologischen Forschung übereinstimmen. In letzter Zeit wird verstärkt ein Gen der ribosomalen RNA aus der großen Untereinheit des Ribosoms, die sogenannte **28S rRNA** oder LSU (= large-subunit) rRNA verwendet.

Die Erweiterung des Untersuchungsspektrums auf Gene, die Eiweiße kodieren, erfüllte bis jetzt nicht die in sie gelegten Hoffnungen. Einige dieser Gene erscheinen geeignet zu sein (Gene für Natrium-Kalium-ATPase und die schwere Kette von Myosin II), andere – mit wachsender

Stichprobe der untersuchten Arten – ergeben weniger glaubhafte Ergebnisse (Elongationsfaktoren 1α a 2, Histon H3, mitochondriale Proteine). Die Sequenzierung **kompletter Genome** ausgewählter Modellorganismen könnte neue Möglichkeiten für die Rekonstruktion der Phylogenese liefern, denn dann würden nicht nur Nukleotid-Sequenzen, sondern auch Mutationen ermittelt, wie die Änderungen der Reihenfolge von Genen auf Chromosomen, Duplikationen, Inversionen und Fusionen von Genen. **Die Anzahl der untersuchten Arten beeinflusst das Ergebnis** der phylogenetischen Analyse jedoch noch **markanter als die Zahl der Merkmale**. Hundert bekannte Merkmale für hundert Arten sagen uns über die Phylogenese mehr aus als tausend Merkmale für zehn Arten.

Besondere Aufmerksamkeit wird heute auf die ***Hox*-Gene** gerichtet, Genkomplexe, die eine wichtige Rolle bei der Steuerung der Ontogenese spielen. Sie bestimmen vor allem die anterio-posteriore Anordnung des Körpers, z.B. die Gliederung des Körpers in Kopf und Rumpf (Burda, Allg. Zoologie, 2005, S. 74). Gerade die Erkenntnis, dass homologe *Hox*-Gene auch bei so entfernt verwandten Tieren wie der Fliege und der Maus in vergleichbaren Kontexten wirken, führte zum allmählichen **Zusammenwachsen der Entwicklungs- und Evolutionsbiologie („Evo-Devo")**. Änderungen in der Anzahl der *Hox*-Gene und ihrer Sequenzen haben Einfluss auf die Regulation ihrer Tätigkeit und beeinflussten die Diversifizierung der Baupläne der Tiere in erheblichem Maße. Die *Hox*-Gene sind auf den Chromosomen hintereinander angeordnet, und zwar so, dass die Anordnung der Gene der Reihenfolge der Körperzonen des Tieres vom Kopf bis zum Hinterende des Rumpfes entspricht, die sie regulieren. Diese konservierte genetische Karte der *Hox*-Gene, die die anterio-posteriore Körperachse des Embryonen bestimmt, ist einheitlich für alle Tiere mit bilateraler Symmetrie (sogenannte Bilateria). Mit anderen Worten, die morphogenetische Rolle des ***Hox*-Komplexes ist erst bei den Bilateria entstanden**, so dass die Anwendung der *Hox*-Gene zur Homologisierung verschiedener Körperregionen bei den Cnidaria fraglich ist. Auch wenn wir die Entwicklungsgeschichte der *Hox*-Gene erst wenig kennen und daher die Struktur des ursprünglichsten *Hox*-Komplexes nur mit Schwierigkeiten rekonstruieren können, liefert das Studium der Abwandlungen dieser Komplexe wichtige Informationen über die Phylogenese der Tiere (siehe Kap. 17). Es geht jedoch nicht nur um die molekulare Struktur, sondern auch um die morphologischen Zonen der Aktivität der *Hox*-Gene. Beide ermöglichen eine Homologisierung von Körperregionen auch bei phylogenetisch sehr entfernten Tieren (siehe Kap. 11).

Mitochondrien sind wichtige Organellen unserer Zellen; sie gehen auf symbiotische Bakterien zurück, die die Vorfahren der eukaryotischen Zellen besiedelten. Daher verfügen sie über eigene Genome, die in Tierzellen zwar relativ einheitlich sind, aber ebenfalls abgeleitete Sequenzen aufweisen können. Der genetische Code der Mitochondrien unterscheidet sich häufig vom genetischen Code des Zellkernes. Während die Sequenz einzelner mitochondrialer Gene der Phylogenetik üblicherweise nur wenig sagt (die Gene sind vergleichsweise kurz und entwickeln sich zu schnell), kann die Reihenfolge dieser Gene, die Abweichungen vom genetischen Code des Zellkerns und die Ultrastruktur der Mitochondrien wichtige Informationen liefern. Allerdings scheint die anfängliche Begeisterung für Mitochondriengenome bereits wieder nachzulassen, da festgestellt wurde, dass Änderungen der Gensequenzen viel häufiger vorkommen als ursprünglich angenommen.

1.6 | Phylogenese, Zeit und Fossilien

Jeder Evolutionsprozess verläuft in einer bestimmten Zeit (Abb. 4). Möglichkeiten zur Datierung dieser Prozesse bietet die **Paläontologie** und seit kurzem auch die Molekularbiologie. Bei der Nutzung molekularer Daten ist allerdings eine genaue Kenntnis der sogenannten **molekularen Uhr** notwendig. Die molekulare Evolution eines bestimmten Gens läuft mit einer mehr oder weniger konstanten Geschwindigkeit ab. Nehmen wir an, dass wir z.B. rekonstruiert haben, dass sich die Gensequenzen zweier Arten um 10% unterscheiden, und durch Fossilfunde haben wir ermittelt, dass sich diese Arten vor circa 100 Millionen Jahren getrennt haben. Mit Hilfe eines einfachen Dreisatzes können wir nun berechnen, wann sich Linien vermutlich trennten, deren Sequenzen sich um 50% unterscheiden. Es ist jedoch evident, dass Evolution nicht so einfach abläuft. Wenn wir aber Sequenzen verschiedener Gene miteinander vergleichen und jedes Mal zu einem ähnlichen Ergebnis kommen, können wir tatsächlich abschätzen, wann eine Aufspaltung stattgefunden hat. Durch die gegenseitige **Kalibrierung molekularer und paläontologischer Daten** wird die Genauigkeit der Datierung weiter erhöht.

Abb. 4 |

Ära	Periode	Epoche	-M.J.
		Holozän	0,01
Känozoikum	Quartär	Pleistozän	1,8
		Pliozän	5,3
		Miozän	23,8
	Tertiär	Oligozän	33,7
		Eozän	54,8
		Paläozän	65
Mesozoikum	Kreide		144
	Jura		206
	Trias		248
Paläozoikum	Perm		290
	Karbon		354
	Devon		417
	Silur		443
	Ordovizium		490
	Kambrium		543
	Ediacarium		590

Geochronologische Tabelle.

Fossilien spielen eine bedeutende Rolle für Phylogenetik, weil sie uns **die Datierung von Evolutionsereignissen ermöglichen.** Da die fossile Überlieferung einzelner Tiergruppen jedoch häufig sehr unvollständig ist, wissen wir von vielen Gruppen gar nicht, wie alt sie wirklich sind. Die älteste gefundene Art ist mit ziemlicher Sicherheit nicht so alt wie das Taxon selbst, weil die Wahrscheinlichkeit groß ist, dass andere, nicht gefundene Arten dieser Gruppe noch älter waren. Manche Tiergruppen hinterlassen keine fossilisierten Überreste. Auch heute bieten nur etwa 20% aller Meerestiere die Voraussetzungen für eine zukünftige Fossilisierung; die übrigen 80% sind weiche marine „Würmer" oder mikroskopisch kleine Arten – und in der Vergangenheit war es nicht anders.

Fossilien stellen gelegentlich unikate und in der rezenten Natur nicht mehr gesehene Merkmalskombinationen dar und **konnten so manches Mal das Ergebnis phylogenetischer Analysen markant verändern**. In den nächsten Kapiteln werden wir daher fossile Gruppen dort einbeziehen, wo sie uns helfen, die Phylogenese zu entschlüsseln.

Fragen

1 Vergleichen Sie verschiedene Art-Konzepte – nennen Sie ihre Vorteile und Nachteile in der systematischen Praxis.

2 Was sind die Unterschiede zwischen einem Monophylum, Paraphylum und Polyphylum? Nennen Sie Beispiele für derartige Gruppierungen.

3 Definieren Sie die Begriffe Anagenese und Kladogenese. Welche Schule der Systematik betont die Anagenese, welche die Kladogenese?

4 Definieren Sie die Begriffe Apomorphie und Plesiomorphie. Welche Merkmale sind in der konsequent phylogenetischen Systematik (Kladistik) allein geeignet, die Monophylie eines Taxon zu begründen?

5 Welche Moleküle oder Gene werden bevorzugt verwendet, wenn mit molekularen Methoden Phylogeneseprozesse rekonstruiert werden sollen?

6 Was verstehen Evolutionsbiologen unter dem Begriff der molekularen Uhr?

7 Erläutern Sie die Unterschiede zwischen den Begriffen basal und ursprünglich und führen Sie jeweils Beispiele auf.

8 Definieren Sie die Begriffe Homologie und Analogie und führen Sie jeweils drei Beispiele auf.

9 Nennen Sie Vorteile und Nachteile von morphologischen und molekularen Merkmalen für die Rekonstruktion der Phylogenese.

10 Welche Konstellation ist für die Rekonstruktion der Phylogenese geeigneter: a) die Analyse von 100 Merkmalen bei 100 Arten oder b) 1000 Merkmalen bei zehn Arten?

2 | Regnum Animalia (Tierreich)

Inhalt

Heute werden **mindestens sechs „Reiche" der Eukaryoten** (= Organismen mit „echtem Zellkern") unterschieden. Eines dieser „Reiche" sind die **Opisthokonta** („Hinterpolige"), zu denen die Holozoa („Gesamttiere") und Pilze gehören. Opisthokonta haben Geißelzellen (z.B. Spermien) mit einer Schubgeißel am hinteren Zellpol und können Kollagen und Glykogen synthetisieren. **Holozoa** umfassen einige Einzeller, darunter die **Choanoflagellaten** und die vielzelligen Tiere, Metazoa. **Metazoa** sind charakterisiert u.a. durch differenzierte Gewebe, bewimperte Zellen mit Basalkörper und Eifurchung. Die Metazoa sind eine große und vielfältige Gruppe, die die Mehrheit aller Arten auf unserem Planeten einschließt. Die ersten Vertreter vieler „Tierstämme" lassen sich bereits im **Unteren Kambrium** (vor 540–550 Millionen Jahren) fossil nachweisen. Ältere, präkambrische Fossilien (sogenannte **Vendozoa**, **Ediacara-Fauna**) weichen morphologisch z.T. so stark von der heutigen Fauna ab, dass es sehr schwierig ist, sie in das System der bekannten Tiere einzuordnen.

2.1 | Eukaryota

Tiere gehören zusammen mit Pflanzen, Pilzen, verschiedenen Algen und Protozoen (Box 8) in die große Gruppe von Organismen mit komplex strukturierten Zellen, die wir als Eukaryota bezeichnen. Die Entstehung von eukaryotischen Zellen zählt zweifellos zu den bedeutensten Evolutionsereignissen seit der Entstehung des Lebens.

Diagnose

Drei Merkmalskomplexe der Eukaryota sollen besonders erwähnt werden:

- **Die vollständige Änderung der Topologie der Zellmembranen.**
- **Die Reorganisierung der Genome.**
- **Die Entwicklung eines Zytoskeletts.**

Box 8

Die sechs traditionellen Reiche der Organismen

In den meisten Lehrbüchern der Zoologie wird folgende traditionelle Klassifikation der Organismen in sechs „Reiche“ vorgenommen:

1. Supraregnum: **Prokaryota** (Prokarya, Bacteria, Monera)
   - 1. Regnum: **Archaea** (Archaebacteria)
   - 2. Regnum: **Eubacteria**
2. Supraregnum: **Eukaryota**
   - 3. Regnum: **Protista** (Protoctista)
     Algae (Protophyta)
     Protozoa
   - 4. Regnum: **Plantae**
   - 5. Regnum: **Fungi** (Mycetae)
   - 6. Regnum: **Animalia (= Metazoa)**

Die heute von allen Biologen anerkannte Unterscheidung zwischen Prokaryoten und Eukaryoten ist erst siebzig Jahre alt (1937). Vierzig Jahre später (1977) wurden Archaea als eine selbständige Domäne von den Bakterien abgespalten. Das Reich Prot(oct)ista (1860) umfasste ursprünglich auch die Bakterien (bis 1938) und Pilze (bis 1956 1959). Weiterhin handelte es sich jedoch um eine sehr heterogene Gruppierung von sehr diversen Einzellern, sowie auch einigen vielzelliger Algen (z.B. Braunalgen). Bis heute überlebt die Vorstellung, nach der die Algen (autotrophe Protisten) zu den Pflanzen und die Protozoen (heterotrophe Protisten) zu den Tieren gezählt werden. Sie werden daher in den Lehrbüchern und Lehrveranstaltungen der Botanik bzw. Zoologie behandelt. Eine weitere, unter phylogenetischen Gesichtspunkten ebenfalls falsche „Zuordnung der Kompetenzen“ betrifft die Pilze (Fungi), die traditionell im Rahmen der Botanik vorgestellt werden.

Obwohl unsere Kenntnisse der Phyogenese der frühen Eukaryoten ziemlich fragmentarisch sind, hat sich die **Klassifikation der Eukaryota** in den letzten Jahren dramatisch verändert. Heute werden mindestens sechs „Reiche“ der Eukaryoten unterschieden (Abb. 5):

1. **Opisthokonta:** Einige Gruppen der Einzeller, Pilze und Tiere.
2. **Amoebozoa:** z.B. Amöben, Mycetozoa, eine Reihe von Flagellaten.
3. **Rhizaria:** Eine heterogene Gruppierung von Flagellaten und Rhizopoden – Eukaryoten, die sich mit Geißeln oder Pseudopodien bewegen.
4. **Excavata:** Von allen „Reichen“ am umstrittensten. Hierzu werden z.B. die Trypanosomen, Euglenen, Diplomonaden und Trichomonaden, sowie einige Gruppen der ehemaligen Rhizopoden gezählt.
5. **Archaeplastida:** Pflanzen im weiteren Sinn; sie umfassen die echten Pflanzen (Plantae) und Grünalgen, sowie auch Rotalgen und Glaucophyta.

Abb. 5

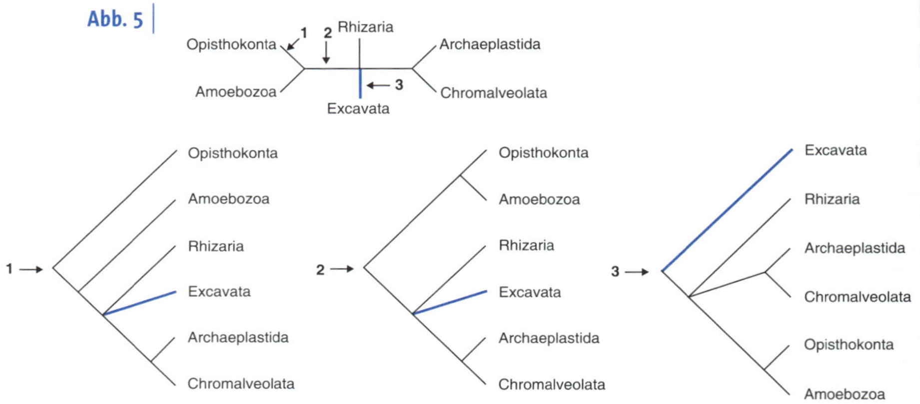

Verwandtschaftsdiagramm der Eukaryota mit drei alternativen Positionen der „Wurzel", also der Stelle, an der die Evolution des Taxons potenziell angefangen haben könnte. Die Monophylie des „Reiches" Excavata ist unsicher (blaue Linie).

6. **Chromalveolata:** Verschiedene Protozoen, Algen und Schimmelpilze, z.B. Diatomeen, Chrysophyta, Phaeophyta, Oomycota, Opalinata, Cryptomonadea, Ciliata, Dinoflagellata und Sporozoa.
7. Es verbleiben einige **isolierte Gruppen unklarer Stellung**, die keinem Reich zugeordnet werden können, z.B. Apusozoa und Centrohelida.

Das altbekannte **„Reich der Protista"** wurde als polyphyletische Gruppierung **aufgelöst**. Der größte Teil der „Protozoen" hat mit den Tieren nichts gemeinsam (außer dass sie alle Eukaryoten sind). Vertreter der traditionellen „Protozoen" finden sich nun in den Reichen der Opisthokonta, Amoebozoa, Excavata, Rhizaria und Chromalveolata. **Pilze und Tiere sind Schwestergruppen und bilden ein eigenes Taxon: die Opisthokonta.**

Die Verwandtschaftsbeziehungen zwischen den „Reichen" der Eukaryota und die Stellung der Stammart der Eukaryoten sind noch nicht aufgeklärt. Die meisten molekularen Analysen legen nahe, dass diese Stammart innerhalb der Excavata angesiedelt war, die dann jedoch paraphyletisch wären. Wenige andere Analysen suchen den Ursprung der Eukaryoten bei den Opisthokonta und anderen ursprünglichen Eukaryoten.

2.2 | Opisthokonta

2.2.1 | Phylogenese

Die Opisthokonta (griech. Hinterpolige, Bezug auf die Position der Geißel) sind eine vielfältige Gruppe, die die Mehrheit aller Arten auf unserem Planeten einschließt. Hierzu gehören koloniebildende Flagellaten, verschiedene Gruppen der Amöben, „faserige“ Lebewesen ohne Geißelstadien (Pilze) und bewegliche vielzellige Organismen mit begeißelten Spermien (Tiere) (Abb. 6). Einige Autoren halten die Opisthokonta für eine basale Gruppe der Eukaryoten, vielleicht sogar für die Schwestergruppe aller übrigen „Reiche“. Die nächsten Verwandten der Opisthokonta sind wahrscheinlich die Amoebozoa. Interessanterweise kommen amöboide Zellen auch bei den Tieren häufig vor. Es scheint, dass die basale Verzweigung der Opisthokonta zwischen den Pilzen und den Tieren (Holozoa) stattgefunden hat und dass demnach alle einzelligen Vertreter der Opisthokonta zu diesen beiden Linien gehören. Man kann jedoch nicht ausschließen, dass zu den Opisthokonta oder Holozoa auch Organismen gehören, die wir bis jetzt kaum kennen (z.B. die Aphelidea, rätselhafte Endoparasiten von Algen mit opisthokonten Geißelstadien).

Abb. 6

Verwandtschaftsdiagramm der Opisthokonta.

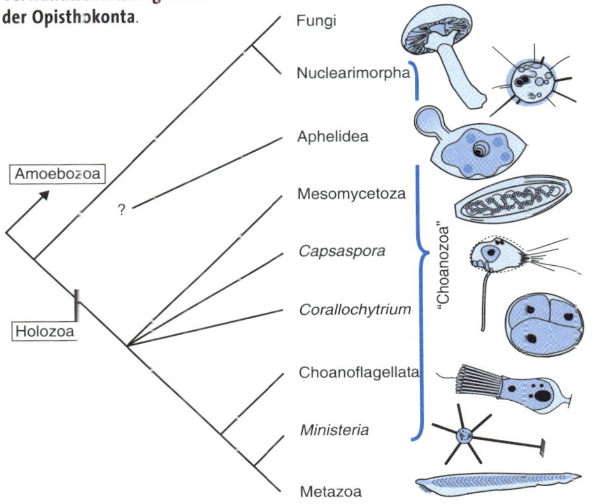

Merkmale

2.2.2 Diagnose

Apomorphien der Opisthokonta:

- **Eine „Schubgeißel“.**
- **Mitochondrien mit flachen Cristae (bei anderen Organismen überwiegen röhrenförmige Cristae).**
- **Kollagen, eine spezifische Art der Biosynthese von Sterolen, Glykogen als Hauptspeicherstoff.**
- **Molekularbiologische Merkmale.**

Alle einzelligen Geißelstadien (falls vorhanden) der Opisthokonten haben **eine Schubgeißel** am hinteren Ende der Zelle. Die Geißel schiebt den Zellleib nach vorne. Die übrigen Eukaryoten haben üblicherweise zwei terminale Geißeln, und falls nur eine ausgebildet sein sollte, dann ist es stets die vordere, die dann als Zuggeißel wirkt. Die Monophylie der Opisthokonta wird aber vor allem durch molekularbiologische

Merkmale unterstützt: Sequenzen der Gene für rRNA und verschiedene Proteine, die einzigartige Insertion von einigen Aminosäuren im Elongationsfaktor-1α und ein besonderer Typ des Gens für Tyrosyl-tRNA-Synthetase. Letzteres wurde wahrscheinlich am Anfang der Evolution der Opisthokonta von endosymbiontischen Archaeen geliefert.

2.3 Holozoa

2.3.1 Phylogenese und Vielfalt

Das erst 2002 gebildete Taxon der **Holozoa** (griech. Gesamttiere) umfasst die **Metazoa** (griech. Nachtiere), vielzellige Tiere, **und die einzelligen Vertreter ihrer Stammlinie** (Abb. 6). Die Evolution von der einzelligen Stammart der Opisthokonta bis zur Stammart der Metazoa war lang und der Stammbaum ist reich verzweigt. Nach und nach wurden weitere einzellige Organismen in die **Stammlinie der Tiere** gestellt: Mesomycetozoa, Capsaspora, Corallochytrea, Ministeriida, Choanoflagellata. In der älteren Literatur wurden diese Taxa noch mit den Nuclearimorpha zum „Stamm der Choanozoa" zusammengefasst. Allerdings sind die Nuclearimorpha wahrscheinlich die Schwestergruppe der Pilze (Abb. 6).

1. **Mesomycetozoa** (= Ichthyosporea) sind unter den kürzlich beschriebenen Gruppen am vielfältigsten. Einige bilden begeißelte Sporen, alle haben Zellwände, manche enthalten wahrscheinlich Chitin. Manche Arten weisen in ihrem Entwicklungszyklus Stadien auf, die an Hyphen, Sporen oder Zysten von Pilzen erinnern. Einige Arten wurden traditionell auch den Pilzen zugeordnet. Es handelt sich üblicherweise um Parasiten oder Kommensalen von Wirbeltieren, Arthropoden und Mollusken, seltener auch um freilebende Organismen.
2. ***Capsaspora*** ist ein symbiotischer, sich amöboid bewegender Organismus, der kürzlich in Gastropoden entdeckt wurde und zunächst den Nuclearimorpha zugeordnet worden war.
3. **Corallochytrea** haben dünne Zellwände und weder Geißeln noch Pseudopodien. Ihr Entwicklungszyklus schließt multiple Zellteilungen innerhalb der Mutterzelle und die nachfolgende Freigabe länglicher amöboider Sporen durch Zellwand-Poren der Mutterzelle ein.
4. **Ministeriida** sind winzige und seltsame marine „Protozoen" mit 20 strahlenartigen Filopodien, die – im Gegensatz zu Choanoflagellaten – keinen Kragen bilden. Manchmal setzen sie sich mit einem Stiel, einer modifizierten Geißel, auf einer Unterlage fest.
5. **Choanoflagellata** – diese Gruppe werden wir im nächsten Kapitel ausführlicher vorstellen.

Choanoflagellata (Kragengeißeltierchen)

2.3.2

Choanoflagellaten sind einzellige, einzeln oder in Kolonien lebende, marine oder limnische Organismen. Üblicherweise sind sie festsitzend und verfügen häufig über eine gelatinöse Hülle, die mit feinen Silikat-Schuppen besetzt sein kann.

Das auffälligste und namensgebende Merkmal der Choanoflagellaten ist der **Kragen**: ein Kreis von 15–20 zytoplasmatischen Ausläufern, die von einem Aktinzytoskelett gestützt werden und durch ein schleimiges oder faseriges Netzwerk miteinander verbunden sind. Dieser Kragen bildet einen Trichter um eine lange Geißel (Abb. 7). Die Ausläufer sind ähnlich gebaut wie die feinen Pseudopodien, sogenannte Filopodien, der amöboiden Einzeller, sie sind jedoch kreisförmig angeordnet. Sinusoide, wellenartige Geißelbewegungen strudeln Wasser aus dem Kragen heraus und leiten gleichzeitig Wasser aus der Umgebung zu den Filopodien. Mikroskopisch kleine Nahrungspartikel werden an der äußeren Oberfläche des Kragens festgehalten und an der Basis der Filopodien aufgenommen. „Kragengeißelzellen“ finden wir in Geweben mancher Tiergruppen (u.a. in den Exkretionsorganen der Cephalochordaten). Die spezifische Form und Funktion bei der Nahrungsaufnahme ist jedoch einzigartig für die Choanoflagellata und Porifera. Wie bei Metazoen, ist auch bei Choanoflagellaten senkrecht zum Basalkörperchen der Geißel (1. Zentriol) ein **zweites, akzessorisches Zentriol** ausgebildet; eine quergestreifte Cilienwurzel (wie bei den Metazoen) fehlt jedoch.

In **Kolonien** sind die Zellen über zytoplasmatische Brücken miteinander verbunden, deren Ultrastruktur noch unbekannt ist. Es scheint aber, dass es sich hierbei nicht um echte zwischenzelluläre Verbindungen handelt, wie wir sie von den vielzelligen Tieren kennen. Kolonien von Choanoflagellaten können flach oder kugelig sein. Der innere Hohlraum der Kolonie kann mit schleim- oder gelatinartigen Substanzen gefüllt sein, in der amöboide Zellen flotieren (Abb. 7). Eine derartige Kolonie erinnert an das Fragment des Schwammkörpers (Abb. 8). Das war auch der Hauptgrund, warum schon früh die nahe **Verwandtschaft der Choanoflagellaten mit den Schwämmen** angenommen wurde.

Sofern bekannt, erfolgt die **Fortpflanzung ungeschlechtlich** durch Zellteilung. Bei der koloniebildenden *Proterospongia* sind komplizierte Entwicklungszyklen mit dem Wechsel von einzelligen und vielzelligen Phasen

Abb. 7

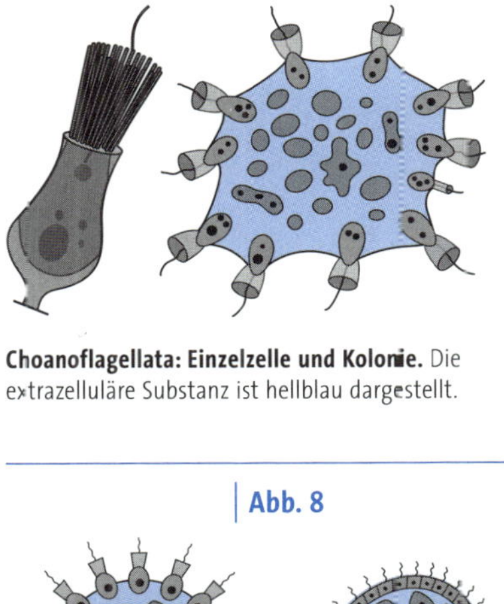

Choanoflagellata: Einzelzelle und Kolonie. Die extrazelluläre Substanz ist hellblau dargestellt.

Abb. 8

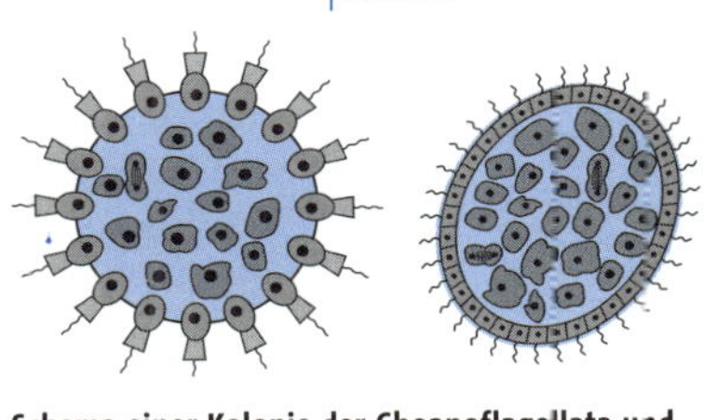

Schema einer Kolonie der Choanoflagellata und des Körpers eines Metazoen. Die extrazelluläre Substanz ist hellblau dargestellt.

bekannt, sowie Wechsel von frei beweglichen und festsitzenden Stadien. Einige sessile Choanoflagellaten bilden winzige bewegliche Zellen mit Schubgeißeln, die sowohl asexuelle Sporen als auch Gameten sein können. Es scheint, dass sich die **Zellen** der Choanoflagellaten **im Geißelstadium nicht teilen** können. Das Leben in einer Kolonie bedingt eine beginnende Spezialisierung in begeißelte Zellen mit Bewegungs- und Ernährungsfunktion und sich teilende, undifferenzierte Stammzellen. Dies ist auch bei den Metazoa so erhalten geblieben: Auch hier können sich Zellen nicht teilen, wenn sie eine Geißel tragen oder einen ihr ähnlichen Ausläufer/Fortsatz mit Mikrotubuli-Skelett aufweisen (z.B. Axone der Nervenzellen).

2.4 | Metazoa („Vielzeller", Tiere i.e.S.)

2.4.1 | Merkmale

Die Merkmale, die wir mit den vielzelligen Tieren assoziieren, sind nicht zeitgleich entstanden. Um die Evolution der Metazoa zu verstehen, müssen wir die für sie typischen Merkmale herausarbeiten und die Evolution jedes einzelnen Merkmals separat verfolgen.

Diagnose

Apomorphien der Metazoa:

- **Vielzelliger Körper und differenzierte Gewebe.**
- **Bewimperte, ursprünglich monociliäre Zellen, Basalkörper.**
- **Spezialisierte Gametogenese.**
- **„Opisthokonte" Spermien.**
- **Furchung.**
- **Mitochondriales Genom.**

Vielzelliger Körper und differenzierte Gewebe. Das auffälligste Merkmal der Metazoa ist ihr vielzelliger Körper, der aber keine Kolonie von mehr oder weniger unabhängigen Zellen ist. In einem vielzelligen Körper sind die Zellen ungleich stärker spezialisiert und morphologisch und funktionell differenziert. Zellen gleicher Herkunft bilden Verbände (sogenannte **Gewebe**), in denen sie untereinander kommunizieren, zusammenarbeiten und sich gegenseitig beeinflussen (Burda, Allg. Zoologie, 2005, 1.2). Die Aussendung spezifischer **chemischer Signale** zwischen den Zellen, die dem gegenseitigen **Erkennen der Zellen, ihrer Adhäsion, sowie dem Erhalt der Körperform und der einzelnen Organe** dienen, ist eine gemeinsame Eigenschaft aller Metazoen (siehe auch Box 9).

Grundtypen der Gewebe der Metazoa sind das Epithel- und das Bindegewebe, die voneinander jeweils durch eine Basallamina (= Basalmemb-

Box 9

„Gene und Moleküle für die Vielzelligkeit"

Die Choanoflagellaten sind für das Verständnis der Entstehung der Vielzelligkeit extrem interessante Modellorganismen. Daher werden ihre **Gene und Proteine** derzeit besonders intensiv erforscht. Die Forschung konzentriert sich vor allem auf diejenigen Moleküle, welche bei vielzelligen Tieren die Vielzelligkeit regulieren, also auf den Komplex von Proteinen und Zuckern, die sich an der **Adhäsion von benachbarten Zellen in Geweben,** an dem **zwischenzellulären Transport** und der **zwischenzellulären Signalgebung** beteiligen. Ein großer Teil der Gene, die für die Synthese dieser Moleküle verantwortlich sind, wurden auch bei Choanoflagellaten gefunden, jedoch nicht bei andern Eukaryoten. Vermutlich wurden diese **Gene an der Basis der Holozoa entwickelt. Für den Funktionskreis der Vielzelligkeit wurden sie offensichtlich erst nachträglich relevant.** Dieselben Moleküle können bei den Choanoflagellaten dem Erwerb von Informationen über Umweltänderungen, sowie der Verbindung von Zellen (bei sexueller Fortpflanzung, falls vorhanden, der Entstehung der Kolonien) oder dem Erkennen der spezifischen Beute dienen.
Aber natürlich könnte es auch anders gewesen sein: Die Hypothese, dass die **Choanoflagellaten nur vereinfachte Poriferen** sind, erfährt in den letzten Jahren wieder Zuspruch, denn einige Pilze sind wahrscheinlich auch sekundär einzellig und unter den vielzelligen Tieren finden wir ebenfalls eine extrem vereinfachte Gruppe (Myxosporea), die noch bis vor kurzem zu den „Einzellern" gestellt wurde. Molekulare Daten unterstützen diese Hypothese allerdings nicht und der deutliche Unterschied zwischen dem Mitochondriengenom der Choanoflagellata und dem sekundär stark reduzierten Mitochondriengenom der Metazoen widerlegt diese Meinung eindeutig.

ran) getrennt sind (Abb. 9). Das **Epithelgewebe** (Auskleidungsgewebe) ist ein geschlossener Zellverband ohne nennenswerte interzelluläre Räume (Burda, Allg. Zoologie, 2005, 1.2.3). Die Zellen sind häufig polarisiert (strukturell und funktionell asymmetrisch) und auf verschiedene Arten untereinander verbunden. Die Haupttypen der interzellulären Verbindungen sind: verschließbare Verbindungen (occluding junctions), Desmosomen und gap junctions (Box 10, Abb. 10).

Bindegewebe (Burda, Allg. Zoologie, 2005, 1.2.4) sind lockerer organisiert, mit einzelnen in die extrazelluläre Substanz eintauchenden Zellen. Diese liegen entweder frei in der Substanz oder sind über Desmosomen und andere zwischenzelluläre Verbindungen miteinander verbunden. Die

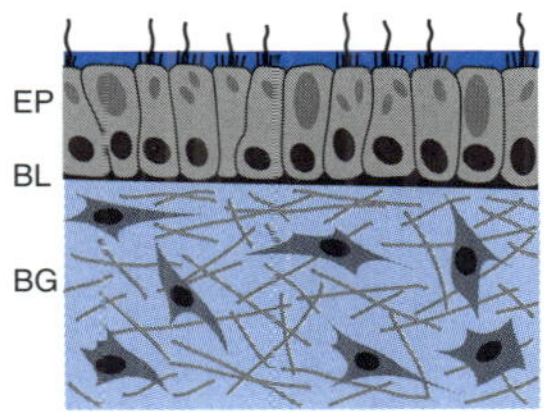

Abb. 9

Aufbau der Haut im Querschnitt. BG Bindegewebe, **BL** Basa lamina, **EP** Epithel.

Box 10

Interzelluläre Verbindungen

▶ **Verschließbare Verbindungen** (occluding junctions) isolieren die zwischenzellulären Räume von der Außenwelt. Der Inhalt der zwischenzellulären Flüssigkeit wird durch die Tätigkeit benachbarter Zellen kontrolliert. Ein Subtyp, die **tight junction** (enge Verbindung), kommt bei Manteltieren und Wirbeltieren vor, der zweite Subtyp, die **trennwandige Verbindung**, bei den meisten anderen Metazoen.

▶ **Desmosomen** sind lokale, punktuelle Verbindungen, die aus zwei Haftplatten an der Oberfläche von benachbarten Zellmembranen bestehen. Der Raum zwischen den Membranen ist mit faserigem Material (Cadherine) gefüllt und im Zytoplasma durch Aktinfilamente verankert. So entstehen Paare oder Gruppen von Zellen, die gemeinsam ihre Form verändern können. Desmosomen gibt es schon bei frühen embryonalen Stadien. Sie haben die unglaubliche Vielfalt an ontogenetischen Prozessen und Formveränderungen im Wesentlichen ermöglicht. Die enge Verbindung zwischen den Zellen und ihrer Basallamina bzw. die Verankerung in der extrazellulären Substanz wird durch einen besonderen Typ von Zellverbindungen gewährleistet, die sogenannten **Hemidesmosomen**.

▶ **Gap junctions** sind zytoplasmatische Kanäle in den Zellmembranen benachbarter Zellen. Sie dienen dem Austausch von Stoffen und Informationen. Jede gap junction wird durch zwei Sechserpakete von Polypeptiden gebildet, die ringförmig angeordnet sind und einen interzellulären zytoplasmatischen Kanal umschließen. Gap junctions bilden sich schon sehr früh in der Ontogenese aller Eumetazoen. Sie sind bei z.B. Mollusken bereits ausgebildet, wenn erst zwei Blastomere entwickelt sind. Ihnen kommt wahrscheinlich eine Schlüsselbedeutung bei der Regulation von Entwicklungsprozessen zu.

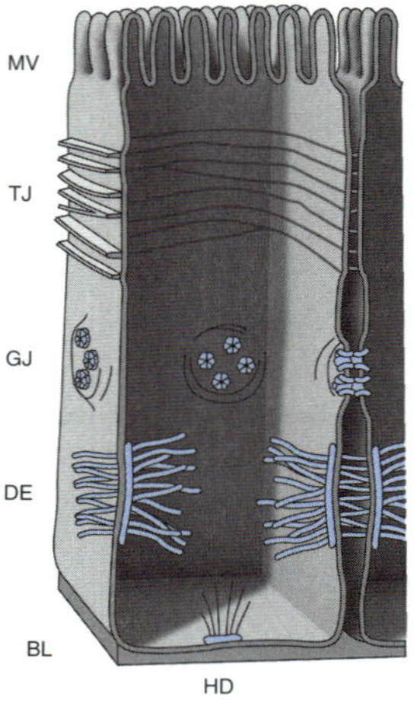

Abb. 10 | **Typen zwischenzellulärer Verbindungen. BL** Basallamina, **DE** Desmosom, **GJ** gap junction, **HD** Hemidesmosom, **MV** Mikrovilli, **TJ** tight junction (nach Ruppert et al. 2003).

extrazelluläre Substanz ist netzwerkartig angeordnet und enthält **Kollagenfasern** und verschiedene Glykoproteine.

Cilien. Viele Zellen der Metazoen sind bewimpert, ursprünglich wahrscheinlich **mit nur einer Cilie (monociliär)**. Die Cilien der Tiere weisen den einheitlichen Aufbau aller Eukaryoten-Cilien auf (siehe Burda, Allg. Zoologie, 2005, 1.1.3.5). Cilien sind Zytoplasmaausläufer, die von einem regelmäßigen Bündel von **Mikrotubuli**, Axonema, gestützt werden. Zwei zentrale Mikrotubuli werden von neun Mikrotubuli-Paaren umgeben, ein Muster, das mit 9×2 + 2 oder 9 + 2 angegeben wird. Abweichungen von diesem Muster sind selten und phylogenetisch bedeutend. Längere einzeln stehende Cilien werden als **Geißel (Flagellum)** bezeichnet. Charakteristisch für Geißeln von Tieren sind quergestreifte **Cilienwurzeln** und zwei gegeneinander senkrecht gestellte **Zentriolen**, wobei eines als **Basalkörperchen** der Geißel fungiert (Abb. 11).

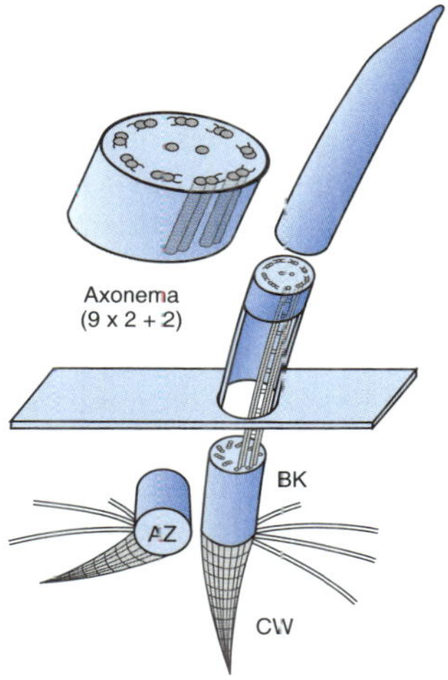

Abb. 11

Ultrastruktur der Geißel einer tierischen Zelle. **AZ** akzessorisches Zentriol, **BK** Basalkörperchen, **CW** Cilienwurzel (nach Ruppert et al. 2004).

Gametogenese und Spermium. Die Prozesse der Gametogenese (Entstehung der Keimzellen), die **Oogenese** (Bildung der Eizellen) und die **Spermatogenese** (Bildung der Spermien), sind weitgehend vergleichbar (Abb. 12). Aus einer diploiden Mutterzelle (Oozyt oder Spermatozyt) entstehen vier haploide Zellen. **Aus dem Oozyten** gehen **ein befruchtungsfähiges Ei und drei Polzellen** (Polozyten) hervor, letztere gehen üblicherweise schnell unter. Die Produktion eines großen, mit Nährstoffen gefüllten Eies ist teuer und Tiere können es sich offensichtlich nicht leisten, aus jedem Oozyten vier gleichwertige Eier zu bilden. Auf der männlichen Seite entstehen **aus einem einzigen Spermatozyten vier materialarme, gleichwertige Spermien** mit einer spezifischen Struktur (Abb. 13, Burda, Allg. Zoologie, 2005, 4.8.1, 4.9.1).

Abb. 12

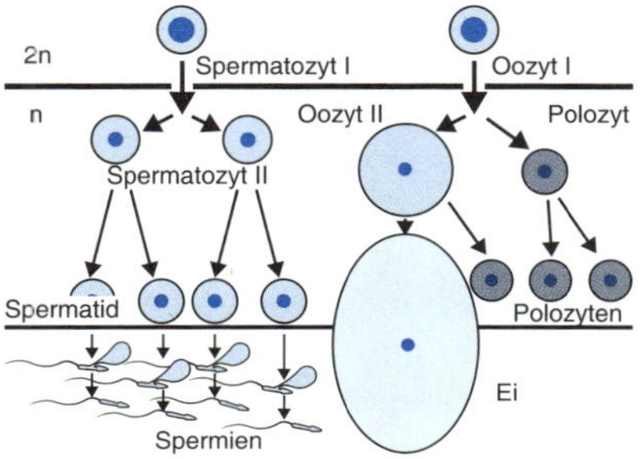

Vergleich der Spermatogenese und der Oogenese (nach Burda 2005, Ax 1996).

Abb. 13

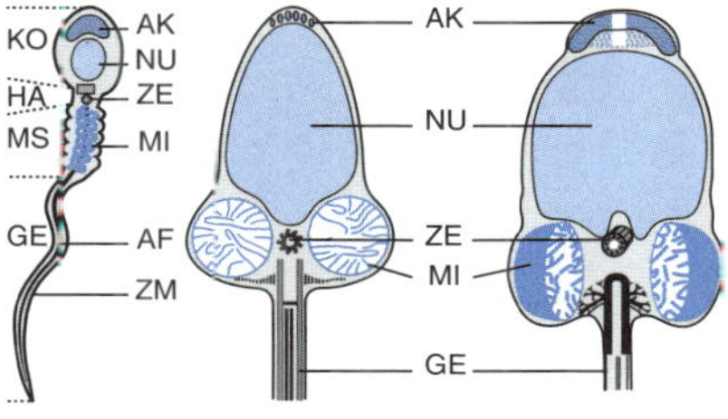

Bau eines Spermiums mit unterschiedlich angeordneten Akrosombläschen. **AF** Achsenfaden, **AK** Akrosom, **GE** Geißel, **HA** Hals, **KO** Kopf, **MI** Mitochondrium, **MS** Mittelstück, **NU** Nucleus, **ZE** Zentriol, **ZM** Zellmembran (nach Ax 1996, aus Burda 2005).

Furchung. Bei der Furchung wird das Material der Zygote anfänglich auf mehrere Zehn- bis Hunderte kleinere Tochterzellen (**Blastomeren**) verteilt, ohne dass Zellwachstum oder Proteinsynthese stattfinden (siehe Burda, Allg. Zoologie, 2005, S. 50-52; Abb. 14). Die embryonale Entwicklungsdauer wird im Wesentlichen durch die Geschwindigkeit der mitotischen Teilungen und der üblichen Zellteilung vorgegeben. Da der Inhalt des Eies von Anfang an biochemisch und zytologisch nicht homogen verteilt ist, stellt die Furchung einen einfachen Weg zur anfänglichen **Differenzierung der Blastomere** dar. Der mütterliche Organismus selbst sorgt über Transkriptionsfaktoren und Moleküle der Signalbahnen dafür, dass das Ei nicht homogen ist. So entstehen die Grundachsen des künftigen Embryos, um die sich Zellen der künftigen Gewebe organisieren (Burda, Allg. Zoologie, 2005, 1.3.7.3, Abb. 15).

Die **Furchungstypen** dienten lange als Merkmale, mit denen die „Tierstämme" im System eingeordnet wurden. Tatsächlich kann uns der Furchungstyp als grobe Orientierung dienen, seine phylogenetische Relevanz ist allerdings ziemlich schwierig zu beurteilen. Dies liegt insbesondere daran, dass viele „Stämme" ihren eigenen, ganz einzigartigen Furchungstyp entwickelten. Generell können wir folgende Furchungstypen unterscheiden: Radiär-, Bilateral- und Spiralfurchung (Abb. 14).

Bei der **Radiärfurchung** (z. B. bei Cnidaria) wird nur eine einzige Achse des künftigen Embryos gebildet, die Apikal-Blastoporus-Achse.

Bei der oberflächlich ähnlichen **Bilateralfurchung** der meisten Deuterostomia ist die Situation komplizierter, denn die erste Teilung erfolgt median, die zweite Teilung folgt quer dazu, also anterio-posterior.

Die **Spiralfurchung**, die wir bei Lophotrochozoa finden, ist hinsichtlich der räumlichen Anordnung der Blastomere und ihres ontogenetischen Schicksals evident abgeleitet. Die ersten zwei schräg erfolgenden Teilungen der Zygote bilden quer durch die Apikal-Blastoporus-Achse vier Quadranten. Die dritte Teilung führt zu vier kleinen Blastomeren (Mikromeren) und vier großen Makromeren im Bereich des Blastoporus. In Verlauf der Furchung entstehen weitere Generationen von Mikromeren, die sich asymmetrisch aus der kontinuierlichen Linie der Makromeren abspalten.

Auf die Furchung folgen weitere einzigartige Prozesse, so z.B. die **Migration ganzer Zellpopulationen** in spezifische Regionen des Embryos (Gastrulati-

Abb. 14

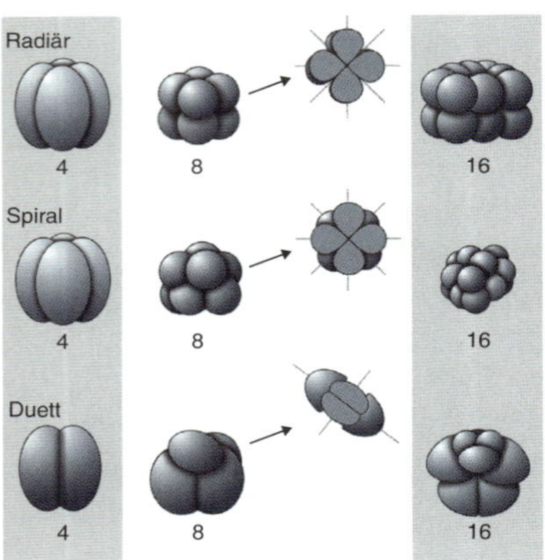

Schema der ersten drei Zellteilungen bei drei verschiedenen Furchungstypen: Radiärfurchung, Spiralfurchung, Duettfurchung (s. S. 74); angegeben ist die Zahl der Blastomere (nach Zrzavý 2006).

on). Für die **Differenzierung des Embryos** sind u.a. asymmetrische Zellteilungen notwendig. Dabei entstehen aus einer sogenannten **Stammzelle** eine weitere Stammzelle und eine Zelle, die sich weiter differenziert. Es entsteht daher der Eindruck, dass die Stammzelle ein und dieselbe bleibt, die ständig Zellen des neuen Typs abschnürt.

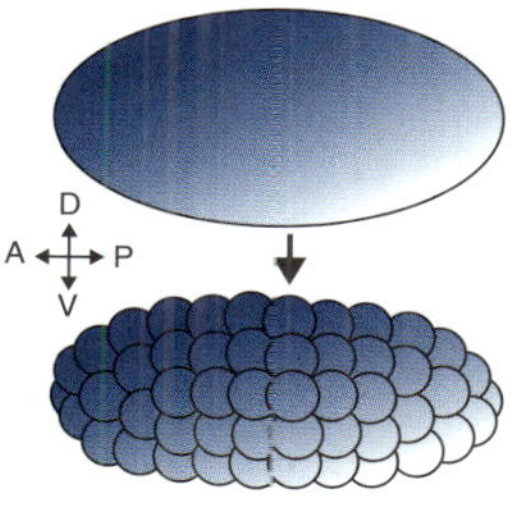

Abb. 15

Entstehung der Körperachsen aus der räumlichen Anordnung des Eies. A anterior, **D** dorsal, **P** posterior, **V** ventral (nach Zrzavý 2006).

Mitochondrien. Die Mitochondrien der Metazoen unterscheiden sich deutlich vom ursprünglichen Typ der „Einzeller" („Excavata"). Das mitochondriale Genom der Tiere ist mit 37 dicht gepackten Genen vergleichsweise klein (circa 16.000 Nukleotide). Es weist zudem eine ungewöhnliche Struktur der Transfer- und ribosomalen RNA und viele Abweichungen vom ursprünglichen genetischen Code auf. Im Vergleich dazu ist das mitochondriale Genom der Choanoflagellata viermal länger, enthält über 50 Gene und es fehlen ihm die erwähnten Innovationen der Tiere.

Abb. 16

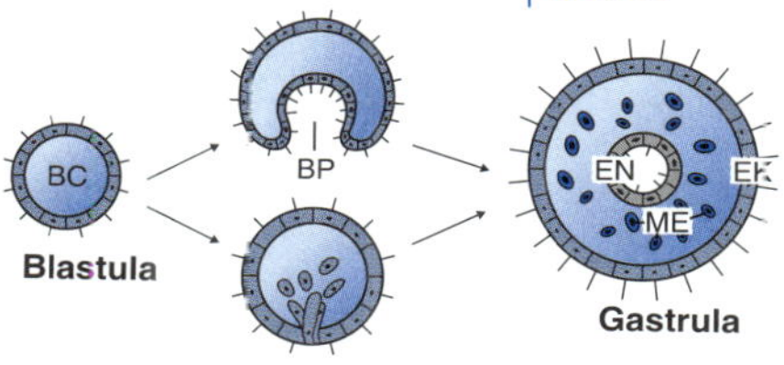

Zwei Arten der Gastrulation: durch Invagination des Ektoderms (oben), durch Einwanderung entodermaler Zellen (unten). **BC** Blastocoel, **BP** Blastoporus, **EK** Ektoderm, **EN** Entoderm, **ME** Mesoderm.

Wie sahen die ersten Tiere aus?

2.4.2

Es ist schwierig sich vorzustellen, wie die ersten Tiere ausgesehen haben mögen. Nach dem heutigen Stand der Kenntnisse handelte es sich wahrscheinlich um **marine Bodenorganismen** (vielleicht beweglich, vielleicht festsitzend). Der Grad ihrer Differenzierung ist nur schwer abzuschätzen, aber wir nehmen an, dass ihre **Oberfläche mit monociliären Zellen** besetzt war, die der Bewegung und Nahrungsaufnahme dienten, und dass sie im **Inneren geißellose Stammzellen aufwiesen**. Sie verfügten wahrscheinlich noch über **keine nennenswerte Körpersymmetrie** und ihnen **fehlte ein Nerven- und Muskelsystem**. Diese Systeme, wie auch Sinnesorgane, Verdauungstrakt und Keimdrüsen, wurden erst sukzessive entwickelt (siehe auch Box 11).

Wann entstanden die Tiere?

2.4.3

Zu Beginn des Paläozoikums, **vor etwa 540–550 Millionen Jahren** hat ein präzedenzloses Ereignis stattgefunden, das das Leben auf der Erde für die nächste 500 Millionen Jahre maßgeblich geprägt hat, die **„Kambrische Explosion"** (Abb. 4). Wir sprechen von einer Explosion, da viele der heute

Box 11

Hypothesen über die Entstehung der Metazoen

Die ersten Kapitel zoologischer Lehrbücher werden traditionell den Hypothesen über die Entstehung der Vielzelligkeit gewidmet. Die meisten dieser Überlegungen sind allerdings 100-150 Jahre alt und heute überholt. Sie alle basieren entweder auf der vermuteten Analogie der embryonalen Entwicklung der Tiere und ihrer Phylogenese (nach der Haeckelschen Regel „die Ontogenese wiederholt die Phylogenese") (vgl. Burda, Allg. Zoologie, 2005, S. 79) oder auf Analogien zwischen kolonialen Grünalgen und den hypothetischen Vorfahren der Tiere. Allerdings handelte es sich hier um nur eine Transformation von einzelligen Holozoen in die ursprünglichen Metazoen. Wir sollten also dieses *einzigartige* phylogenetische Ereignis rekonstruieren und uns nicht um oberflächliche Analogien mit anderen Organismengruppen bemühen.

Eine Hypothese geht davon aus, dass die Stammart der Metazoa aus einer Kolonie einzelliger „Protozoen" hervorging. Sehr bekannt ist die **Gastrea-Hypothese** (und eine Reihe ihrer Modifikationen), die annimmt, dass am Anfang der Metazoa eine bewimperte und hohle Kolonie, **Blastea**, stand, die der Blastula entspricht, die in der Embryogenese einiger Metazoa auftritt. Im Zuge der Evolution der Blastea differenzierten sich vordere Bewegungszellen und hintere der Nahrungsaufnahme dienende Zellen. Die Nährzellen stülpten (invaginierten) sich nach innen, wodurch eine sogenannte **Gastrea** entstand, die dem Gastrulastadium der Embryogenese stark ähnelt. Auf diese Weise entstanden zwei Zellschichten: das der Bewegung dienende äußere **Ektoderm** und das innere, auf Verdauung spezialisierte **Entoderm**. Die beiden Schichten hingen an der Stelle zusammen, an der die Invagination des Entoderms stattgefunden hat – hier entstanden nun eine Aufnahme- und gleichzeitig auch eine Ausstoßöffnung. Beide, Blastea und Gastrea, konnten sich schwimmend und auch kriechend fortbewegen und verfügten über eine Achsen- oder auch bilaterale Symmetrie (dann sprechen wir von der Bilaterogastrea oder – in einer etwas abgewandelten Version – von einer **Placula**).

Das **Grundproblem dieser Hypothesen** ist **die Annahme, dass alle Embryonalstadien heutiger Tiere die Phylogenese rekapitulieren.** In der zweiten Hälfte des 19. Jahrhunderts, als die Gastrea-Hypothese entwickelt wurde, war die Embryogenese vor allem von den Gruppen bekannt, die man gut erforschen konnte, da ihre Eier wenig Dotter aufweisen. Solche Embryonen durchlaufen tatsächlich oft die Stadien der Hohlblastula und der Invaginationsgastrula. Die Gastreahypothese leitet die Entstehung der Metazoa im Wesentlichen aus der Embryogenese des Lanzettfischchens ab, denn bei wirklich basalen Metazoa-Taxa finden wir die oben beschriebenen Embryonalstadien nur ausnahmsweise. Die Parallelen zwischen der Gastrea-Hypothese und der Larvalentwicklung heutiger Tiere sind umstritten. Zurzeit ist unsicher, ob komplizierte Entwicklungszyklen mit planktonischen Larven zum Grundmuster der Metazoa gehören. Da die universelle Gültigkeit der Rekapitulationsregel schon seit langem obsolet ist, gibt es auch keinen Grund mehr anzunehmen, dass Embryonen und Larven (mit eigenen Spezialanpassungen) mehr phylogenetische Informationen liefern als Adultstadien.

Einige Mängel der Gastrea-Hypothese werden durch die **Phagozytela- oder Parenchymula-Hypothese** oder die (nur im Detail abweichende) **Planula-Hypothese** überwunden. Sie nehmen an, dass alle Zellen einer Kolonie von Einzellern zur Nahrungsaufnahme durch Phagozytose fähig waren. Einige dieser Zellen reduzierten ihre Geißel und wandelten sich in amöboide Zellen um, die das Innere der Kolonie ausfüllten. Diese Spezialisierung in Zellen, die der Bewegung oder der Nahrungsaufnahme dienen, wurde beibehalten. Von der Gastrea unterscheidet sich die Phagozytela vor allem dadurch, dass sie weder Mund noch Darm aufweist und dass die Entwicklung der Körperorganisation nicht auf der koordinierten Bewegung einer ganzen Zellschicht im Verlauf der Invagination, sondern vielmehr auf der individuellen Migration einzelner Zellen ins Kolonieinnere beruht (vgl. Abb. 16; Burda, Allg. Zoologie, 2005, Kap. 1.3.2.1).
Um Missverständnis zu vermeiden, möchten wir betonen, dass die Autoren dieser Theorien, Haeckel, Metschnikov, Bütschli und andere, zu damaligen Zeiten nur intuitiv arbeiten konnten, denn von der Phylogenese der Tiere wusste man vergleichsweise wenig. Kritik verdient allerdings das unreflektierte Wiederholen dieser altertümlichen Vorstellungen zu einer Zeit, in der diese Konzepte nur noch von historischem Interesse sind.

bekannten Baupläne zeitlich mehr oder weniger synchron auftauchten. Aus diesem Zeitraum lassen sich **erste Vertreter vieler „Tierstämme" fossil nachweisen**. Das Kambrium ist auch die erste geologische Periode, aus der wir Fossilien, einschließlich Weichgewebe und Embryonen kennen, die so vollkommen erhalten sind, dass sogar die Grenzen zwischen einzelnen Zellen sichtbar sind. Berühmte Lagerstätten sind der Burgess-Schiefer in British Columbia oder die unlängst entdeckte Fundstelle im südchinesischen Yunnan.

Ältere, **präkambrische Fossilien** weisen z.T. so große Unterschiede zur heutigen Fauna auf, dass es sehr schwierig ist, sie in das System der bekannten Tiere einzuordnen. Verschiedene präkambrische Fossilien werden für Verwandte der Arthropoden, Cnidarier oder Mollusken gehalten.

Auf jeden Fall wissen wir, dass im Präkambrium vor circa 590–550 Millionen Jahren, in dem sogenannten **Ediacarium** („Ediacara" oder „Vend"), auf der Erde bereits relativ große vielzellige Organismen lebten. Dieselben Organismen werden verschiedentlich als Algen, Pilze, Flechten oder Tiere eingestuft und einem „Reich" **Vendozoa (Vendobionta)** zugeordnet, das vollständig ausgestorben sein soll. Allerdings gibt es Hinweise, dass einige Vertreter zumindest bis zum Kambrium überlebt haben. Aufgrund vieler Unsicherheiten konnten diese Organismen zum Verständnis der Evolutionsgeschichte heutiger Tiere bislang kaum etwas beitragen.

Wie kam es zur kambrischen Explosion? Gab es wirklich eine explosionsartige Entstehung neuer Tiergruppen oder könnte es sein, dass viele Gruppen, die schon in Präkambrium existierten, erst seit dem Kambrium fossil nachweisbar sind, da sie erst dann Hartgewebe entwickelten und an Größe zunahmen? Die ausgeprägte morphologische Diversität und die weiten geographischen Verbreitung frühkambrischer Tiergruppen (z.B. Trilobiten) werden als Argument dafür benutzt, dass sie bereits eine längere, wenn auch versteckte Evolutionsgeschichte hinter sich haben. Möglicherweise handelt es sich bei der Interpretation der kambrischen Explosion auch um ein methodologisches Artefakt. In Richtung Erdaltertum nimmt die Zahl gut erhaltener Erdschichten ab, denn je älter eine geologische Schicht ist, desto höher ist die Wahrscheinlichkeit, dass sie durch geologische Ereignisse beeinflusst und ihre Fossilien zerstört wurden.

Die **Analysen molekularer Sequenzen** deuten in der Tat darauf hin, dass viele bedeutende Stämme der gegenwärtigen Fauna, z.B. Arthropoden oder Chordaten, bereits im Präkambrium auftraten. Die Radiation der Bilateria erfolgte vor etwa 570–700, nach anderen Analysen bereits vor 920 Millionen Jahren. Allerdings lässt die Genauigkeit dieser Datierung zu wünschen übrig.

Kurz und gut: Wir wissen nicht, ob es eine kambrische Explosion wirklich gab. Möglicherweise umfasste sie auch nur einige Taxa. So sind die **Lophotrochozoa, zu denen die Mollusken, Brachiopoden und Anneliden gehören, vermutlich wirklich während des Kambriums** entstanden. Die **basalen Aufspaltungen vieler anderer „Tierstämme"** erfolgten **wahrscheinlich aber schon im Präkambrium**.

Fragen

1 Nennen Sie die sechs Reiche der Eukaryoten und führen Sie aus, in welches Reich die Tiere einzuordnen sind.

2 Welcher von den aufgeführten Organismen steht den Tieren am nächsten: a) *Amoeba*, b) Steinpilz, c) *Trypanosoma* (Erreger der Schlafkrankheit), d) Grünalge?

3 Nennen Sie drei diagnostische Merkmale (Apomorphien) der Opisthokonta.

4 Nennen Sie einige Angehörige der Holozoa, die nicht zu den Metazoa zählen.

5 Welche Ähnlichkeiten bestehen zwischen Choanoflagellaten und Schwämmen und welche Gemeinsamkeiten gibt es zwischen Choanoflagellaten und Metazoen.

6 Führen Sie einige Apomorphien der Metazoa auf. Welche Hypothesen über die Entstehung der Vielzelligkeit kennen Sie?

7 Wie sind Cilien der Metazoen aufgebaut und welche Cilientypen werden unterschieden?

8 Welche grundsätzlichen Furchungstypen kennen Sie?

9 Wann entstanden die Tiere und was verstehen wir unter der kambrischen Explosion?

10 Welches von den folgenden Merkmalen ist nicht exklusiv für die Metazoen (und warum nicht): a) Glykogensynthese, b) Eifurchung, c) bewimperte Zellen mit Basalkörpern, d) Spermien mit Schubgeißel, e) Gap-junctions.

Basale Metazoa | 3

Inhalt

Zu den „basalen“ Metazoa zählen: **Porifera** (Schwämme), **Ctenophora** (Rippenquallen), **Cnidaria** (Nesseltiere) und **Placozoa** („Flachtiere“) (Abb. 17). Die Porifera werden üblicherweise als sogenannte **Parazoa** allen anderen Tieren gegenübergestellt, die als **Eumetazoa** zusammengefasst werden. Die Parazoa verfügen über keine echten Gewebe und ihre Körperfunktionen werden durch die Aktivität einzelner Zellen gewährleistet. Dem mitochondrialen Genom der Eumetazoa fehlen drei bis vier der ursprünglichen Gene der Porifera. Eumetazoa weisen neue Zell- und Gewebetypen auf: Sinnes-, Nerven- und Muskelzellen, sowie gap junctions zwischen den Epithelzellen. Die Epithelien ursprünglicher Eumetazoa sind in zwei Schichten differenziert; in eine ektodermale Oberhaut und eine entodermale Darmschleimhaut. Es gibt **zwei Hypothesen, die die Unterschiede in der Körperorganisation erklären**: (1) Schwämme sind tatsächlich sehr ursprünglich, oder (2) sie haben viele Merkmale der Eumetazoa sekundär verloren. **Cnidaria und Ctenophora** werden **traditionell als Radiata bzw. Diploblastica** zusammengefasst, weil sie eine radiäre (strahlenförmige) Körpersymmetrie aufweisen und ihre Körper lediglich aus zwei Keimblättern gebildet werden, dem Ekto- und Entoderm. Allerdings sind die Verhältnisse in Wirklichkeit komplexer, da es sich hierbei um **eine künstliche Gruppierung** handelt. Die **phylogenetische Stellung der Placozoa bleibt unsicher**.

Porifera (Schwämme) | 3.1

Übersicht

Porifera (griech. Porentragende)

Größe, Morphologie. Bis 2 m. Sessile Organismen mit sehr unterschiedlichen Wuchsformen. Bei den meisten Arten kann von einer Körpersymmetrie kaum die Rede sein, einige Arten sind aber zumindest teilweise achsensymmetrisch und die planktonischen Larven der Schwämme wei-

Abb. 17

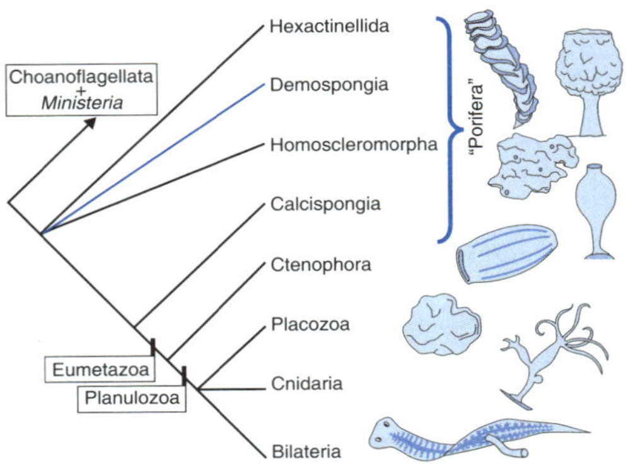

Verwandtschaftsdiagramm der basalen Metazoa. Die blauen Linien bezeichnen die Gruppen, deren Monophylie nicht gesichert ist. Die Placozoa sind möglicherweise basaler einzuordnen.

sen dieselbe Achsensymmetrie auf wie die einfachen Larven anderer Tiere. Die Körperwand besteht aus zwei Zellschichten und einer Zwischenschicht, die durch Fasern und anorganische Nadeln verfestigt ist. Der Körper eines adulten Schwamms gleicht einem Baukasten, der aus sich wiederholenden Modulen zusammengesetzt ist (verzweigte Kanälchen und Kämmerchen mit Kragengeißelzellen – Choanozyten). Porifera haben weder Mund- und Afteröffnung, noch einen Verdauungstrakt. Das Wasser tritt durch Poren zwischen einzelnen Zellen der oberflächlichen Körperschicht in den Körper ein, fließt durch das Kanälchensystem und verlässt den Körper durch eine oder mehrere Öffnungen, sogenannte Oscula (Abb. 18).

Vorkommen, Biologie. Weltweit, marin, einige Arten auch limnisch. Benthische, sessile Mikrofiltrierer, einige wenige Arten sind carnivor. Meist in tieferen oder stark beschatteten Bereichen, da Schwämme sehr schnell von Algen überwachsen werden; allerdings leben einige Arten auch in vollem Licht und in Symbiose mit Cyanobakterien. Schwämme haben kaum Feinde, dafür aber Raumkonkurrenten. Sie sind Gonochoristen oder Hermaphroditen; asexuelle Fortpflanzung durch Knospung, Bildung von Dauerstadien. Schwämme verfügen über totipotente Zellen und weisen eine enorme Regenerationsfähigkeit auf. Sie sind langlebige Organismen; einige Individuen der Art *Scolymastra joubini* aus dem Südpolarmeer sind schätzungsweise etwa 10.000 Jahre alt.

Systematik. Die Porifera sind möglicherweise eine künstliche Gruppierung von miteinander nicht näher verwandten basalen Metazoa (Abb. 17, Box 12): **Hexactinellida** (Glasschwämme), **Demospongia** (Hornkieselschwämme), **Homoscleromorpha**, **Calcispongia** (= Calcarea; Kalkschwämme). Hexactinellida und Demospongia werden als Kieselschwämme (Silicispongia = Silicea) bezeichnet, da ihre Nadeln aus Siliciumoxid bestehen. Jede Nadel entsteht intrazellulär in einzelnen Sklerozyten. Die Tiere teilen auch eine spezifische Kollagen-Form (Spongin), die in sogenannten Spongozyten gebildet wird. Aus dem Kambrium kennen wir eine Reihe sessiler Tiere, die üblicherweise für Schwämme ohne Skelettnadeln gehalten werden oder zumindest für Tiere mit einem ähnlichen Grad der Gewebedifferenzierung. Am bekanntesten sind die **Archaeocyatha**. Circa 9000 rezente Arten.

Box 12

Porifera und Anfänge der Metazoa

Nehmen wir einmal an, Schwämme wären wirklich para- oder sogar polyphyletisch. Dann könnte das Grundmuster der Stammart der Metazoa um weitere Merkmale erweitert werden: Entwicklungszyklus mit planktonischer Larve, ein sessiler Adultus mit Kollagenfasern im Mesophyl (aber ohne anorganisches Skelett) und ein Filtrationssystem aus Choanozyten. Die Stammart hätte sich filtrierend von gelösten organischen Stoffen und mikroskopischem Plankton ernährt. Die traditionelle Vorstellung, dass ein Tier durch Prädation (also durch Aufnahme größerer Nahrungspartikel) zum Tier wurde, könnte dann nicht weiter Bestand haben. Es gibt jedoch auch räuberische Schwämme (Cladorhizidae) aus der Gruppe der Demospongia. Sie zeigen uns, dass Filtration nicht die alleinige Ernährungsweise der Schwämme sein muss. Sie verfügen weder über Choanozyten noch über ein Filtrationssystem. Sie fangen makroskopisch große Beute auf ihren Nadeln und senden dann amöboide Zellen aus, um diese zu phagozytieren und die Nährstoffe anderen Körperzellen zuzutragen. Diese Anpassung erfolgte aber sicher sekundär.

Bedeutung. Schwämme bilden ein breites Spektrum von Toxinen gegen Prädatoren und Raumkonkurrenten (Korallen) aus – viele dieser Stoffe sind von potenzieller Bedeutung für die pharmazeutische Industrie. Das Skelett von *Spongia officinalis* wird seit langem als Badeschwamm genutzt, das Skelett von *Hippospongia equina* als Tafelschwamm.

Morphologie

3.1.1

Diagnose

Apomorphien der Porifera:

- **„Modularer Körperbau".**
- **Hoch spezialisierte Körperzellen wie Pinacozyten und Choanozyten.**
- **Viele Organe fehlen: Verdauungstrakt, Kreislaufsystem, Nervensystem, Gonaden.**

Der Körper ist aus Modulen aufgebaut. Jedes Modul stellt eine **Filtrationseinheit** dar und besteht aus einem **Ostium** (äußere mikroskopisch kleine Öffnung) – **zuführenden Kanälchen** – **Geißelkammern** – **abführenden Kanälchen**, die in einen inneren Hohlraum (**Atrium**) münden. Das Atrium öffnet sich über das **Osculum** nach außen (Abb. 18; 21).

Die verschiedenen Zelltypen der Porifera sind sehr kompliziert. **Pinacozyten** sind flache Zellen, die im Gewebeverband als sogenannte **Pinacoderm** die gesamte Oberfläche der Tiere und der Kanälchen bedecken (Abb. 19). **Choanozyten** (Kragengeißelzellen) kleiden die Geißelkammern des Körpers aus. Ihre Geißel (ohne quergestreifte Wurzeln) wird von 20–

Abb. 18

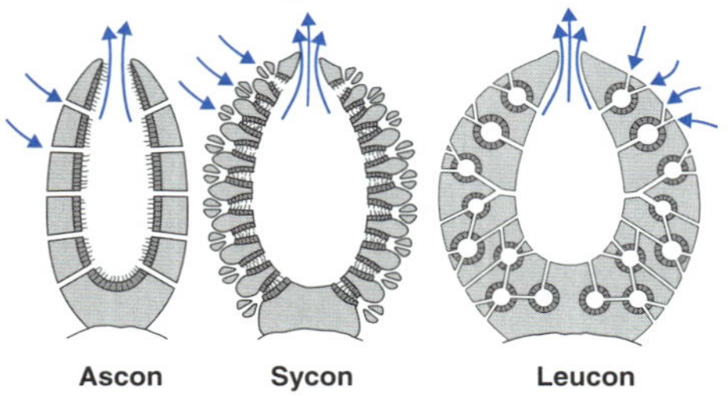

Baupläne verschiedener Schwämme. Die blauen Pfeile geben die Richtung des Wasserstroms an (nach Bayer, aus Lang et al. 1971).

Abb. 19

Struktur der Schwammwand des Ascontyps. AM Amoebozyt, **AR** Archaeozyt, **CH** Choanozyt, **ME** Mesohyl, **OS** Ostium, **OZ** Oozyt, **PI** Pinacozyt, **PZ** Porozyt, **SK** Sklerozyt, **SP** Spicula (nach Stempel, aus Lang et al.1971, <www.ucmp.berkeley.edu/porifera/pororg.html>).

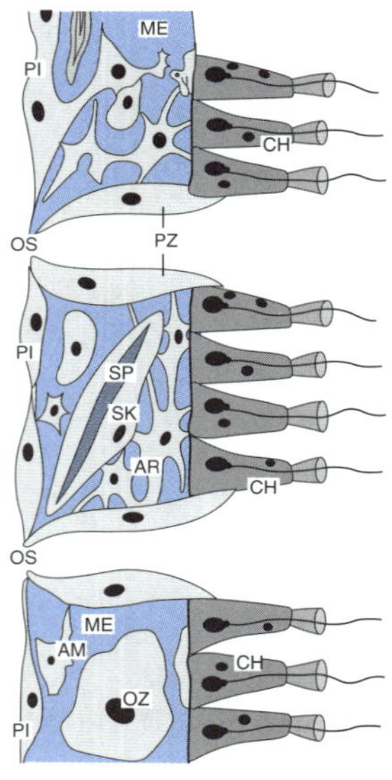

40 Filopodien manschettenartig umgeben, die durch ein feines Netzwerk von Schleim oder extrazellulären Fasern miteinander verbunden sind. Choanozyten adulter Poriferen sind **monociliär**. Beide Schichten, Pinacoderm und Choanoderm, umgeben das **Mesohyl**, einen Hohlraum, der mit einem extrazellulären Kollagennetzwerk und verschiedenen Zelltypen ausgefüllt ist. Die **Archaeozyten** sind Stammzellen, aus denen andere Zelltypen entstehen: **Spongozyten** produzieren Kollagen und **Sklerozyten** anorganische Skelettnadeln (**Spiculae**), die das innere Skelett bilden. Eine weitere wichtige Aufgabe der Archaeozyten ist der **Nahrungstransport**, auch wenn die Pinacozyten und Choanozyten auch zur Phagozytose befähigt sind.

Keimdrüsen fehlen; **Spermien** werden üblicherweise **aus Choanozyten**, **Eizellen aus Choanozyten und Archaeozyten** gebildet. Die Spermien werden über das Osculum ins freie Wasser entlassen, die Eier verbleiben in der Regel innerhalb des Mutterindividuums. Von modifizierten Choanozyten werden die Spermien zu den Oozyten transportiert.

Schwämme sind deutlich weniger integriert als Eumetazoen. Echte Gewebe gibt es noch nicht. Die verschiedenen Körperfunktionen einschließlich der Nahrungsaufnahme beruhen auf der Aktivität einzelner Zellen. Trotzdem haben sie bereits interzelluläre Erkennungssysteme, ein einfaches Immunsystem und Gene entwickelt, die die Apoptose (programmierter Zelltod) steuern. Dies sind eigentlich typische Merkmale der vielzelligen Tiere. Viele Moleküle und Gene der Porifera sind denen der Eumetazoa homolog.

3.1.2 Ontogenese und Fortpflanzung

Trotz der vergleichsweise einfachen Körperorganisation finden wir bei Schwämmen bereits viele **Prozesse, auf denen auch die Ontogenese der Eumetazoen beruht**: Furchung, asymmetrische Teilung der Stammzellen, Steuerung der Ontogenese durch Signalmoleküle und Migration ganzer Zellpopulationen zum Bestimmungsort. **Schwammzellen können** ihre **Differenzierung** aber auch **einfach ändern**. Auf dieser Fähigkeit beruht die bemerkenswerte **Regenerationsfähigkeit** der Schwämme und die **asexuelle Fortpflanzung**, die durch **Fragmentierung** oder Bildung von Dauerknospen (**Gemmulae**) erfolgt (Burda, Allg. Zoologie, 2005, 4.2.1). Wird der Körper eines Schwammes zerbrochen, wandeln sich verschiedene Zelltypen in amöboide Zellen um, die aufeinander zukriechen und einen neuen Körper bilden. Auf diese Weise können auch Jungschwämme miteinander fusionieren.

Abb. 20

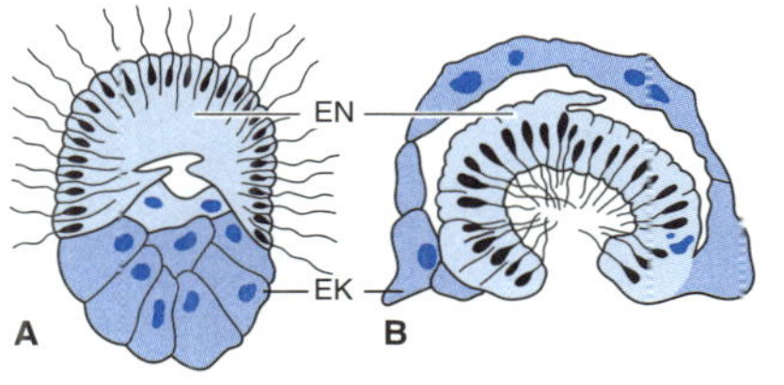

Ein Larventyp der Schwämme (Amphiblastula). Schwimmende Larve (A) und am Boden festgesetzte Larve, die eine Metamorphose durchläuft (B). **EN** Zellen des künftigen Entoderms, **EK** Zellen des künftigen Ektoderms (nach Boveri, aus Lang et al. 1971).

Der Entwicklungszyklus der Schwämme enthält üblicherweise **planktonische, lecithotrophe** (= sich durch Dotter ernährende) **Larven**. Die Larven der Schwämme werden üblicherweise mit den Blastulae anderer Metazoen homologisiert. Die Einstülpung oder Einwanderung von Oberflächenzellen in das Körperinnere während der Metamorphose wird daher konsequenterweise als Gastrulation bezeichnet. Allerdings ist diese **Blastula-Larve und die mit der Metamorphose verbundene Gastrulation** nur **bei** einer einzigen Untergruppe der Schwämme ausgebildet, den **Calcispongia** (Abb. 20). Die übrigen Schwämme haben komplizierte **Larvalstadien**, die schon **den Gastrulae entsprechen**. Im Allgemeinen sind die Larven bereits Metazoen-ähnlicher als die adulten sessilen Schwämme. Die Larven der Glasschwämme (Hexactinellida) verfügen an beiden Polen über unbewimperte Zellen und eine mittlere Zone mit multiciliären Zellen. Die Entwicklung hoch abgeleiteter Schwämme aus der Gruppe der Halisarcida, die weder ein anorganisches noch ein Kollagenskelett aufweisen, ist sehr bemerkenswert. Ihre Larven entwickeln zumindest für kurze Zeit ein Verdauungsrohr aus bewimperten Zellen, das durch Einstülpung des hinteren Teiles des Embryos entsteht. Wenn wir nicht wüssten, dass Schwämme keinen Darm haben, läge es nahe, diese Struktur für Entoderm zu halten.

Übersicht

Hexactinellida (Glasschwämme) (griech. Sechsstrahlige)

Größe, Merkmale. Meistens um 30 cm, die Glasnadeln können bis 3 m lang sein. Sechsstrahlige Nadeln aus amorphem wasserhaltigem Siliziumdioxid (biogener Opal), jede Nadel entsteht intrazellulär in einzelnen Sklerozyten. Die Nadeln dienen u.a. der Befestigung am Untergrund. Das Pinacoderm fehlt, die Körperoberfläche und die Kammerauskleidung werden durch ein Synzytium gebildet. Die Zellen des Synzytiums sind durch spezielle zytoplasmatische Verbindungen und Körperzellen (z.B. Archaeozyten) vernetzt. **Entwicklung.** In der frühen Ontogenese werden zunächst eigenständige Zellen gebildet, die Synzytien entstehen erst später durch sekundäre Verschmelzung. Die Larven sind bereits teilweise synzytial und ihre Geißeln müssen ein dünnes synzytiales Epithel durchdringen. Unter Glasschwämmen gibt es die ältesten bekannten Organismen (einige Individuen bis 15.000 Jahre alt).

Vorkommen. Weltweit, marin, meist in Tiefsee.

System. Kommen schon in Ediacara-Schichten vor. Rezent circa 17 Familien, 118 Gattungen, 500 Arten: z.B. *Euplectella aspergillum* (Gießkannenschwamm), *Hyalonema sieboldi* (Glasschwamm). **Bedeutung.** Glasfasern sind von Interesse für die Bionik. Riffbildner, Schutz- und Wohnraum für viele Tiere, früher zu Zimmerschmuck oder Haarnadeln verarbeitet.

Demospongia (= Demospongiae, Hornkieselschwämme)

(griech. Volkschwämme)

Merkmale. Morphologisch sehr vielfältig. Kieselnadeln, jede Nadel entsteht intrazellulär in einzelnen Sklerozyten. Spezifische Kollagen-Form (Spongin), gebildet in sogenannten Spongozyten.

Vorkommen, Ökologie. Marin, drei Arten limnisch, große ökologische Vielfalt. Einige Arten auch räuberisch. **System.** 600 Gattungen, circa 5000 rezente Arten: z.B. *Ephydatia fluviatilis, Hippospongia equina* (Pferdeschwamm), *Poterion neptuni* (Neptunsbecher), *Spongilla lacustris* (Süßwasserschwamm), *Spongia officinalis* (Badeschwamm). Zu den Demospongia gehören auch die unlängst entdeckten „Korallenschwämme", **„Sclerospongia"**, eine Gruppe mit reicher fossiler Überlieferung. Die Tiere produzierten sowohl Kieselnadeln als auch ein Kalkskelett (Box 12).

Bedeutung. Badeschwamm, Tafelschwamm.

Homoscleromorpha (griech. Gleichhartförmige)

Morphologie. Echte Epithelien mit Basallamina, Spermien mit Akrosom, begeißelte Pinacozyten und quergestreifte Cilienwurzeln schon bei den Larven.

Phylogenese, System. Die Homoscleromorpha sind eine kleine Gruppe, die üblicherweise als Untergruppe der Demospongia (= Plakinidae) betrachtet wird. Sie sind durch eine Reihe morphologischer Merkmale (s.o) charakterisiert, die sie mit den Eumetazoa teilen, nicht jedoch mit anderen Schwämmen. Auch Analysen der mtDNA offenbaren einige Übereinstimmungen mit den Eumetazoen. Es ist auch möglich, dass diese bei anderen Schwämmen verloren gegangen sind.

Vertreter. Z.B. *Oscarella lobularis.*

Calcispongia (= Calcarea; Kalkschwämme)

(lat., griech. Kalkschwämme)

Morphologie. Alle drei Organisationsgrade (Ascon-, Leucon-, Sycontyp) kommen vor (Abb. 18). Ein Skelett aus kompakten Calciumcarbonatnadeln. Jede Nadel wird extrazellulär von mehreren Sklerozyten gebildet. Die Amphiblastula-Larve hat eine Blastula-artige Körperorganisation mit langen quergestreiften Cilienwurzeln. Die Gastrulation findet während des Ansetzens auf einer Unterlage statt (Abb. 20).

System. Circa 450 Arten; *Grantia compressa, Sycon raphanus.*

Eumetazoa (Echte Vielzeller, Gewebetiere) | 3.2

Morphologie | 3.2.1

Diagnose

Apomorphien der Eumetazoa:

- **Mindestens zwei Keimblätter: Ekto- und Entoderm.**
- **Neue Zelltypen und echte Gewebe: Sinnes-, Nerven- und Muskelzellen; Gap junctions zwischen den Epithelzellen.**

Auch wenn der Körperbau einiger basaler Eumetazoen (z. B. der Nesseltiere) auf den ersten Blick dem der Schwämme noch sehr ähnelt (sessil, vasenförmig, mit einer apikalen Öffnung, zwei Zellschichten, mit einer extrazellulären Substanz) ist diese Ähnlichkeit nur eine scheinbare, denn die Zellen und Gewebe sind, zumindest bei den Adultstadien der Eumetazoa, sehr andersartig angeordnet (Abb. 21).

Gastrulation und Entstehung des „Darms". Die Epithelien ursprünglicher Eumetazoa sind in zwei unterschiedliche Schichten differenziert; in eine **ektodermale Epidermis** (Oberhaut) und eine **entodermale Darmschleimhaut**. Für das Entoderm sind insbesondere Drüsenzellen ohne Cilien charakteristisch, die Enzyme für die extrazelluläre Verdauung bereitstellen. Bei den meisten Eumetazoen ist die Differenzierung der Epithelien in zwei Keimblätter mit einem **Gastrulationsprozess** verbunden und somit mit der Entstehung eines **Urdarms** (Archenteron) (Abb. 16, 21, Burda, Allg. Zoologie, 2005, 1.3.2.1). Die Entstehung des Entoderms geht mit dem Untergang von Zellen einher, die ursprünglich die Nahrungsaufnahme absicherten – den Choanozyten.

Auch wenn die Mechanismen der **Gastrulation** sehr vielfältig sind, können wir uns diesen Prozess als **Einstülpung** (Invagination) **oder Einwanderung** (Immigration) einer Gruppe von Zellen aus einer Seite des Embryos in sein Inneres vorstellen. Aus diesen entsteht das auf die Verdauung

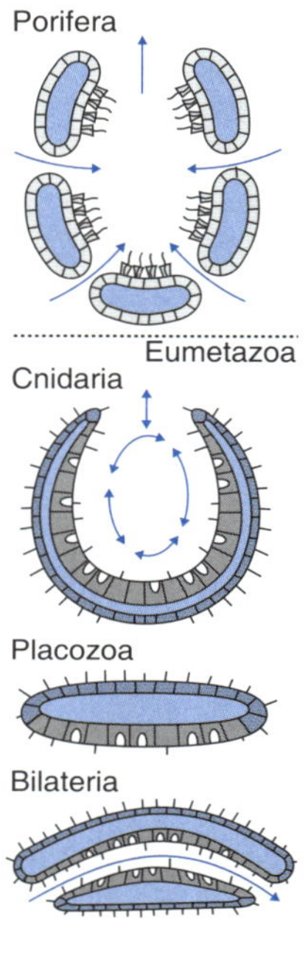

Abb. 21 | **Vergleich der Körperarchitektur der Porifera, Cnidaria, Placozoa und Bilateria.** Das Entoderm enthält spezialisierte Drüsenzellen (weiß in grau) (nach Zrzavý 2006).

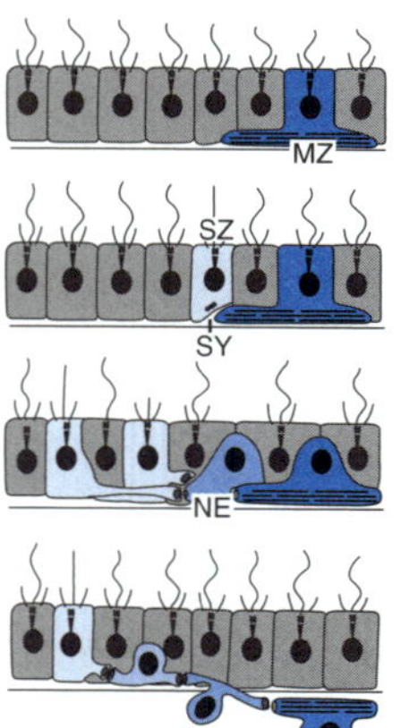

Abb. 22 | **Entwicklung von Muskel-, Sinnes- und Nervenzellen aus dem ektodermalen Epithel.** **MZ** Muskelzelle, **NE** Neuron, **SY** Synapse, **SZ** Sinneszelle (nach Ruppert et al. 2003).

spezialisierte **Entoderm**. Häufig brauchen Embryonen und Larven ihre erste Nahrung nicht von außen aufnehmen, da in das entstehende Ei schon Dotter als Reservestoff eingelagert wird. Die Oberflächenzellen behalten ihre ursprüngliche Bewegungs- und Schutzfunktion bei und werden zum **Ektoderm**. Das Ergebnis ist eine durch Ekto- und Entoderm gebildete Körperwand, die eine **Mesogloea** einschließt, eine Schicht aus extrazellulärer Substanz mit zerstreut angeordneten mesodermalen Zellen.

Zwischen dem Ekto- und Entoderm können Reste der embryonalen Leibeshöhle, dem **Blastocoel**, erhalten bleiben. In diese dringen später Zellen ein, die das **Mesoderm** bilden, das sogenannte dritte Keimblatt. Manchmal liegen die Basallaminae von Ekto- und Entoderm dicht aufeinander und das Blastocoel und das Mesoderm werden reduziert.

Der Begriff Keimblatt weist auf die epithelartige Form dieser Gewebe hin (was auf das Mesoderm häufig nicht zutrifft). Ferner wird verdeutlicht, dass diese Gewebe bei der Bildung einer Reihe von Organen eine wesentliche Rolle spielen. Im Allgemeinen gilt, dass **aus dem Ektoderm die Oberhaut und das Nervengewebe**, **aus dem Entoderm der Darm** und **aus dem Mesoderm insbesondere die Muskeln** gebildet werden. Es gibt jedoch zahlreiche Ausnahmen von dieser Regel (Burda, Allg. Zoologie, 2005, 1.3.2.2).

Die Stelle, an der sich das Ektoderm einstülpt und sich das Entoderm zu bilden beginnt, bezeichnen wir als **Blastoporus** (Urmund). Der Blastoporus fungiert primär als Mund- oder sekundär als Ausstoßöffnung. Manchmal ist sein Schicksal komplizierter: Er kann sich in die Mund- oder die Afteröffnung oder in beides verwandeln oder ganz untergehen.

Neue Zell- und Gewebetypen. Weitere Apomorphien der Eumetazoa sind die Sinnes-, Nerven- und Muskelzellen. Am Anfang ihrer Evolution steht die Entwicklung spezieller Strukturen für die chemische und elektrische Kommunikation zwischen benachbarten

Epithelzellen – der **Synapsen** (Abb. 22). Die **bewimperten Sinneszellen** konzentrieren sich **im apikalen Pol des Embryos** oder der Larve. Zwischen der apikalen Region und dem Blastoporus bildet sich die primäre Körperachse. Die **Homologie** der verschiedenen Typen von **Sinneszellen** innerhalb der Eumetazoa wird durch molekulargenetische Analysen unterstützt. So steuert z.B. das Gen *Pax6* in allen Subtaxa der Eumetazoa die Entstehung der Sehzellen.

Nervenzellen werden von **ektodermalen Epithelien gebildet**, sie weisen aber häufig eine so spezifische Form auf und durchdringen so intensiv andere Gewebe, dass ihre epitheliale Herkunft dann nicht mehr deutlich ist. Das **ursprüngliche Nervensystem** der Eumetazoa war wahrscheinlich ein einfaches Netzwerk von Nerven, dem eine zentrale Schaltstelle („Gehirn“) fehlte; wahrscheinlich war aber bereits ein Nervenring um den Blastoporus entwickelt. Ursprüngliche Nervenzellen verfügten über symmetrische Synapsen, die Reize in beiden Richtungen zwischen zwei Nachbarzellen weiterleiten konnten, wie wir es heute noch bei Cnidariern finden. Die Nervensysteme verschiedener Eumetazoa unterscheiden sich durch ihre **unterschiedlichen Neurotransmitter.** Als ursprüngliche Neurotransmitter dienten verschiedene **RFAmide**, erst später evolvierte sich das System **Azetylcholin/Cholinesterase** und verschiedene weitere, die Signalübertragung modulierende Stoffe (z B. Serotin). Ähnliche Verbindungen wurden auch bei Schwämmen nachgewiesen, bei denen sie aber wahrscheinlich nicht an der interzellulären Kommunikation beteiligt sind.

Muskelzellen entstehen entweder aus Epithelien oder aus Bindegewebe und lassen sich in verschiedene strukturelle und funktionelle Typen unterscheiden. Ansonsten ist der Besitz von Muskelzellen eine weit verbreitete Eigenschaft der Eumetazoa, mit Ausnahme einiger extrem abgeleiteter parasitischer Gruppen (Myxozoa, Rhombozoa). Aktin- und Myosinfilamente gehören jedoch schon zur ursprünglichen Ausstattung einer Eukaryotenzelle. Die Muskelzellen unterscheiden sich vor allem durch die Menge und räumliche Anordnung dieser Filamente.

Eine neue Art interzellulärer Verbindungen sind die **gap junctions** der Eumetazoa. Hierbei handelt es sich um spezialisierte Kontaktstellen zwischen benachbarten Zellen, die die Diffusion von kleinen Molekülen, sowie die direkte Erregungsleitung ermöglichen (Abb. 10, Box 10).

Phylogenese der basalen Eumetazoa | 3.2.2

Cnidaria und Ctenophora (teilweise auch die Placozoa) (Abb. 17, 23, 25), werden traditionell als **Radiata** bzw. **Diploblastica** zusammengefasst, weil sie eine radiäre (strahlenförmige) Körpersymmetrie aufweisen und ihre Körper lediglich aus zwei Keimblättern gebildet werden, dem Ekto- und

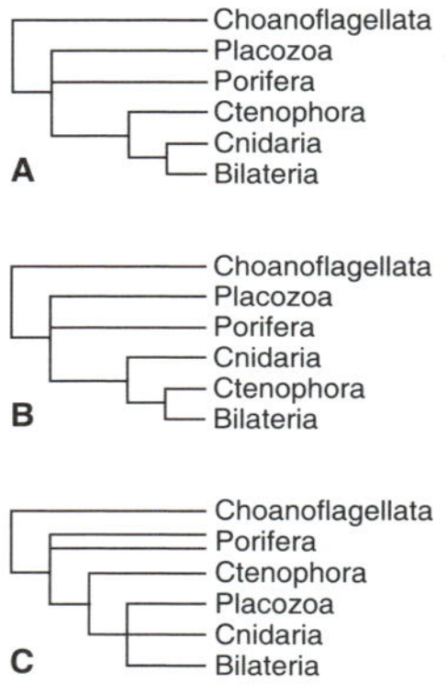

Abb. 23 **Verschiedene Hypothesen über die frühe Phylogenese der Metazoa.**

Entoderm. Allerdings sind die Verhältnisse in Wirklichkeit komplexer, aber auch interessanter. Auf jeden Fall handelt es sich um eine **künstliche Gruppierung** von Taxa, die vielmehr mit unterschiedlichen Gruppen bilateralsymmetrischer Tiere mit drei Keimblättern (**Bilateria, Triploblastica**) verwandt sind.

Die älteste **Hypothese** geht von einem **Schwestergruppenverhältnis der Ctenophora und Cnidaria** aus. Diese Gruppierung wurde früher als **„Coelenterata"** („Hohltiere") bezeichnet. Die Grundlage für diese Hypothese ist die **scheinbare radiäre Symmetrie** dieser Tiere, die **pelagische Lebensweise und der gallertige Körper**. Obwohl diese **Hypothese inzwischen widerlegt** wurde, hält sich die Vorstellung ihrer nahen Verwandtschaft hartnäckig.

Die **zweite Hypothese** geht davon aus, dass die **Ctenophora den Bilateria nahe** stehen. Darauf deuten **gemeinsame Merkmale** wie das gut entwickelte Mesoderm, Muskelzellen (kein Myoepithel), gap junctions, Spermien mit einem kompakten Akrosom, multiciliäre Zellen und Synapsen mit Azetylcholin hin. Einige dieser Merkmale treten allerdings auch bei anderen Gruppen auf: Auch Hydrozoa (Cnidaria) verfügen bereits über gap junctions, multiciliäre Zellen gibt es auch bei Hexactinelidea (Porifera), mesodermale, quergestreifte Muskeln bei Medusozoa (Cnidaria) und kompakte Akrosomen bei einigen Porifera und Cnidaria. Als Beleg für die Verwandtschaft der Ctenophora und Bilateria wurden ferner die Platyctenida angeführt. Hierbei handelt sich um kriechende oder festsitzende abgeflachte Rippenquallen, die oberflächlich an Plathelminthes erinnern. Heute wissen wir, dass die benthische Lebensweise der Platyctenida sekundär ist. **Durch genetische Untersuchungen** wird das Schwestergruppenverhältnis Ctenophora – Bilateria **nicht gestützt.**

Die Phylogenese der ursprünglichen Metazoen wird derzeit am besten durch das Planulozoa-Konzept erklärt. Nach dieser Hypothese sind die **Ctenophora** das basalste Taxon der Eumetazoa und **die Schwestergruppe der Planulozoa (Cnidaria und Bilateria)**. Die Monophylie der Planulozoa wird durch folgende **Apomorphien** belegt: Übereinstimmungen in der Ontogenese der Myoepithelien und im Bau der Spermien, trennwandige Verbindungen zwischen Epithelzellen und den ähnlichen Bau des Nervensystems bei Planula-Larven und ursprünglichen Bilateria. Die basale Stellung der Ctenophora wird auch durch Analysen der **18S rRNA** gestützt.

Kontrovers wird noch die Stellung der rätselhaften parasitischen **„Endocnidozoa"** (Myxozoa und Polypodiozoa) diskutiert, die entweder als basale Bilateria oder aber, und dies scheint wahrscheinlicher zu sein, als stark modifizierte Cnidaria identifiziert werden. Ähnlich unklar bleibt die phylogenetische Stellung der **Placozoa**. Falls die Placozoa basaler als die Porifera sein sollten, würde dies bedeuten, dass die Eumetazoa nicht monophyletisch sind.

Ctenophora (Rippenquallen)

3.3

Übersicht

Ctenophora (griech. Kammtragende)
Größe, Morphologie. 1 mm–150 cm. Fast durchsichtige, „biradiär“ symmetrische Tiere. Gastrula-artiger Körper, mit diploblastischer Körperwand, einer gallertigen Mesogloea und gut entwickelten Muskelzellen. Der Verdauungstrakt ist verzweigt, der Pharynx ausstülpbar. Manche Arten tragen Tentakel mit Klebezellen (Collozyten). Entlang des Körpers verlaufen acht Reihen bewimperter „Rippen“. Einige Arten können leuchten (Biolumineszenz).
Vorkommen, Biologie. Weltweit, marin. Meist pelagisch, einige wenige Arten auch benthisch oder parasitisch, meistens räuberisch. Meistens Zwitter mit direkter Entwicklung. Einige Arten mit vegetativer Fortpflanzung. Hohe Regenerationsfähigkeit.
System. Bereits im Kambrium nachgewiesen, rezent nur 100–150 Arten, trotzdem morphologisch sehr divers. **Tentaculata (Tentaculifera):** Ctenophora mit zwei langen Fangfäden. Hierzu gehören pelagische, eiförmige, wie auch sekundär abgeflachte Rippenquallen: *Pleurobrachia pileus* (Seestachelbeere), *Cestus veneris* (Venusgürtel). Einige Arten leben auf Korallen (Platyctenea), andere sind temporär sessil. **Atentaculata (Nuda):** Relativ große (um 10 cm) Rippenquallen ohne Tentakel; *Beroe cucumis* (Melonenqualle). **Bedeutung.** Einige Arten (z.B. Seestachelbeere) können in so hoher Zahl auftreten, dass sie die Fischernetze der Küstenfischer zusetzen.

Morphologie und Ontogenese

3.3.1

Diagnose

Apomorphien der Ctenophora:

- **„Biradiäre Symmetrie“.**
- **Lokomotionssystem mit acht Kammplatten („Rippen“) aus Cilien-Aggregaten.**
- **Einziehbare, verzweigte Tentakel mit Collozyten (Klebezellen).**
- **Netzförmiges Nervensystem, Apikalorgan, cholinerge Synapsen.**
- **Kompliziertes Gastrovaskularsystem.**
- **Gallertige, kollagenhaltige Mesogloea mit Muskelzellen.**
- **Hermaphroditen, biradiäre Furchung, direkte Entwicklung.**

Abb. 24

Körperquerschnitte und Körpersymmetrie bei Cnidaria (links - Pharynx; rechts - Gastralraum), **Ctenophora und Nematoda** (links - Rumpf, rechts - Kopfende, an dem Zeichen einer Radiärsymmetrie sichtbar sind). **D** dorsal, **V** ventral (nach Zrzavý 2006).

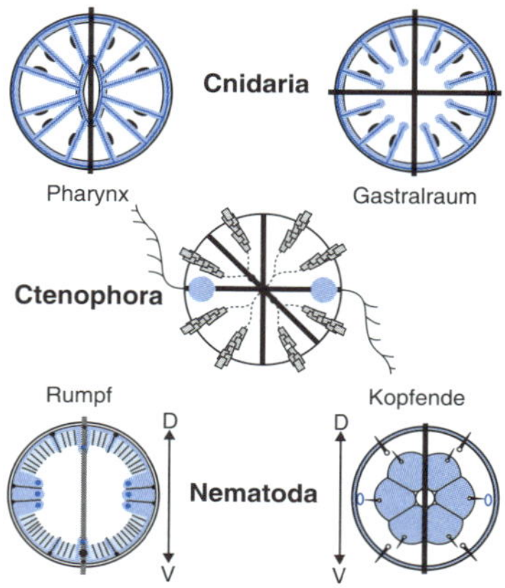

Rippenquallen sind Tiere, die sich mit anderen Gruppen nur schwer vergleichen lassen. Sie weisen zahlreiche evolutionäre Neuheiten auf. Der Körperbau erinnert mit dem als Mund- und Ausstoßöffnung fungierenden **Blastoporus** und der **Verdauungshöhle** an eine Gastrula. Die Körpersymmetrie wird durch **zwei Achsen** gebildet, die durch die Apikal-Blastoporus-Achse gelegt werden können. Die **Transversalebene** verbindet die Stellen, aus denen ein Paar Tentakel entspringt, und die hierzu senkrechte **Sagittalebene** entspricht der Abflachung des Munds und des Schlundes (Abb. 24). Die **Symmetrieverhältnisse sind jedoch noch komplizierter**, da die vier Körperquadranten einander nicht entsprechen. So fehlen in zwei Quadranten „Analporen" und werden dort nicht einmal embryonal angelegt.

Als **Hauptbewegungsorgane** dienen kammartige Platten, die von bis zu 100.000 miteinander verbundenen, synchron schlagenden Cilien gebildet werden. Diese **Kammplatten** bilden parallel zur Apikal-Blastoporus-Achse acht meridionale „Rippen" auf der Körperoberfläche. An den Körperseiten befinden sich in Scheiden zwei **ausstülpbare, verzweigte Tentakel** ektomesodermaler Herkunft, die spezielle ektodermale Klebezellen tragen, die **Collozyten**. Diese Zellen weisen einen spiralig gewundenen Stiel und einen Kopf auf, der Schleimkörner enthält, die sich bei Berührung mit Beute lösen und diese fixieren (Box 13, Abb. 26).

Die zweischichtige Epidermis trägt multiciliäre Zellen. Bemerkenswert sind auch die **gap junctions** zwischen den Zellen, die wir ansonsten bei einigen Cnidaria (Hydrozoa) und bei Bilateria finden. Trennwandige interzelluläre Verbindungen fehlen.

Das **Nervensystem** der Rippenquallen wird durch ein Netz von Nerven gebildet, das um die Kammplatten, Mundöffnung, in den Tentakeln und vor allem im **Apikalorgan** konzentriert ist. Hier ist ein Ganglion lokalisiert, das einem einfachen Gehirn ähnelt. Das Gen *forkhead*, das bei den Bilateria die Nervenzellen im vorderen Körperteil reguliert, ist im Apikalorgan der Rippenquallen jedoch nicht aktiv. Es sieht so aus, dass der vordere Körperteil der Bilateria eher dem Blastoporuspol der Rippenquallen entspricht (ähnlich wie bei Cnidarien). Das Nervensystem der Rippenquallen besitzt morphologisch ganz einzigartig gebildete **Synapsen**, die bereits **Azetylcholin** enthalten, ähnlich wie jene der Bilateria.

Box 13

Tentakel und Colozyten

Ob Tentakel und Colozyten als evolutive Neuheiten ins Grundmuster der Rippenquallen gehören, war bis vor kurzem unsicher. Zwei Deutungen waren möglich: Entweder handelt es sich um ursprüngliche Merkmale aller Rippenquallen, die bei zwei Subtaxa (**Beroidea** und **Lobata**) sekundär reduziert wurden, oder diese Merkmale entstanden erst später.
Die Klärung ist von der phylogenetischen Stellung der Beroidea abhängig: entweder sind sie die Schwestergruppe der übrigen Rippenquallen (die als **Tentaculifera** zusammengefasst werden), oder sie sind eine abgeleitete Gruppe und gehören in die – dann paraphyletischen – Tentaculifera. Morphologische Analysen können zwischen den beiden Alternativen nicht entscheiden. Die Analyse der 18S rRNA hat jedoch ziemlich eindeutig die zweite Hypothese bestätigt. Die Beroidea sind demnach abgeleitete Tentaculifera, die der Gruppe der Haeckeliidae nahe stehen. **Ursprüngliche Rippenquallen hatten also einen kugeligen Körper und lange Tentakel mit Colozyten.**
Die Haeckeliidae wurden gelegentlich als „Übergangsglied" zwischen den Ctenophora und Medusozoa geführt, da sie keine Colozyten, sondern „Nesselzellen" ausbilden. Heute wissen wir, dass die Cniden der Haeckeliiden von erbeuteten Quallen stammen (Kleptocniden); diese geklauten Cniden sitzen in Vakuolen der Wirtszelle, der aber das Cnidocil und die anderen Strukturen einer normalen Nesselzelle fehlt. **Colozyten und Nesselzellen sind zweifellos nicht homolog**. Die Colozyten sind unabhängige Bildungen und weisen strukturell und ontogenetisch große Unterschiede zu den Cnidozyten der Nesseltiere auf.

Das **Entoderm** bildet das **Gastrovaskularsystem** und verbindet damit die Verdauungs- und Kreislauffunktionen. Es ist ein kompliziertes System von sich verzweigenden Gängen, die sich von der Verdauungshöhle abspalten. **Acht meridional verlaufende Kanäle** liegen unterhalb der Kammreihen. Am apikalen Ende (= Infundibulum) der Verdauungshöhle spalten sich zwei gabelig verzweigte Gänge ab, die durch eine kleine **Analpore** seitlich des Apikalorgans mit der Umgebung kommunizieren. Die Analporen fungieren allerdings nicht als echte Analöffnungen, denn die unverdauten Nahrungsreste werden durch den Blastoporus ausgestoßen. Zwischen dem Ekto- und Entoderm wird eine **gallertige, kollagenhaltige Mesogloea** mit glatten und quergestreiften Muskel-, Nerven- und entomesodermalen Zellen gebildet. Auch die Muskelzellen sind entomesodermaler Herkunft.

Rippenquellen sind üblicherweise Hermaphroditen mit einer einzigartigen Entwicklung der Keimzellen. Die Furchung des Eies ist biradiär; schon früh zeigen sich die beiden Achsen des erwachsenen Tieres. Sekundäre Mikromere entwickeln die Tentakelmuskulatur und das Ektomesoderm. Trotz einer stark determinierten Mosaikentwicklung verbleibt eine hohe, allerdings spezifische Regenerationsfähigkeit. Rippenquallen haben keine Larven; die Entwicklung ist direkt. Jungtiere können sich jedoch bei einigen spezialisierten Gruppen morphologisch von den Erwachsenen unterscheiden.

3.3.2 Phylogenese und Vielfalt

Trotz ihrer großen morphologischen und ökologischen Diversität sind Ctenophora aus genetischer Sicht überraschend einheitlich, was auf eine relativ junge und rasante Radiation hinweist. Dieser Umstand erschwert ihre Einordnung im System. Rezente Ctenophora werden in zwei hochrangige Gruppen eingeteilt: **Tentaculata** (mit Tentakeln) und **Atentaculata** (ohne Tentakel). Allerdings handelt es sich sehr wahrscheinlich nicht um Schwestergruppen. Analysen der 18S rRNA deuten vielmehr darauf hin, dass die Atentaculata eine abgeleitete Gruppe sind, die ihre Tentakel sekundär verloren haben, und dass die Tentaculata eine paraphyletische Restgruppe darstellen. Damit gehören die Tentakel und Collozyten in das Grundmuster der Rippenquallen.

3.4 Placozoa

Übersicht

Placozoa (griech. Plattentiere)

Größe, Morphologie. 1–3 mm. Abgeflachte, mehr oder weniger runde oder lappenförmige Tiere. **Vorkommen, Biologie.** Auf Algen in Küstengewässern warmer Meere. Vorwiegend vegetative Fortpflanzung. Die komplizierte sexuelle Fortpflanzung und der Entwicklungszyklus sind bis heute nicht vollständig verstanden.

Erforschungsgeschichte. Die erste Spezies wurde im 19. Jahrhundert entdeckt (*Trichoplax adhaerens*) und bereits damals als ursprünglicher Vertreter der Metazoa erkannt. Durch ein unglückliches Zusammentreffen einiger experimenteller Zufälle wurden sie später für aberrante Planula-Larven der Medusozoa gehalten. Erst 1971 wurde festgestellt, dass es sich um adulte Tiere handelt. Die Placozoa wurden zu einem „Stamm" erhoben und sind seitdem Gegenstand von Evolutionsszenarien, denn sie gelten als Modellorganismen für die frühe Evolution der Metazoa (Hypothesen: "lebende Placulae" oder „lebende Phagozytellen").

System. Nur eine Art formal beschrieben, *Trichoplax adhaerens*. Die circa 30 weiteren unbeschriebenen „Arten" zeigen jedoch so weitreichende molekulargenetische Unterschiede, wie sie etwa zwischen den „Ordnungen" der Cnidaria zu finden sind.

Morphologie

3.4.1
Diagnose

Merkmale der Placozoa:

- **Stark vereinfachte „zweischichtige" Organismen mit einem dorsalen Deckepithel (Ektoderm, aus einem Zelltyp) und ventralem Verdauungsepithel (Entoderm, mit zwei Zelltypen). Eine Zwischenlage bildet ein faseriges Synzytium.**
- **Echte Epithelien mit Gürteldesmosomen (Zonula adhaerens, septate junctions); monociliäre Zellen, zwei Zentriolen, gestreifte Cilienwurzeln.**
- **Keine extrazelluläre Substanz, kein Kollagen.**
- **RFamide-positive Zellen ringförmig angeordnet.**
- **Kleinstes Kerngenom unter allen Metazoa.**
- **Großes, ursprüngliches mitochondriales Genom.**

Placozoa sind die vielleicht seltsamsten Vertreter der radiärsymmetrischen Tiere, eigentlich gar **keine Symmetrie** ausweisen. Placozoa sind faszinierend, da es sich eindeutig um die einfachsten freilebenden, nicht parasitischen Tiere handelt. Sie bilden **nur vier Typen von Zellen** (der Mensch hat mehr als 300 deutlich unterschiedliche Zelltypen).

Der Körper der Placozoa wird durch ein **einfaches Epithel aus monociliären, diploiden Zellen ohne Basallaminae** gebildet. Das Epithel umhüllt einen flachen Hohlraum, der mit **einem dünnen tetraploiden Synzytium und mit Aktinmikrofilamenten** ausgefüllt ist. Die Filamente ermöglichen eine **amöboide Bewegung**. Das Epithel der Dorsalseite ist bewimpert, das der Ventralseite wird durch zwei Typen länglicher zylindrischer Zellen gebildet (bewimperte Zellen und Drüsenzellen). Manche Autoren halten das obere Epithel für Ektoderm und das untere für Entoderm. In der Tat produzieren die Drüsenzellen des unteren Epithels Verdauungsenzyme. Die Geißeln weisen einen ziemlich komplizierten Basalapparat mit einer langen quergestreiften Wurzel und einem zusätzlichen Zentriol auf.

Eine extrazelluläre Substanz und Kollagen fehlen vollständig, ebenso Nerven, Muskeln und Sinneszellen. Einige Zellen, die am Körperrand den Kontakt zwischen den beiden Epithelien vermitteln, enthalten RFamid, ein Peptid, das für das Nervensystem der Eumetazoa charakteristisch ist.

Phylogenese und Evolution

3.4.2

Die Placozoa sind entweder die **Schwestergruppe der Planulozoa** (Abb. 17, 25), die **basalste Gruppe der Metazoa** oder aber die **Schwestergruppe der Bilateria**. Auf ihre basale Stellung deutet vor allem die altertümliche Struktur des **mitochondrialen Genoms** hin, des größten und ursprünglichsten im gesamten Tierreich (43 KB; Porifera 18–25 KB). Gleichzeitig verfügen die Placozoa über das **kleinste bekannte Kerngenom**. Dieses ist nur etwa

50 Millionen Nukleotide lang und somit nur etwa zehnmal länger als das Genom des Bakteriums *Escherichia coli.* Diese Länge entspricht nur circa zwei Prozent des menschlichen Genoms. Der einfache Körperbau der Placozoa und das kleine Kerngenom könnten also ursprünglich sein. In Hinsicht auf ihre *Hox*-Gene sind die Placozoen allerdings sehr viel komplizierter als ursprünglich angenommen. Sicher scheint, dass das **Nerven- und Sinnessystem wie auch die Körpersymmetrie** der Placozoa **sekundär reduziert** wurde. Das Vorkommen von **RFamid** an Kontaktzonen zwischen den beiden Epithelien unterstützt diese Deutung. In denselben Zellen ist ein ***Pax*-Gen** aktiv, das auch in den Nerven- und Sinneszellen der Eumetazoa vorkommt. Das sehr ursprüngliche *Pax*-Gen der Placozoa reguliert wahrscheinlich die Differenzierung der **Faserzellen**, die den **Neuromuskelzellen entsprechen könnten**.

Daneben deuten weitere Gene darauf hin, dass die Anatomie der Placozoa ursprünglich komplizierter war als es heute den Anschein hat. ***Trox-2***, ein wichtiges *Hox*-Gen der Metazoa, ist auch in den Peripheriezellen der Placozoa aktiv. Die bedeutende Rolle der Randzellen wird auch durch die Tatsache belegt, dass bei der vegetativen Fortpflanzung ein neues Individuum nur aus einem Fragment entstehen kann, das Zellen des oberen und unteren Epithels und ein Stückchen des Randes der Körperscheibe enthält. Wenn wir annehmen, dass das untere Epithel wirklich dem Entoderm und das obere dem Ektoderm entspricht, könnte der Rand der Körperscheibe dem Rand des Blastoporus entsprechen, also jener Stelle, an der bei den meisten Bilateria das Nervensystem entsteht und die *Hox*-Gene aktiviert sind.

Die Placozoa stellen wahrscheinlich ein basales Taxon dar und ihr einfacher Bau wäre somit ursprünglich. Die geringe Komplexität ihres Körperbaus entspricht vielleicht am ehes-

Abb. 25

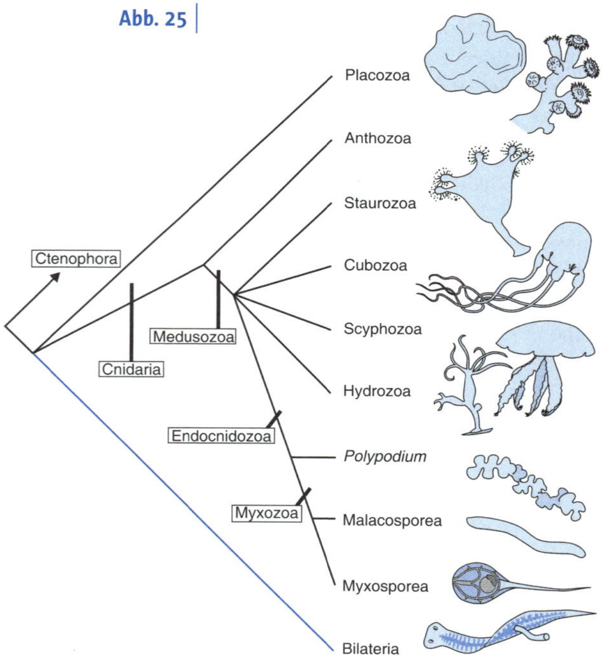

Verwandtschaftsdiagramm der basalen Eumetazoa. Die Schwestergruppenverhältnisse sind in hohem Maße unsicher. Das nächst verwandte Taxon der Bilateria ist unsicher (blaue Linie).

ten dem der Larven von Schwämmen. Die Idee, dass Placozoa sekundär extrem vereinfacht sind, ist noch nicht obsolet, obwohl sich dann die Frage stellt, welchen adaptiven Vorteil der Verlust des Nerven-Muskel-Systems bei frei auf dem Meeresboden lebenden Tieren haben könnte?

Cnidaria (Nesseltiere)

3.5

Übersicht

Cnidaria (griech. Stechnadelige)

Größe, Morphologie. Von ein paar mm (Koralle) bis über 2 m im Durchmesser (große Glocken der Quallen). Zwei Bautypen: frei schwimmende Meduse und sessiler Polyp. Einfach gebaute, radiärsymmetrische Tiere, Körperwand aus Ento- und Ektoderm mit einer zwischenliegenden Mesogloea. Sackartiger Gastralraum, Tentakel mit Nesselzellen.

Vorkommen, Biologie. Weltweit, vorwiegend marin, seltener auch limnisch. Freischwimmend pelagisch oder sessil, carnivor. Wechsel zwischen sexueller und vegetativer Fortpflanzung; der Generationswechsel (Ei – planktonische Planula-Larve – Polyp – Meduse) kann in unterschiedlicher Weise abgewandelt sein.

System. Die Cnidaria werden in zwei hochrangige Taxa eingeteilt: **Anthozoa** (Blumentiere: Korallen, Seefedern, Seeanemonen) und **Medusozoa** (= Tesserazoa) (Abb. 25). Fossilien von Cnidaria sind seit dem Ediacara bekannt. Geologisches Alter und die Diversität der beiden Taxa entsprechen jedoch eher dem von traditionellen „Stämmen“. Es sind circa 9000 Arten bekannt.

Morphologie und Ontogenese

3.5.1

Diagnose

Apomorphien der Cnidaria:

- **Nesselzellen mit Nesselkapseln.**
- **Gastrula-ähnlicher Körperbau.**
- **Zwei Morphen: schwimmende Meduse und festsitzender Polyp.**
- **Netzartiges Nervensystem.**
- **Planula-Larve.**
- **Hox-Genkomplexe weichen stark von jenen der Bilateria ab.**

Die auffälligste Apomorphie sind die namengebenden **Nesselzellen** (Cnidocyten, Nematocyten) mit **Nesselkapseln** (Cniden, Nematocysten) (Abb. 26). Nesselkapseln sind kompliziert gebaute intrazelluläre Strukturen, die sich von Golgi-Komplexen ableiten. Sie tragen eine lange hohle Faser, die während der Ontogenese in das Innere der Nesselkapsel einge-

Abb. 26

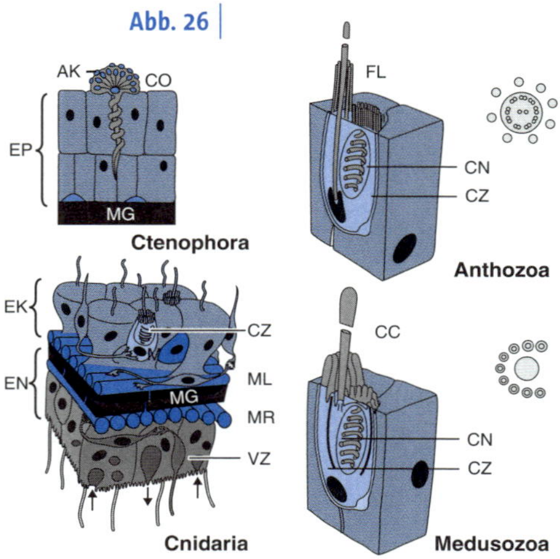

Struktur der Körperwand der Cnidaria und Ctenophora und Schema der Nesselzellen bei zwei Gruppen der Nesseltiere (Anthozoa und Medusozoa). Flagellum und Cnidocil sind jeweils rechts in Querschnitt dargestellt. AK Adhäsivkörner, **CC** Cnidocil, **CO** Colozyt, **CN** Cnide, **CZ** Cnidocyt, **EK** Ektoderm, **EN** Entoderm, **EP** Epidermis, **FL** Flagellum, **MG** Mesogloea, **ML** Längsmuskelzelle, **MR** Ringmuskelzelle, **VZ** Verdauungszelle (nach Ruppert et al. 2003).

Abb. 27

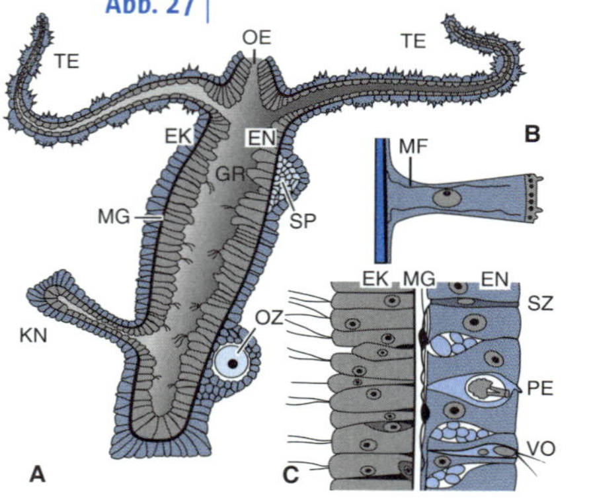

Körperbau eines Polypen am Beispiel von *Hydra*. A) Längsschnitt durch den Körper, B) Epitheliale Muskelzelle, C) Längsschnitt durch die Körperwand. EK Ektoderm, **EN** Entoderm, **GR** Gastralraum, **MF** Muskelfaser, **MG** Mesogloea (in C mit Nervenzellen), **OE** Körperöffnung, **KN** Knospe, **OZ** entstehender Oozyt, **PE** Penetrant, **SP** entstehende Spermatozoide, **SZ** Sinneszelle, **TE** Tentakel, **VO** Volvent (nach Aders, Gelei, Galigher, aus Lang et al. 1971).

stülpt wird. Während der Differenzierung der Nesselzelle wird die Geißel üblicherweise zum **Cnidocil**, eine Art Auslöser, bei dessen Reizung die Faser blitzartig ausgeschleudert wird – entweder zur Jagd oder zur Abwehr.

Ein weiteres wichtiges Merkmal der Cnidaria ist ihr **Gastrula-ähnlicher Körperbau**: Die Wandung wird durch Ektoderm und Entoderm gebildet, der Gastralraum hat mit dem Blastoporus nur eine Öffnung, die gleichzeitig als Mund und After fungiert. Die beiden Zellschichten sind echte Epithelien mit Basallaminae, trennwandigen Verbindungen und Desmosomen. Gap junctions kommen nur bei Hydrozoa vor. Die Epidermis ist überwiegend monociliär. Zwischen dem Ekto- und Entoderm entsteht aus den Basallaminae der beiden Epithelien eine weitere Körperschicht, die **Mesogloea**. Sie weist Kollagenfasern und verschiedene, verstreut angeordnete Zellen auf (z.B. **Sklerozyten**).

Es gibt **zwei morphologische und ökologische Morphen** der Nesseltiere: **sessile Polypen**, üblicherweise mit einer dünnen Mesogloea und einem Tentakelkranz, der um den Blastoporus angeordnet ist, und **frei schwimmende Medusen** mit einer gallertigen Mesogloea (Abb. 27, 28). Bei einigen Gruppen alternieren Polypen und Medusen-Stadien regelmäßig miteinander (**Generationswechsel, Metagenese**; der Polyp ist das asexuelle, die Meduse das sexuelle Stadium). Bei anderen Taxa existiert entweder nur ein Polypen- oder nur ein Medusenstadium (Abb. 29).

Die Nervenzellen sind ekto- oder entodermaler Herkunft. Das **Nervensystem** ist mehr oder weniger netzartig angeordnet. Ein zentrales Gehirn fehlt, aber Nervenzellen sind rund um die Mundöffnung der

Polypen bzw. am Rand der Medusenglocke konzentriert. Ein azetylcholinerges System der Erregungsübertragung existiert bei den Cnidarien erst in Ansätzen – als Neurotransmitter dienen RFamide und Serotonin.

Die **Muskelgewebe** der Nesseltiere sind vor allem als Myoepithelien ausgebildet. Sie bestehen aus ekto- und entodermalen Epithelzellen und Muskel-Mikrofilamenten, deren Ausläufer die Basallamina durchziehen. Nur bei einigen Quallen werden spezielle Muskelzellen gebildet.

Keimzellen entstehen überwiegend in entodermalen Geweben; ektodermale Gonaden finden sich jedoch bei Hydrozoen. Die **Embryogenese ist sehr variabel**. Vermutlich war die Furchung ursprünglich radiärsymmetrisch. Nahezu alle Nesseltiere weisen eine planktonische **Planula-Larve** auf, die üblicherweise lecithotroph, seltener planktotroph ist. Vertreter der Anthozoa verfügen über ein **apikales Sinnesorgan** und eine gut erkennbare Apikal-Blastoporus-Achse. Die Planula-Larve entwickelt sich in ein Polypen-Stadium. Dieses setzt sich mit dem apikalen Pol am Substrat fest, der Blastoporus wird dabei zur Mund- und Ausstoßöffnung.

Um die Evolution der Nesseltiere und ihre Stellung innerhalb der Metazoa zu verstehen, müssen wir die Frage klären: **„Was war zuerst da, der Polyp oder die Meduse"?** Die phylogenetischen Beziehungen zwischen den Hauptgruppen der Nesseltiere sind relativ gut bekannt und dies ermöglicht uns, den ursprünglichen Entwicklungszyklus der Nesseltiere zu rekonstruieren. Es scheint, dass im **Entwicklungszyklus** der Nesseltiere **ursprünglich nur** sich vegetativ vermehrende **Planulae und Polypen** auftraten. Erst **sekundär entstand ein Medusenstadium**, das auf die Produktion von Keimzellen spezialisiert war, während die Polypen die ungeschlechtliche Vermehrung beibehielten (Bildung von Medusen oder Tochterpolypen).

Abb. 28

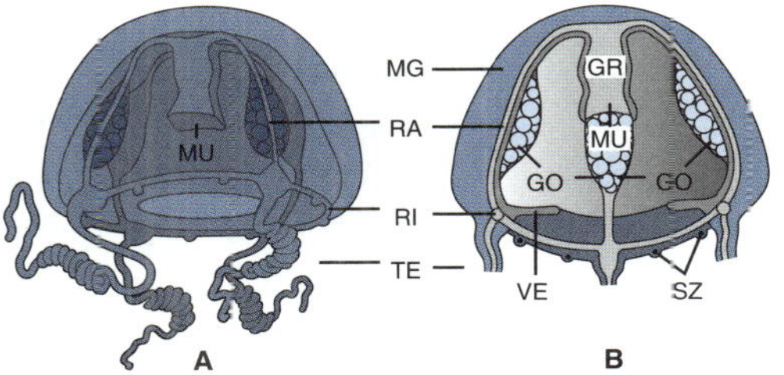

Körperbau einer Meduse (*Eucopium*): A) Gesamtorganismus, B) Längsschnitt. GO Gonaden, **GR** Gastralraum, **MG** Mesogloea, **MU** Mund, **RA** Radiärkanal, **RI** Ringkanal, **SZ** Statozyste, **TE** Tentakel, **VE** Velum (nach Haeckel, aus Lang et al. 1971).

Abb. 29

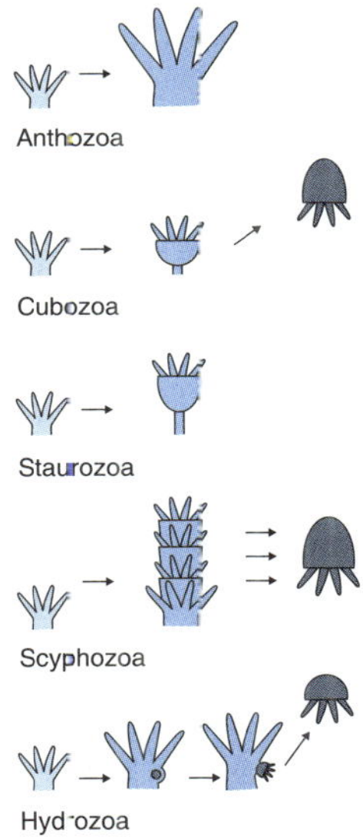

Schema der Entwicklungszyklen bei verschiedenen Subtaxa der Nesseltiere
(nach Zrzavý 2006).

Box 14

Evolution des Entwicklungszyklus der Cnidaria

Die Entwicklungszyklen der Cubozoa und Staurozoa sind am einfachsten und am wenigsten untersucht (Abb. 25). Die Polypen der **Cubozoa** ändern lediglich den Mundteil der Adulten, die Polypen-Tentakel werden durch Medusen-Tentakel ersetzt. Daraufhin löst sich der ganze Polyp von seiner Auflage, dreht sich um und wird zur Meduse. Bei den **Staurozoa** ist die Situation sehr ähnlich, nur dass die „Medusen" sich nicht vom Untergrund ablösen, sondern sessil bleiben. Bei **Scyphozoen** ist die Situation komplizierter: auch hier beginnt die Metamorphose zunächst im Bereich der Mundregion; gleichzeitig kommt es zur sogenannten **Strobilation**, also zur Abschnürung von kleinen Medusen vom ursprünglichen Polypenkörper. Die freischwimmenden Medusen entstehen also durch Querteilung des Polyps. Das Medusenstadium der **Hydrozoa** geht auf seitliche Knospen des Polyps zurück, die aus speziellen Zellgruppen entstehen, den sogenannten **Entokodonen**. Diese sind in der extrazellulären Substanz zwischen Ekto- und Entoderm lokalisiert. Auch die Entstehung der Medusenstadien aus dem Entokodon kann als Modifizierung der üblichen Medusen-Entwicklung aus der Mundregion der Polypen interpretiert werden. Entokodonen erfüllen aufgrund ihrer Lage und ihres Aufbaus die Kriterien des dritten „Keimblatts". Für kurze Zeit werden sie vorwiegend vom Muskelgewebe der künftigen Meduse gebildet, wodurch sie dem Mesoderm der Bilateria stark ähneln. Diese Deutung wird darüber hinaus durch die Aktivität einiger Gene unterstützt, die die Entwicklung von mesodermalen Geweben und Muskeln bei Medusen und Bilateria steuern.

Für die ähnliche Anatomie und Entwicklungsgenetik der Entokodonen und des Mesoderms der Bilateria gibt es zwei alternative Erklärungen: entweder war der gemeinsame Vorfahre der Nesseltiere und Bilateria ein einfacher diploblastischer Organismus und die homologen Gene steuern unabhängig voneinander die Entstehung von Muskeln in beiden Gruppen, oder der gemeinsame Vorfahre der Nesseltiere und Bilaterien verfügte bereits über Mesoderm und Muskeln und war bereits triploblastisch. Es scheint, dass im **Entwicklungszyklus** der Nesseltiere **ursprünglich nur** die zur vegetativen Fortpflanzung fähigen **Planulae und Polypen** auftraten. **Sekundär entstand ein Medusenstadium**, das sich auf die Produktion von Keimzellen spezialisierte, während die Polypen die ungeschlechtliche Vermehrung (Medusen oder Tochterpolypen) beibehielten. Die mögliche (wenn auch unwahrscheinliche) Homologie der quergestreiften Muskeln der Medusozoa, Ctenophora und Bilateria stellt allerdings dieses Evolutionsszenario in Frage und könnte auf die Existenz eines frei beweglichen Stadiums auch an der Basis der Nesseltiere hindeuten. Sekundäre Reduktionen der Medusenstadien kennen wir von vielen Medusozoa (z.B. bei *Hydra*) und auch die Anthozoa könnten einen weiteren Fall dieses Phänomens darstellen.

3.5.2 Evolution der Körpersymmetrie

Für das Verständnis der Evolution der Cnidaria ist ein Vergleich der Körpersymmetrie ihrer Polypenstadien mit jener der Ctenophora und der Bilateria hilfreich. Im Allgemeinen gilt, dass die Längsachse, die den Mund mit der Haftscheibe verbindet, durch Transformation der Längsachse der Planula-Larve entsteht. Ausschließlich radiärsymmetrische **Polypenstadien** kommen nur bei einigen Hydrozoen vor, also einem sehr abgeleiteten Subtaxon der Cnidarier. Eines der bekanntesten Nesseltiere ist *Hydra*. Diese Tiere vor Augen – entwickelten sich eine Reihe von Irrtümern darüber, wie das Grundmuster der Nesseltiere ausgesehen haben könnte. Die Polypenstadien der meisten Medusozoen weisen eine vierstrahlige Radiärsymmetrie auf, aber ihre Polypen beginnen ihre Ontogenese mit nur zwei Tentakeln; sie sind also biradiär – genauso wie die Anthozoa. Häufig finden wir Formulierungen wie „die Anthozoa seien teilweise biradiär“ (im Sinne, dass sie sich *schon* den Bilateria nähern). In Wirklichkeit sind sie eine eher basale Gruppe und vielmehr *noch* biradiär symmetrisch.

Auch die Medusenstadien sind einheitlich radiärsymmetrisch und üblicherweise vierstrahlig. Allerdings sind die Medusenstadien nicht repräsentativ für alle Stadien der Nesseltiere. Ihre Symmetrie entwickelte sich eher infolge der Notwendigkeit, sich in der Wassersäule frei in allen Richtungen, ohne unnötige Drehungen, bewegen zu können. Es ist daher wahrscheinlich, dass die Cnidaria ursprünglich nicht radiärsymmetrisch waren. Die Radiärsymmetrie ist vielmehr eine Spezialisierung der am stärksten abgeleiteten Gruppen.

Anthozoa (Blumentiere)

3.5.3

Übersicht

Anthozoa (griech. Blumentiere)

Morphologie. Solitär oder stockbildende Polypen, nackt oder in einer Kalk- oder Chitinhülle (= Außenskelett). Schlitzförmige Mund-Afteröffnung; der Darmsack wird durch sechs oder acht Septen in eine entsprechende Anzahl von Gastraltaschen eingeteilt. Die Mesogloea ist dick, die Cniden sind einfach.

Merkmale. Anthozoa zeichnen sich vor allem durch einen tief eingestülpten **ektodermalen Schlund (Pharynx)** mit ein oder zwei bewimperten Schlundrinnen aus. Der **Gastralraum** wird durch muskulöse, entodermale Trennwände in mehrere Taschen aufgeteilt, wodurch seine funktionelle Oberfläche markant vergrößert wird. **Im Bereich der länglichen Mundöffnung und des Pharynx** sind die Anthozoa **bilateralsymmetrisch.** Etwas tiefer, im Gastralraum, ist die bilaterale Symmetrie nur noch angedeutet. Eine ähnliche bilaterale Symmetrie zeigen auch die Gastrulae der Anthozoen. Ursprüngliche Merkmale der Anthozoen sind ihre **kreisförmige mtDNA** und **Nesselzellen ohne echtes Cnidocil**. Seine Funktion übernimmt eine Geißel mit einer langen Wurzel. Ein wahrscheinlich ursprüngliches Merkmal der Blumentiere ist ihr einfacher Entwicklungszyklus mit **Polypenstadien mit entodermalen Gonaden**, **hohle** mit Entoderm ausgekleidete **Tentakel**, **kom-**

pliziert organisierte, häufig planktotrophe **Planula-Larven** mit Nerven- und Sinneszellen und ersten Cnidocyten, sowie die auffällig niedrige Zahl der Nesselzellen.

Vorkommen, Biologie. Warme Meere. Meist benthisch, sessil und unbeweglich; carnivor; häufig Algensymbiosen, Fortpflanzung asexuell und sexuell. Das synchrone Freisetzen der Gameten bei Korallen gehört zu einem der spektakulärsten Phänome und kann sogar von Satelliten registriert werden. Planktotrophe Planula-Larven. Bemerkenswert ist die Symbiose einiger Seeanemonen mit Einsiedlerkrebsen und Anemonenfischen.

System. Es gibt **drei Subtaxa:** „Octocorallia"(= „Alcyonaria"), Ceriantharia und Hexacorallia i.e.S. (= Zoantharia). 2006 wurde gezeigt, dass die „Octocorallia" nicht monophyletisch sind: So stehen die Gattungen *Briareum* und *Erythropodium* (Affenhaar) als basale Gruppe allen anderen Octocorallia gegenüber. Circa 6.200 Arten sind bekannt.

„Octocorallia" (= Alcyonaria, Weichkorallen) Einzelpolypen wenige mm, Kolonien bis mehrere m. Polyp mit acht Längswänden, acht Gastraltaschen und acht gefiederten Tentakeln. Kolonien krustenförmig auf dem Substrat oder baum-, fächer- oder federartig verzweigt. Circa 3000 bekannte Arten, z.B. *Alcyonium digitatum* (Tote Mannshand), *Erythropodium* sp. (Affenhaar), *Gorgonia flabellum* (Venusfächer), *Pennatula rubra* (Seefeder).

Ceriantharia (Zylinderrosen) Bis 15 cm, Tentakel bis 70 cm. Seeanemonenähnlich. Fußscheibenloser Rumpf. Die Tiere graben sich in den Boden ein, bauen eine Wohnröhre aus Sandkörnern, verhärtetem Schleim und ausgestoßenen Nesselkapseln, so dass üblicherweise nur die Tentakel sichtbar sind. Solitär, sessil, auf Schlamm- oder Sandböden. Bei Gefahr können sie sich blitzschnell in die Wohnröhre zurückziehen. Zwitter, die sich fast nur geschlechtlich fortpflanzen. In tropischen wie auch gemäßigten Meeren in 1–100 m Tiefe. Traditionell werden sie als ein basales Taxon der Hexacorallia und alsSchwestergruppe aller anderen Hexacorallia betrachtet. Möglicherweise handelt es sich jedoch um basale Anthozoa außerhalb der Taxa der Octocorallia und Hexacorallia i.e.S. Circa 50 Arten sind bekannt: z.B. *Cerianthus lloydi* (Nordsee-Zylinderrose).

Hexacorallia i.e.S. (= Zoantharia i.e.S., Steinkorallen, Seeanemonen) Einzelpolypen wenige mm, Kolonien bis mehrere m. Sechs Gastraltaschen, sechs ungefiederte Tentakel, Spirocysten (= spezielle Klebkapseln). Solitär oder koloniebildend. Bekannt sind circa 3000 Arten, z.B. *Actinia equina* (Purpurrose), *Coralium rubrum* (Edelkoralle).

Bedeutung. Immense Bedeutung als geomorphologisches Agens (Korallenriffe), Kalkquelle und wichtiges Ökosystem. Gameten und Larven sind eine wichtige Nahrungsquelle für viele Tiere. Bedeutsam auch im Ökotourismus und bei der Schmuckherstellung. Seeanemonen werden häufig in Seeaquarien gehalten.

Medusozoa (= Tesserazoa)

3.5.4 Übersicht

Medusozoa (griech. Meduse-Tiere)
Morphologie. Medusen und/oder Polypen.
Vorkommen, Biologie. Weltweit, vorwiegend marin, aber auch limnisch. Adulte pelagisch, frei schwimmend (Quallen) oder festsitzend (Hydrozoa); Metagenese; carnivor oder parasitisch (Narcomedusae, Endocnidozoa).
System. Fünf Subtaxa: **Staurozoa** (Stiel- und Becherquallen), **Cubozoa** (Würfelquallen), **Scyphozoa** (Schirmquallen), **Hydrozoa** (Quallen und Polypen) und **Endocnidozoa**. Die Phylogenese ist nicht abschließend geklärt. Molekulare Analysen unterstützen die engen Beziehungen zwischen den Staurozoa und Cubozoa und häufig auch die basale Stellung der Staurozoa innerhalb der Medusozoa. Die Hydrozoa sind stark abgeleitet. Die verwandtschaftlichen Beziehungen der am stärksten abgeleiteten Endocnidozoa untereinander und zu anderen Tiergruppen sind noch unklar. Am ehesten gehören sie in die Verwandtschaft der Narcomedusae (Hydrozoa). Circa 3000 Arten.
Bedeutung. Manche Arten sehr giftig und auch für den Menschen lebensgefährlich (Cubozoa), Plage an Badestränden.

Die Medusozoen zeigen eine mehr oder weniger **radiäre Körpersymmetrie**. Die **Tentakel** enthalten stets ekto- und entodermales Gewebe. Sie sind ursprünglich hohl, nur bei den Hydrozoen werden die Hohlräume durch Gewebe vollständig ausgefüllt. Der **ektodermale Pharynx fehlt**. Hydrozoa und Cubozoa entwickeln **in der Polypenphase keine Gastraltaschen**, während die Staurozoa, Cubozoa und ursprüngliche Scyphozoa **in der Medusenphase Trennwände** aufweisen. Die Geißel der Nesselzelle ist zu einem **echten Cnidocil** ausgebildet: Sie hat das akzessorische Zentriol und die Wurzel verloren, ist durch unregelmäßig angeordnete Mikrotubuli ausgefüllt und wird von zwei Mikrovilli-Kreisen umgeben. Die meisten Medusozoa weisen eine **Metagenese** auf. Üblicherweise ist das Medusenstadium pelagisch und das Polypenstadium sessil. Die **mtDNA** der Medusozoa ist **linear.** Die Merkmale der Endocnidozoa sind auf S 64 angeführt.

Übersicht

► **Staurozoa (Stiel- und Becherquallen)**
10–50 mm. Der Körper hat ein becherförmiges, medusoides Oberteil und einen polypoiden Stiel. Am Schirmrand befinden sich acht Gruppen von je 20–100 geknöpften Tentakeln. Wurmförmige, unbegeißelte, kriechende Larve. Marin, benthisch, teilweise in Hot-Vents. Semisessil. Gonochoristen. Circa 50 Arten, z.B. *Craterolophus tethys.*

► Cubozoa (Würfelquallen)

1–30 cm, Tentakel bis 4 m. Schirm würfelförmig, zwei bis 60 Tentakel, vier paarige Gonaden, aktive Räuber. Bei der Metamorphose wird der ganze Polyp zur Meduse. Marin, in Tropen. Einige Arten hochgiftig. Circa 20 Arten, z.B. *Carukia barnesi* (Irukandji), *Chironex fleckeri* (Seewespe).

► Scyphozoa (Schirmquallen)

Einige mm bis zwei cm im Durchmesser, Tentakel bis 30 m. Typische Qualle mit durchsichtiger Schwimmglocke und Tentakeln. Gut entwickelte Sinnesorgane (sogenannte Rhopalien). Marin. Aktive Räuber, selten microcarnivor. Strobilation, aber das Polypenstadium kann entfallen. Meduse meist gonochoristisch. Circa 200 Arten, z.B. *Aurelia aurita* (Ohrenqualle), *Periphylla periphylla* (Kronenqualle).

► Hydrozoa

Einige mm bis 60 cm. Große Formenvielfalt. Die meist kleinen Polypen sind koloniebildend; die Medusen (sogenannte Hydromedusen) haben ein Velum (= ein Segellappen am Schirmrand), das den Wasserausstoß verstärkt. Verschiedene Abwandlungen des Cnidarier-Lebenszyklus sind möglich. Marin, wenige limnisch. Das Taxon ist möglicherweise paraphyletisch. Drei Subtaxa, 2.700 Arten. **Hydroidea** haben meistens stockbildende Polypen und reduzierte Medusen, z.B. *Hydra vulgaris.* Die **Trachylida** haben kein Polypenstadium. Die Actinula-Larven der **Narcomedusae** (z.B. *Cunina peregrina*) parasitieren an anderen Quallen. **Siphonophora** (Staatsquallen) bilden pelagische Kolonien mit einer Meduse und vielen, polymorphen Polypen; z.B. *Physalia physalis* (Portugiesische Galeere).

► Endocnidozoa

Mikroskopisch klein. Parasiten von Süßwasserfischen und anderen limnisch lebenden Tieren. Sekundär stark vereinfacht (s.u.), Reduktion der Cilien, Mitochondrien mit tubulären Cristae, Endozytokinese in frühen Phasen der Ontogenese und Anhaften der Infektionsstadien am Gewebe des Wirtes mit Hilfe von „Cniden"-ähnlichen Strukturen. Zwei Subtaxa: **Polypodiozoa.** Adaptiert an den langjährigen intrazellulären Parasitismus in Eiern (Roggen) störartiger Fische (also im „Kaviar"). Im Rogen entstehen besondere zylindrische Stadien mit einem inneren (!) Ektoderm und einem oberflächlichen Entoderm (!), das mit Reservestoffen des Eies direkt kommuniziert. Diese Stadien drehen zunächst das Ektoderm (!) nach außen und verlassen den Rogen. Im Wasser zerfallen sie in freischwimmende sexuelle Individuen, die an einfach gebaute Medusen erinnern. Ihre Keimdrüsen lösen sich ab und befallen die Haut der Wirtsfische mit Hilfe eines besonderen ektodermalen Pfropfes, der eine Batterie von Nesselzellen enthält. Es ist bislang nicht bekannt, wie die Tiere in die Fischeier gelangen. Eine Gattung: *Polypodium.*

Box 15

Myxozoa

Traditionell wurden zwei Gruppen („Subtaxa") der Myxozoa unterschieden: die Fische parasitierenden „**Myxosporea**" und die „**Actinosporea**", die Annelida und Plathelminthes befallen. Der Zyklus der **„Myxosporea"** beginnt mit einem **Keim**, der aus einer **Spore** freigesetzt wird. Durch mehrfache Zellkernteilung entwickelt sich ein vielkerniges **Plasmodium**. Einige Kerne differenzieren sich zusammen mit dem anliegenden Zytoplasma in selbständige Zellen (man spricht von einer **Endozytokinese** = „eine Zelle entsteht in einer anderen Zelle"). Je zwei Zellen bilden ein Paar; die erste Zelle umhüllt als Perizyt die zweite, die sogenannte **sporogene** Zelle. Die sporogene Zelle teilt sich weiter; es entwickeln sich ein bis zwei Keime der künftigen Spore und ferner Zellen, die die Polkapsel und Klappen der Sporenhülle bilden. Die so entstandene vielzellige **Spore** verlässt den Fischwirt. Bis vor kurzem vermutete man, dass diese Sporen andere Fische direkt befallen. Es war daher eine sehr überraschende Feststellung, dass „*Myxobolus*", der Erreger der Beulenkrankheit bei Fischen und „*Triactinomyxon*", ein Parasit von *Tubifex*, Entwicklungsstadien *derselben* Art sind. Die Sporen der Wurmparasiten infizieren die Fische und die Sporen der Fischparasiten infizieren die Anneliden. ***Hox*-Gene** wiesen die Myxozoa zunächst als Angehörige der Bilateria aus. Erst kürzlich zeigte sich, dass die angeblichen *Hox*-Gene der Myxozoa in Wirklichkeit von ihren Wirten stammten (eine solche Verwechslung kann beim Studium von Parasiten schon einmal passieren).

Box 16

Causa Buddenbrockia

Eine wirkliche zoologische Sensation war Ende des 20. Jahrhunderts die Wiederentdeckung der lange beschriebenen, aber völlig rätselhaften ***Buddenbrockia***. Es handelt sich um ein kleines „wurmartiges" Tier ohne innere Organe, aber mit vier Längsmuskeln (wodurch es an einen Schlauchwurm erinnert, sofern wir eine vierfache Radiärsymmetrie ausschließen mögen). Die Körperhöhle ist mit Sporen gefüllt, die ursprünglich für Embryonen gehalten wurden. Dieses Tier bewohnt die Coelomräume limnischer Bryozoen. Molekulare, ultrastrukturelle oder embryologische Daten fehlten bis vor kurzem. Dank der Wiederentdeckung und neuen Forschungsmöglichkeiten konnte *Buddenbrockia* nun systematisch eingeordnet werden. Sie gehört zu den **Malacosporea** und ist die ursprünglichste Art aller Myxozoa, da ihre Muskulatur erhalten ist. Darüber hinaus ist *Buddenbrockia* identisch mit einer Art, die ursprünglich als „*Tetracapsula*" beschrieben wurde. Die beiden „Arten" stellen nur Entwicklungsstadien ein- und derselben Art dar. *Buddenbrockia* ist ein Tier mit einem chimärenartigen Körperbau. Dieser wurmähnliche Organismus erinnert zum einen an Nematoda (allerdings ohne Bilateralsymmetrie, Nervensystem, Darm, Exkretionsorgane und Keimdrüsen), ist zum anderen mit Myxozoen-Sporen angefüllt und verfügt über Nesselzellen in der Epidermis.

Myxozoa (= Myxosporea + Malacosporea). Die Myxozoa wurden bis vor kurzem für „Einzeller" gehalten. Der hohe Grad ihrer Zelldifferenzierung ließ aber schon früh die Frage zu, ob es sich nicht doch um mehrzellige Tiere handelt, die aufgrund ihrer parasitischen Lebensweise nur sekundär vereinfacht sind. Der Hauptgrund für diese Überlegungen war der komplizierte Bau ihrer Infektionssporen, die evident vielzellig sind und Polkapseln mit ausstülpbaren Fasern enthalten, die den Cniden der Nesseltiere auffallend ähneln. Diese Strukturen enthalten jedoch kein Cnidocil und keine Anbindung an Nerven- oder Sinneszellen, die bei den Myxozoa gar nicht entwickelt sind. Die vielzelligen Sporen mit trennwandigen Verbindungen und gap junctions zwischen den Zellen belegen eindeutig, dass es sich um mehrzellige Tiere handelt. Auch molekulare Analysen haben dies klar bestätigt. Zwei Subtaxa: **Myxosporea** sind Endoparasiten von Fischen und aquatischen Anneliden und Plathelminthen (Wirtswechsel). Sie verursachen die Beulenkrankheit der Fische, die zu erheblichen Verlusten in der Fischzucht führen kann. 1.200 Arten, *Myxobolus* (Box 15). Die **Malacosporea** wurden erst Ende des 20. Jahrhunderts entdeckt. Sie leben in limnischen Moostierchen und wahrscheinlich auch in Fischen. In der Körperhöhle des Wirtes bilden sich frei schwimmende, mit Sporen vollgepackte Säcke (Box 16).

Fragen

1 Welche Taxa gehören zu den basalen Metazoa?

2 Die Schwämme werden gewöhnlich für sehr ursprüngliche Tiere gehalten. Wird das von allen Evolutionsbiologen so gesehen? Welche Teiltaxa der Schwämme kennen Sie?

3 Der Körperbau der Schwämme wird als modular bezeichnet. Was versteht man hier unter einem Modul?

4 Worin unterscheiden sich die Eumetazoa von den Metazoa?

5 Wie wird das Mesoderm bei den Eumetazoa gebildet?

6 Durch welche Hypothesen wurde die alte Coelenteraten-Hypothese abgelöst?

7 Charakterisieren Sie die Placozoa.

8 Führen Sie einige wesentliche Apomorphien der Cnidaria auf und nennen Sie die wichtigsten Teiltaxa der Nesseltiere.

9 Was war zuerst da, der Polyp oder die Meduse?

10 Was sind die Endocnidozoa?

Basale Bilateria | 4

Inhalt

Zu den Bilateria gehören Tiere mit einer deutlichen anterio-posterioren (= vorne-hinten) Körperachse und einer zweiseitigen (= bilateralen, links-rechts) **Spiegelsymmetrie**, sowie einer dorso-ventralen (= Rücken-Bauch) Asymmetrie. **Zwei Hypothesen** erklären, wie sich die bilaterale Organisation entwickelt haben könnte. Die erste Hypothese geht von einem beweglichen, die zweite von einem sessilen Planuloid aus. Entsprechend werden die Apikal-Blastoporus-Achse der Planula-Larven und die anterio-posteriore oder die dorso-ventrale Achse der Bilateria homologisiert. Die einzelnen Körperregionen der Cnidaria sind allerdings nur **schwer** mit entsprechenden Regionen der Bilateria **zu homologisieren**. Die **Monophylie** der Bilateria ist unumstritten, obwohl molekulare Analysen an dem System der Bilateria gerüttelt haben. Zurzeit werden die **„Acoelomorpha"**, die früher zu den Plathelminthen (Plattwürmer) gezählt wurden, als Schwestergruppe der **Eubilateria** („echte Bilateria") angesehen. An die Basis der Bilateria müssen möglicherweise auch die **„Mesozoa"** (Orthonecta + Rhombozoa) gestellt werden, rätselhafte, extrem vereinfachte Parasiten.

Bilateralsymmetrie | 4.1

Der Körper kann durch eine Schnittebene in die spiegelgleiche linke und rechte Hälften zerlegt werden und weist eine **dorso-ventrale** (= Rücken-Bauch) **Asymmetrie** auf (Abb. 24, Burda, Allg. Zoologie, 2005, S. 54). Diese geometrische Anordnung des Körpers wird schon im Ei festgelegt und durch den Mutterorganismus während der Ontogenese **bestimmt** (Abb. 15, Burda, Allg. Zoologie, 2005, 1.3.7.3). Das künftige vordere Ende des Tieres ist schon in der frühen Phase der Entwicklung daran zu erkennen, dass sich am apikalen Pol des Eies Polzellen ansammeln.
Es gibt zwei **Hypothesen**, wie sich die Stammart der Eumetazoa zu einem bilateralsymmetrischen Tier entwickelt haben könnte. Die erste Hypo-

these geht von einem beweglichen, die zweite von einem sessilen Planuloid aus. Zwei Interpretationen der **Homologisierung der Körperachsen sind möglich**: Entweder entspricht die anterio-posteriore oder die dorsoventrale Achse der Apikal-Blastoporus-Achse der Planula-Larven (Abb. 30, Box 17). Diese Hypothesen können durch entwicklungsbiologische Untersuchungen von Cnidarien und „Acoelomorphen" getestet werden. Die einzelnen Körperregionen der Cnidaria sind nur schwer mit entsprechenden Abschnitten der Bilateria zu homologisieren.

Die Aktivität des Gens *decapentaplegic*, das an der **Determinierung der dorso-ventralen Achse der Bilateria** beteiligt ist, ist im Ektoderm der Gastrula deutlich asymmetrisch ausgeprägt und verläuft entlang der **Achse durch** den spaltartigen **Schlund der Anthozoa**. Wie kürzlich gezeigt wurde, eignen sich die *Hox*-Gene für den Vergleich und die Homologisierung der Körperregionen von Cnidaria und Bilateria jedoch nicht. Auf jeden Fall aber weisen schon die Cnidaria zwei Symmetrieachsen auf, sind also **nicht ursprünglich radiärsymmentrisch.**

Box 17

Wie entstand die bilaterale Symmetrie?

Abb. 30

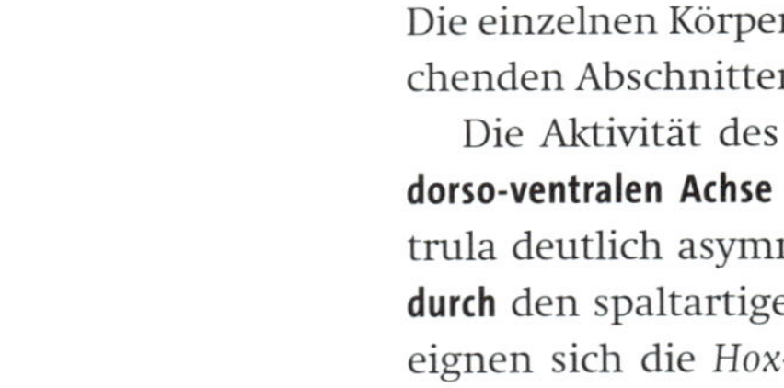

Zwei Hypothesen zur Entstehung eines bilateralen „Acoeloids" (rechts) aus einem radiär symmetrischen Planuloid. A anterior, **D** dorsal, **P** posterior, **V** ventral. **AN** Analöffnung, **AP** apikaler Pol, **BP** Blastoporuspol, **MU** Mundöffnung (nach Zrzavý 2006).

Die „Acoelomorpha" führen uns den möglichen Übergang von der radiären Körpersymmetrie zur Bilateralsymmetrie vor Augen. **Die Ähnlichkeit zwischen Planulalarven und rezenten „Acoelomorphen"** ist wirklich verblüffend. Der Vorfahre der Planulozoa ähnelte also möglicherweise stärker einem „Acoelomorphen" als einem sessilen Nesseltier.

Nach der ersten Hypothese war der gemeinsame Vorfahre aller Eumetazoen ein „Planuloid", ein einfaches, **bewegliches**, triploblastisches Tier ohne Körperhöhle, aber mit gut differenzierter Muskulatur, mit apikalem Sinnesorgan und mit einer auf dem gegenüberliegenden Körperpol lokalisierten Mundöffnung. Eine solche Anordnung finden wir tatsächlich bei einigen Acoelomorpha. Kein Vertreter der Acoelomorpha hat den Mund vorne, am „Kopf". Somit würde die anterio-posteriore Achse der Bilateria der Apikal-Blastoporus-Achse radiärsymmetrischer Tiere (oder zumindest ihrer Larven) entsprechen und ihre wesentliche **Apomorphie** wäre **die dorso-ventrale Achse** des Körpers. Die alternative Hypothese geht von einem **sessilen Stadium** aus, das einem „Planuloid" entspricht, der mit der Mundregion der Unterlage aufsitzt. Durch Abflachung der Apikal-Blastoporus-Achse und Verschiebung des Nervenzentrums aus dem oberen Körperbereich in eine asymmetrische Lage entstand eine **neue, anterio-posteriore Körperachse**, während die ursprüngliche Apikal-Blastoporus-Achse zur dorso-ventralen Achse wurde.

Box 18

Die Phylogenese der Bilateria in traditionellen Systemen

Die traditionelle zoologische Systematik betont die Bedeutung von „Körperhohlräumen" und „Körperöffnungen". Nach der **„Körperhohlraum-Hypothese"** waren die frühen Bilateria winzig, kompakt, ohne Leibeshöhle und nur mit einem Netzwerk von miteinander verbundenen Spalträumen im Mesoderm ausgefüllt. Somit war es möglich, vom Ektoderm durch das Mesoderm zum Entoderm zu gelangen (**„Acoelomata"**, z.B. Plathelminthes). Andere Tiere verfügen über eine Leibeshöhle, die zumindest teilweise durch die Basallaminae der ekto- oder entodermalen Gewebe umgeben ist (**„Pseudocoelomata"**, z.B. Nematoda). Bei den **„Coelomata"** (= „Eucoelomata") ist schließlich eine besondere Leibeshöhle (**Coelom**) entwickelt, die von allen Seiten durch eine kontinuierliche Epithelschicht mesodermaler Herkunft umgeben ist (z.B. Annelida, Echinodermata und Chordata). Das Coelom wird auch als „sekundäre" Leibeshöhle bezeichnet – im Gegensatz zur „primären" Körperhöhle, die dem Blastocoel entspricht.

Nach der **„Körperöffnung-Hypothese"** waren ursprüngliche Bilateria komplexer gebaut. Sie sollen bereits Coelomhöhlen ausgebildet haben, die möglicherweise durch die Umwandlung der Seitentaschen des Gastralraumes der Nesseltiere entstanden. Demnach könnte das Coelom von Anfang an in mehrere Hohlräume eingeteilt gewesen sein. Nach verschiedenen ultrastrukturellen und embryologischen Merkmalen (insbesondere nach der ontogenetischen Beziehung der Mund- und Afteröffnung zum Blastoporus) werden die Bilateria in zwei phylogenetische Linien eingeteilt, in die **Protostomia**, zu denen die Mehrheit der „Stämme" gehört und die **Deuterostomia** (Echinodermata, Hemichordata und Chordata) (siehe Burda, Allg. Zoologie, 2005, S. 55). Alle „Acoelomata" und „Pseudocoelomata" wurden daher für sekundär vereinfacht gehalten und ausnahmslos zu den Protostomiern gezählt.

Phylogenese und Evolution | 4.2

Die **Monophylie** der Bilateria wird durch viele Apomorphien unterstützt und ist **unumstritten**. Die traditionelle, auf morphologischen und embryologischen Merkmalen beruhende Systematik gelangte zu zwei grundlegenden Verwandtschaftshypothesen: **„Protostomia – Deuterostomia" oder „Acoelomata – Pseudocoelomata – Coelomata"** (Box 18, S. 84). Die Analyse der *Hox*-Komplexe erlaubt uns drei Evolutionsniveaus zu unterscheiden: **Cnidaria, „Acoelomorpha" und Eubilateria**. Die *Hox*-Gen-Sequenz der „Acoelomorpha" ist der der Eubilateria ähnlicher als jener der Cnidaria. An der Basis der Bilateria entstanden neue Gruppen von *Hox*-Genen und an der Basis der Eubilateria wurden einige *Hox*-Gene dupliziert.

Abb. 31

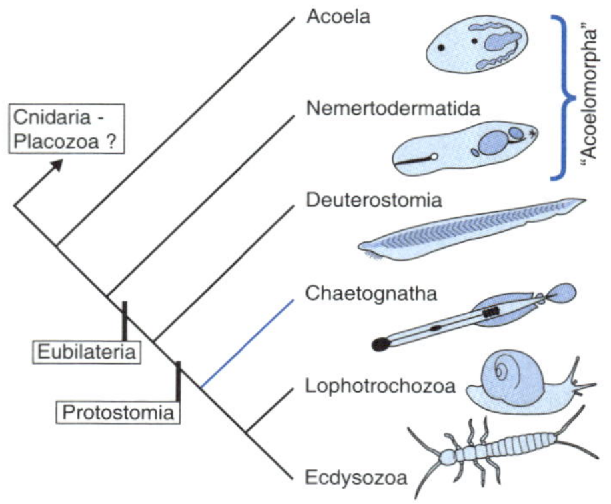

Verwandtschaftsdiagramm der Bilateria. Die Stellung der Chaetognatha ist unsicher (blaue Linie).

An der Basis der Bilateria stehen möglicherweise die „Mesozoa" (Orthonecta + Rhombozoa) (siehe S. 71). Es handelt sich um rätselhafte Parasiten, deren Erforschung große Bedeutung für das Verständnis der Evolution der Tiere im Allgemeinen hat. Diese extrem vereinfachten Tiere weisen nur wenige Zellen auf. Sie zeigen uns das untere Limit der „Animalität" und verdeutlichen wie vielzellige Tiere ohne Organe und echte Gewebe leben können.

Für das Verständnis der Phylogenese der Bilateria spielen die **Plathelminthes** eine Schlüsselrolle. Zwei Deutungen sind möglich: Entweder repräsentieren sie eine basale und gleichzeitig auch ursprüngliche Gruppe der Bilateria („Acoelomata"), oder sie sind sekundär vereinfachte Nachkommen coelomater Protostomia. Es könnte aber auch beides stimmen: Einige Vertreter der Plattwürmer könnten ursprüngliche Bilateria und die anderen sekundär vereinfachten Protostomia sein, denn es gilt heute als gesichert, dass die **traditionellen „Plathelminthes" mindestens zwei nicht miteinander verwandte Gruppen enthalten**, die sehr ursprünglichen **„Acoelomorpha"** und die **Plathelminthes im engen Sinne**. Während Letztere in die Verwandtschaft der Mollusca, Annelida und anderer Protostomia gehören, werden die **„Acoelomorpha"** zurzeit als Schwestergruppe der **Eubilateria** angesehen (Abb. 31).

4.3 | „Mesozoa"

Übersicht

„Mesozoa" (griech. Zwischentiere)

Größe, Morphologie. Bis 2 mm. Einfach gebaute, morula-ähnliche Tiere, mit einer einfachen radiären Symmetrie. Der Körper besteht aus einer oberflächlichen Zellschicht und einer inneren Kernzone aus Keimzellen. Verdauungs- und Nervensysteme fehlen. Die multiciliäre Epidermis dient der Bewegung und Nahrungsaufnahme. **Vorkommen, Biologie.** Endoparasiten mariner „Wirbelloser". Komplexer Lebenszyklus in Form einer Metagenese.

System. Zwei, möglicherweise miteinander nicht verwandte Gruppen: **Orthonectida** und **Rhombozoa**.

Morphologie und Phylogenese

4.3.1

Zu den „Mesozoa“ werden zwei Taxa mit sehr unterschiedlichen Tieren gezählt, darunter die rätselhafte *Salinella salve* (Box 19). Einige molekulare Analysen unterstützen die Monophylie der Mesozoa, während andere diese nicht belegen können. Die bekannten Sequenzen dieser Tiere sind sehr aberrant und das mitochondriale Genom der Rhombozoa sehr ungewöhnlich.

Die „Mesozoa“ sind einfach gebaute Tiere, die vor allem durch **Reduktionsmerkmale** charakterisiert sind. Diese Reduktionen könnten im Zusammenhang mit der parasitischen Lebensweise konvergent entstanden sein. Im Unterschied zu den Myxozoa werden die „Mesozoa“ üblicherweise für vielzellige Tiere gehalten. Nach älteren Vorstellungen sollten sie ein „Übergangsglied“ zwischen den „Einzellern“ und vielzelligen Tieren darstellen.

Die morphologischen Merkmale, die eine Zugehörigkeit der „Mesozoa“ zu den vielzelligen Tieren oder zu den Bilateria unterstützen würden, sind zwar nicht zahlreich, dafür aber ziemlich überzeugend. Insbesondere die Ausbildung eines **großen Eies und kleiner Polzellen**, einige tierspezifische Typen von **interzellulären Verbindungen**, **quergestreifte Cilienwurzeln**, die **bilaterale Körpersymmetrie** der beweglichen Stadien und im Falle der Orthonecta auch die speziellen **Muskelfasern** sind wichtige Merkmale. Auch einige **molekulare Analysen** unterstützen die Zugehörigkeit der „Mesozoa“ zu den Metazoa. Sie stellen die Mesozoa entweder in die Nähe der „Acoelomorpha“ an die Basis der Bilateria oder in die Nähe der Anneliden, Mollusken oder Plathelminthen. In beiden Fällen stammen die Mesozoa aber evident von bilateralsymmetrischen Vorfahren ab.

Box 19

Causa *Salinella*

Als eine Kuriosität wollen wir die rätselhafte *Salinella* erwähnen, für die sogar der „Stamm“ Monoblastozoa eingeführt wurde. *Salinella* bewohnt Salinen in Argentinien, in denen sie 1892 zuerst entdeckt wurde. Da kein Forscher sie seitdem gesehen hat, ist ihre Existenz zweifelhaft. Die Causa *Buddenbrockia* (Box 16) rät zwar zur Vorsicht, aber über diese Art haben wir vor ihrer Neuentdeckung doch unvergleichbar mehr gewusst, als wir über *Salinella* wissen. Das Einzige, was wir von *Salinella* wissen, ist, dass es sich um einen kleinen walzenförmigen Organismus handeln soll, der an beiden Enden offen und von einer Schicht bewimperter Zellen umhüllt ist. Die durchgehende „Körperhöhle“ erinnert entfernt an einen Darm. Die Ähnlichkeit ist jedoch nur oberflächlich, weil *Salinella* offensichtlich viel einfacher gebaut ist als selbst die einfachsten vielzelligen Tiere.

Übersicht

4.3.2 Orthonectida (= Orthonecta)

Orthonectida (= Orthonecta) (griech. gerade Schwimmer)

Größe, Morphologie. Bis 1 mm. Männchen sind kleiner als Weibchen. Geschlechtsorganismen mit determinierter Anzahl von Epidermiszellen. Die Tiere werden von einer Kutikula bedeckt, die der Kutikula der Anneliden ähnlich ist. Die Körperhöhle der Weibchen ist oft mit Eiern angefüllt; zwischen der Epidermis und den Eiern befindet sich ein dünnes Netzwerk aus Muskeln. In der Körperhöhle der Männchen liegt ein unpaarer Hoden, der mit einer eigenen Muskelschicht ausgestattet ist, die wahrscheinlich den Ausstoß der Spermien bewirkt. Ferner gibt es ein System von Längsmuskeln und im hinteren Körperabschnitt auch eine Art „Skelett" aus vier festen Muskelzellen.

Lebenszyklus. Nach der inneren Befruchtung entwickelt sich im Inneren des Weibchens eine bewimperte, zellarme Larve, die nach dem Freisetzen einen Wirt befällt. Wie die Infektion des Wirtes erfolgt, ist bislang unbekannt. Ein vielkerniges „Plasmodium", in dem sich die Embryonen der nächsten Generation entwickeln, wurde lange für das parasitische Hauptstadium gehalten. Es handelt sich jedoch lediglich um das befallene, zerstörte Gewebe des Wirtes.

Vorkommen, Ökologie. Marin; im Lebenszyklus alternieren unbewegliche Gewebeparasiten (in Anneliden, Mollusken und Nemertea, selten auch Plathelminthen, Echinodermaten und Tunicaten) mit frei beweglichen Geschlechtsindividuen.

System. 50 Arten, z.B. *Rhopalura ophiocomae*.

Übersicht

4.3.3 Rhombozoa (= Dicyemida)

Rhombozoa (griech. Rautentiere)

Größe, Morphologie. Bis 2 mm. Kutikula und Muskelzellen fehlen. Der Körper wird von nur 40–50 multiciliären Zellen gebildet, die eine einzige sogenannte Achsenzelle umhüllen.

Lebenszyklus. Zwitter. Der Entwicklungszyklus ist nur teilweise bekannt und offensichtlich ziemlich kompliziert. Endozytokinese und Metagenese spielen eine wichtige Rolle.

Vorkommen, Biologie. Rhombozoen parasitieren am Absorptionsepithel der „Niere" und des Herzbeutels von Cephalopoden und nehmen dort organische Stoffe aus dem Primärharn des Wirtes auf.

System. Circa 20 Arten, z.B. *Dicyema typus*.

„Acoelomorpha“

4.4

Übersicht

„Acoelomorpha“ (griech. Coelomlosförmige)
Größe, Morphologie. Wenige mm. „Plattwurmartig“, einfach gebaut. **Vorkommen, Biologie** Marin, benthisch, vereinzelt pelagisch. Hermaphroditen mit direkter Entwicklung. **Phylogenese.** Traditionell wurden sie als Subtaxon der Plathelminthes geführt. Neuere Analysen deuten sie jedoch als basale Gruppe der Eumetazoa (Box 20). Die Monophylie der „Acoelomorpha“ ist nicht gesichert, wahrscheinlich (nach der Sequenz der 18S rRNA) sind sie paraphyletisch, wobei die Acoela etwas basaler stehen sollen als die Nemertodermatida (vgl. Abb. 31). **System.** Zwei Subtaxa: **Acoela** haben eine wesentlich einfachere Statozyste und einen abgeleiteten Bau der Spermien. Ihr Hauptmerkmal ist das vollständige Fehlen von Drüsenzellen in der Verdauungshöhle. Diese ist mit besonderen Zellen ausgefüllt, die zu einem Synzytium verschmelzen. Die **Nemertodermatida** wurden schon früher für ursprüngliche Vertreter der Bilateria gehalten, gerieten dann aber allmählich in Vergessenheit. Es handelt sich um eine kleine, artenarme Gruppe. Sie weisen eine zweikammerige Statozyste im vorderen Körperteil auf und bilden sehr ursprünglich gebaute Spermien und Nervensysteme.

Box 20

Polyphylie der Plathelminthes (im weiteren Sinne)

Die Monophylie der Plathelminthes (i.w.S.) war stets umstritten. **Gemeinsame Merkmale** sind der **Hermaphroditismus**, die **innere Befruchtung,** ein modifizierter **Bau der Spermien**, **Verlust der Teilungsfähigkeit ausdifferenzierter Körperzellen**, **multiciliäre Epidermiszellen ohne akzessorisches Zentriol** an der Basis der Geißel und der Bau der **Protonephridien**. Manche dieser **Merkmale** (z.B. Hermaphroditismus) sind **jedoch nicht exklusiv** auf die Plathelminthen beschränkt, andere kommen nur bei einigen Teiltaxa der Plathelminthen vor. Der Verlust der Teilungsfähigkeit von Zellen tritt auch bei einer Reihe von offenbar nicht verwandten Tieren auf (z.B. einigen Nematoda, Rotatoria und Tardigrada). Auch diese verfügen zumindest in einigen Organen, oft auch im ganzen Körper über eine konstante Anzahl differenzierter Körperzellen, die sich ab einer bestimmten Entwicklungsphase nicht mehr teilen können. **Molekulare Analysen** zeigen eindeutig, dass die Plathelminthen **nicht monophyletisch** sind. Auch wenn die Geschichte dieser Hypothesen ziemlich kompliziert und voller Irrtümer war, können wir zusammenfassen: Die „Acoelomorpha“ stellen eine basale Gruppe der Eumetazoa dar, die sich noch vor der Aufspaltung in Proto- und Deuterostomia von der Stammlinie der Bilateria abspaltete. Die **Catenulida und Rhabditophora** (d.h. diejenigen Teiltaxa, die über Protonephridien und Spiralfurchung verfügen) können als Plathelminthes im engen Sinne bezeichnet werden.

Die basale Stellung der „Acoelomorpha“ wird durch viele morphologische und embryologische Merkmale unterstützt:

Diagnose

Es fehlen:

- **Ekto-mesodermale Gewebe (ähnlich wie bei Ctenophora).**
- **Protonephridien.**
- **Analöffnung.**
- **Echte Ganglien und ein Strickleiternervensystem.**
- **Gen *let-7* (ähnlich wie bei Poriphera, Ctenophora, Cnidaria).**
- **Die extrazelluläre Matrix fehlt oder ist stark reduziert.**

Einfach sind:

- **Geschlechtsorgane.**
- ***Hox*-Komplex.**

Apomorphien der „Acoelomorpha“:

- **Die Duettfurchung der „Acoelomorpha“ ist unter den Tieren einzigartig. Sie ist der Spiralfurchung der Plathelminthen unähnlich und eher aus der Radiär- oder Biradiärfurchung abgeleitet (Abb. 14).**
- **Sehr kompliziertes System von miteinander verbundenen Geißelwurzeln; in der Geißelspitze enden vier von neun peripheren Mikrotubuli markant früher als die anderen.**
- **Einzigartige Sequenzen der schweren Kette von Myosin II und der 28S rRNA.**

Fragen

1. Welche zwei Hypothesen erklären die Entstehung der Bilateralsymmetrie?
2. Welche Gene sind für die Regulation der Körpersymmetrie besonders wichtig?
3. „Mesozoa“ sind sehr einfach gebaute Tiere. Trotzdem werden sie zu den Bilateria gezählt, warum?
4. Für viele Autoren spielen die „Plathelminthen“ für das Verständnis der Phylogenese der Bilateria eine Schlüsselrolle. Warum ist das nicht unumstritten?
5. Die „Acoelomorpha“ sind eine nahezu unbekannte, für die Systematik aber wichtige Tiergruppe. Durch welche Merkmale zeichnen sie sich aus und wo werden diese Tiere traditionell und aktuell eingeordnet?
6. Worin unterschieden sich die Protostomia von den Deuterostomia? Gibt es ein Taxon der Protostomia wirklich?

Eubilateria (= Nephrozoa)

5

Inhalt

Zu den **Apomorphien** der Eubilateria zählen: Mesoderm, Verdauungsrohr, Coelom, Muskelgewebe, Gefäß-, Exkretions-, Nerven- und Sinnessysteme, multiciliäre Wimperepithelien, sowie Larven mit Wimpernstreifen. **Traditionell** wurden die Eubilateria entsprechend ihrer Ontogenese-Typen in **Protostomia und Deuterostomia** oder nach der Gesamtkörperarchitektur in **Acoelomata, Pseudocoelomata und Coelomata** eingeteilt. Acoelomata und Pseudocoelomata sind protostome Tiere, die sich weiter in die **Cycloneuralia** (Nematoda, Nematomorpha, Cephalorhyncha, Gastrotricha) und **Spiralia** (Plathelminthes, Rotifera, Acanthocephala, Mollusca, Annelida und Arthropoda) aufteilen lassen. Anneliden und Arthropoden wurden lange für Schwestergruppen gehalten und als **Articulata** zusammengefasst. Die **Lophophorata** (Brachiopoda, Phoronida, Ento- und Ectoprocta) wurden häufig an die Basis der Deuterostomia gestellt. Dieser etablierte Konsens wurde vor allem **durch die Ergebnisse molekularer Untersuchungen erschüttert**. Die Wahrscheinlichkeit ist hoch, dass die Eubilateria folgende vier hochrangige Subtaxa enthalten: **(1) Chaetognatha** mit unklarer phylogenetischer Stellung (Schwestergruppe aller protostomen Eubilateria oder Schwestergruppe der Lophotrochozoa?), **(2) Lophotrochozoa** (u.a. Plathelminthes, Rotifera, Annelida, Mollusca, Brachiozoa), **(3) Ecdysozoa** (Nematoida, Scalidophora und Arthropoda) und **(4) Deuterostomia** (Echinodermata, Hemichordata und Chordata).

Die Stammart der Eubilateria unterschied sich von den „acoeloiden Formen" zweifellos durch die Komplexität ihres Körperbaus. Noch vor Kurzem wurde für das Grundmuster der Bilateria ein Kopf mit Gehirn, Augen, Gliedmaßen, ein gegliederter Körper, Exkretionsorgane und ein komplizierter Entwicklungszyklus angenommen. Heute wissen wir, dass an der Basis der Bilateria „acoeloide" Organismen mit einfacher Anatomie und Ontogenese standen und dass somit viele Differenzierungen der Eubilateria **Apomorphien** sind.

Diagnose

Apomorphien der Eubilateria:

- **Verdauungsrohr.**
- **Entwicklung von Mesoderm und Coelomen, Muskelgewebe.**
- **Gefäßsystem.**
- **Exkretionsorgane.**
- **Nerven- und Sinnessysteme.**
- **Multiciliäre Wimperepithelien.**
- **Larven mit Wimpernstreifen.**

5.1 | Morphologie und Ontogenese

5.1.1 | Verdauungsrohr

Abb. 32 |

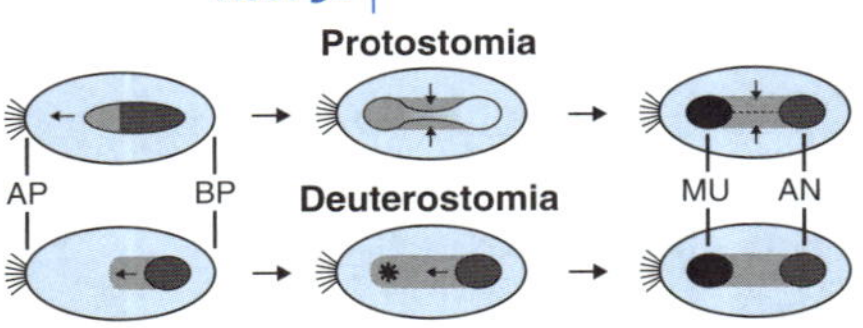

Schicksal des Blastoporus bei Protostomia und Deuterostomia. AN Analöffnung, **AP** apikaler Pol, **BP** Blastoporuspol, **MU** Mundöffnung (nach Zrzavý 2006).

Ein Verdauungsrohr mit einer getrennten Mund- und Afteröffnung ist bei den meisten Bilateria entwickelt; **sackförmige Verdauungssysteme** ohne Analöffnungen sind wahrscheinlich **sekundär entstanden**. Die Stellung der „Acoelomorpha“ im System deutet darauf hin, dass ihr blind endender Gastralraum demjenigen der Cnidaria homolog ist, während die Plathelminthes i.e.S. mit den Tieren nah verwandt sind, die einen Anus ausbilden. Da der posteriore Körperabschnitt der Embryonen und Larven von Plathelminthes nur rudimentär angelegt wird, lässt sich annehmen, dass die blind endenden Därme dieser Tiere sekundär entstanden sind. Es ist jedoch umstritten, ob Mund- und Analöffnungen innerhalb der Bilateria homolog sind. Der **Urdarm** (Archenteron) ist sackartig. Bei den meisten **Protostomia** nähern sich die seitlichen Lippen des spaltförmigen **Blastoporus** derart, dass sich der Blastoporus in zwei isolierte Öffnungen (Mund und After) aufteilt. Bei **Deuterostomiern** wird der Blastoporus zum Anus und eine neue Mundöffnung bricht sekundär an der Kontaktstelle des Urdarms mit dem Ektoderm durch. Es gibt allerdings viele Abweichungen von diesem Schema (Abb. 32, siehe S. 214, Burda, Allg. Zoologie, 2005, S. 55).

5.1.2 | Mesoderm

Die Ausbildung von Mesoderm, dem sogenannten dritten Keimblatt, zwischen dem Ekto- und dem Entoderm, ist ein typisches Merkmal der Bilateria (möglicherweise auch der Ctenophora und einiger Cnidaria). Es kann die **Form eines Epithels** oder eines mehr oder weniger **lockeren Binde-**

gewebes (sogenanntes Mesenchym) haben oder ist an der Bildung von Muskeln und anderer wichtiger Organe beteiligt. Mesoderm kann **auf vier verschiedene Arten gebildet** werden: als **Ektomesoderm** durch Einwanderung ektodermaler Zellen in das Blastocoel, als **Ekto-Entomesoderm** durch Einstülpung der Blastoporuslippen, als **Entomesoderm** durch Einwanderung entodermaler Zellen in den Blastocoel oder Ausstülpung entodermaler Zellen aus dem Urdarm oder, bei einigen Chordaten, aus dem Material der **Neuralleiste** (also eigentlich auch aus dem Ektoderm).

Wie man sieht, entsteht das Mesoderm auf so verschiedene Weise, dass es Schwierigkeiten bereitet, es für ein homologes Gewebe zu halten (falls wir die identische Ontogenese als ein Homologie-Kriterium betrachten). Die Situation bei den Wirbeltieren, wo mesodermale Organe ganz anders entstehen als offensichtlich homologe Organe bei Cephalochordaten, zeigt jedoch, dass das Ontogenese-Kriterium nicht exklusiv angewendet werden kann.

Muskelgewebe

5.1.3

Das vielleicht wichtigste mesodermale Gewebe ist die Muskulatur. Bei den Eubilateria finden wir unter der Epidermis kontinuierliche Schichten von **Längs-, Rings- oder Schrägmuskulatur**, sekundär aufgeteilt in einzelne Muskeln. Diese Anordnung ist im Vergleich zu den Verhältnissen bei Cnidaria und Ctenophora offensichtlich eine Apomorphie. Ursprünglich waren Muskeln wahrscheinlich entomesodermaler Herkunft (wie bei Ctenophora und „Acoelomorpha"), erst sekundär begann sich an der Bildung der Muskulatur auch das Ektomesoderm zu beteiligen. Die zwei morphologischen und funktionellen Grundtypen, **glatte und quergestreifte Muskulatur**, unterscheiden sich durch den Typ des Myosins. Das Myosin der glatten Muskulatur entspricht eher dem Myosin der „Nichtmuskelzellen" als dem Myosin der quergestreiften Muskelfasern. Daher ist es eher unwahrscheinlich, dass sich einer der Muskeltypen aus dem anderen ableiten läßt. Beide Typen von Muskeln und Myosinen finden wir jedoch bereits bei den Cnidaria.

Coelom

5.1.4

Noch umstrittener als die Homologie des Mesoderms ist die Homologie des Coeloms. Coelome sind sekundäre **Leibeshöhlen**, die **mit mesodermalen Epithelien** (z.B. Peritoneum oder Myoepithel) **ausgekleidet** sind. Auch Coelomhöhlen werden auf unterschiedliche Weise gebildet. Am bekanntesten sind Bildungen durch **Schizocoelie** (Aufspaltung des ursprünglich kompakten Mesoderms) und durch **Enterocoelie** (Abspaltung der Coelomräume vom Urdarm) (Abb. 33). Die Entstehung des Coeloms ist natürlich auch von der Bildungsart des Mesoderms abhängig.

Abb. 33

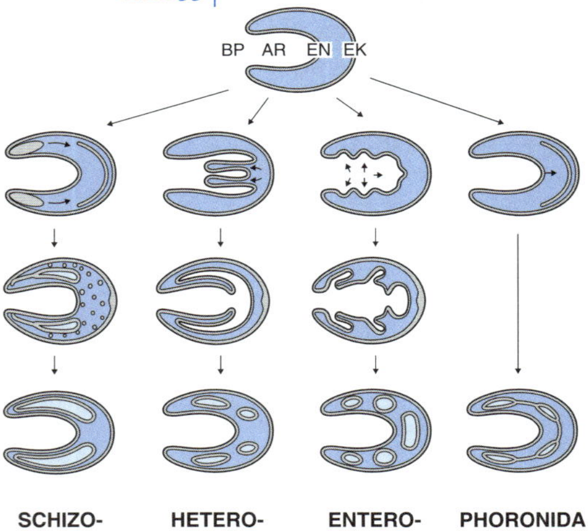

Vier verschiedene Bildungsweisen des Coeloms. Schizo- Schizocoelie, **Hetero-** Heterocoelie, **Entero-** Enterocoelie. **AR** Archenteron, **BP** Blastoporus, **EK** Ektoderm, **EN** Entoderm (nach Salvini-Plawen und Splechtna, aus Westheide und Rieger 2004, Zrzavý 2006).

Abb. 34

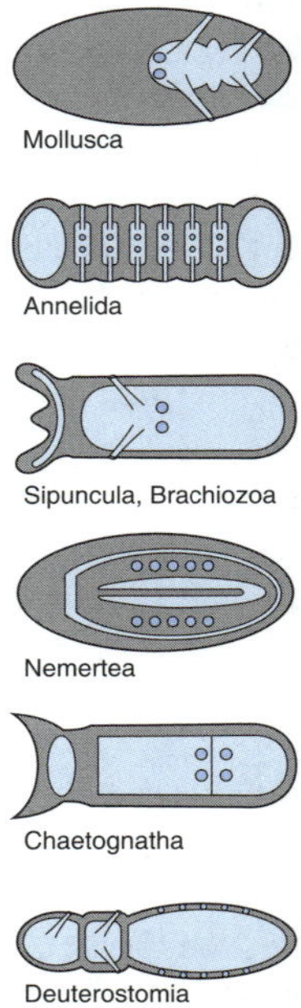

Bau des Coeloms (hellblau) bei verschiedenen Gruppen der Bilateria. Dargestellt sind auch die Metanephridien (Trichter) und Keimdrüsen (dunkelblaue Kreise). Bei den Mollusca schließt das Schema den gonoperikardialen Komplex ein, bei den Nemertea das Rhynchocoel, das Gefäßsystem und Keimdrüsen. Die paarige Anordnung einiger Coelome ist nicht dargestellt (nach Zrzavý 2006).

In Lehrbüchern werden viele verschiedene „Coelome“ aufgeführt, doch nicht alle sind miteinander homolog (Abb. 34). Daraus folgt, dass das **Fehlen von Coelomräumen** bei acoelomaten Bilateria **sowohl primär als auch sekundär bedingt sein kann**. Die Entscheidung, welche Tiere wir für „coelomat“ oder „acoelomat“ halten sollen, ist subjektiv. „Klassische“ Coelome, die die zwei Schichten der Körpermuskulatur voneinander trennen, die somatische (Unterhautmuskulatur) und die splanchnische Muskulatur (Eingeweidemuskulatur), haben vor allem die **Funktion des Hydroskeletts**. Hier wirkt in der Regel die mit Flüssigkeit gefüllte Coelomhöhle gegen Muskulatur. Coelome wurden vielfach reduziert und umschließen dann häufig nur noch einzelne Organe (Exkretionsorgane, Gonaden und Herz, wo sie den sogenannten Herzbeutel bilden). Häufig übernehmen umfangreiche Leibeshöhlen (z.B. Hämocoele) die hydrostatische Funktion. Derartige Leibeshöhlen werden von extrazellulärer Substanz und nicht von mesodermalen Zellen umgeben. Daneben finden wir Coelome, die histologisch zwar der Definition entsprechen, aber deren anatomische Lage so bizarr ist, dass sie kaum Gemeinsamkeiten mit den Coelomen anderer Tiere haben – z.B. bei den Nemertea.

Gefäßsysteme

5.1.5

Spezielle Systeme, die den Transport von Flüssigkeiten übernehmen, sind von der Körpergröße abhängig. Deswegen finden wir die entsprechenden Strukturen bei primär kleinen Tieren und auch bei den meisten Larven nicht. Es gibt **zwei Arten von Transportsystemen: Coelom- und Gefäßsysteme**. Coelomsysteme sind mit mesodermalem Epithel ausgekleidet, Gefäßsysteme mit den Basallaminae der ekto- oder entodermalen Epithelien. Eine Ausnahme bilden die Gefäße der Wirbeltiere mit eigenen Epithelwänden und die Gefäße der Nemertea und Cephalopoda. Der anatomische Bau der Gefäße deutet darauf hin, dass es sich um die Reste des Blastocoels handelt, aber bei dieser Interpretation ist Vorsicht geboten: Gefäße werden viel später angelegt und zeigen keine direkte Entwicklungskontinuität mit dem embryonalen Blastocoel.

Exkretionsorgane

5.1.6

Zwei wichtige Typen der Exkretionsorgane (sogenannte Nephridien) sind die Protonephridien und die Metanephridien, von denen sich viele Subtypen ableiten lassen. Die **ektodermalen,** geschlossenen **Protonephridien** führen den **Primärharn direkt aus dem Blastocoel** oder aus den Spalten zwischen mesodermalen Zellen ab, während sich die bewimperten Trichter **der mesodermalen Metanephridien** in die **Coelomhöhlen** öffnen (Abb. 35; Burda, Allg. Zoologie, 2005, 2.6).

Protonephridien sind blinde Kanälchen, die am proximalen Ende durch eine innere Geißelzelle geschlossen sind und sich über einen Nephridioporus nach außen öffnen. Die Geißelbewegung erzeugt einen Unterdruck und Körperflüssigkeit wird auf diese Weise in den Kanal geleitet und in Spalten zwischen Mikrovilli-Säumen filtriert. Der Primärharn wird aus dem Körper abgeführt. Die Geißelzellen sind üblicherweise multiciliär (sogenanntes **Cyrtocyt**); monociliäre Geißelzellen (sogenanntes **Solenocyt**) gibt es nur bei wenigen kleineren Gruppen. Protonephridien kommen nur bei den Protostomiern vor.

Metanephridien führen die Coelomflüssigkeit ab und dienen oft auch als Gonodukte, über die Keimzellen freigesetzt werden (Abb. 36). Die Coelomflüssigkeit ist eigentlich schon der Primärharn – dieser entsteht durch Ultrafiltration des Blutes durch spezialisierte Zellen der Gefäßwände, den sogenannten **Podozyten.** Coelomhöhlen, in denen sich Metanephri-

Abb. 35

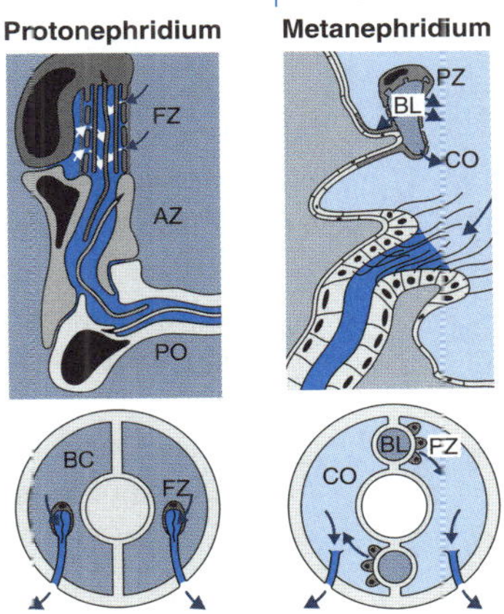

Schema der Exkretionsorgane mit ihren Ausführungsgängen: Protonephridium (oben, gezeichnet ist ein einfacher Dreizellentyp mit monociliärer Flammenzelle) und Metanephridium (unten). **AZ** Ausgangszelle, **BC** Blastocoel, **BL** Blutgefäß, **CO** Coelom, **FZ** Flammenzelle, **PO** Porenzelle, **PZ** Podozyt (nach Ax 1996 und Ruppert et al. 2003).

Abb. 36 |

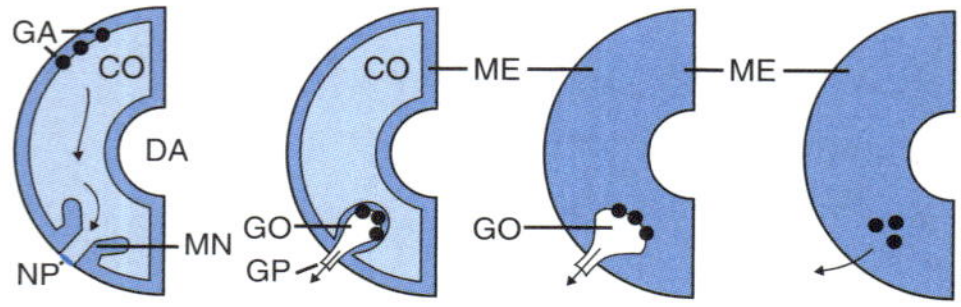

Die Beziehung zwischen Körperhöhlen, Keimdrüsen und Metanephridien. Hellblau: Coelom, **Dunkelblau:** Mesoderm, Haemocoel, extrazelluläre Substanz. **CO** Coelom, **DA** Darm, **GA** Gameten, **GO** Gonade, **GP** Gonopor, **ME** Mesoderm, **MN** Metanephridum **NP** Nephridioporus (nach Zrzavý 2006).

dien befinden, können stark reduziert werden, und **Gefäße, Podozyten und metanephridiale Ausgänge können zu komplizierten Organen verschaltet werden.** Beispiele wären die „antennalen Drüsen" (einige Arthropoden), „Axialorgane" (Echinodermaten und Hemichordaten) und Nieren (Wirbeltiere). Bei den Phoroniden beteiligen sich die larvalen Protonephridien an der Bildung der Metanephridien der Adulten und bei Anneliden finden sich verschiedene Kombinationen von proto- und metanephridialen Organen mit Exkretions- und Fortpflanzungsfunktionen. Metanephridien sind funktionell mit der Ausbildung eines Coeloms verbunden und nicht alle einander homolog.

5.1.7 | Nerven- und Sinnessysteme

Die meisten Eubilateria haben ein Nervensystem ausgebildet, das aus dem **Gehirn** und einem länglichen **Nervenstrang oder Nervenrohr** besteht. Die Larven der **Protostomier** zeigen ein **Apikalorgan** mit einem assoziierten Apikalganglion und einem Paar von Hirnganglien. Im Apikalorgan produzieren üblicherweise wenige bewimperte Zellen den Neurotransmitter Serotonin. Das Apikalorgan wird während der Metamorphose rückgebildet. Rund um den Blastoporus bildet sich ein länglicher Nervenring, der wahrscheinlich dem oralen Nervenring der Cnidaria homolog ist. Zusammen mit der Verlängerung des Blastoporus streckt sich auch dieser Ring, wobei zwei Nervenstränge entstehen, die entweder getrennt bleiben oder verschmelzen. Sie verlaufen auf der Ventralseite nach hinten und können durch Querverbindungen (Kommissuren) verbunden sein (Abb. 37). Bei den Protostomiern, die keine Larven haben, entsteht das Nervensystem auf eine andere Weise. Aber auch hier ist das Nervensystem auf der Ventralseite lokalisiert.

Abb. 37 |

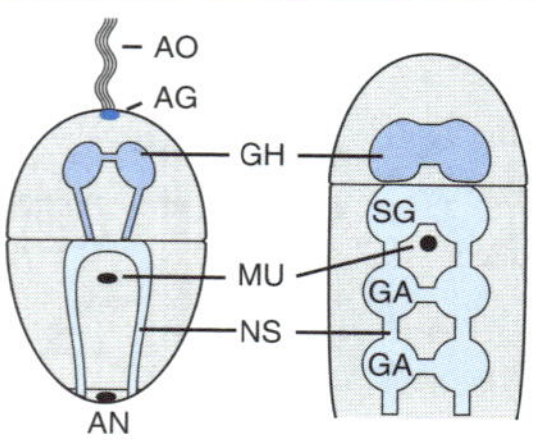

Entwicklung des Nervensystems bei Protostomia aus dem Nervensystem der Larven. Links Larve, rechts Adultus. **AG** Apikalganglion, **AN** Anus, **AO** Apikalorgan, **GA** Ganglion, **GH** Gehirn, **MU** Mundöffnung, **NS** Nervenstrang, **SG** Schlundganglion (nach Nielsen 2005)

Die Larven der **Echinodermata** und **Hemichordata** verfügen über Apikalorgane, die unterschiedlich aufgebaut sind. Sie enthalten viele Serotonin-Zellen. Die nicht besonders konzentrierten Nervenzentren der Adulti entstehen während der Metamorphose auf der Dorsalseite des Körpers, ein gut organisiertes Gehirn fehlt meistens.

Box 21

Entwicklung von Nervenzentren

Die Entwicklung von Nervenzentren ist heute bei Insekten und Wirbeltieren im Detail untersucht. Bei Insekten werden auf der Bauchseite der Embryonen spezialisierte ektodermale Zellen, sogenannte Neuroblasten, gebildet, aus denen Nervenzellen entstehen. Bei Wirbeltieren stülpt sich das dorsale Ektoderm ein und bildet dabei das Neuralrohr. Trotzdem finden wir auch hier **auffällige Ähnlichkeiten**: die Ausbildung des vorderen Teils des Gehirns wird in beiden Gruppen durch spezielle **Gene aus der *Otx*-Gruppe gesteuert.** *Hox*-Gene, die ansonsten die anterio-posteriore Anordnung des Körpers regeln, sind an diesem Prozess nicht beteiligt. Die **Grenze zwischen *Otx*- und *Hox*-**gesteuerten Bereichen des Nervensystems verläuft bei den Insekten durch das Deuterocerebrum (ein Hirnteil, dem das Antennensegment des Kopfes zugeordnet ist). Bei Wirbeltieren verläuft sie zwischen dem Mittel- und dem Hinterhirn. Die Aktivität der *Otx*-Gene in der Spezifizierung der vorderen Hirnteile bei Insekten und Wirbeltieren zeigt somit große Übereinstimmungen. Experimentell konnte sogar gezeigt werden, dass Defekte in der Embryogenese der Maus, die durch Mutationen von *Otx*-Genen verursacht wurden, zum Großteil durch homologe Gene der Fliege repariert werden können. Dies demonstriert den evolutionären Konservatismus der Funktion dieser Gene sehr überzeugend.

Auf ganz andere Weise wird das dorsale **Neuralrohr der Chordaten** gebildet (siehe S. 257). Manches deutet darauf hin, dass die **Zentralen Nervensysteme der Insekten und Wirbeltiere auf genetischer Ebene einander homolog sind** (Box 21) und dass die großen Unterschiede zwischen ihnen nur morphologischer Natur sind. Daraus könnte man schlussfolgern, dass der **gemeinsame Vorfahre der Eubilateria bereits ein recht gut differenziertes und konzentriertes Nervensystem** mit einem Gehirn gehabt haben könnte.

Das Problem liegt jedoch darin, dass wir nicht wissen, inwieweit sich aus der Homologie von Genen und ihrer Aktivitätszonen etwas über die Homologie der zugehörigen anatomischen Strukturen ableiten lässt. Ein Beispiel für diese Problematik mögen die **Enteropneusta** sein, marine wurmartige Organismen, die mit den Chordaten nahe verwandt sind. Ihr Nervensystem wird durch ein Nervennetz gebildet, das an einigen Stellen in Form von länglichen Strän-

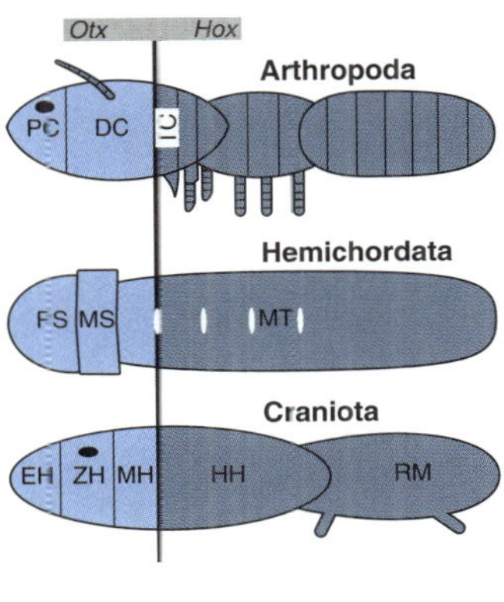

Abb. 38

Organisation der Gehirnabschnitte und des Körpers bei Arthropoden, Hemichordaten und Wirbeltieren und das Aktivitätsmuster der Genfamilien Otx und Hox. DC Deuterocerebrum, **EH** Endhirn, **HH** Hinterhirn, **MH** Mittelhirn, **MS** Mesosoma, **MT** Metasoma, **PC** Protocerebrum, **RM** Rückenmark, **PS** Protosoma, **TC** Tritocerebrum (nach Zrzavý 2006).

Box 22

Die Homologie der Sehorgane und das Gen *Pax6*

Der Aufbau der Augen der Bilateria ist so unterschiedlich, dass Augen oft als ein Paradebeispiel für konvergente Evolution dienen. Deswegen war die Entdeckung völlig überraschend, dass **die embryonale Entwicklung des Facettenauges der Insekten und des Kammerauges der Wirbeltiere durch ein und dasselbe Gen, *Pax6*, geregelt** wird. Später zeigte sich, dass dieses **Gen am Bau der Augen aller Eubilateria beteiligt** ist (mit Ausnahme der Hess-Organe des Lanzettfischchens, einfachen Photosensoren, die entlang des Neuralrohres verteilt sind). Das heißt natürlich nicht, dass die prinzipiell unterschiedlichen Typen von Augen (Facettenauge, Kammerauge) voneinander abzuleiten sind. Es heißt nur, dass frühe Eubilateria ein- bis zweizellige Photosensoren aufwiesen (von einem ähnlichen Typ, wie wir sie bei Plathelminthen und Trochophoralarven kennen), aus denen sich dann verschiedene Typen von Augen entwickelten. Die Situation wird dadurch verkompliziert, dass es zwei Typen von Sehzellen gibt, ciliäre und rhabdomere, die sich ultrastrukturell unterscheiden. Auch die molekularen Systeme der Detektion und Übertragung des Lichtsignals sind prinzipiell unterschiedlich – und doch wird die Entstehung dieser Zellen und der Übertragungssysteme ausschließlich durch das Gen *Pax6* bestimmt. Daher war der Nachweis, dass der marine Annelid *Platynereis* über beide Sehzell-Typen verfügt – rhabdomere im Gehirn und ciliäre in den Augen – nicht besonders verwunderlich.

gen kondensiert vorliegt. Bei diesen Tieren finden wir Gene, die auch den Bau des Neuralrohres der Chordaten bestimmen. Diese homologen Gene sind bei den Enteropneusta jedoch nicht im Nervensystem, sondern in breiten ektodermalen Zonen aktiv, deren anterio-posteriore Anordnung dem entspricht, was wir von Wirbeltieren und Arthropoden kennen (wobei die *Otx/Hox* Grenze im Bereich des ersten Kiemenpaares verläuft) (Abb. 38). Es ist daher wahrscheinlich, dass ***Otx*- und *Hox*-Gene** primär **die anterio-posteriore Anordnung des Ektoderms bestimmen**. Dieser Anordnung müssen **sich dann die unabhängig voneinander entstehenden Nervensysteme unterordnen**. Für das Verständnis der Evolution der Baupläne ist die *Otx/Hox* Grenze sehr wichtig. Zu ähnlichen Schlussfolgerungen kommen wir, wenn wir uns die Gene anschauen, die die Differenzierung der Sehzellen regulieren (Box 22).

5.1.8 Wimperepithelien

Die überwiegende Mehrheit der Bilateria verfügt über **multiciliäre Epithelien**, die im Vergleich zu den ursprünglichen monociliären Zellen der Choanoflagellata, Porifera, Placozoa und Cnidaria eine Apomorphie darstellen. Auch unter den Bilateria finden wir jedoch einige Gruppen, die ausschließlich **monociliäre** Epithelien haben (Gnathostomulida, einige

Gastrotricha, Phoronida, Echinodermata, Pterobranchia, Cephalochordata). Alle Tiere mit multiciliären Epithelien verfügen noch über spezialisierte monociliäre Zellen (Spermien, manche Sinneszellen).

Bewimperte Epithelien dienen bei vielen kleinen Wassertieren der Fortbewegung und der Nahrungsaufnahme. Eine besondere Art dieser Epithelien sind Wimperstreifen, -rinnen, oder -kränze. Hierbei handelt es sich um regelmäßig und kompliziert angeordnete Streifen von spezialisierten Zellen mit langen Cilien. Diese Streifen sind charakteristisch für viele primäre Larven, für adulte Rotifera und für die Tentakelapparate verschiedener „Lophophorata" (Abb. 39). Die Cilien dieser Streifen können entweder abwärts (downstream) oder aufwärts (upstream) schlagen. Die Cilien können frei oder zusammengesetzt sein.

Abb. 39

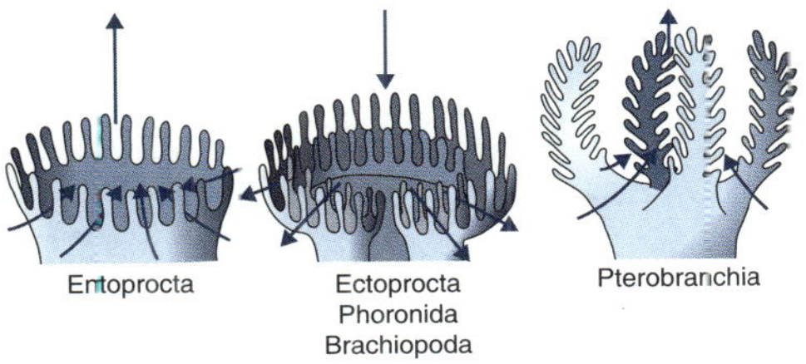

Vergleich der Tentakelapparate der Entoprocta, Ectoprocta, Phoronida, Brachiopoda und Pterobranchia. Die Pfeile geben die Richtung des Wasser- und des Nahrungsstroms an (nach Zrzavý 2006)

Larven und Wimpernbänder

5.1.9

Hinsichtlich der postembryonalen Entwicklung überwiegt schon **seit dem 19. Jahrhundert die Vorstellung, dass die ursprünglichen Bilateria einen benthischen Adultus und eine pelagische, planktotrophe** (= sich vom Plankton ernährende) **„Primärlarve"** aufwiesen. Lecithotrophe (= sich vom Dotter ernährende) Larven entwickelten sich vermutlich wiederholt unabhängig voneinander und werden in den entsprechenden Tiergruppen daher für Apomorphien gehalten. Im Falle der Bilateria hat diese Vorstellung keine Begründung, denn die „Acoelomorpha", Nematoda, Nematomorpha, Scalidophora, Tardigrada, Onychophora, Arthropoda, Gnathostomulida, Rotifera, Gastrotricha, Chaetognatha und Chordata, haben alle eine direkte Entwicklung. **„Primäre Larven"** kommen somit **nur bei einigen wenigen Gruppen** vor. Dies schließt natürlich noch nicht aus, dass die primären Larven trotzdem ins Grundmuster gehören und diese bei den meisten Taxa reduziert wurden. Bei einigen Scalidophora, Arthropoda und Chordata wird zwar ebenfalls von „larvalen Stadien" gesprochen, aber

Abb. 40

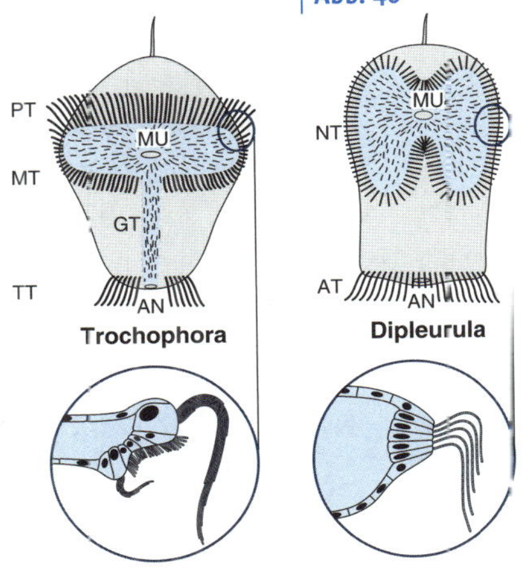

Zwei Grundtypen der Larven der Bilateria (Trochophora = Anneliden-Larve, Dipleurula = Echinodermaten-Larve) mit Lokalisation und Details ihrer Wimpernstreifen. **AN** Anus, **AT** Archaeotroch, **GT** Gastrotroch, **MT** Metatroch, **MU** Mundöffnung, **NT** Neotroch, **PT** Prototroch, **TT** Telotroch (nach Nielsen 2001).

weder eine Raupe noch eine Kaulquappe haben mit den bewimperten planktotrophen Larven der Bilateria etwas Gemeinsames.

Durch die Anordnung der ciliären Bänder (s.o.) unterscheiden sich auch die **zwei Typen primärer Larven**, die Larven des Trochophora- und des Dipleurula- (Tornaria-)Typs (Abb. 40, 101). **Trochophora**-Larven kommen bei Anneliden und Mollusken vor und haben ein stromabwärts gerichtetes System von zwei Wimperkränzen, die der Fortbewegung dienen. Der Prototroch liegt oberhalb der Mundöffnung und der Metatroch unterhalb. Das Mundfeld ist mit kurzen einfachen Cilien bedeckt. **Dipleurula**-Larven kommen bei den Deuterostomia vor. Sie haben einen einzigen Cilienring rund um die Mundöffnung, den sogenannten Neotroch, der als aufwärts gerichtetes System fungiert. Häufig wird dieser Streifen von bewimperten Zellen unterschiedlich gefaltet oder aufgeteilt. Dies ermöglicht eine Erhöhung der Cilienanzahl, unter Beibehaltung der Größe der Larve.

Der Vergleich der Zonen der Aktivität der *Hox*-Gene bei larvalen und adulten Bilateria impliziert, dass die freischwimmenden **Trochophora- oder Dipleurula-Larven den frei schwimmenden Köpfen** (und teilweise den vorderen Körperabschnitten) **der adulten Tiere entsprechen**. Die eigentlichen Rümpfe werden erst während der Metamorphose gebildet.

5.2 | Phylogenese und Klassifikation

5.2.1 | Übersicht

In der traditionellen Systematik wurden die **Eubilateria** (Abb. 41, 42) nach den Ontogenese-Typen in **Protostomia** und **Deuterostomia oder** nach der Gesamtkörperarchitektur in **Acoelomata**, **Pseudocoelomata** und **Coelomata** (siehe S. 69) eingeteilt. Acoelomata und Pseudocoelomata sind **Protostomia**, die sich weiter in die **Cycloneuralia** (Nematoda, Nematomorpha, Cephalorhyncha und Gastrotricha) und **Spiralia** aufteilen lassen (Plathelminthes, Rotifera, Acanthocephala sowie Mollusca, Annelida und Arthropoda). Anneliden und Arthropoden werden traditionell für Schwestergruppen gehalten und als **Articulata** zusammengefasst. Die **Lophophorata** (Brachiopoda, Phoronida, Ento- und Ectoprocta) wurden häufig an die Basis der Deuterostomia gestellt.

Abb. 41

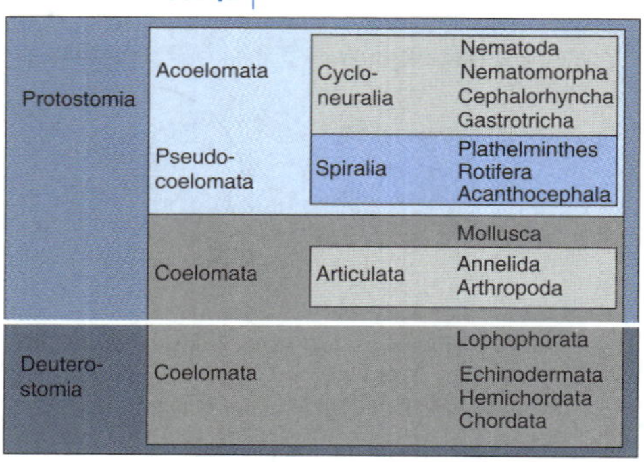

Traditionelle Klassifikation der Bilateria.

Dieser langjährige Konsens wurde durch die Ergebnisse molekularer Untersuchungen erschüttert. Folgt man diesen Untersuchungen gibt es vier **wesentliche Änderungen** (Abb. 42):

1) Die „Acoelomorpha" sind (wie wir schon gesehen haben) keine Plathelminthes und gehören nicht einmal zu den Eubilateria.
2) Die Gastrotricha gehören nicht mehr zu den Nemahelminthes, sondern werden in die Nähe der Plathelminthes gestellt.
3) Alle „Lophophorata" gehören in die Verwandtschaft der Mollusca und Annelida.
4) Die Arthropoda sind nicht mit Anneliden, sondern mit Nematoden verwandt.

Abb. 42

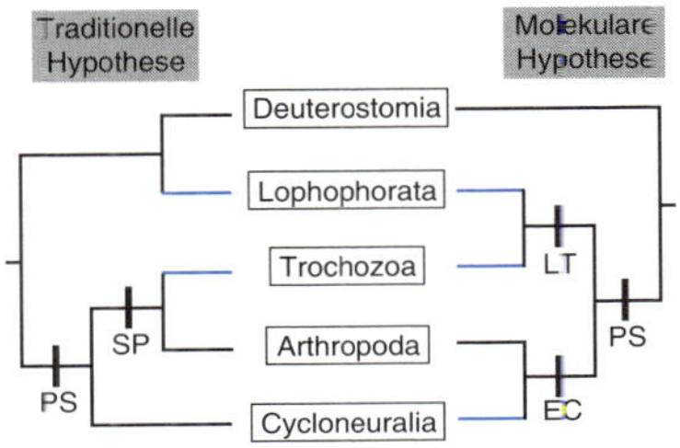

Traditionelle und „molekulare" Deutungen über die Phylogenese der Bilateria. Blaue Linien kennzeichnen Gruppen mit unklarer Monophylie. **EC** Ecdysozoa, **LT** Lophotrochozoa, **PS** Protostomia, **SP** Spiralia.

Während die traditionellen Verwandtschaftshypothesen in vielen Lehrbüchern weiterhin vertreten werden, wird in der Fachliteratur zunehmend argumentiert, dass die **Eubilateria vier hochrangige Subtaxa** enthalten, deren Monophylie durch Gensequenzen, sowie die Anordnung ihrer *Hox*-Komplexe unterstützt wird:

- **Lophotrochozoa** (u.a. Plathelminthes, Rotifera, Annelida, Mollusca, Brachiozoa).
- **Ecdysozoa** (Nematoida, Scalidophora und Arthropoda)
- **Deuterostomia** (Echinodermata, Hemichordata und Chordata).
- **Chaetognatha** stellen eine phylogenetische Linie unklarer Verwandtschaft dar (möglicherweise gehören sie zu den „Lophotrochozoa?).

Während die **Monophylie der Deuterostomia unstrittig ist**, wird die Monophylie der Ecdysozoa und Lophotrochozoa noch kontrovers diskutiert. Kombinierte morphologisch-molekulare Studien legen dennoch nahe, dass die Lophotrochozoa und Ecdysozoa Schwestergruppen sind. Die **Protostomia** könnten somit in einer veränderten Zusammensetzung weiterhin Bestand haben. Die Monophylie der Protostomia wird häufig hinterfragt, da ihre Eigenschaften (Box 23) **eher evolutionäre Trends als** wirkliche **diagnostische Merkmale**, geschweige denn Apomorphien, darstellen. Unsicherheiten sind möglicherweise auch darin begründet, dass bislang kein Vertreter der Lophotrochozoa zu einer Modellart für Molekularbiologen wurde (wie einige Vertreter der Deuterostomia und Ecdysozoa). Daher wissen wir über diese vergleichbar weniger; erst in letzten Jahren richtet sich die Aufmerksamkeit der Entwicklungsbiologen auch auf die Plathelminthen und Hirudinea.

Box 23

Gemeinsame Eigenschaften der Protostomia

Die wichtigste Eigenschaft der Protostomia ist mit dem **Schicksal des Blastoporus** verbunden. Dieser verlängert sich während der Embryonalentwicklung nach hinten und bildet einen länglichen Spalt auf der Bauchseite des Embryos. Die seitlichen Lippen fusionieren in der Mitte und lassen vorne und hinten die Mund- und Afteröffnung frei (S. 76, Abb. 32). Es muss also nicht immer die traditionelle Schlussfolgerung gelten, dass der Blastoporus zur Mundöffnung wird, sondern er wird manchmal auch zum After oder zu beiden Öffnungen. Dies hängt von der Geschwindigkeit ab, mit der sich der Blastoporusspalt verschließt. Bei manchen Protostomia bleibt der Blastoporus nicht lange genug geöffnet, um an der Entstehung der Mund- oder Afteröffnung überhaupt beteiligt zu sein.
Die **Nervenzentren** des Kopfes (Hirnganglien) bilden bei erwachsenen Protostomia entweder Schlundringe oder vergrößerte Ausstülpungen auf der Rückseite des Schlundes. Das ventrale Nervensystem der Adulti ist vom Nervenring abgeleitet, der um den Blastoporus angeordnet ist (bei Trochophora-Larven mit getrenntem Mund und After bildet dieser Ring zwei Längsstreifen auf der Bauchseite); das larvale Apikalorgan mit seinem Ganglion geht bei der Metamorphose unter.
Die Epidermis der Protostomia ist üblicherweise **multiciliär** und zumindest die Larven weisen oft spezialisierte Wimpernstreifen auf. Die **Trochophora-Larve** mit Prototroch, Metatroch und bewimpertem Mundpol (und oft auch mit weiteren Wimpernstreifen) gehört **nicht in das Grundmuster der Protostomia**, denn sie entwickelte sich vermutlich mehrfach unabhängig voneinander. Protostomia zeigen oft eine **Spiralfurchung** und ihr **Mesoderm** entsteht üblicherweise **aus den Blastoporuslippen**. Eine spezielle Art der Mesodermbildung mancher Protostomia erfolgt über eine einzige Stammzelle (**Mesentoblast, 4d-Zelle**), die auf dem hinteren Rand des Blastoporus lokalisiert ist. Das **Coelom**, falls eines gebildet wird, entsteht durch sekundäres Aufklaffen des ursprünglich kompakten Mesoderms.

Abb. 43

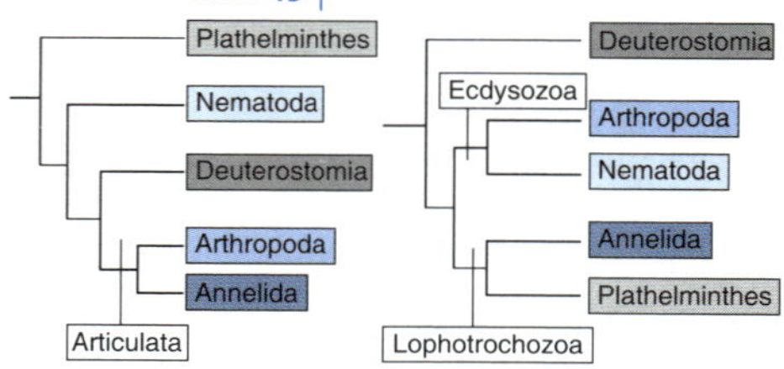

Vergleich: Articulata- versus Ecdysozoa-Hypothese.

Es sind vor allem molekulare Untersuchungen, die das Taxon Ecdysozoa unterstützen. Diese Befunde lösten sehr kontroverse Diskussionen unter den Systematikern aus, denn zwei Jahrhunderte lang zweifelte kaum jemand an der Monophylie der Articulata (Annelida + Panarthropoda (Abb. 42, 43). Es ist nachvollziehbar, dass in deutschen Lehrbüchern derzeit noch die Articulaten-Hypothese vertreten wird, denn die morphologische Forschung hat im deutschsprachigen Raum eine sehr lange Tradition. In angelsächsischen Lehrbüchern wird die Ecdysozoa-Hypothese bereits deutlich favorisiert.

Lophotrochozoa-Konzept

5.2.2

Zu den vielfältigen Lophotrochozoa (griech. lophos = Helmbusch, trochos = Rad, zoon = Tier) gehören **sechs große Subtaxa** (Abb. 45):

1) Ectoprocta
2) „Platyzoa" (Entoprocta, Cycliophora, „Gnathifera", Gastrotricha, Plathelminthes)
3) Nemertea
4) Annelida (inklusive Sipunculida, Echiurida, Pogonophora, möglicherweise auch Myzostomida)
5) Mollusca
6) Brachiozoa
7) Die Zugehörigkeit der Chaetognatha (bzw. auch „Mesozoa") zu den Lophotrochozoa ist noch umstritten.

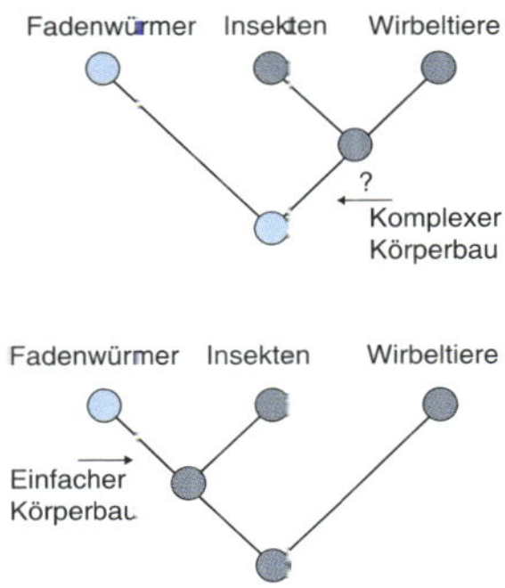

Abb. 44

„Einfache" Fadenwürmer und „komplizierte" Insekten und Wirbeltiere: Für die Interpretation bekannter morphologischer Merkmale ist die Phylogeneseforschung unersetzlich.

Box 24

„Lophophorata" (= „Tentaculata")

Zu den „Lophophorata" zählen die **Entoprocta**, **Ectoprocta (= Bryozoa i.e.S.)** und **Brachiozoa (Phoronida und Brachiopoda).** Es sind **sessile** Wassertiere. Ihr Körper einschließlich des Coeloms ist in **drei Abschnitte** eingeteilt: **Pro(to)stoma, Mesostoma und Metastoma**. Diese Dreigliederung wird als **Archimerie** bezeichnet. Das Mesostoma trägt den **Lophophor**, einen auffälligen kreis- oder hufeisenförmigen Kranz bewimperter Tentakel rund um die Mundöffnung.

Für das Verständnis der Phylogenese der Bilateria sind die „Lophophorata" eine der wichtigsten Gruppen. Diese Gruppierung ist jedoch hoch problematisch: einige ihrer **Merkmale deuten auf ihre Verwandtschaft mit den Protostomia, andere mit den Deuterostomia hin.** Es ist sogar wahrscheinlich, dass die einzelnen Subtaxa der „Lophophorata" gar nicht miteinander verwandt sind. So finden wir die Archimerie nur bei einigen Brachiozoa, während die Ectoprocta eine ungeteilte Coelomhöhle aufweisen; bei Entoprocta kann gar kein Coelom mehr nachgewiesen werden. Wesentliche Unterschiede wurden auch in Bau und Funktion des Lophophors und seiner Tentakel, der Bewimperung des Integuments, der Exkretionsorgane, des Nervensystems, der frühen Embryogenese und auch hinsichtlich der Morphologie der Larven nachgewiesen. **Traditionell** wurden Entoprocta für typische Vertreter der Spiralia (aus der unmittelbaren Umgebung der Mollusca oder der Rotifera) und Brachiozoa für Verwandte der Deuterostomia gehalten. Die Ectoprocta blieben rätselhaft, wurden aber ziemlich sicher zu den Protostomia, vielleicht sogar in die Nähe der Entoprocta (= Bryozoa i.w.S.) gestellt. Jüngst veränderten **molekulare Befunde** unser Bild: danach bilden die drei Teiltaxa „Lophophorata" wahrscheinlich **selbständige „Stämme" innerhalb der Lophotrochozoa ohne jede Beziehung zu den Deuterostomia.**

Abb. 45

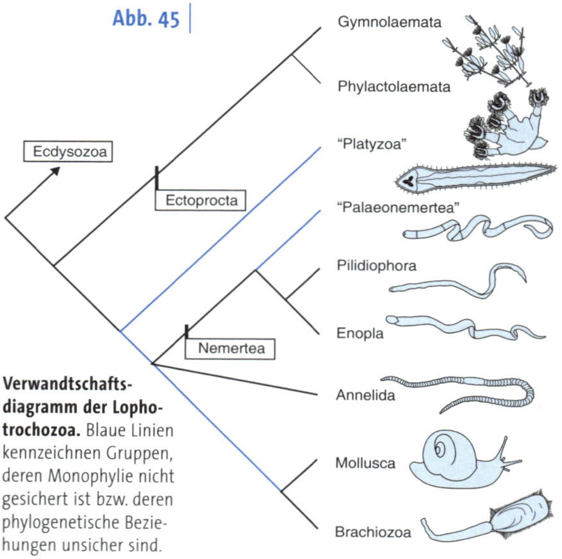

Verwandtschaftsdiagramm der Lophotrochozoa. Blaue Linien kennzeichnen Gruppen, deren Monophylie nicht gesichert ist bzw. deren phylogenetische Beziehungen unsicher sind.

Ectoprocta, Entoprocta und Brachiozoa wurden früher als „Tentaculata" zusammengefasst, da sie ein **Lophophor** (Tentakelkranz) ausgebildet haben (Box 24). (Vorsicht „Lophophorata" ist nicht gleich Lophotrochozoa!). Zu den Trochozoa werden die Annelida und Mollusca gruppiert: für diese ist die **Trochophora**-Larve charakteristisch. Die Lophotrochozoa schließen somit Tiertypen mit einer großen anatomischen, entwicklungsbiologischen und ökologischen Vielfalt ein, die sogar größer ist als die der Ecdysozoa und Deuterostomia. Es ist nicht auszuschließen, dass auch die beiden bereits besprochenen Taxa der „Mesozoa" (siehe S. 70) zu den Lophotrochozoa gestellt werden müssen – wodurch sich die Vielfalt der Lophotrochozoa noch weiter erhöhen würde. Die **Monophylie der Lophotrochozoa** lässt sich nach dem derzeitigen Stand der Kenntnis **durch morphologische Merkmale jedoch kaum unterstützen**.

Auch die Monophylie der „Platyzoa" (= griech. Platttiere) ist fraglich. Es sich einfach gebaute Protostomia ohne Coelom und üblicherweise mit Protonephridien auch bei erwachsenen Individuen. Während die Plathelminthes gut bekannt sind und in den Lehrbüchern ausführlich behandelt werden, wird den Kamptozoa und Gnathifera meistens weniger Aufmerksamkeit zugeteilt. Sie werden üblicherweise als isoliert stehende Taxa betrachtet. Umstritten ist auch die Monophylie der „Gnathifera" (= griech. Kiefertragende), die die Gnathostomulida, Micrognathozoa und Syndermata (= „Rotifera" + Acanthocephala) einschließen (Abb. 49).

5.2.3 Articulata-Konzept

Traditionell werden **Anneliden als Schwestergruppe der Panarthropoden** betrachtet und das übergeordnete Taxon wird als Articulata (Gliedertiere) bezeichnet.

Diagnose

Apomorphien der Articulata:

- **Segmentierung (metamere Organisation).**
- **Längsmuskulatur.**
- **Strickleiternervensystem.**

Das namengebende Merkmal der Articulata ist die **metamere Organisation** des Körpers. Im Grundmuster sind die aufeinander folgenden Segmente ziemlich einheitlich ausgestattet und enthalten üblicherweise je ein Paar **Coelomräume**, **Ganglien des Strickleiternervensystems**, die durch Querkommissuren verbunden sind, **Metanephridien**, **Extremitäten**, sowie segmental angelegte **Muskeln**.

Die Segmente werden im hinteren Rumpfabschnitt aus **Teloblasten** gebildet. Hierbei handelt es sich um große Stammzellen, ekto- und mesodermaler Herkunft, die kopfwärts fortlaufend Zellen abschnüren und das Ekto- und Mesoderm des Keimstreifens bilden. Sowohl bei Anneliden wie bei Arthropoden ist das **Gen *engrailed*** während der Embryonalentwicklung in der hinteren Segmenthälfte aktiv. Neueste Untersuchungen zeigen jedoch, dass die Mechanismen, die die Polarität der Segmente bestimmen und erhalten, ganz unterschiedlich sein können – zumindest bei den Modellorganismen *Helobdella* (einem Egel) und *Drosophila* (einer Fruchtfliege) ist dies der Fall.

Geschwächt wird die Articulaten-Hypothese auch durch die Tatsache, dass **die Homologie der Rumpfsegmente der Articulata, obwohl sie sich einander auffällig ähneln, nicht eindeutig geklärt ist.** So ist nicht sicher, ob die Parapodien der Annelida den Extremitäten der Panarthropoda homolog sind und ob die Körperhöhlen der Onychophora und Arthropoda dem Coelom der Annelida entsprechen. Die Vergleichbarkeit wird durch die Tatsache erschwert, dass die **Teloblasten** bei der überwiegenden Mehrheit der Arthropoden fehlen und die Quantität und räumliche Anordnung der Teloblasten unterscheiden sich bei Anneliden und Krebstieren durchaus wesentlich. Das Einzige, was die Teloblasten der verschiedenen Gruppen gemeinsam haben, sind ihre uni-direktionalen, asymmetrischen Teilungen. Dies ist allerdings typisch für alle tierischen Stammzellen. Es ist somit nicht auszuschließen, dass selbst so komplexe Strukturen wie **Segmente konvergent entstanden sein können**, da alle bilateralsymmetrischen Tiere über Gene verfügen, die während der Embryogenese eine anterio-posteriore Achse erzeugen und diese später strukturieren.

In molekularen Analysen konnten die Articulata bislang nie als Monophylum identifiziert werden. Die Systematik der Anneliden ist nicht abschließend geklärt, aber die Arthropoda und ihre Verwandten erscheinen in molekularen Analysen nie in der Nähe der Anneliden. Dies gilt für alle bislang analysierten Gene und Genkombinationen und auch für Analysen, in denen molekulare und morphologische Merkmale kombiniert wurden.

Ecdysozoa-Konzept

5.2.4

Eine der größten Sensationen auf dem Gebiet der Systematik der letzten Jahrzehnte war die Einführung des Taxons **Ecdysozoa** (= die sich häutenden Tiere), das **drei große Subtaxa** umfasst:

1) Scalidophora (= Cephalorhyncha; Priapulida + Loricifera + Kinorhyncha)
2) Nematoida (= Nematoda + Nematomorpha)
3) Panarthropoda (Onychophora + Tardigrada + Euarthropoda).

Diagnose

Apomorphien der Ecdysozoa:

- **Dreischichtige Kutikula.**
- **Häutung unter Einfluss eines ecdysteroiden Hormons.**
- **Verlust lokomotorischer Cilien.**
- **Keine primären Larven.**
- **Coelome weitgehend reduziert.**
- **Immunzytochemische Merkmale.**
- **Viele übereinstimmende Gensequenzen.**
- **Weitere Unterstützung durch kambrische Fossilien.**

Die **Kutikula** besteht aus drei Schichten: eine chitinhaltige, feinfibrilläre **Endokutikula**, eine homogene proteinhaltige **Exokutikula** und eine dünne dreischichtige **Epikutikula** (Abb. 46). Das Chitin der Ecdysozoa liegt in Form des α-Chitins vor. Die Nematoida bilden zwar überwiegend eine Kollagen-Kutikula, aber auch bei ihnen findet sich Chitin in der Kutikula des Schlundgerüstes oder in Eihüllen.

Die Ecdysozoa häuten ihre Kutikula und ersetzen diese durch eine neue – und zwar mindestens einmal (Nematomorpha), üblicherweise aber mehrmals während des Entwicklungszyklus. Die **Häutung der Kutikula** wird **durch ecdysteroide Hormone gesteuert**. Dieser Aspekt wurde bislang jedoch nur bei Arthropoda, Onychophora und Nematoda im Detail untersucht. Die Funktion dieser Hormone ist offensichtlich vergleichbar, denn Insektenhormone lösen auch bei Nematoden die Häutung aus und die verantwortlichen Zellrezeptoren werden bei Arthropoden und Nematoden durch dasselbe Gen codiert.

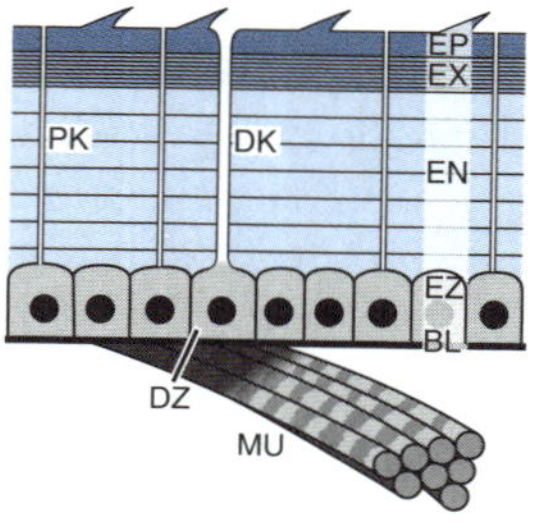

Abb. 46 **Aufbau der Kutikula (Integument) eines Insekts. BL** Basallamina, **DK** Drüsenkanal, **DZ** Drüsenzelle, **EN** Endokutikula, **EP** Epikutikula, **EX** Exokutikula, **EZ** Epidermiszelle, **MU** Muskelfaser, **PK** Porenkanal (aus Burda 2005).

Im Zusammenhang mit der Ausbildung der Kutikula werden **lokomotorische Cilien rückgebildet.** Auch wenn Cilien in modifizierter Form als Bestandteil der Sinnesorgane ausgebildet werden, werden sie von Kutikula bedeckt und dienen in keinem ontogenetischen Stadium der Bewegung. Es ist jedoch bekannt, dass sich eine kompliziert gebaute Kutikula und eine Bewegungsweise mittels Cilien funktionell nicht ausschließen – Gastrotricha zeigen dies eindrucksvoll. Zum hauptsächlichen Bewegungsorgan aller Entwicklungsstadien der Ecdysozoa werden Muskeln, die an der Kutikula ansetzen.

Alle Vertreter der Ecdysozoa zeigen eine mehr oder weniger **direkte Entwicklung**, die nur äußerlich durch Häutungen der Kutikula unterbrochen wird. Auch wenn wir öfters spezialisierte Juvenilstadien finden, handelt es sich **nie** um **Trochophora-ähnliche „primäre Larven"**. Bei keinem Vertreter der Ecdysozoa finden wir in der embryonalen Entwicklung eine klare Spiralfurchung oder Mesentoblasten.

Die meisten Gruppen der Ecdysozoa haben **kein Coelom** – Ausnahme sind einige Priapulida und einige Panarthropoda. Die Körperhöhle wird bei Onychophora und Arthropoda durch die extrazelluläre Substanz abgegrenzt, und bildet ein **Hämocoel (= Mixocoel)**. Das Hämocoel entsteht durch sekundäre Öffnung der schizocoel entstandenen Coelomwandung und ihre Verschmelzung mit den Resten des Blastocoels.

Die meisten **Analysen der Gensequenzen** unterstützen das Taxon Ecdysozoa. Den vielleicht stichhaltigsten Hinweis für die Monophylie der Ecdysozoa lieferten **immunzytochemische Untersuchungen des Nervensystems**: Nur bei Priapula, Nematoida, Arthropoda und Onychophora tragen die Membranglykoproteine der Nervenzellen ein besonderes Antigen, das während der Entwicklung des Nervensystems der selektiven Adhäsion von Zellen und dem gegenseitigen Erkennen der Neurone dient. Dieses Antigen wurde bis jetzt weder bei Cnidaria, Ctenophora, Deuterostomia, Ectoprocta, Phoronida, „Rotifera" oder Mollusca noch bei Annelida und Chaetognatha nachgewiesen.

Kambrische Organismen, die einen Rüssel und eine geringelte Kutikula ausbilden (z.B. *Palaeoscolex* und *Markuelia*), zeigen eine bemerkenswerte Kombination von Merkmalen der „Schlauchwürmer" und paläozoischer Arthropoden, die den Onychophora nahe stehen. Sie werden als eine wichtige (diesmal paläontologische) Unterstützung für die Ecdysozoa-Hypothese interpretiert.

Als **Gegenargument** wird angegeben, dass **Kutikula, Chitin und Steroidhormone** so **weit verbreitete Strukturen und Moleküle** sind, dass ihre phylogenetische Aussagekraft eingeschränkt sein könnte. So weisen die Gastrotricha einen ähnlichen Aufbau der Kutikula auf und eine durch Ecdysteroide gesteuerte Häutung findet sich auch bei einigen Anneliden und Tunicaten. Das nahezu übereinstimmende **Strickleiternervensystem** müsste nach der Ecdysozoa-Hypothese bei Annelida und Arthropoda konvergent entstanden sein. Nach einigen Studien ist das Fehlen von Coelomen sekundärer Natur. Die Stärke der Gegenargumente beruht auf der Tatsache, dass wir seit 200 Jahren daran gewöhnt sind, die metamere Organisation des Körpers und des Nervensystems für sehr schwerwiegende Merkmale zu halten (siehe auch Box 25, 26).

Box 25

Caenorhabditis – ein „primitives" Tier?

Falls sich die Monophylie der Ecdysozoa bestätigen sollte, wäre das auch für andere Bereiche der biologischen Forschung bedeutsam. Der Fadenwurm *Caenorhabditis*, eines der wichtigsten Modellorganismen der Molekular-, Zell- und Entwicklungsbiologe, wird üblicherweise als ein Vertreter der „niederen" Tiere (im Unterschied zu den angeblich „höheren" Tieren, wie Wirbeltiere oder Insekten) untersucht, oder zumindest als Vertreter der „dritten" Linie der Bilateria neben den „coelomaten Protostomia" und Deuterostomia angesehen. Heute wird allerdings angenommen, dass die Nematoda in keinem Aspekt ursprünglich sind, sondern ihre vermeintliche Einfachheit sekundärer Natur ist (Abb. 44). Als Ecdysozoa wären Fadenwürmer nahe Verwandte der Insekten. Viele Erkenntnisse, die wir durch die Forschung an Fliegen oder Mäusen gewonnen haben, würden dann auch für *Caenorhabditis* gelten; der Fadenwurm wäre eher eine Art „zweite Fliege" als ein dritter Vertreter der Metazoa. Wenn wir wirklich eine basale, ursprüngliche und anatomisch einfache Gruppe der Bilateria untersuchen wollen, wären die „Acoelomorpha" bessere Modelle.

Box 26

Sind die Arthropoden mit den Nematoden vergleichbar?

In Diskussionen über die Berechtigung des Taxons Ecdysozoa werden die Arthropoda oft mit den Nematoda verglichen und es wird betont, dass es offensichtlich unmöglich sei, die Arthropoden von „fadenwurmartigen Vorfahren" abzuleiten. Die Stammart der Ecdysozoa sah aber bestimmt nicht wie ein Fadenwurm aus. Die Nematoda sind nämlich sekundär stark vereinfacht (Abb. 44) und unterscheiden sich markant von anderen Tiergruppen und anderen Ecdysozoa. Als geeignetere Gruppe für derartige Überlegungen scheinen die strukturell viel komplizierter gebauten Priapulida, die segmentierten Kinorhyncha oder einige kambrische basale Taxa zu sein, deren Vertreter (z.B. *Markuelia*) eine Querringelung der Kutikula aufwiesen. Letztendlich finden wir bei verschiedenen Gruppen der fossilen und rezenten Panarthropoda Merkmale, die typisch für die Priapulida sind, wie z.B. radiär angeordnete Anhänge, ausstülpbare bezahnte Rüssel oder ein ringförmiges Gehirn rund um den Pharynx.

5.3 | Chaetognatha (Pfeilwürmer)

Übersicht

Chaetognatha (griech. Borstenkiefer)

Größe, Morphologie. 2–120 mm. Transparenter, fischförmig-zylindrischer Körper mit einem kugeligen Kopf, einem oder zwei Paaren seitlicher Horizontalflossen und einer großen horizontalen Schwanzflosse (Abb. 47). Die auf der Ventralseite des Kopfes gelegene Mundöffnung ist mit

Chitinzähnen und seitlichen Häkchen ausgestattet. Der Kopf kann bei schneller Bewegung durch eine sogenannte Haube, eine ektodermale Falte mit eigener Muskulatur, bedeckt werden.

Genetische Aspekte. Chaetognatha enthalten das kleinste mitochondriale Genom aller Tieren; einige Gene wurden wahrscheinlich in den Zellkern verlagert. **Vorkommen, Biologie.** Marin. Pelagisch, abundanter Bestandteil des Zooplanktons. Chaetognatha sind räuberisch; sie töten ihre Beute mit Hilfe von Tetrodotoxin, einem Gift, das im Kopf durch symbiotische Bakterien produziert wird. Hermaphroditen, direkte Entwicklung.

System. Die Embryologie weist die Chaetognathen als Deuterostomia aus, molekulargenetische Untersuchungen deuten sie jedoch als basalen Zweig der Protostomia. Zwei Subtaxa: **Archisagittoidea** und **Sagittoidea**, 15 Gattungen, circa 100 Arten: z.B. *Sagitta setosa*.

Morphologie und Ontogenese

5.3.1

Vielschichtige **Epidermis** (mit Ausnahme der einschichtigen Epidermis des Kopfes und der Haube) produziert eine einfache Kutikula, aus der auch die Chitinzähne und Häkchen um die Mundöffnung bestehen. Die meisten epidermalen Zellen haben keine Geißel, nur die modifizierten Zellen der Sinnesorgane sind mono- oder multiciliär; die bewimperten Zellen des Verdauungssystems sind multiciliär.

Das gut entwickelte **Coelom** umfasst ein schmales Kopfcoelom und ein Paar länglicher Hohlräume im Rumpf. Die Coelomräume im hinteren Teil des Rumpfes sind in einen vorderen Abschnitt mit Eierstöcken und einen hinteren aufgeteilt, der die Hoden enthält. Chaetognatha sind **Hermaphroditen**. Ein **Gefäßsystem ist ausgebildet, Exkretionsorgane fehlen**.

Die Anordnung der Muskeln erinnert an Nematoida, allerdings ist ihre Ultrastruktur völlig abweichend. Das **Nervensystem** besteht aus einem dorsalen Gehirn, einem großen Bauchganglion und einigen weiteren Ganglien im Bereich des Mundes, des Schlunds und der Speiseröhre, die durch paarige Nervenstränge untereinander verbunden sind.

Die Embryonalentwicklung ist einzigartig. Die frühe Furchung erfolgt radiär, zeigt daneben aber Anzeichen einer Spiralfurchung. Das Mesoderm und die Coelomräume entstehen aus dem Urdarm, allerdings auf eine völlig andere Weise als bei Deuterostomiern; der Blastoporus wird vollständig geschlossen, Mund- und Analöffnung entstehen somit unabhängig vom Blastoporus.

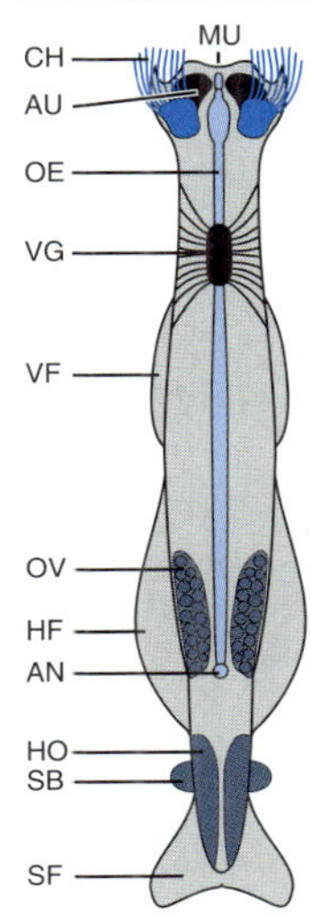

Abb. 47

Morphologie der Chaetognatha (*Sagitta* sp). AN Anus, **AU** Auge **CH** Chaetae, **HF** Hinterflosse, **HO** Hoden, **MU** Mund, **OE** Ösophagus, **OV** Ovarium, **SB** Samenbläschen, **SF** Schwanzflosse, **VG** Ventralganglion, **VF** Vorderflosse (nach Matus et al. 2007).

5.3.2 Phylogenetische Stellung

Schon Darwin hat die Chaetognatha als eine bemerkenswerte Gruppe beschrieben, deren verwandtschaftliche Beziehungen für ihn rätselhaft blieben – das gilt im Prinzip bis heute. Aufgrund ihrer morphologischen und embryologischen Merkmale werden **Chaetognatha traditionell für Deuterostomia gehalten**, allerdings ist diese Einordnung nicht unumstritten. Molekulare Analysen deuten die **Chaetognatha als Schwestergruppe der Lophotrochozoa oder sogar aller Protostomia** (Abb. 31). Sie sollen sich unmittelbar nach den Deuterostomia, aber noch vor Aufspaltung der Protostomia in die Ecdysozoa und Lophotrochozoa abgespaltet haben. Falls die Chaetognatha wirklich die Schwestergruppe der Protostomia wären, könnte dies ihr **Mosaik von Merkmalen der Deuterostomia, Gnathifera und Ekdysozoa** erklären und damit auch die widersprüchlichen Ergebnisse verschiedener phylogenetischer Studien. Manche gemeinsame Merkmale der Chaetognatha und Deuterostomia könnten indizieren, wie die Vorfahren der Bilateria ausgesehen haben mögen. Allerdings ist davon auszugehen, dass einige angebliche Ähnlichkeiten dieser Tiere eher auf sich wiederholenden Lehrbuchweisheiten als auf Beobachtungen realer Chaetognathen beruhen.

Fragen

1 Welche morphologische und funktionelle Grundtypen von Muskelgeweben kennen Sie? Wie entstehen sie und worin unterscheiden sie sich voneinander?

2 Was ist die Funktion von Coelomräumen, wie werden sie gebildet und sind alle Coelome im Tierreich homolog?

3 Welche Typen von Exkretionsorganen kennen Sie?

4 Welche Typen von Nervensystemen kennen Sie?

5 Nennen Sie die hochrangigen Subtaxa der Eubilateria im traditionellen System.

6 Beschreiben Sie die wichtigsten Änderungen des klassischen Systems der Eubilateria, die durch die Erkenntnisse der molekularen Phylogenetik stattgefunden haben.

7 Was versteht man unter einer „primären Larve" und bei welchen Tiergruppen kommen diese Larven vor?

8 Welche Tiergruppen gehören zu den Lophotrochozoa?

9 Eine der größten Kontroversen unter Systematikern ist derzeit die Diskussion über das Articulaten- und das Ecdysozoen-Konzept. Welche Argumente sprechen für die jeweiligen Verwandtschaftshypothesen?

10 Charakterisieren Sie die Chaetognatha.

Ectoproca und „Platyzoa“ | 6

Inhalt

Zu den **basalen Lophotrochozoa** zählen die Ectoprocta (= Bryozoa i.e.S., Moostriere) und die „Platyzoa“. **Ectoprocta** sind mikroskopisch kleine, sessile, polypenartige Wassertiere. Ihr U-förmiger Darm mündet über der Analöffnung außerhalb ihres Tentakelkranzes. Die Monophylie der **„Platyzoa“** (Entoprocta, Cycliophora, „Gnathifera“, Gastrotricha, Plathelminthes) ist unklar. Es handelt sich um einfach gebaute acoelomate Protostomia, üblicherweise mit Protonephridien auch bei erwachsenen Individuen. Während die Plathelminthes gut bekannt sind und in den Lehrbüchern ausführlich behandelt werden, wird den übrigen Teiltaxa meistens weniger Aufmerksamkeit zuteil. Sie werden üblicherweise als isoliert stehende Taxa betrachtet. **Entoprocta** sind marine, sessile und koloniebildende Strudler, deren Anus und Geschlechtsausgänge innerhalb ihrer Tentakelkränze münden. Die **Cycliophora** leben auf Hummern und wurden erst 1995 entdeckt. Sie haben einen komplizierten Entwicklungszyklus. Die **Gnathostomulida** leben in marinen Sandböden mit hohen Sulfid-Konzentrationen. Sie sind vor allem durch einen komplex gebauten Kieferapparat charakterisiert. Die **Micrognathozoa** wurden erst 2000 in Moosbewuchs auf Grönland und auf Inseln nahe der Antarktis entdeckt. Sie haben ebenfalls komplizierte Kieferapparate. Die **Syndermata** sind charakterisiert durch ihre Oberhaut, deren Zellen Synzytien bilden. Zu dieser Gruppe gehören die paraphyletischen **„Rotifera“** (Rädertierchen), sehr widerstandsfähige Tierchen, die in vielen Lebensräumen vorkommen, und die **Acanthocephala** (Kratzwürmer, Darmparasiten). **Gastrotricha** (Bauchhärlinge) sind wurmartige Wassertierchen, deren Körperoberfläche von einer mehrschichtigen Kutikula bedeckt wird, die auch die Cilien überdeckt. Die **Plathelminthes** (Plattwürmer) bilden eine morphologisch und ökologisch sehr vielfältige Gruppe, die zahlreiche Apomorphien aufweist. Zu den Plathelminthen zählen auch wichtige Parasiten des Menschen. Das **traditionelle System der Plathelminthen wurde in letzter Zeit dramatisch umgestellt**: Aus einem „Stamm“ mit drei „Klassen“ wurden zwei „Stämme“, die miteinander nicht näher verwandt sind, mit etwa zehn „Klassen“.

6.1 | Ectoprocta (= Bryozoa i.e.S.)

Übersicht

Ectoprocta (griech. mit dem äußeren After, Bryozoa = Moostiere)

Größe, Morphologie. Einzelne erwachsene Tiere (sogenannte Zooide) sind mikroskopisch klein und leben sessil; bis auf wenige Ausnahmen (Gattung *Monobryozoon*) bilden sie Kolonien (sogenannte Zoarien), die mit bloßem Auge zu erkennen sind. Das einzelne Zooid ist polypenartig und besteht aus einem Weichkörper und einem Schutzskelett (Zooecium). Der Weichkörper besteht aus einem festsitzenden Cystid (= Hinterkörper), der die Hülle für den einstülpbaren Polypid (= Vorderkörper) mit einem kreis- oder hufeisenförmigen Lophophor bildet (Abb. 39, 48).

Vorkommen, Biologie. Marin oder limnisch. Metagenese. Alle Zooiden entstehen durch Knospung (sogar der Gründerzooid einer neuen Kolonie, die sogenannte Ancestrula, schnürt sich bereits vom Körper der festsitzenden Larve ab). Innerhalb der Kolonien gibt es Arbeitsteilung: Stark rückgebildete Tiere bilden Stielglieder, Ranken oder Wurzelfäden. Andere Zooide bilden Gameten, wieder andere werden zu Ammentieren oder zu vogelkopfähnlichen Avicularien, die das Festsetzen von Fremdorganismen auf der Kolonie verhindern. Ähnlich wie limnische Porifera können Moostierchen Dauerstadien (Statoblasten) bilden. **System.** Circa 4500 Arten, zwei Subtaxa: **Phylactolaemata** enthalten limnische Arten mit relativ großen Zooiden, hufeisenförmigen Tentakelkränzen und einer Klappe (ein sogenanntes Epistom) über der Mundöffnung. Echte planktotrophe Larven fehlen. Z.B. *Cristatella mucedo*, *Plumatella repens*. **Gymnolaemata** sind bis auf wenige Ausnahmen marin, mit kreisförmigen Tentakelkränzen und ohne Epistom, mit planktonischer Cyfonauten-Larve (oder sekundär mit anderen Larven-Typen). Z.B. *Monobryozoon ambulans*, *Paludicella articulata*.

Bedeutung. Durch starkes Wachstum entstehen Schäden bzw. Unterhaltungskosten an Schiffen, Hafenanlagen und wasserwirtschaftlichen Anlagen. Bryozoen (bzw. ihre symbiotische Bakterien) produzieren chemische Wirkstoffe, die potentiell von biomedizinischer Bedeutung sind, darunter das mögliche Antikrebsmittel Bryostatin 1.

6.1.1 | Morphologie und Entwicklung

Die Tentakel sind verlängert und tragen längliche Streifen **multiciliärer Zellen**, mit verlängerten und versteiften **Cilien**, die Nahrungspartikel aus dem Wasserstrom filtern (Abb. 39). Der U-förmige Darm mündet über die **Analöffnung außerhalb des Tentakelkranzes**. Das **Verdauungssystem entsteht** während der Knospung **aus dem Ektoderm** der Zooide. Die Ectoprocta halten sich also nicht einmal an die „zoologische Grundregel“, dass der größte Teil des Verdauungstrakts in der Regel entodermaler Herkunft ist. Die Zooide verfügen über ein ringförmiges **ungeteiltes Coelom** rund um die Mundöffnung, dessen Ausläufer sich in die Tentakel erstrecken, und gut entwickelte Coelomräume in den Cystiden. **Exkretionsorgane und ein Gefäßsystem fehlen.** Die Körperoberfläche wird von einer dünnen **Chitin-Protein-Kutikula**, oft mit inneren Kalkschichten, bedeckt.

Abb. 48

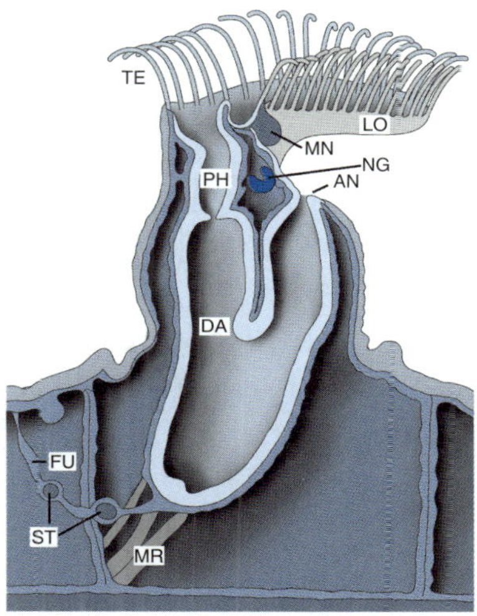

Anatomie der Ectoprocta (*Cristatella mucedo*). **AN** Anus, **DA** Darm, **FU** Funiculus, **LO** Lophophor, **MN** Metanephridium, **MR** Muskel zur Retraktion (Zurückziehen) des Polypoids, **NG** Nervenganglion, **PH** Pharynx, **ST** Statoblasten, **TE** Tentakel (nach Cori, aus Lang et al. 1971).

Die frühe **embryonale Entwicklung** der Ectoprocta weist einige Übereinstimmungen mit der der Spiralia auf (insbesondere die Entstehung der larvalen Wimpernstreifen), auch wenn die gefurchten Eier eher eine radiäre Furchung aufweisen. Bei einigen marinen Ectoprocta finden wir eine frei schwimmende **planktotrophe Cyfonautes-Larve** mit dreizipfligem Körper, zweiklappiger Schale und Apikalorgan. Im Prinzip ähnelt die Larve einer modifizierten Trochophora-Larve. Der umfangreiche Raum zwischen den Schalen ist in einen vorderen Saug- und einen hinteren Ausstoßabschnitt unterteilt. Beide Abschnitte werden durch eine Leiste getrennt, deren Bewimperung stark an die Tentakelcilien erwachsener Zooide erinnert. Die sich festsetzende Larve wird von Ektoderm umwachsen; sie enthält innen ein Gewirr degenerierter larvaler Organe. Neue Zooide knospen bei verschiedenen Arten an unterschiedlichen Stellen mittels einer sogenannten „primären Scheibe“. Bei limnischen Ectoprocta ist die Bildung neuer Zooide extrem beschleunigt: Ihre Embryonen werden von einer Einstülpung der Körperwand des Mutterorganismus ernährt. Noch bevor sich die Larven ablösen, bilden sie bereits eingestülpte Polypiden. Somit sind die Larven schwimmende Kolonien; und nach dem Festsetzen auf einer Unterlage wird die Entwicklung nur beendet.

Die Metamorphose ist – wo sie vorkommt – so grundlegend, dass wir das Schicksal des larvalen Gewebes im adulten Zooid ohne Anwendung molekularer Methode zur Zellidentifizierung kaum nachvollziehen können. So können wir derzeit die Rücken- und Bauchseite des Zooids nicht unterscheiden und wissen daher nicht, auf welcher Körperseite das Nervenzentrum der Ectoprocta liegt. Dieses Wissen ist aber für die Unterscheidung zwischen Protostomia und Deuterostomia notwendig. Es bleibt also nichts anderes übrig, als den Bau der Zooide mit der Anatomie der nächst verwandten Gruppen zu vergleichen. Leider sind die nächsten Verwandten der Ectoprocta ebenfalls nicht bekannt.

6.1.2 Phylogenese

Die **Monophylie** der Ectoprocta scheint unumstritten zu sein. Sie werden allgemein in **zwei Linien unterteilt**: die limnischen **Phylactolaemata** und die marinen **Gymnolaemata** (Abb. 45), die sich in einigen Merkmalen markant unterscheiden (siehe S. 96). Da wir die Schwestergruppe der Ectoprocta nicht kennen, können wir bei vielen Merkmalen .nicht eindeutig klären, welche Ausprägung ursprünglich oder abgeleitet ist. So kann zur Zeit nicht abgeschätzt werden, ob die Tentakel der Ectoprocta ursprünglich in der Form eines Hufeisens oder eines Kreises angeordnet waren, ob die Ausbildung eines Epistoms (eine Klappe über den Mund) ein ursprüngliches Merkmal aller Ectoprocta ist, das bei Gymnolaemata reduziert wurde, oder ob es sich hierbei um eine Apomorphie der Phylactolaemata handelt. Auch ist unklar, ob die Cyfonautes-Larve in das Grundmuster der Ectoprocta gehört oder nicht.

Das ist allerdings ein Malheur, weil gerade diese Merkmale als Argumente für unterschiedliche Verwandtschaftshypothesen der Ectoprocta dienen. So wurden die Ectoprocta mit den Entoprocta in die Gruppe der Bryozoa i.w.S. oder aber mit den Brachiozoa in die Gruppe „Lophophorata“ zusammengefasst. Allerdings gibt es keine Belege für diese Hypothesen. **Molekulare Analysen** (18S und 28S rRNA, *Hox* Gene) haben die nächsten Verwandten der Ectoprocta bisher ebenfalls nicht finden können, aber alle Untersuchungen stimmen darin überein, dass die Ectoprocta **zu den Lophotrochozoa** gehören, vielleicht sogar als ihre basalste Gruppe.

6.2 Entoprocta (= Kamptozoa i.e.S., Kelchtiere)

Übersicht

Entoprocta (griech. mit dem inneren (d.h. innerhalb des Tentakelkranzes liegenden) Anus; Kamptozoa = gekrümmte Tiere. Entoprocta werden häufig mit Kamptozoa synonymisiert).

Größe, Morphologie. Die Zooide sind klein (circa 0,5 cm), sessil, mit kelchförmigem dorsalem Stiel, sie ähneln den Ectoprocta. Der Körper wird von einer dünnen Chitin-Kutikula bedeckt. Der Kelch trägt einen Kranz von bewimperten multiciliären Zellen. Mund, Anus und Geschlechtsausgänge münden innerhalb des ventral gelegenen Kranzes. Der Raum zwischen der Epidermis und dem U-förmigen Darm ist mit lockerem mesenchymatischen, gallertartigem Gewebe gefüllt, in dem sich ein System von „Gefäßkanälchen“ und Hohlräumen befindet. Die Protonephridien münden in den Darm.

Ontogenese. Die Furchung ist spiral und das Mesoderm entsteht aus dem Mesentoblast (4d Zelle). Die frei schwimmenden bewimperten Larven sind vom Trochophora-Typ. Die kuppelförmige Episphäre der Larve trägt eine Scheitelplatte am oberen, apikalen Pol. Aufgrund dieser Kuppelform wurde der Name „Tholophora-Larve“ vorgeschlagen. Das vielleicht auffälligste Merkmal der Larven ist ein großer bewimperter ventraler Fortsatz, der an den Fuß der Mollusca erinnert. Nach dem Ansetzen auf einer Unterlage – mit Hilfe des Frontalorgans – vollzieht sich die Metamorphose der Larve in einen sessilen Adultus. Bei anderen Kelchtieren entstehen die Zooide durch Knospung aus seitlichen Körperabschnitten der festsitzenden Larven.

Vorkommen, Biologie. Marin. Strudler, die kommensal auf Schwämmen und anderen Organismen leben. Kolonien-Bildung durch Knospung.

Abb. 49

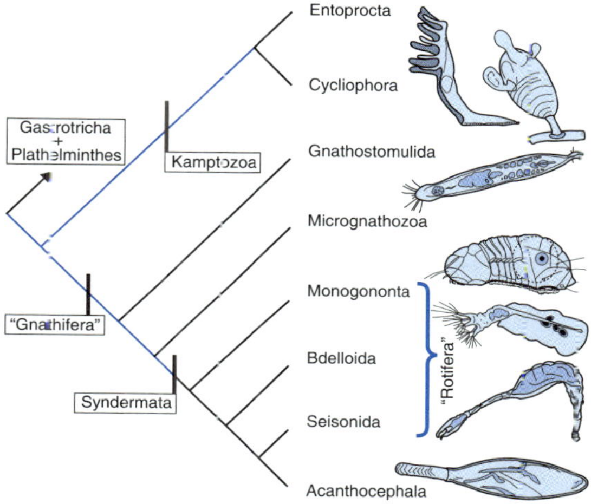

Verwandtschaftsdiagramm der Kamptozoa und „Gnathifera“. Blaue Linien kennzeichnen Gruppen, deren Monophylie nicht gesichert ist bzw. deren phylogenetische Beziehungen unsicher sind.

System. Die Entoprocta erscheinen in morphologischen Studien als gut unterstützte Schwestergruppe der Mollusca, in einigen molekularen Analysen jedoch als Schwestergruppe der Ectoprocta. Die Hypothesen sind also widersprüchlich, nichtsdestoweniger befinden sich die Tiere stets innerhalb der Lophotrochozoa. Circa 250 Arten: z.B. *Loxosomella claviformis, Urnatella gracilis.*

Cycliophora

6.3

Übersicht

Cycliophora (griech. Kreistragende)

Größe, Morphologie. Circa 350 µm. Fassförmige Tiere, mit einem Stiel und einer saugnapfähnlichen Fußplatte. Cilien sind ringförmig um die Mundöffnung angeordnet, der U-förmige Darm mündet in der Nähe der Mundöffnung.

Vorkommen, Biologie. Marin, sessile Kommensalen auf Mundorganen von Hummern. Filtrierer. Hohe Regenerationsfähigkeit und komplizierter Entwicklungszyklus (Box 27).

System. Dieser „Stamm“ wurde erst 1995 entdeckt. Die Stellung der Cycliophora im System ist umstritten. Obwohl sie zurzeit von den meisten

Autoren als Schwestergruppe der Entoprocta angesehen werden, wird von einigen Autoren auch eine Verwandtschaft mit den „Rotifera“ oder sogar den Ectoprocta postuliert (Abb. 49). Eine Gattung *Symbion* mit wenigen Arten.

Box 27

Causa *Symbion*: Lebenszyklus ohne Vergleich

Die Entdeckung von *Symbion* und damit des neuen „Stammes“ Cycliophora war 1995 eine zoologische Sensation und wurde zum Symbol der Dynamik der systematischen Zoologie. Daher wurde dieses Tier auch ausgewählt, um den Umschlag der „Speziellen Zoologie“ (Hrsg. Westheide und Rieger, 1996 und 2004) zu zieren. Cycliophora sind mikroskopische Kommensalen auf Mundwerkzeugen von Hummern, die dort das an Nährstoffen reiche Wasser filtrieren. Im Lebenszyklus der Cycliophora alternieren **geschlechtliche und ungeschlechtliche Stadien**. Das bewegliche Stadium des ungeschlechtlichen Zyklus ist die **Pandora-Larve**, die **durch die Knospung innerhalb** eines **Ernährungsstadiums** entsteht. Sie bleibt auf demselben Wirt sitzen und wandelt sich dort in das **Ernährungsstadium der zweiten Generation**. An der Basis der geschlechtlichen Vermehrung steht die winzige **Prometheus-Larve**, welche vom Ernährungsstadium abgeschnürt wurde. Sie setzt sich nach kurzer Zeit auf einem benachbarten Ernährungsstadium fest, das weibliche Larven bildet. In der angehefteten Prometheus-Larve entstehen nun zwei **Zwergmännchen** ohne Verdauungsrohre. Die männlichen und weiblichen Larven werden freigesetzt, paaren sich (der genaue Vorgang ist unbekannt), und das **befruchtete Weibchen** siedelt sich erneut auf demselben Hummer an, auf dem der ganze Zyklus begann. Dieses sessil lebende Weibchen degeneriert allmählich. Gleichzeitig bildet sich in ihm ein Dispersionsstadium, die **chordoide Larve,** die den bisherigen Wirt verlässt und einen neuen Hummer besiedelt. Dort wandelt sie sich in ein Nährindividuum um und bildet eine neue Kolonie der Cycliophora. Die chordoide Larve ist wahrscheinlich eine modifizierte Trochophora-Larve. Allerdings ist sie lecitotroph und verfügt über einen Streifen verfestigter Zellen auf der Bauchseite, der sehr entfernt an die Chorda der Chordata erinnert.

Dieser **hochkomplexe Lebenszyklus ist so einzigartig**, dass wir die Larvenstadien kaum mit den Larven anderer Tiergruppen vergleichen können: Die Nährstadien sind besonders, die geschlechtlichen Stadien sind winzig und stark vereinfacht, die frei beweglichen Stadien haben keine Verdauungsapparate. Die Larven, mit Ausnahme der chordoiden Larve, haben kein Pendant in anderen Tiergruppen. U-förmige Därme kommen jedoch auch bei anderen sessilen Tieren vor. Die außerordentliche Regenerations- und Knospungsfähigkeit der Cycliophora hat ihre Analogien bei Entoprocta oder Ectoprocta, aber die Details der Regenerationsprozesse sind unterschiedlich. Multiciliäre Zellen sowie die Trochophora-ähnliche chordoide Larve und das ventrale Nervensystem zeigen, dass die Cycliophora zu den Protostomia gehören. Die Ultrastruktur der Spermien kennen wir bislang nur oberflächlich, die embryonale Entwicklung ist völlig unbekannt.

Gnathostomulida (Kiefermäulchen) | 6.4

Übersicht

Gnathostomulida (griech. Kiefermündchen)
Größe, Morphologie. Mikroskopisch klein. Wurmförmig, mit epidermaler Geißel als Hauptbewegungsorgan, monociliäre Epidermiszellen, die bei Protostomiern selten sind, Kutikulärer Kieferapparat unbekannter chemischer Zusammensetzung (wahrscheinlich homolog dem Mastax der „Rotifera“ – s.u.), einfach gebaute Protonephridien, die in mehreren Paaren vom Schlund bis zum Körperende angeordnet sind. Ein Einwegdarm ohne dauerhafte Analöffnung. Das posteriore Darmepithel steht im direkten Kontakt mit den Epidermiszellen, da eine zwischengeschaltete Basallamina fehlt. Diese Stelle fungiert wahrscheinlich als eine vorübergehende Analöffnung.
Vorkommen, Biologie. Marin, in Sandböden mit hohen Sulfid-Konzentrationen. Hermaphroditen, innere Befruchtung.
Phylogenese, System. Erst 1956 entdeckt. Molekulare Studien deuten die Gnathostomulida üblicherweise als isolierte, basale Gruppe der Bilateria ohne nähere Beziehungen zu anderen Tiergruppen, nicht einmal zu den „Rotifera“, mit denen sie einige morphologische Merkmale teilen (Abb. 49). Circa 100 Arten, z.B. *Austroghantharia kirstaueri*.

Micrognathozoa | 6.5

Übersicht

Micrognathozoa (griech. Tiere mit kleinen Kiefern)
Größe, Morphologie. Mikroskopisch klein. Vertreter der Gattung *Limnognathia* gehören zu den kleinsten vielzelligen Tieren überhaupt. Der Körper wird dorsal und lateral von Plättchen bedeckt, die durch ein intrazelluläres Skelett gestützt werden. Der komplizierte Kieferapparat ist oft perforiert und erinnert an den Mastax der „Rotifera“. Die Epidermiszellen sind multiciliär. Ein permanenter After fehlt, zwei Paare von einfach gebauten monociliären Protonephridien.
Vorkommen, Biologie. Limnisch, Grönland, Crozet Inseln (nahe Antarktis). Die Tiere leben im Moosbewuchs kalter Quellen. Proterandrische Hermaphroditen, große Eier, wahrscheinlich direkte Entwicklung.
Phylogenese, System. Erst Ende 2000 entdeckt. Nahezu alle in den letzten Jahren neu entdeckten Tiergruppen sind marin, die Micrognathozoa leben hingegen limnisch. Sie sind morphologisch ein fast perfektes „Übergangsglied“ zwischen den Gnathostomulida und Syndermata. Diese Deutung wird jedoch durch die molekulare Phylogenetik nicht unterstützt. Vertreter z.B. *Limnognathia maerski*.

6.6 | „Rotifera“ (= „Rotatoria, Rädertierchen“)

Übersicht

„Rotifera“ (griech. Radtragende)

Größe, Morphologie. 0,2–1 mm. Unterschiedlicher Habitus. Ein ausgeprägter Schlund trägt auf seiner Ventralseite das namengebende Räderorgan (Mastax). Der Mastax ist ein kompliziert gebautes System von beweglichen Chitinkiefern. Er entspricht etwa dem Sammelsystem der Protostomia-Larven. Der „Protroch“ der „Rotifera“ wird als Trochus bezeichnet, der „Metatroch“ als Cingulum. „Rotifera“ haben eine konstante, fest determinierte Anzahl von Zellen; ihre Gewebe sind oft synzytial, aber auch in diesem Fall weisen sie eine konstante Zahl von Zellkernen aus. Die Tiere entwickeln kaum Bindegewebe und auch Kollagen scheint ihnen zu fehlen. Die synzytiale Epidermis wird von einer dünnen Kutikula bedeckt. Die feste Körperform wird jedoch nicht allein durch die Kutikula aufrechterhalten, sondern durch intrazelluläre Proteinskelettlaminen, die der apikalen Zellmembran anliegen. Diese Art Skelettsystem ist im Tierreich einzigartig (Abb. 50)!

Vorkommen, Biologie. Weltweit, limnisch und marin, in verschiedenen feuchten Lebensräumen (Boden, Pflanzen etc.), auch an extremen Standorten wie Thermalquellen oder der Antarktis. Häufig Parthenogenese; sehr widerstandsfähige Tiere, die in vielen Lebensräumen vorkommen.

System. Die Gruppierung ist paraphyletisch und umfasst drei sehr unterschiedliche Subtaxa (Abb. 49); **Monogonta** leben planktonisch; sie haben gut entwickelte Räderorgane. In ihrem Entwicklungszyklus alternieren parthenogenetische Weibchengenerationen, die diploide Eier produzieren, mit Generationen von Weibchen, die haploide Eier legen. Aus den unbefruchteten haploiden Eiern schlüpfen Zwergmännchen (oft mit reduziertem Darm), aus den befruchteten Eiern schlüpfen parthenogenetische Weibchen. Z.B. *Proales fallaciosa*. Die benthischen **Bdelloida** pflanzen sich ausschließlich parthenogenetisch fort. Z.B. *Rotaria neptunia*. **Seisonida** leben als Ektokommensalen oder Ektoparasiten auf marinen Krebsen (Nebalien, Leptostraca). Der Kieferapparat der Männchen ist in ein Saugrohr umgewandelt. Anstelle eines Räderorgans weisen sie ein bewimpertes Feld mit zwei Reihen komplexer Geißeln auf, während die Weibchen normale Räderorgane haben. Z.B. *Seison annulatus*.

Bedeutung. Ein wichtiger Bestandteil des Zooplanktons in manchen Flüssen (z.B. Niederrhein).

Abb. 50

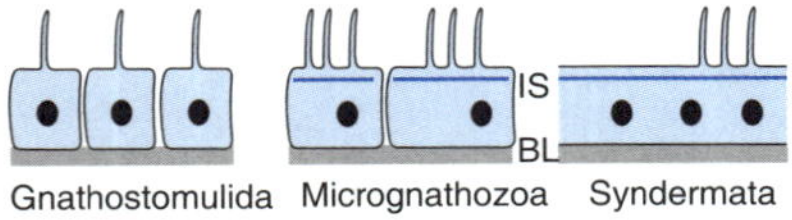

Schema der Epidermis bei verschiedenen Gruppen der Gnathifera. BL Basallamina, **IS** intrazelluläres Skelett (nach Zrzavý 2006).

Acanthocephala (Kratzwürmer, Kratzer)

6.7

Übersicht

Acanthocephala (griech. Dornköpfige)

Größe, Morphologie. Wenige mm bis 70 cm. Wurmförmig, Sexualdimorphismus mit großen Weibchen und kleineren Männchen. Erwachsene Acanthocephala tragen im vorderen Teil des Körpers einen ausstülpbaren Rüssel mit Widerhäkchen zum Anhaften an der Darmwand des Wirtes. Ein Verdauungssystem fehlt vollständig. Auch die Acanthocephala haben ein syncytiales Ektoderm; die Larvalstadien sind vollständig syncytial und erst nachträglich verteilt sich ihr Nerven- und Muskelgewebe auf einzelne Zellen. Einige Gewebe und Organe (z.B. Gehirn) zeigen eine konstante Anzahl von Zellen oder Kernen. In ihrer Körperhöhle befindet sich ein seltsames Kollagenorgan, der sogenannte Ligamentalsack, der zusammen mit den Keimdrüsen aus einer undifferenzierten Zellmasse zwischen dem Vorderkörper und der Kloake entsteht. Der mittlere Teil dieses Sacks wird für Reste des Darms gehalten. **Ontogenese.** Auch die Embryogenese der Acanthocephala ist aberrant und kaum verstanden. Im Inneren dessen, was wir „Ei“ nennen, findet sich nicht nur eine Zelle, sondern ein Syncytium, aus dem sich allmählich echte Eier differenzieren. Sie werden von den eindringenden Spermien befruchtet. Noch innerhalb der „Eischale“ entsteht eine Syncytiallarve, der sogenannte Akantor. Nachdem das „Ei“ von einem Arthropoden verzehrt wurde, schlüpft der Akantor und verankert sich fest in der Darmwand seines Wirtes. Hier wandelt er sich in die sogenannte Akanthela um, aus der sich ein Stadium entwickelt, das den Dauerwirt, ein Wirbeltier, infiziert.

Vorkommen, Biologie. Weltweit, Darmparasiten von Wirbeltieren, ihre „Larven“ parasitieren in verschiedenen Arthropoden. Darmparasiten mit obligatorischem Wirtswechsel. Sie befallen als Zwischenwirte verschiedene Arthropoden und als Endwirte Fische, Amphibien, Vögel und Säugetiere. Sie verankern sich mit ihrem hakenbewehrten Rüssel in der Darmwand und nehmen ihre Nahrung über ein Kanalsystem in der Außenhaut auf. Gonochoristen.

System. Siehe Box 28; circa 700 Arten, z.B. *Macracanthorhynchus indinaceus, Moniliformis dubius.* **Bedeutung.** Acanthocephalosen spielen eine sehr große Rolle in der Wassergeflügel- und der Fischzucht, sowie dem Fischfang. Seltener treten sie auch in Schweinezuchten auf. Bei Menschen ist diese Parasitose äußerst selten.

Box 28

Wer sind die nächsten Verwandten der Acanthocephala?

Für die Klärung der phylogenetischen Beziehungen der Acanthocephala waren zwei Entdeckungen wichtig. Erstens wurde festgestellt, dass sie, genau wie die „Rotifera“, einen sehr **abgeleiteten Typ von Spermien** aufweisen – nämlich Spermien mit einer vorderen Zuggeißel (alle sonstige Tiere haben Spermien mit der Schubgeißel, siehe S. 29). Zweitens haben Acanthocephala, genau wie die „Rotifera“, eine **intrazelluläre Skelettlamina**, die der Apikalmembran des Epidermissyncytiums anliegt. Diese Lamina ist genauso wie bei den „Rotifera“ von blinden Kanälchen durchzogen, die durch die eingestülpte Apikalmembran gebildet werden. Aufgrund dieser einzigartigen Merkmalskombination wird die nahe Verwandtschaft zwischen „Rotifera“ und Acanthocephala heute nicht mehr bezweifelt. Auch molekulare Analysen bestätigen **die enge Verwandtschaft der „Rotifera“ und Acanthocephala** eindeutig; sie werden als **Syndermata** zusammengefasst. Die Sache ist jedoch komplizierter. Es häufen sich Beweise dafür, dass Acanthocephala nicht die Schwestergruppe der gesamten „Rotifera“ sind, sondern, dass die Schwestergruppe der Acanthocephala innerhalb der „Rotifera“ gesucht werden muss. Acanthocephala könnten somit abgewandelte „Rotifera“ sein, oder aber die Seisonida (traditionell für ursprüngliche „Rotifera“ gehalten) sind keine „Rotifera“.

6.8 | Gastrotricha (Bauchhärlinge)

Übersicht

Gastrotricha (griech. Bauchhärlinge)

Größe, Morphologie. Mikroskopisch. Wurmartig oder kegelförmig, auf der Ventralseite abgeflacht mit adhäsiven Ausläufern. Der Schlund (Y-förmig im Querschnitt) weist paarige Poren auf, über die überschüssiges Wasser aus dem Körper abgegeben wird.

Vorkommen, Biologie. Weltweit, marin und limnisch. Hermaphroditismus und Parthenogenese sind üblich, bei manchen marinen Arten wurde ferner ein ziemlich kompliziertes Paarungsverhalten beobachtet.

System. Zwei Subtaxa: **Macrodasyida** und **Chaetonotida**; circa 450 Arten: z.B. *Chaetonotus maximus*, *Urodaxys viviparus* (Abb. 51).

6.8.1 | Morphologie und Entwicklung

Die **Epidermiszellen der dorsalen Körperseite sind cilienlos**, die der **ventralen Seite** sind entweder **mono- oder multiciliär**. Die ganze Körperoberfläche wird von einer **mehrschichtigen Kutikula** bedeckt, die auch die Cilien überdeckt. Die Kutikula ist ähnlich aufgebaut wie die Epikutikula der Nematoda oder Arthropoda (siehe S. 90). Die Körper-Kutikula (einschließlich verschiedener Zähne, Stachel und Schuppen) weist zudem eine Endokutikula auf, die im Bereich der Cilien jedoch nicht ausgebildet ist.

Der eingestülpte **Schlund** wird vor allem durch Myoepithelzellen gebildet, die in drei Längssträngen angeordnet sind, so dass der Schlundraum im Querschnitt die Form eines dreizipfligen Sterns hat („Y“). Das **Nervensystem** der Gastrotricha besteht aus zwei ventralen Nervensträngen und aus einem Gehirn mit Schlundring. Das Gehirn weist bei den verschiedenen Arten einen variablen Aufbau auf. Der Rumpf der Gastrotricha ist kompakt, **ohne Körperhöhlen** und **ohne Gefäßsystem**. Als Exkretionsorgane dienen kompliziert gebaute **Protonephridien**.

Abb. 51

Verwandtschaftsdiagramm der Plathelminthes. Blaue Linien kennzeichnen Gruppen, deren Monophylie nicht gesichert ist bzw. deren phylogenetische Beziehungen unsicher sind.

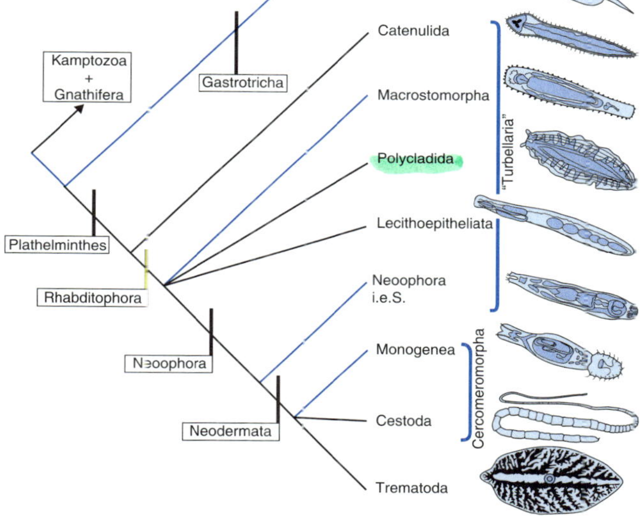

Gastrotricha verfügen über komplizierte Kopulationsorgane und zeigen eine innere Befruchtung. Die embryonale Entwicklung ist seltsam und schwer interpretierbar; die postembryonale Entwicklung verläuft direkt. Bei der Klärung der Verwandtschaftsbeziehungen hilft uns die Ontogenese wenig.

Phylogenese

6.8.2

Gastrotrichen finden wir in zoologischen Lehrbüchern üblicherweise als eine der vielen Gruppen „acoelomater Würmer“, die insbesondere dadurch auffallen, dass sie sich mit dem ventralen Cilienbesatz ihrer „Fußsohle“ bewegen und dass sie sich ausschließlich parthenogenetisch vermehren sollen (was nicht stimmt). Diese Tiere haben allerdings viel mehr zu bieten, da es sich um eine **aberrante Tiergruppe** handelt, die Eigenschaften der Plathelminthen, Gnathostomuliden und Ecdysozoen vereint.

Morphologische Analysen identifizieren die Gastrotricha **als Verwandte der Nematoida und Scalidophora**. All diese Gruppen verfügen über eine mehrschichtige Kutikula, Myoepithelschlund mit dreizipfligem Querschnitt und ein dreiteiliges Gehirn, das den Schlund ringförmig umfasst. Auch wenn es zweifelhaft ist, dass die Gliederung des Gehirns und der auffällige Querschnitt des Schlundes zum Grundmuster der Gastrotricha gehören, handelt es sich um einen ziemlich eindrucksvollen Komplex von Merkmalen. Es gibt jedoch zwei Abweichungen: Gastrotricha haben gut entwickelte Epidermiscilien und häuten ihre Kutikula nicht.

Die Gastrotricha sind auf den ersten Blick geeignete Modelle für die Entstehung des Bauplans der Ecdysozoa. Sie zeigen, dass epidermale **Bewegungscilien und Kutikula koexistieren** können. Auch heute finden wir sie bei Vertretern der Ecdysozoa in epidermalen Sinnesorganen in hoch modifizierter Form und häufig von Kutikula bedeckt.

Ein kompakter **Körper ohne Körperhöhle, eine bewimperte Epidermis** als Hauptbewegungsorgan und **einfach gebaute Protonephridien verbinden die Gastrotricha mit den Gnathostomulida und Plathelminthen**. Obwohl es sich bei diesen Merkmalen eher um Plesiomorphien handelt, wird diese **Verwandtschaftshypothese durch molekulare Studien eindeutig bestätigt**. Einige dieser Studien deuten jedoch auch darauf hin, dass die **Gastrotricha nicht monophyletisch** sind.

6.9 Plathelminthes (= Platyhelminthes, Plattwürmer)

6.9.1 Morphologie

Diagnose

Allgemeine Merkmale:

- **Unsegmentierter Körper, mit Ekto-, Ento- und Mesoderm, aber ohne Coelom.**
- **Das Mesoderm ist von einer Mesentoblastzelle abgeleitet.**
- **Blind endender Darm, ventrale Mundöffnung auf dem Bauch, seltener am Kopf.**
- **Gut entwickeltes Gehirn.**
- **Protonephridien bei adulten Individuen.**
- **Üblicherweise Hermaphroditen mit innerer Befruchtung, Kopulationsorganen, komplizierten Keimdrüsen und zweigeißeligen Spermien.**
- **Spiralfurchung, direkte postembryonale Entwicklung.**
- **Multiciliäre Epidermiszellen, zwei Cilienwurzeln, ein akzessorisches Zentriol wird nicht gebildet.**
- **Kutikula fehlt.**
- **Chitin wird nicht synthetisiert.**
- **Die differenzierten Körperzellen verlieren ihre Teilungsfähigkeit, es gibt spezielle Stammzellen, Neoblasten.**

Im Widerspruch zu ihren Namen sind Plattwürmer nur manchmal platt. Die ursprünglichen Vertreter dieses Taxons waren vielmehr mikroskopisch kleine, zylindrische „Würmer“. Da die **Kutikula fehlt**, sind harte Kiefer oder Kopulationsorgane (falls ausgebildet) von den Basallaminae abgeleitet. Das **Unvermögen Chitin synthetisieren zu können** ist allerdings auch für eine Reihe anderen Gruppen, z.B. Nemertea oder Deuterostomia, charakteristisch. Da **Teilungs- und Wachstumsfähigkeit der Zellen begrenzt** sind, werden die Gewebe eines wachsenden Plathelminthen stets „dünner“ und müssen durch andere Zellen ergänzt werden. Diese Rolle erfüllen spezielle Stammzellen, die sogenannten **Neoblasten**. Ihre Zelllinie entsteht schon in der frühen Embryogenese und sie machen später bis zu 20–35% aller Zellen im Körper aus.

Diagnostische Merkmale. Zu den wichtigen diagnostischen Merkmalen, die die **einzelne Subtaxa charakterisieren** zählen Rhabditen, Zwiedrüsenorgane, Neoophorie und Neodermis.

Die **Rhabditen** sind Stäbchen mit einem homogenen oder körnigen Mark und einer mehrschichtigen Rinde, die durch Epidermisdrüsen sezerniert werden. Bei Zerfall bilden sie Schleim, der für Fortbewegung und Abwehr verwendet wird.

Adhäsive **Zweidrüsenorgane** bilden eine einfache und elegante Lösung eines Problems, das vielen kleinen Wassertieren gemeinsam ist. Diese Tiere müssen in der Lage sein, sich schnell an einer Unterlage, z.B. einem Sandkorn, anzuheften und sich genauso schnell wieder abzulösen. Das Zweidrüsensystem besteht aus nur drei Zellen – zwei Drüsenzellen, die den „Klebstoff“ und das „Lösungsmittel“ produzieren und einer modifizierten Epidermiszelle, auf der die Ausgänge beider Drüsen nebeneinander münden. Die Effektivität dieses Systems macht es allerdings als phylogenetisch verwertbares Merkmal zweifelhaft, weil solche raffinierte Anpassungen mehrfach entstanden sein können. In der Tat finden wir dieses Zweidrüsensystem nicht nur bei den rhabditoformen Plathelminthen, sondern auch bei den meisten Gastrotricha und bei dem seltsamen Anneliden *Jennaria*. Schwierig abzuschätzen, ob es sich hierbei um homologe Strukturen oder um unabhängig voneinander evolvierte Lösungen desselben Problems handelt.

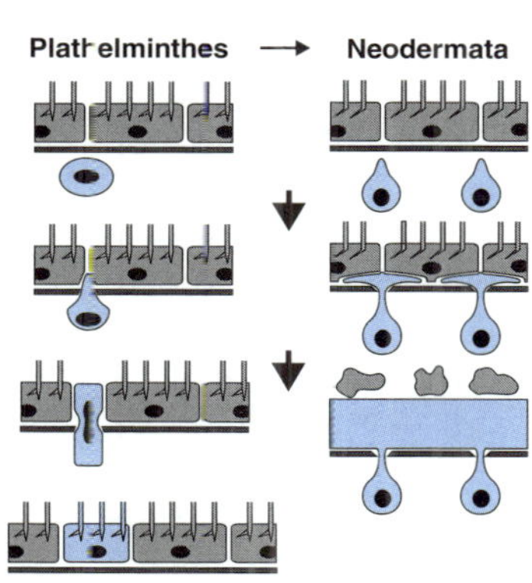

Abb. 52

Ersetzen somatischer Zellen durch Neoblasten bei frei lebenden Plathelminthen und die fortgeschrittene Version dieses Prozesses bei der Bildung der Neodermis bei parasitischen Formen (Neodermata). Hellblau: Neoblast, Neodermis (nach Ax 1996).

Box 29

Neodermis: die Entwicklung einer „neuen Haut“

Wie wir schon bei freilebenden Plathelminthen gesehen haben, werden Neoblasten sukzessive gebildet und gliedern sich in die „Epidermis“ ein. Diese besteht dann aus einem Mosaik von ursprünglichen Zellen und den Deszendenten der Neoblasten. Bei Neodermata kommt es zu einem einmaligen Ersatz von Zellen: Zellausläufer der Neoblasten durchdringen die Basallamina der Epidermis, strecken und verbinden sich mit den Epidermiszellen. Letztere degenerieren und die Ausläufer der Neoblasten verschmelzen zu einem unbewimperten Oberflächensynzytium. Dabei bleiben die Zellkörper der Neoblasten mit ihren Kernen weiterhin unter der Basallamina „eingesenkt“. Derart mit einer neuen Körperoberfläche ausgestattet, treten junge neodermate Plathelminthen in parasitische Beziehungen zu ihren Wirten ein.

Die **Neoophorie** charakterisiert eine ungewöhnliche Oogenese und einen ungewöhnlichen Bau der Eierstöcke (Germovitellarien). Im Ovarium (Germarium) entwickeln sich die Eier, während im benachbarten Vitellarium Vitellocyten gebildet werden. Diese besonderen Zellen sind mit Reservenstoffen angefüllt und enthalten daneben Material, aus dem die Eihüllen gebildet werden. Das Gebilde, das wir bei neoophoren Plathelminthen „Ei“ nennen, ist in Wirklichkeit eine mehrzellige Struktur – der eigentliche Oozyt (oder auch mehrere Oozyten) und mehrere Vitellozyten, die von einer gemeinsamen Eihülle umgeben werden. Der sich entwickelnde Embryo ernährt sich von den zerfallenden Vitellozyten.

Die multiciliäre Epidermis ist bei Neodermata nur auf frühe freilebende Larvalstadien begrenzt. In den nächsten Stadien wird diese Epidermis durch eine neue Körperoberfläche ersetzt, die sogenannte **Neodermis**. Diese wird von Neoblasten gebildet (Box 29, Abb. 52). Die Geißeln haben keine hintere Wurzel.

6.9.2 Phylogenese und System

Die echten Plathelminthes, also ohne die „Acoelomorpha“ (S. 73), sind eine Gruppe von Tieren, deren Diversität in den letzten Jahren rapid angewachsen ist. Würden wir diese in die klassische Linnésche Klassifikation übersetzen, können wir sagen, dass aus einem „Stamm“ mit drei „Klassen“ zwei „Stämme“, die miteinander nicht näher verwandt sind, mit etwa zehn „Klassen“ wurden (Abb. 51).

Die **traditionelle Einteilung** der Plathelminthen in **„Turbellaria“** (Strudelwürmer), **Trematoda** (Saugwürmer) und **Cestoda** (Bandwürmer) spiegelt die wirklichen phylogenetischen Beziehungen zwischen den verschiedenen Subtaxa der Plathelminthen nicht wider. Man sollte sie nicht einmal mehr nennen, wenn diese Einteilung sich nicht so hartnäckig in den Lehrbüchern gehalten hätte. Die Folge ist u.a. auch die ehrliche Überzeugung vieler Biologen, dass die „dreidarmschenkligen" Strudelwürmer (Tricladida), die in unseren Bächen leben, geeignete Modellarten für das Studium „ursprünglicher Plathelminthen" darstellen. Allerdings sind gerade die Tricladida eine stark abgeleitete Gruppe der Plathelminthen und die „Strudelwürmer" sind eine künstliche Gruppierung von miteinander nicht verwandten Arten.

Nach dem heutigen Stand der Kenntnis sind die Plathelminthen in zwei Linien aufgespalten, die artenarmen **Catenulida** und die sehr artenreichen **Rhabditophora,** zu den alle parasitischen Gruppen gehören (Abb. 51). Die Rhabditophoren werden in vier phylogenetische Linien eingeteilt, deren Beziehungen untereinander derzeit noch unklar sind: Macrostomorpha, Polycladida, Lecithoepitheliata und die riesige und diversifizierte Gruppe der Neoophora i.w.S. (= Neoophora i.e.S. + Neodermata). Die Neodermata schließen die Monogenea (Hakensaugwürmer), Cestoda (Bandwürmer) und Trematoda (Saugwürmer) ein.

Die wichtigen **Apomorphien der Rhabditophora** sind die namengebende Rhabditen, adhäsive Zweidrüsenorgane, Frontalorgan bei freilebenden Formen (= eine Gruppe von Sinnes- und Drüsenzellen am Kopf), spezieller Bau der Protonephridien sowie ein besonderer mitochondrialer genetischer Code.

Box 30

Die Evolution des Parasitismus der Neodermata

Mit Ausnahme der Monogenea sind alle Neodermata Endoparasiten, die in **spezifischen Wirbeltieren parasitieren**. Die **Bandwürmer und Saugwürmer haben darüber hinaus weitere Wirte.** Wenn wir uns mit der Evolution des Parasitismus der Neodermaten beschäftigen wollen, müssen wir zunächst einen unbewussten Anthropozentrismus ausräumen. So gibt es z.B. keinen Grund anzunehmen, dass wirbellose Wirte evolutionär den Wirbeltierwirten vorausgegangen sind (ein Taxon der „Wirbellosen" existiert nur in den Lehrbüchern und in unserem Gedanken und tatsächlich können reale Taxa der „Wirbellosen", z.B. Mollusken, jünger als die Wirbeltiere sein). Es scheint, dass **die Stammart der Neodermata in Wirbeltieren parasitierte** und dass **„wirbellose" Wirte in die Entwicklungszyklen erst nachträglich eingegliedert wurden**. Dies erfolgte mindestens zweimal unabhängig voneinander. Und noch ein weiterer Aberglaube soll hier erwähnt werden: **der Hermaphroditismus der Bandwürmer und Saugwürmer entstand nicht als Adaptation an eine endoparasitische Lebensweise**, wie er häufig interpretiert wird, sondern war schon bei der Stammart der Plathelminthen ausgebildet.

Die Monophylie der **Neodermata** wird durch folgende **Apomorphien** unterstützt: Ausbildung der Neodermis; Reduktion der Rhabditen und des Zweidrüsensystems, einzigartiger Bau der Sinnesorgane, Bau der Spermien, Bau der Protonephridien (Auswüchse der Flammenzelle und der ersten Kanalzelle bilden einen „Doppelkorb“, der die Geißel umgibt) und die parasitische Lebensweise.

Übersicht

Catenulida (lat. kleine Ketten (bildende).
Größe, Morphologie. Wenige mm. Mundöffnung am „Kopf“, multiciliäre Epidermis mit sehr geringer Dichte an Geißeln. Ein unpaares, einfach gebautes Protonephridium. Hoden und die unpaare männliche Geschlechtsöffnung liegen auf der Dorsalseite des Tieres; geißellose Spermien.
Vorkommen, Biologie. Limnisch, seltener marin. Häufig vegetative Fortpflanzung (Paratomie), bei der Ketten von Zooiden gebildet werden. Parthenogenese häufig. **Vertreter.** Z.B. *Catenula lemnae*, *Stenostomum leucops*.

Macrostomorpha (griech. Großmundförmige)
Größe, Morphologie. Mikroskopisch. Erinnern in manchem an die Catenulida (Paratomie, geißellose Spermien, ein einfach gebauter Schlund).
Vorkommen. Marin oder limnisch. **Vertreter.** Z.B. *Macrostomum hystricinum*.

Polycladida (griech. Vielästige).
Größe, Morphologie. Bis 5 cm. Abgeflacht, mit einem stark verzweigten Gastrovaskularsystem und vielschichtigem Hautmuskelschlauch.
Vorkommen, Biologie. Marin. Einzige Plathelminthen, die ein Larvalstadium ausbilden, das der Trochophora ähnlich (nicht homolog!) ist, nämlich die Lobophora-Larve. Diese bewimperte Larve trägt vier bis acht seitliche Lappen und ein Apikalorgan, aber keine zusammengesetzte Geißel. Es ist unklar, ob Lobophora-Larven Nahrung aufnehmen. **Vertreter.** Z.B. *Monocelis lineata*, *Stylochoplana maculata*.

Lecithoepitheliata (griech. mit dem durch Epithel umhüllten Dotter)
Größe, Morphologie. Bis 1 cm. Jede Eizelle wird von einem „Vitellozytenepithel“ umgeben. Die Oogenese erinnert an die Neoophorie, aber wahrscheinlich handelt es sich nur um eine Ähnlichkeit.
Vorkommen. Limnisch oder marin. **Vertreter.** Z.B. *Prorhynchus stagnalis*, *Gnosonesima arcticirca*.

Neoophora i.e.S. (griech. neue Eier-Tragende)
Größe, Morphologie. Bis 15 cm. „Plattwurmartig“.

Vorkommen, Biologie. Weltweit, limnisch, marin oder terrestrisch; parasitisch. Anpassungen an verschiedene Lebensräume und Nahrungstypen, einige Arten sind spezialisierte Räuber und leben z.B. von Termiten und Regenwürmern, andere sind Aasfresser oder Parasiten.
System. Zu diesem Taxon zählen die meisten Taxa der ehemaligen „Strudelwürmer" („Turbellarien"): **Prolecithophora** (z.B. *Plagiostomum girardi*), **Seriata** (= Proseriata + Tricladida, z.B. *Dendrocoelum lacteum*, *Dugesia gonocephala*, *Monocelis lineata*) und **Rhabdocoela** (z.B. *Mesostoma ehrenbergi*).

Monogenea (Hakensaugwürmer) (griech. mit einer Fortpflanzung, d.h. ohne Generationswechsel)

Morphologie. Auffälliger Saugnapf am Hinterende, Cerkomere (= ein Kreis von sechs bis 16 „Larvalhäkchen") auch bei Adulten. Gut ausgebildetes Verdauungssystem.
Vorkommen, Biologie. Ektoparasiten von aquatischen Wirbeltieren, selten auch von Wirbellosen, ausnahmsweise Endoparasiten (in Leber und Harnblase). Ektoparasiten von wasserlebenden Wirbeltieren, meistens nur ein Wirt, einfache Ontogenese.
System. Früher für eine Untergruppe der Trematoda gehalten. Mit den Cestoden teilen sie als gemeinsames Merkmal die Cerkomere. Molekular-phylogenetische Analysen deuten darauf hin, dass die Monogenea mit den Cestoden nicht unmittelbar verwandt sind und einige Autoren bezweifeln sogar die Monophylie der Monogenea. Circa 2000 Arten: z.B. *Diplozoon paradoxum, Polystoma integerrimum*. **Bedeutung.** Bei Übervermehrung können einige Arten Schäden in Fischzuchten verursachen.

Cestoda (Bandwürmer) (griech. Bandige)

Größe, Morphologie. Bis 18 m. Länglicher, stark abgeflachter Körper, der in Kopf (Scolex) mit Anheftungsorganen (Hakenkränze oder Saugnäpfe), Hals (= die Sprossungszone) und Rumpf (Strobila) gegliedert ist. Die Rumpfsegmente werden als Proglottiden bezeichnet. Cerkomere gibt es nur bei Larven. Verdauungssystem, Zentrales Nervensystem und differenzierte Sinneszellen sind rückgebildet. Anaerober Metabolismus.
Vorkommen, Biologie. Kosmopolitisch, Endoparasiten vieler Wirbeltiere. Hermaphroditen mit Metagenese. Die Adulten parasitieren meistens im Darm von Wirbeltieren. Der Entwicklungszyklus enthält in der Regel mindestens einen Zwischenwirt (häufig Arthropoden). Bei endothermen Zwischenwirten besiedeln die Larven meist das Muskelgewebe, wo sie sich einkapseln und Ruhestadien bilden.
System. Cestodaria (Monozoische Bandwürmer, Gyrocotylidea + Amphilinidea) ohne segmetierte Proglottiden. Parasitieren vor allem in Fischen, circa 20 Arten und **Eucestoda** (Echte Bandwürmer), circa 3500 Arten, z.B.

Echinococcus granulosus (Hundebandwurm), *Diphyllobothrium latum* (Fischbandwurm), *Taenia solium* (Schweinebandwurm), *Taeniarhynchus saginatus* (Rinderbandwurm).

Bedeutung. Bedeutende und weitverbreitete Parasiten von Mensch und Tieren.

Trematoda (Saugwürmer) (griech. Gelochte; Bezug auf den Mund bzw. den gabelig gespaltenen Darm)

Morphologie. Mund- und Bauchsaugnäpfe bilden Anheftungsorgane; muskulöser Saugpharynx, große Gonaden. Sinnesorgane rückgebildet.

Vorkommen, Biologie. Endoparasiten insbesondere von Wirbeltieren, als Zwischenwirte dienen üblicherweise Gastropoden. Mit wenigen Ausnahmen (z.B. *Schistosoma*) sind Trematoden Hermaphroditen. Meist mit Wirtswechsel.

System. Zwei Subtaxa: **Aspidogastrea**, Endoparasiten von diversen Meerestieren, ohne Generationswechsel, circa 80 Arten. **Digenea,** mit Wirtwechsel, circa 8000 Arten; *Fascicola hepatica* (Leberegel), *Schistosoma mansoni* (Pärchenegel).

Bedeutung. Erreger wichtiger Krankheiten des Menschen (z.B. Bilharziose) und der Tiere.

Fragen

1 Welche Gemeinsamkeiten und welche Unterschiede zwischen den Ectoprocta und Entoprocta kennen Sie?

2 Welche Taxa gehören zu den Ectoprocta, welche zu den Entoprocta?

3 Welche wesentlichen Änderungen im System der Plathelminthen kennen Sie?

4 Erst 1956, 1995 und 2000 wurden einige hochrangige Taxa („Stämme“) von mikroskopisch kleinen Tieren entdeckt. Um welche Taxa handelt es sich? Charakterisieren Sie ihre Ökologie.

5 Warum gelten die Rädertierchen („Rotifera“) als paraphyletisch?

6 Auf welche Struktur beziehen sich die Begriffe Syndermata und Neodermata?

7 Wie entwickelt sich die sogenannte Neodermis?

8 Acanthocephala und Cestoda sind Darmparasiten. Führen Sie die taxonomischen, morphologischen und ökologischen Unterschiede zwischen ihnen auf.

9 Der Begriff Monogon(on)ta bezieht sich auf die nur in Einzahl entwickelten Keimdrüsen, der Begriff Monogenea drückt die Tatsache aus, dass die Fortpflanzung ohne Generationswechsel abläuft. Ordnen Sie die beiden genannten Gruppen zu übergeordneten Taxa und nennen Sie weitere Unterschiede zwischen ihnen.

10 Zeichnen Sie ein Kladogramm, aus dem die verwandtschaftlichen Beziehungen zwischen den folgenden Gattungen ersichtlich wird: *Dendrocoelium, Echinococcus, Macracanthorhynchus, Monobryozoon, Rotaria, Symbion, Schistosoma.*

marin – MeerH2O
limnisch – Süßwasser

Nemertea und Annelida | 7

Inhalt

Die **systematische Stellung** der Nemertea und Annelida und deren verwandtschaftliche Beziehungen sind **sehr schwierig zu rekonstruieren. Lange Zeit wurden sie nur mittels morphologischer und embryologischer Merkmale rekonstruiert**. Erst kürzlich haben detaillierte und umfangreichere **Multigen-Analysen** mehr Licht in die verwandtschaftlichen Beziehungen dieser Gruppierung gebracht. **Nemertea** (Schnurwürmer) sind wenige mm bis zu 30 m lange, räuberische „Würmer" mit einem ausstülpbaren muskulösen Rüssel, der einen Kalkstachel und Giftdrüsen enthält. Traditionell wurden sie in die Nähe der Plathelminthen gestellt. Die auffällige metamere Anordnung vieler Organe deutet auf eine mögliche Verwandtschaft mit den Anneliden hin. **Annelida** (Ringelwürmer) sind wenige mm bis 3 m lange, wurmartige Tiere mit segmentierten Körpern, Kollagen-Kutikula und Borsten. Die **Klassifikation der Anneliden ist instabil** und wird regelmäßig verändert. Sicher ist, dass die **traditionelle Einteilung in** die Archiannelida (Ur-Ringelwürmer), **Polychaeta** (Vielborster) und **Oligochaeta** (Wenigborster) **keinen Bestand mehr** hat. Wichtige Taxa wie die **Echiura und Sipuncula,** früher als eigene „Stämme" klassifiziert, werden heute den Anneliden zugeordnet (Abb. 53). Zu den Anneliden gehören wahrscheinlich auch die **Myzostomida**, scheibenförmige, marine, auf Echinodermaten lebende Tiere.

Nemertea (= Nemertini, Schnurwürmer) | 7.1

Übersicht

Nemertea (Nemertes in der griech. Mythologie eine Nereide – die Untrügliche)

Größe, Morphologie. Wenige mm bis 30 m. Wurmförmig, zylindrisch oder leicht abgeflacht, selten bandförmig. Auffällig ist der ausstülpbare muskulöse Rüssel mit einem Kalkstachel (Stilett) und Giftdrüsen.

Vorkommen, Biologie. Besiedeln meist Meere der gemäßigten und sub-

tropischen Breiten, einige Arten leben limnisch oder terrestrisch. Räuberisch, Gonochoristen. Die limnischen und terrestrischen Arten sind meist Hermaphroditen.
System. Es werden drei große Gruppen unterschieden: Die Schwestergruppen **Pilidiophora** (mit Pilidium-Larven) und **Enopla** (= Hoplonemertea) mit direkter Entwicklung und meist mit Stiletten. Die basale Linie wird durch die paraphyletische **„Palaeonemertea“** mit direkter Entwicklung repräsentiert. Circa 900 Arten: z.B. *Lineus longissimus*, *Prostoma graecense*.

7.1.1 Morphologie und Ontogenese

Diagnose

Apomorphien der Nemertea:

- **Multiciliäre Epidermis ohne Kutikula und Chitin.**
- **Rüssel.**
- **Strickleiternervensystem.**
- **Einzigartig gebaute "Coelomgefäße".**
- **Zahlreiche Keimdrüsen, die in zwei Längsreihen angeordnet sind.**
- **Spiralfurchung.**

Der ausstülpbare muskulöse **Rüssel** ist das auffälligste Merkmal dieser Tiere. Er wird zur Jagd, Abwehr und manchmal auch zur Fortbewegung verwendet. Der Rüssel entsteht als ektodermale Einstülpung. Er enthält einen muskulösen Coelomsack, das **Rhynchocoel**, das als hydrostatisches Skelett beim Ausstülpen des Rüssels dient. Der Rüssel liegt auf der dorsalen Seite des Darmes und hat mit dem **Rhynchopor** üblicherweise eine eigene Eintrittsöffnung vor der Mundöffnung. Zwischen Basis des Rüssels und Boden des Rhynchocoels inseriert ein Retraktormuskel. Die Rüsselspitze kann einen oder mehrere Kalkstachel (Stilette) tragen. Die Stacheln entstehen intrazellulär und werden kontinuierlich durch neu gebildete ersetzt. Über sie wird ein **Nervengift** aus epidermalen Rüsseldrüsen in die Beutetiere injiziert.

Das **Strickleiternervensystem** wird durch ein Paar ventrale Nervenstränge mit Querkommissuren gebildet. Das Gehirn besteht aus vier Ganglien, die durch zwei Kommissuren ringförmig miteinander verbunden sind. Diese umfassen das Rhynchocoel, nicht aber das Verdauungssystem. Das **Gefäßsystem** ist ganz einzigartig gebaut. Es wird durch ein Paar Längsgefäße gebildet, die durch einige Quergefäße untereinander verbunden werden. Die Gefäße werden von mesodermalem Epithel und Muskeln umhüllt und nicht vom Blastocoel wie die Gefäße der meisten anderen Tiere. Histologisch **entsprechen die Gefäße der Nemertea** also **einem Coelom**. Die modifizierten **Protonephridien** sind dem Gefäßsystem ange-

Körperoberfläche ist geringelt mit vielen Drüsen

schlossen, was darauf hindeutet, dass das **Gefäßsystem** sich primär vom Blastocoel ableitet und **seinen Coelom-Charakter erst sekundär erworben hat**. Die zahlreichen Keimdrüsen sind in zwei Längsreihen angeordnet, ihre Hohlräume (Gonocoel) und Ausführungsgänge sind **Coelomreste**.

Nemertea zeigen eine **Spiralfurchung**, das Mesoderm entsteht wie bei Mollusken und Anneliden aus dem **Mesentoblast (4d Zelle)**. Üblicherweise haben die Tiere eine **direkte Entwicklung**, auch wenn die Embryonen Anzeichen eines Prototrochs und die Jungtiere ausgeprägte Apikalorgane aufweisen. **Bei einigen Nemertea** ist jedoch eine besondere planktonische **Pilidium-Larve** entwickelt, mit Glockenform, zwei Seitenlappen, einem auffälligen Apikalorgan und Wimpernstreifen entlang der Glockenränder und der Lappen. Die Analöffnung ist in dieser Phase noch nicht entwickelt. Erwachsene Schnurwürmer entwickeln sich nicht durch Metamorphose, sondern aus „abgelegten Zellen“ innerhalb der Pilidium-Larve. Aus drei paarigen entodermalen Einstülpungen, die sich um den Darm legen und dann miteinander verschmelzen, bildet sich im Inneren der Larve das Ektoderm des entstehenden jungen Individuums. Der Adultus entwickelt sich somit nur aus einigen Teilen der Pilidium-Larve und der Rest wird abgeworfen.

→ zwittrig (interne Befruchtung)

Phylogenese

7.1.2

Schnurwürmer werden traditionell für acoelomate, den Plathelminthen nahestehende Tiere gehalten. Ihre phylogenetische Stellung löste viele Spekulationen aus, einschließlich der Hypothese einer engen Verwandtschaft mit den Wirbeltieren. Ultrastrukturelle und embryologische Merkmale sowie molekulare Analysen deuten auf die Zugehörigkeit zu den Lophotrochozoa hin.

Merkmale, die die Nemertea mit Plathelminthes verbinden, sind: Reduktion des Hinterteils der Larve und die fehlende Analöffnung (bei Plathelminthes dauerhaft, bei Nemertea bis zur Metamorphose), ferner die acoelomate Körperarchitektur. Diese Merkmale sind allerdings nicht unumstritten. Nemertea weisen in Form des Rhynchocoels, der Gonocoele und des Gefäßsystems coelomartige Hohlräume auf. Es ist allerdings höchst fraglich, ob diese Hohlräume wirklich den echten Coelomen anderer Tiere homolog sind. Ein Vergleich der Larven der Plathelminthen und Nemertea wäre nur dann sinnvoll, wenn sie einander homolog wären. Dies ist jedoch nicht der Fall und die meisten Nemertea haben eine direkte Entwicklung.

Die auffällige metamere Anordnung vieler Organe verführt zu Überlegungen über eine potentielle verwandtschaftliche **Beziehung** der Nemertea mit den segmentierten **Anneliden**. Der Schnurwurm *Annulonemertes* ist tatsächlich segmentiert, allerdings handelt es sich hierbei um ein unabhängig entwickeltes, abgeleitetes Merkmal.

7.2 Annelida (Ringelwürmer)

Übersicht

Annelida (lat. Ringelige)

Größe, Morphologie. Wenige mm bis 3 m. Wurmartige Tiere mit segmentierten Körpern, Kollagen-Kutikula, Parapodien und Borsten.

Vorkommen, Biologie. Kosmopolitisch, marin, limnisch, terrestrisch. Hermaphroditen oder Gonochoristen, indirekte Entwicklung.

System. Ca 15.000 Arten, acht Subtaxa, deren Monophylie z.T. bezweifelt wird: **Aciculata**, **Sipuncula**, **Aphanoneura**, **„Canalipalpata"**, **Clitellata**, **Echiura**, **„Scolecida"** und **Pogonophora** (Abb. 53, S. 119).

Bedeutung. Einige Tiere sind an der Riffbildung beteiligt und spielen eine wichtige Rolle bei der Bioturbation. Teilweise Parasiten.

7.2.1 Morphologie

Diagnose

Apomorphien der Annelida:

- **Körper segmentiert.**
- **Metameres Coelom- und Nervensystem (= Strickleiternervensystem).**
- **Rumpfmuskulatur in mehrere Längsbündel differenziert.**
- **Die Epidermis ist bis auf Ausnahmen multiciliär; sie bildet eine einfache Kollagen-Kutikula ohne Chitin.**
- **Chitinborsten (Chaeten).**
- **Geschlossenes Blutgefäßsystem.**
- **Metanephridien.**
- **Spiralfurchung.**
- **Trochophora-Larve.**
- **Parapodien.**

Der Körper besteht aus **Prostomium, Peristomium, echten Rumpfsegmenten und dem Pygidium** (Box 31, Abb. 53). Jedes Segment ist mit einem Paar **Coelomräume ausgestattet** (Abb. 55, 56).

Der Körper trägt verschiedene Typen **chitinöser Borsten (Chaeten)**. Ursprünglich werden diese Borsten als einfache Röhrchen gebildet, die von parallel angeordneten β-Chitin-Kanälchen durchzogen sind. Jede Borste wird von einer einzelnen ektodermalen Zelle, dem **Chaetoblast**, produziert. An der Oberfläche des Chaetoblasten befindet sich eine tiefe Einstülpung, die mit Mikrovilli ausgekleidet ist. Jeder Mikrovillus produziert ein Kanälchen der Borste. Jedes Rumpfsegment trägt zwei dorsale und zwei ventrale Borstenbündel. Diese Borstenanordnung ist wahrscheinlich ursprünglich, auch wenn bei den verschiedenen Subtaxa der Anneliden eine Reihe von Abweichungen auftreten.

Abb. 53

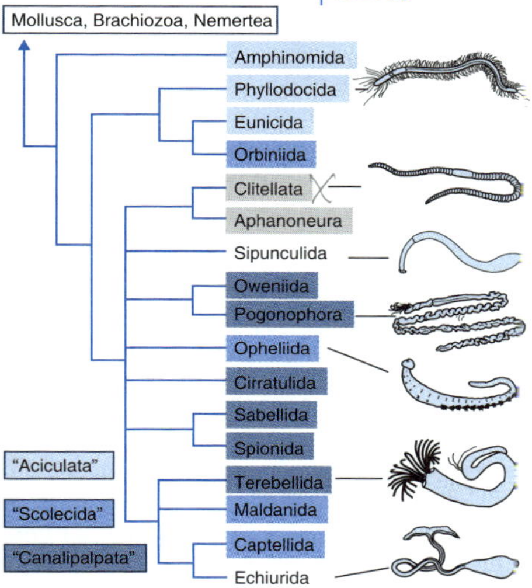

Verwandtschaftsdiagramm der Annelida. Eine von vielen diskutierten Hypothesen. „Polychaeta" blau, Oligochaeta grau unterlegt.

Abb. 54

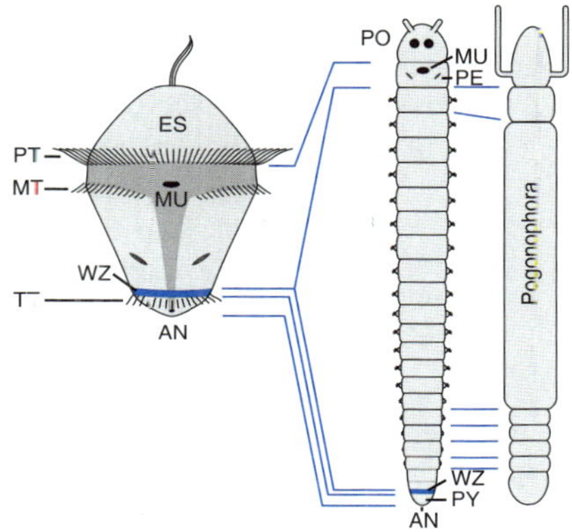

Entwicklung eines erwachsenen Anneliden aus der Trochophora-Larve. AN Anus, **ES** Episphaere, **MT** Metatroch, **MU** Mund, **PE** Peristomium, **PO** Prostomium, **PT** Prototroch, **PY** Pygidium, **TT** Telotroch, **WZ** Wachstumszone (nach Nielsen 2001).

Box 31

Von der Trochophora zum segmentierten „Wurm"

Aus dem apikalen Teil der Trochophora-Larve werden zwei vordere Körpersegmente gebildet: aus dem Bereich zwischen dem Apikalorgan und Prototroch entsteht das **Prostomium** (üblicherweise mit Gehirn), aus dem zwischen dem Proto- und Metatroch gelegenen Abschnitt auf der einen Seite und dem Telotroch auf der anderen Seite entsteht das **Peristomium** mit der Mundöffnung. Aus dem hinter dem Telotroch gelegenen Abschnitt wird das unsegmentierte Körperende gebildet, das **Pygidium**, das üblicherweise die Analöffnung trägt. Die ganze Trochophora wandelt sich also in Prostomium, Peristomium und Pygidium um, während alle **echten Körpersegmente**, die zwischen dem Peristomium und dem Pygidium liegen, aus Stammzellen, **Teloblasten**, entstehen, von denen kopfwärts Tochterzellen abgeschnürt werden. Diese Wachstumszone liegt bei der Trochophora-Larve direkt vor dem Telotroch. Die Muskeln des Prostomium und Peristomium sind ektomesodermaler Herkunft, das Mesoderm der echten Körpersegmente stammt aus dem Mesentoblast. Das Prostomium (bei einigen Gruppen das Peristomium) trägt in der Regel Augen, Antennen, Palpen und paarige Chemorezeptoren, die sogenannten Nuchalorgane. Prostomium, Peristomium und vordere Rumpfsegmente können zu einem Kopf verschmelzen; dies ist insbesondere für viele aktiv bewegliche Anneliden typisch.

Box 32

„Ur-Anneliden“ und „Ur-Mollusken“

Die Erforschung der Anneliden und Mollusken hat ein gemeinsames Schicksal – die Spezialisten für beide Gruppen haben sehr lange gestritten, wie der Ur-Mollusk und der Ur-Annelid ausgesehen haben könnte. Dies wäre in Ordnung, wenn es sich um Ergebnisse phylogenetischer Rekonstruktionen und nicht um *a-priori* Mutmaßungen über die „Vorfahren“ gehandelt hätte, die dann nachträglich zur Unterscheidung von ursprünglichen und abgeleiteten Merkmalen benutzt wurden. Im Falle der Mollusken hat diese Sichtweise schon an Popularität verloren, im Falle der Annelida streitet man sich, ob der ursprüngliche Annelid Parapodien hatte oder nicht. Die beiden Taxa zählen bis heute zu denjenigen Metazoa, deren Phylogenese wir noch nicht richtig verstehen, und auch molekularphylogenetische Analysen haben bislang nicht alle Fragen lösen können.

Abb. 55

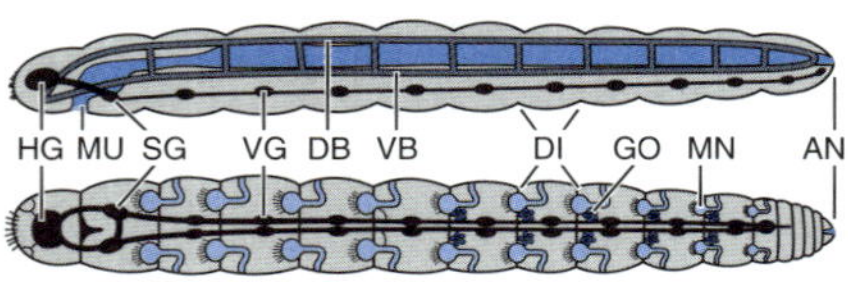

Morphologie des Regenwurms. Oben: von lateral, unten: von ventral betrachtet. DB Dorsales Blutgefäß, **DI** Dissipimente, **GO** Gonaden, **HG** Hirnganglion (Oberschlundganglion), **MN** Metanephridien, **MU** Mund, **SG** Unterschlundganglion, **VB** Ventrales Blutgefäß, **VG** Ventrale Ganglienkette (nach Papacek et al. 2000).

Abb. 56

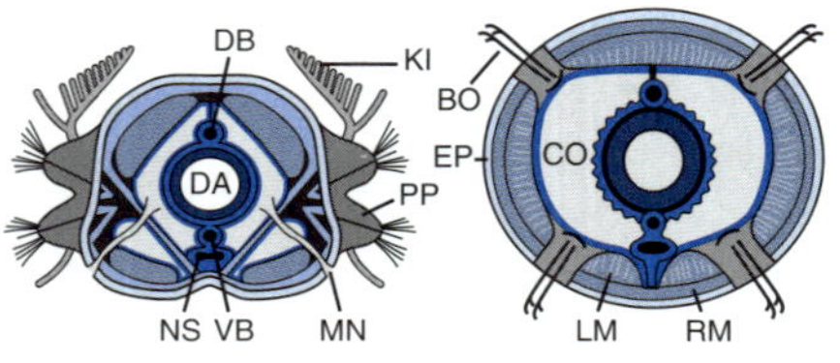

Querschnitt durch einen „Vielborster“ (links) und einen Regenwurm (rechts). BO Borste, **CO** Coelom, **DA** Darm, **DB** Dorsalblutgefäß, **EP** Epikutikula, **KI** Kiemen, **LM** Längsmuskel, **MN** Metanephridium, **NS** Nervenstrang, **PP** Parapodium, **RM** Ringmuskel, **VB** Ventralblutgefäß (nach Papacek et al. 2000).

Ein sehr auffälliges Merkmal der Anneliden sind ihre Extremitäten, die sogenannten **Parapodien**. In einfachster Form handelt es sich um zwei Paare seitlicher Ausläufer der Körperwand pro Segment, je ein dorsaler und ein ventraler, aus denen Borstenbündel wachsen. Ob die Parapodien zum Grundmuster der Annelida gehören, ist höchst umstritten, da es verschiedene Kandidaten von „Ur-Anneliden“ gibt. Der Streit kann ohne die Aufklärung der Phylogenese der Annelida nicht entschieden werden; leider ist diese noch relativ unsicher (Box 32).

Durch ein kontraktiles Dorsalgefäß wird Blut in einem **geschlossenen Blutgefäßsystem** von hinten nach vorne gepumpt. Als Exkretionsorgane dienen **metamer angeordnete ektodermale Protonephridien (bei Larven** und einigen Adulten) **oder mesodermale Metanephridien (bei Adulten).** Die Metanephridien lassen sich zumeist von Coelomodukten ableiten. Bei einigen Anneliden entwickeln sich „Metanephridien“ jedoch direkt aus Protonephridien, die sich während der Metamorphose in das Coelom öffnen. Diese „Metanephridien“ sind somit ektodermaler Herkunft.

Die **Furchung ist spiral**, der weitere Verlauf der Embryogenese ist sehr variabel. Dasselbe gilt auch für die postembryonale Entwicklung – neben der klassischen planktotrophen **Trochophora-Larve** finden wir bei den Anneliden eine Reihe planktotropher und lecithotropher Larven-Typen sowie auch direkte Entwicklung (typisch für limnische und terrestrische Anneliden).

Phylogenese und System

7.2.2

Die Annelida gehören zu den Tiergruppen, deren **Phylogenese noch ziemlich unklar** ist. Die Autoren sind sich nicht einmal einig, ob die Annelida überhaupt monophyletisch sind und welche Subtaxa zu den Anneliden gehören. Nach der **klassischen Einteilung** wurden die Annelida in **„Polychaeta“** (Vielborster) und **Clitellata** (Gürtelwürmer) eingeteilt, wobei zu Letzteren die **Oligochaeta** (Wenigborster) und **Hirudinea** (Blutegel) zählen. Weiterhin wurde die Gruppe der **Archiannelida** (Ur-Anneliden) eingeführt. Diese kleinen und anatomisch vergleichsweise einfach gebauten Anneliden bewohnen üblicherweise marine Sedimente und erinnern in manchem eher an Larven als an adulte Anneliden.

Diese **Einteilung hat sich stark verändert:** In die **Annelida** werden heute auch so wichtige Taxa wie die **Echiura und Sipuncula** eingeordnet. Die

Box 33

„Polychaeta“ (Vielborster)

Die „Polychaeta“ bilden die artenreichste Gruppe der Anneliden. Bis auf wenige Ausnahmen leben sie marin. Sie verfügen über typische Parapodien, die durch Achsenborsten gestützt werden und Kiemen und Tastborsten tragen. Das Prostomium trägt ein Paar oder mehrere Antennen und Palpen und bei einigen Arten auch Augen. Einige Arten verfügen über einen ausstülpbaren Schlund und hakenförmige Kiefer. Die Vielborster zeigen zwei unterschiedliche Lebensformtypen, die früher auch die Grundlage für ihre Klassifikation bildeten: die frei beweglichen **„Errantia“** und die mehr oder weniger sessilen, in aus unterschiedlichem Material gebauten Röhrchen lebenden **„Sedentaria“.** Diese manchmal noch **tradierte Einteilung** ist bereits seit langem aufgegeben, wobei **die Vielborster in etwa 25-30 gleichwertige Taxa ohne sichtbare Hierarchie zerfielen**.
In der zweiten Hälfte der neunziger Jahre kam man nach eingehender **Analyse vieler morphologischer Merkmale** zu dem Schluss, dass es **drei großen Subtaxa innerhalb der Vielborster** gibt, und zwar die **„Aciculata“, „Scolecida“** und **„Canalipalpata“**. Dies war ein erster großer Fortschritt. Dennoch war klar, dass diese Deutung schon deshalb nur vorläufig sein konnte, weil sie zum großen Teil auf anatomischen Studien beruhte, die mehr als hundert Jahre alt und nicht mit neueren Methoden verifiziert worden waren. Heute gelten diese drei Gruppen als **poly- oder paraphyletisch**.

„Archiannelida“ (z.B. Polygordiidae, Protodrilidae, Dinophilidae) bilden **kein Monophylum,** sondern sind vermutlich sekundär vereinfachte und stark abgeleitete Anneliden, die mit den „Canalipalpata“ oder Aciculata verwandt sind (s.u.).

Die altbekannten **„Polychaeta“** sind eine **paraphyletische Gruppe**, in die die Clitellata, Echiura, Sipuncula und Pogonophora gestellt werden. Die Tatsache, dass die „Polychaeta“ eine Gruppierung von ursprünglichen Annelida sind, deutet darauf hin, dass ursprüngliche Annelida kompliziert gebaut waren und dass die Clitellata und Echiura sekundär vereinfacht sind. Traditionell wurden die „Polychaeta“ in eine Reihe von Subtaxa aufgeteilt, wie die Aciculata, „Scolecida" und „Canalipalpata“. Die beiden letztgenannten Gruppen sind jedoch polyphyletisch. Rätselhaft bleibt die Stellung der Gattungen *Lobatocerebrum* und *Jennaria* (Abb. 53, Box 33, Box 37), sowie die Stellung der **Myzostomida**.

Übersicht

Myzostomida (griech. Saugmundartige)

Größe, Morphologie. Wenige mm im Durchmesser. Scheibenförmig, mit kräftig entwickelter dorsoventraler Muskulatur und hakenförmigen Borsten (Cirren) zum Festhalten am Wirt. Muskulöser, ausstülpbarer Pharynx, fünf Paare von Parapodien, die von Aciculae gestützt werden. Offenes Gefäßsystem, als Exkretionsorgane dienen Protonephridien. Coelomräume und Metanephridien werden offensichtlich nicht angelegt. Hermaphroditen, Spiralfurchung, Trochophora-Larve. Das Nervensystem, Protonephridien und Parapodien werden segmental angelegt (sechs Metamere). Ob die Rumpfabschnitte durch Teilung der Teloblasten wie bei den Anneliden entstehen, ist unbekannt. Die Spermien verfügen über eine vordere Geißel wie die Spermien der Syndermata.

Vorkommen, Ökologie. Marin. Leben kommensal oder parasitisch auf Echinodermaten, vor allem auf Crinoiden.

System. Seit Mitte des 20. Jahrhunderts gelten die Myzostomida als aberrante Anneliden und werden in den Verwandtschaftskreis der „Aciculata“ eingeordnet. Erste molekularbiologische Studien (18S rRNA und Elongationsfaktor-1α) legten allerdings nahe, dass ihre nächsten Verwandten unter den Plathelminthes oder „Rotifera“ zu suchen sind. Einige neuere Arbeiten unterstützen allerdings wieder die Zugehörigkeit der Myzostomida zu den Annelida i.w.S., ordnen sie dort aber an anderer Position als die Morphologen. Wo die Myzostomida wirklich einzuordnen sind, ist somit derzeit unsicher. Eine Familie, circa 130 Arten.

„Aciculata“ (lat. mit Aciculae ausgestattet)

Morphologie. Kompliziert gebaute Parapodien mit einem Endoskelett, das

durch feste Aciculae gebildet wird (= modifizierte Borsten, die mit eigenen Muskeln ausgestattet sind und die Epidermis oft nicht durchdringen), weiter zweiteilige Borsten und protostomiale Antennen.
Vorkommen, Biologie. Marin und limnisch. Meist aktiv beweglich, oft räuberisch.
System. Sehr wahrscheinlich eine paraphyletische Gruppe, zu der Subtaxa gestellt werden, die möglicherweise eigenständige basale Gruppen der Anneliden sind: **Eunicida** (z.B. *Eunice viridis*, Palolowurm), **Phyllodocida** (z.B. *Aphrodita aculeata*, Seemaus, *Nereis diversicolor*), **Amphinomida** (z.B. *Eurythoe complanata*, Feuerwurm).

Sipuncula (= Sipunculida, Spritzwürmer) (lat. Röhrchen)

Größe, Morphologie. Bis 50 cm. Der Körper ist in einen langen einziehbaren Rüssel und einen zylindrischen Rumpf gegliedert. Der Mund am Ende des Rüssels wird von einem Kranz bewimperter Tentakeln umgeben. Der Darm ist U-förmig und der dorsale Anus mündet in der Nähe der Rüsselbasis.
Entwicklung. Es treten viele typische Spiralia-Merkmale auf: Spiralfurchung, Apikalorgan und Prototroch, Mesentoblast und ein von ihm abstammendes Paar von Stammzellen (Mesoteloblasten) im hinteren Rumpfabschnitts des Embryos. Schizocoelie. Die Trochophora-Larven sind aber stets lecithotroph. Bei einigen Arten entwickelt sich aus der Trochophora-Larve nicht direkt ein adultes Individuum, sondern ein weiteres Larven-Stadium, die sogenannte Pelagosphaere, die entweder planktotroph oder lecithotroph ist.
Vorkommen, Biologie. Marin, benthisch, kosmopolitisch. Überwiegend Gonochoristen, meist indirekte Entwicklung, frei beweglich, graben im Substrat.
Phylogenese, System. Oft werden die Sipuncula als Schwestergruppe der Annelida (die beiden Taxa werden dann als Pulvinifera bezeichnet) oder als Schwestergruppe der Mollusca betrachtet. Mit den Mollusken teilen sie einige Details der Furchung, andere Merkmale teilen sie mit den Brachiozoa: die Tentakel mit besonderen Coelomräumen, ein Paar Metanephridien, das an das Rumpfcoelom angeschlossen ist und den U-förmigen Darm. Die genaue Einordnung der Sipuncula in das System der Annelida bleibt unsicher. Circa 250 Arten, z.B. *Phascolion strombi*, *Sipunculus nudus*.
Bedeutung. Spritzwürmer gelten in China regional als Delikatesse.

„Scolecida" (griech. Scolexartige; Bezug zum Scolex der Bandwürmer)

Morphologie. Einfach gebaute Anneliden, ohne protostomiale Anhänge, mit zwei oder mehreren Paaren von Cirren am Pygidium.

Vorkommen, Biologie. Marin, benthisch. Sessil lebende „Vielborster“, die meist in selbstgebauten Röhren im Substrat leben, oft auch an extremen Standorten.

System. Es handelt sich um eine polyphyletische Gruppierung. Die meisten ehemaligen Scoleciden bilden eine paraphyletische Gruppe. Zu diesem Kreis zählen beispielsweise die **Orbiniida** (z.B. *Scoloplos armiger*), **Opheliida** (z.B. *Ophelia rathkei*), **Maldanida** (z.B. *Maldane sarsi*) oder **Capitellida** (z.B. *Capitella capitata*).

Box 34

Pogonophora als „autotrophe Ökosysteme“

Pogonophora bewohnen üblicherweise tiefe Meeresregionen; stets leben sie in Bereichen mit hohen Konzentrationen an Schwefel- oder Methanverbindungen. Ihre Ernährungsweise ist bemerkenswert, denn ihr zweites Körpersegment ist größtenteils mit entodermalen Zellen ausgefüllt, die das Darminnere auskleiden, und das sogenannte **Trophosom** bilden. Diese Zellen sind **mit symbiontischen Proteobakterien** besiedelt, die Kohlendioxid als Kohlenstoffquelle und Schwefelverbindungen (oder seltener Methan) als Energiequelle für die Synthese organischer Verbindungen nutzen. Der Bartwurm liefert den Bakterien notwendige anorganische Stoffe und im Gegenzug versorgen diese ihn mit Nährstoffen. Pogonophora sind also unter diesem Blickwinkel ein „Ökosystem“ vergleichbar mit z.B. einer Flechte; andererseits handelt es sich um sekundär „autotrophe Tiere“, die es nicht nötig haben, organische Stoffe aus der Außenwelt aufzunehmen.

Box 35

Walknochenfressende Bartwürmer

2004 wurde eine weitere, in der Tiefsee lebende Gruppe von Pogonophora entdeckt – ***Osedax***. Die unsegmentierten, borstenlosen Weibchen leben in ihren Röhren zusammen mit Hunderten lecithotrophen Zwergmännchen. Diese verfügen über einen Prototroch und einige Borsten im hinteren Rumpfabschnitt. Die Weibchen haben keinen Darm. Dafür weisen sie im hinteren Teil des Körpers einen Sack auf, dessen epidermale Hülle Bakterien beherbergt. Hierbei handelt es sich nicht um ein modifiziertes Trophosom: das bakterienbesiedelte Gewebe befindet sich in völlig anderer Lage und auch die Bakterien gehören anderen Stämmen an. Die Symbionten von *Osedax* sind heterotroph und erhalten Energie durch die Degradation organischer Stoffe, insbesondere Fette. Die Vertreter von *Osedax* besiedeln ein ganz ungewöhnliches Substrat: sie leben in Walskeletten, die auf den Meeresboden gesunken sind. Das von den Bakterien besiedelte Gewebe bildet ein tief in das Knochenmark dringendes, verzweigtes System.

Box 36

Pogonophora unter dem Gesichtspunkt der Wissenschaftsgeschichte

Ursprünglich wurden die Bartwürmer als **seltsame sessile Tiefsee-Vielborster** beschrieben, aber detaillierte morphologische Untersuchungen führten **später** zu einer ganz anderen Interpretation. Sie wurden für **dreiteilige, archimere, also den Deuterostomia nahe stehende Tiere** gehalten. Die ersten zwei Körperabschnitte sind relativ kurz; sie tragen Tentakel und weitere Strukturen. Nahezu der gesamte restliche Teil des Rumpfes verbirgt sich in einer Chitin-Röhre. Er wird durch einen unsegmentierten Abschnitt gebildet, der Keimdrüsen, aber überraschenderweise kein Verdauungsrohr enthält. Gerade weil sie weder Mundöffnung noch einen Darm entwickeln, war es kaum möglich, das Hauptmerkmal zu untersuchen, das die Protostomia und Deuterostomia unterscheidet, nämlich die Lage des Nervensystems. Die embryonale Entwicklung war bis vor kurzem unbekannt.

In den sechziger Jahren des 20. Jahrhunderts gab es zwei grundlegende Entdeckungen, die Licht in das Dunkel brachten: 1. Es wurde die Gattung *Lamellibranchia* **entdeckt**, die von allen bekannten Tieren verschieden war, so dass für sie eine **neue „Klasse", Vestimentifera**, gebildet wurde; die ursprünglichen Pogonophora wurden als **Frenulata** bezeichnet; 2. es **wurde festgestellt, dass alle bisherigen Pogonophoren-Untersuchungen an unvollständigen Exemplaren durchgeführt wurden**, deren abgerissenen Hinterteile in den Röhren stecken geblieben waren. Es wurde nämlich endlich **der segmentierte vierte Körperabschnitt gefunden**, deren Segmente vom gleichen Typ sind, wie wir sie von anderen Anneliden kennen, sogar mit typischen Borsten. Es ist allerdings merkwürdig, dass nicht einmal zu diesem Zeitpunkt die Anneliden-Natur der Pogonophora erkannt wurde und der „Stamm Pogonophora" somit noch länger überlebte.

In den siebziger Jahren wurde eine Reihe **neuer Arten entdeckt** (vor allem die riesige *Riftia*) und für kurze Zeit wurde aus den Vestimentifera sogar der „Stamm" Obturata. Innerhalb kurzer Zeit wurden diese Hypothesen überholt. **Molekulare Untersuchungen** zeigten eindeutig, dass die Vestimentifera ein Subtaxon der Pogonophora sind und dass der ganze Komplex zu den Annelida, am ehesten zu den „Canalipalpata", gehört. Die zwei „Stämme" wurden zu einer einzigen Familie (Siboglinidae) herabgestuft. Durch diese Befunde hat sich **unser Verständnis der Anatomie der Pogonophora** grundlegend geändert: bei dem ersten Körperabschnitt handelt es sich um das Prostomium verbunden mit dem Peristomium und die Tentakel sind peristomiale Palpen, der zweite Abschnitt ist das erste Rumpfsegment. Den größten Teil des Rumpfes bildet das extrem verlängerte zweite Segment dar, dem sich weitere Rumpfsegmente und das Pygidium anschließen.

„Canalipalpata" (lat. mit den Kanal-Palpen)

Morphologie. Die protostomialen Palpen verlieren ihre Sinnesfunktion und helfen bei der Nahrungsaufnahme. Sie enthalten einen tiefen bewimperten Kanal, in dem Nahrungspartikel zum Mund transportiert werden.

Vorkommen, Biologie. Marin, Küstenbereiche bis Tiefsee. Üblicherweise sessil, oft in Röhren lebend, nehmen mikroskopisch kleine Nahrung aus dem Wasser auf. Manche Arten leben auch an extremen Standorten (vgl. Burda, Allg Zoologie, 2005, Box 3.6): „Pompei-Wurm" = *Alvinella pompejana* (Terebellida).

System. Es handelt sich um eine polyphyletische Gruppierung, zu der mindestens zehn Taxa zählen, die als „Familien", z.T. als „Ordnungen" geführt werden: **Sabellida** (z.B. *Sabella penicillus*), **Spionida** (z.B. *Polydora ciliata)*, **Oweniida** (z.B. *Owenia fusiformis*), **Cirratulida** (z.B. *Dodecaceria caulleryii*) und **Terebellida** (z.B. *Alvinella pompejana, Pectinaria koreni*). Bis auf die Terebellida sind diese Taxa wahrscheinlich näher mit den Pogonophora verwandt.

Pogonophora (Bartwürmer) (griech. Barttragende)

Größe, Morphologie. Bis 75 cm lang, 0,1–3 mm dünn. Der fadenförmige Körper besteht aus vier Abschnitten (Box 36).

Vorkommen, Biologie. Marin. Röhrenbewohner, Gonochoristen, manche Arten leben an extremen Standorten. Bartwürmer sind außerordentlich interessante Tiere (Box 34, 35).

System. Eine Familie, **Siboglinidae** mit circa 100 Arten, z.B. *Lamellibranchia barhami*, *Osedax mucofloris*, *Siboglinum ekmani*, *Siphonobrachia lauensis*.

Echiura (= Echiurida, Igelwürmer) (griech. Schwanzhabende).

Größe, Morphologie. Bis 2 m. Der Körper ist in ein gabeliges oder löffelförmiges Prostomium und einen unsegmentierten, sackartigen Rumpf gegliedert. Der Rumpf enthält ein geräumiges, ungeteiltes Coelom und eine uniforme Schicht von Rumpfmuskeln (Hautmuskelschlauch). Parapodien, Nuchalorgane und Pygidialcirren fehlen. Das Nervensystem ist morphologisch nicht evident metamer, immunhistochemische Studien belegen jedoch, dass es sich aus einem segmentierten Nervensystem ableiten lässt. Der hintere Rumpfabschnitt enthält ein Paar Analsäcke mit zahlreichen bewimperten Trichtern, die als Exkretionsorgane dienen. Die Echiura verfügen, genauso wie andere Anneliden, über Borsten aus β-Chitin, ein paar große bewegliche Haken im vorderen Teil des Rumpfes und üblicherweise 10–15 kleine Borsten um die Analöffnung. Bemerkenswert ist der ausgeprägte Sexualdimorphismus bei *Bonellia viridis* (Burda, Allg. Zoologie, 2005, S. 203).

Vorkommen, Biologie. Marin, benthisch. Echiura leben meist eingegraben in U-förmigen Gängen; Gezeitenzone bis Tiefsee. Die Ontogenese schließt eine typische Trochophora-Larve ein.

System. Die enge Verwandtschaft der Echiura und Annelida wurde nie bezweifelt, aber ihre Schwestergruppe innerhalb der Annelida war lange

Box 37

Weitere rätselhafte Würmer: *Lobatocerebrum und Jennaria*

Zum Schluss wollen wir noch die zwei unlängst entdeckten, rätselhaften, marinen Würmer betrachten, die derzeit noch keinem Taxon zugeordnet werden konnten. Von beiden Tieren wissen wir zu wenig; ontogenetische und molekulare Befunde fehlen völlig, untersucht wurde lediglich die Ultrastruktur einiger Organe. ***Lobatocerebrum***, ist ein kleines unsegmentiertes, acoelomates Tier, das marine Sedimente bewohnt. Es erinnert an einen kleinen ursprünglichen Plattwurm oder einen vereinfachten Ringelwurm. Die Epidermis ist multiciliär, ferner weist *Lobatocerebrum* eine einfache Kutikula, Protonephridien und eine Analöffnung auf. Es sind Hermaphroditen, deren Geschlechtsorgane eher an jene der Annelida erinnern. Die Ultrastruktur der Spermien weist Ähnlichkeiten mit denen der Clitellata auf; die Verteilung der Epidermisdrüsen erinnern an ein Clitellum. Der vollständige Verlust der Segmentierung ist im Vergleich zu den Anneliden jedoch präzedenzlos.
Noch weniger bekannt ist die Gattung ***Jennaria***. Der Körper ist acoelomat, multiciliär und unsegmentiert. Er wird durch drei Teile gebildet – eine Art Kopf mit „Rüssel", „Rumpf" und „Schwanz". Der Mund ist an der Basis des Rüssels, der Anus am Ende des „Schwanzes" lokalisiert. Diese Abschnitte sind durch Septen getrennt, die stark an die Dissipimente der Anneliden erinnern. Zu den auffälligen Merkmalen der Jennarien gehört der Verlust der Ringmuskeln (ein gemeinsames Merkmal, z.B. mit Nematoda und Chaetognatha) und ihr zweidrüsiges Adhäsionssystem (wie bei Plathelminthen und Gastrotricha).
Diese Würmer könnten **entweder** eine **ursprüngliche Gruppe der Lophotrochozoa** oder sehr modifizierte Anneliden sein. Sie **zeigen** uns aber auch, **dass die Lücke zwischen den Plathelminthen und den Anneliden nicht so groß ist.**

Zeit unbekannt. Untersuchungen der 18S rRNA, des Elongationsfaktors-1α und des mitochondrialen Genoms zeigen, dass die Schwestergruppe der Echiura unter den polyphyletischen „Capitellidae" zu suchen ist. 150 Arten, bekannte Vertreter sind *Bonellia viridis*, *Echiurus echiurus*, *Ikeda taeniodes*. **Bedeutung.** In Südostasien dienen Echiura als Lebensmittel und Fischköder.

Clitellata (Gürtelwürmer) (lat. mit Sattel oder Gürtel versehene)
Größe, Morphologie. Wenige mm bis 3 m. Regenwurm- oder blutegelartiger Habitus. Antennen, Palpen und Parapodien fehlen. Das Hirnzentrum wurde aus dem Protostomium in vordere Rumpfsegmente verschoben. Einige Segmente der vorderen Körperhälfte bilden das namengebende, sattelartige Clitellum (Gürtel), dessen Epidermis mit schleimproduzierenden Drüsenepithelien ausgestattet ist. Die Sekrete verbinden die Sexualpartner bei der Paarung. Die Gonaden sind auf wenige

Rumpfsegmente begrenzt, die dicht hintereinander folgen. Dotterreiche Eier. Die Ultrastruktur der Spermien weist Besonderheiten auf: eine verlängerte akrosomale Röhre im vorderen Teil des Spermienkopfes und Mitochondrien, die in den Bereich zwischen Kern und Geißelbasis verschoben sind.

Vorkommen, Biologie. Limnisch, terrestrisch, circa 200 Arten marin. Hermaphroditen, direkte Entwicklung.

System. Zwei Subtaxa, **Oligochaeta** (Wenigborster) und **Hirudinea** (Blutegel). In die nächste Verwandtschaft der Clitellata gehören möglicherweise auch die **Aeolosomatida** (**Aphanoneura**) und ***Hrabeiella***. Sie haben kein Clitellum und die Anordnung der Keimdrüsen und die Ultrastruktur der Spermien weichen stark von der der Clitellata ab. Circa 8000 Arten: z.B. *Lumbricus terrestris* (Regenwurm), *Megascolides australis* (Australischer Riesenregenwurm), *Tubifex tubifex*, *Hirudo medicinalis* (Medizinischer Blutegel), *Piscicola geometra* (Fischegel).

Fragen

1 Die systematische Stellung der Nemertea und Annelida und ihre verwandtschaftlichen Beziehungen sind sehr schwierig zu rekonstruieren. Warum?

2 Nemertea werden heute als Schwestergruppe der Anneliden angesehen, traditionell galten sie als Verwandte der Plathelminthen Führen Sie die Gemeinsamkeiten und die Unterschiede der jeweiligen Taxa auf.

3 Führen Sie die wesentlichen Merkmale der Anneliden auf.

4 Nennen Sie die wichtigsten Subtaxa der Anneliden. Welche bekannten Taxa wurden in den letzten Jahren in die Anneliden eingegliedert?

5 Warum wurde das Taxon „Polychaeta" aufgelöst?

6 Palolowurm (*Eunice viridis*), Pompei-Wurm (*Alvinella pompejana*), Igelwurm (*Bonellia viridis*) oder Bartwurm (*Osedax mucofloris*) sind marine Anneliden, die auch von großem ökologischen, ethologischen und physiologischen Interesse sind. Warum?

7 Nennen Sie Merkmale, die die Zuordnung der Anneliden zu den Lophotrochozoa oder alternativ zu den Articulata nahelegen.

8 Nennen Sie diagnostische Merkmale und einige Vertreter der Clitellata.

9 Nennen Sie einige Vertreter der Anneliden, die rein marin, rein limnisch, terrestrisch oder parasitisch leben.

10 Erläutern Sie die Strukturen: Chaeten, Parapodien, Aciculae.

Mollusca und Brachiozoa | 8

Die drei bekanntesten Habitus-Typen der Mollusken (Weichtiere) sind die **Muscheln, Schnecken und Kopffüßer**. Der Körper gliedert sich in **Kopf, Fuß und Eingeweidesack**. Ursprüngliche Mollusken waren wahrscheinlich wurmförmig und in acht Abschnitte gegliedert, mit repetitiven Organen, insbesondere Schutzschalen und den mit ihnen verbundenen Muskeln. Die **große Vielfalt** der Mollusca **beruht** vor allem **auf Rotationen, Einkrümmungen, Verschmelzungen oder Zusammendrücken von einzelnen Organen und Körperteilen**. Daher sind viele Mollusken einander nicht ähnlich und ihre Körperachsen entsprechen einander sich nicht immer. Es werden **sieben Taxa** unterschieden: **Aplacophora, Polyplacophora, Neopilinoida, Bivalvia, Gastropoda, Scaphopoda und Cephalopoda**. Mollusken sind **ökologisch sehr vielfältig** und haben auch eine vielfältige **Bedeutung für den Menschen**.

Zu den **Brachiozoa** zählen die **Phoronida** (Hufeisenwürmer) und **Brachiopoda i.e.S.** (Armfüßer). Die Brachiopoda bilden wie Muscheln Schalen, die Phoronida sind schalenlos. Wir kennen ca. 350 rezente und über 12.000 ausgestorbene Brachiopoda-Arten. **Traditionell** werden die Brachiozoa als **Schwestergruppe der Deuterostomia** gedeutet. Alle **molekular-phylogenetischen Analysen** stellen die Brachiozoa hingegen **zu den Lophotrochozoa**.

Mollusca (Weichtiere) | 8.1

Übersicht

Mollusca (lat. Die Weichen)

Größe, Morphologie. 2 mm–18 m. Viele Mollusken sind dorsoventral abgeflacht. Drei der bekanntesten Habitus-Typen der Mollusken sind die Muscheln, Schnecken und Kopffüßer. Der Körper dieser Tiere gliedert sich in Kopf, Fuß und Eingeweidesack. Der Kopf beherbergt das Sinnes- und Nervenzentrum und die Mundöffnung; er fehlt den Muscheln. Hinter der ventralen Mundöffnung setzt der flache, muskulöse und bewimperte Fuß an. Dieser wird von Retraktormuskeln bewegt, die an

Abb. 57

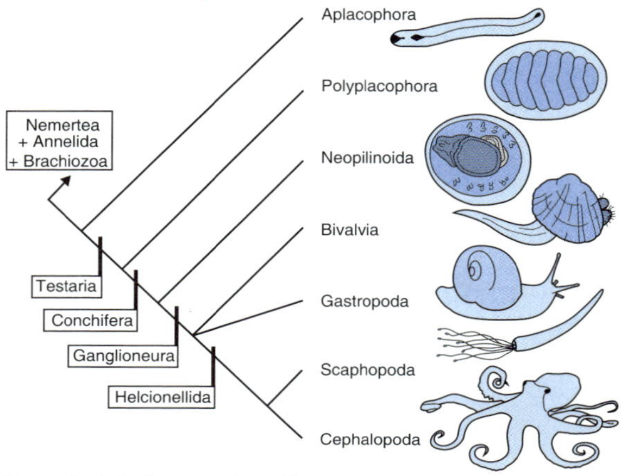

Verwandtschaftsdiagramm der Mollusca.

der Fußsohle inserieren. Dorsal des Fußes befindet sich der Eingeweidesack. Seine dorsale Fläche wird durch den Mantel gebildet. Zwischen dem inneren Epithel des Mantels und den seitlichen Wänden des Fußes wird eine Mantelfalte gebildet, in die die Atmungsorgane (Ktenidien) reichen und die Exkretionsorgane münden. Auf der Außenseite produziert der Mantel eine Chitin-Protein-Kutikula und oft eine Kalkschale. Ursprüngliche Mollusken waren wahrscheinlich wurmförmig, gegliedert in acht Abschnitte mit repetitiven Organen, insbesondere Schutzschalen und den mit ihnen verbundenen Muskeln. Von einer echten Körpersegmentierung wird hier aber noch nicht gesprochen.

Vorkommen, Biologie. Weltweit, marin, seltener limnisch oder terrestrisch. Hermaphroditen oder Gonochoristen. Marine Arten oft mit indirekter Entwicklung über sogenannte Veliger-Larven; direkte Entwicklung bei limnischen und terrestrischen Arten, sowie bei Kopffüßern.

System. Circa 130.000 Arten, sieben Subtaxa: **Aplacophora**, **Polyplacophora**, **Neopilinoida, Bivalvia**, **Gastropoda**, **Scaphopoda** und **Cephalopoda** (Abb. 57).

Bedeutung. Nahrungsmittel für den Menschen (z.B. Weinbergschnecken, Austern, Miesmuscheln, Sepia), Schmuckgegenstände (z.B. Perlen, Perlmutt, Souvenirs), Schädlinge (z.B. Spanische Wegschnecke, Riesenschnecke), Zeigerarten für die Ökologie, Paläontologie, Muschelkalk, Tiermodelle in der biomedizinischen Forschung (z.B. Seeschnecke *Aplysia*), Zwischenwirte von Trematoden, einige Arten giftig. Historische Zahlungsmittel, Dekoration, Farbstofflieferanten, Blashorn.

8.1.1 Morphologie und Entwicklung

Diagnose

Apomorphien der Mollusca:

- **Körper gegliedert in Kopf, Fuß und Eingeweidesack.**
- **Mantel mit Mantelhöhle.**
- **Die Dorsalseite wird durch Kalknadeln, Plättchen oder Gehäuse geschützt.**
- **Paarige Ktenidien (= Kiemen in der Mantelhöhle).**
- **Paarige Osphradien (= Chemosensoren in der Mantelhöhle).**

- **Radula.**
- **Tetraneurales Nervensystem.**
- **Das Coelom ist stark reduziert.**

Weitere Merkmale:

- **Offenes Gefäßsystem.**
- **Spiralfurchung.**
- **Planktonische, oft lecithotrophe Larven oder direkte Entwicklung.**

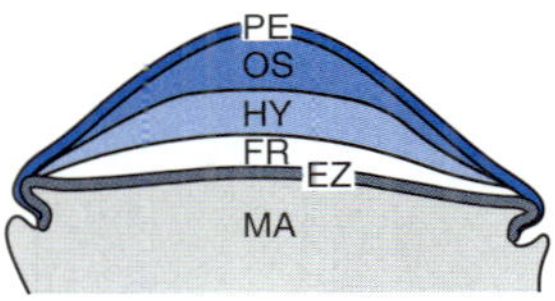

Abb. 58

Aufbau einer Muschelschale. EZ Epidermiszellen, **FR** Flüssigkeitsraum, **HY** Hypostrakum (= Perlmuttschicht), **MA** Mantel, **OS** Ostrakum (= Prismenschicht), **PE** Periostrakum (= Conchiolinschicht) (aus Burda 2005).

Die Dorsalseiten nahezu aller Mollusken werden **durch** ektodermale **Kalknadeln, Plättchen oder Gehäuse geschützt**. Bei den Aplacophora werden die Nadeln von einzelnen Zellen sezerniert. Bei den Polyplacophora wird eine Reihe von acht Kalkplatten vom Mantelrand (Perinotum) umsäumt. Die Kalknadeln dieser Tiere werden durch Zellgruppen sezerniert. Wie die Platten der Polyplacophora, bestehen auch die Gehäuse der Conchifera aus einer äußeren Kutikula (**Periostrakum**) und zwei Kalkschichten (mittleres Tegmentum = **Ostrakum** und inneres **Hypostrakum**) (Abb. 58). Dieser Aufbau deutet darauf hin, dass es sich um homologe Strukturen handelt, auch wenn diese häufig sehr unterschiedlich ausgebildet sind und sich ihre Ontogenese in Details unterscheidet.

Die **Radula** ist eine biegsame Zunge, die Querreihen von Zähnen trägt und aus verdickter Chitin-Protein-Kutikula besteht. Apikal werden abgeriebene Radulateile kontinuierlich durch neue ersetzt, welche von Odontoblasten produziert werden. Die ektodermalen Odontoblasten befinden sich in einer tiefen Furche auf der Ventralseite der Mundhöhle.

Das **Nervensystem** besteht aus vier paarigen Ganglien, die ringförmig um den Mund angeordnet sind und zwei Paaren länglicher Nervenstränge, die untereinander durch Kommissuren verbunden sind. Dieser Typ von Nervensystem wird als **tetraneural** bezeichnet. Außer bei den Mollusken finden wir ihn nur noch bei wenigen Anneliden („Aciculata“).

Ein Coelom fehlt weitgehend und die klassischen großen Coelomräume werden nicht einmal embryonal angelegt. Der Körper wird von mesodermalem Gewebe ausgefüllt. Das **Gefäßsystem** ist **offen** (Hämocoel) und bildet ein System von Kanälchen und Hohlräumen, die von extrazellulärer Substanz umhüllt werden. Das Blut (= Hämolymphe) ist meist farblos; es enthält bei vielen Arten aber das im Plasma gelöste blaue Atmungspigment **Hämocyanin**. Coelomreste begrenzen nur das gonoperikardiale System – ein **paariges Gonocoel** mit Kiemendrüsen und Gonodukten und

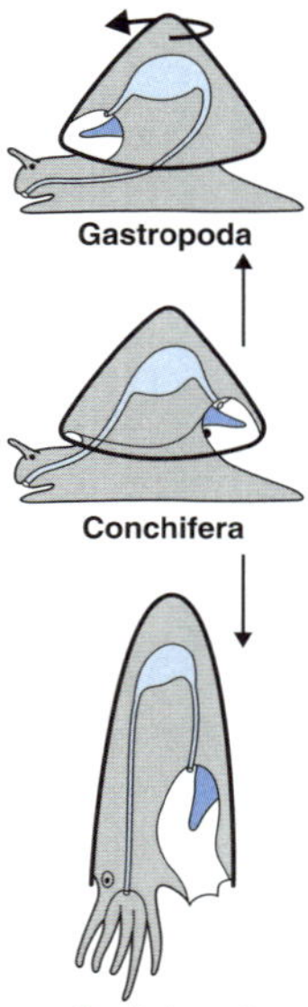

Abb. 59 | **Schema zur Entstehung der Hauptkörperachsen bei Gastropoda und Cephalopoda aus dem ursprünglichen Grundmuster der Conchifera** (nach Zrzavý 2006).

das unpaare **Perikard** (Herzbeutel) mit Herz und zwei Perikardiodukten. Die **Perikardiodukte dienen als Exkretionsorgane**; sie werden gewöhnlich als Metanephridien bezeichnet, obwohl die **Homologie mit den Metanephridien** der Annelida und Brachiozoa **unsicher ist**. Das räumlich stark beschränkte **„Coelom" dient somit der Fortpflanzung, Ausscheidung und dem Kreislauf der Hämolymphe. Es hat bei Mollusken aber nicht die Funktion eines Hydroskeletts.**

Die Vielfalt der Mollusca ist sehr groß. Sie **beruht** vor allem **auf Rotationen, Einkrümmungen, Verschmelzungen oder Zusammendrücken von einzelnen Organen und Körperteilen.** Daher sind viele Mollusken einander nicht ähnlich und ihre Körperachsen entsprechen einander sich nicht (Abb. 59). So sind z.B. die Mantelhöhlen der Polyplacophora und Bivalvia lateral angeordnet, während sie bei den Aplacophora und Cephalopoda kaudal, den Gastropoda kranial und den Scaphopoda ventral liegen. Bei den Cephalopoda ist der Fuß mit dem Kopf verbunden. Ihre Hauptkörperachse entspricht der dorsoventralen Achse anderer Mollusken; Bivalvia und Scaphopoda sind – zumindest auf den ersten Blick – kopflos. Bei den Gastropoda werden „Eingeweidesack", Mantel und das Gehäuse um 180° gedreht, so dass ihre kaudalen Rumpfabschnitte vorne, über dem Kopf liegen.

Die embryonale Entwicklung der Mollusken erinnert an die der Annelida und beginnt mit der **Spiralfurchung**. Die Gastrulation und das Schicksal des Blastoporus sind hingegen ziemlich verschiedenartig. Das Mesoderm entsteht aus Mesoteloblasten, also aus Zellen, die sich vom ursprünglichen Mesentoblasten ableiten (ferner werden ektomesodermale Gewebe gebildet). Die meisten Mollusken haben **planktonische**, überwiegend **lecithotrophe Larven.** Planktotrophe Larven des Trochophora-Typs finden wir nur bei einigen Gastropoda und Bivalvia (Veliger-Larve), aber auch die Larven einiger Aplacophora erinnern stark an die Trochophora-Larven, auch wenn sie lecithotroph sind. Die Cephalopoden haben eine direkte Entwicklung. Ob eine planktotrophe „Trochophora-Larve" in das Grundmuster der Mollusken gehört, ist ungewiss.

8.1.2 | Phylogenese und System

Rezent existieren **sieben** anatomisch stark unterschiedliche **Mollusken-Taxa**: **Aplacophora, Polyplacophora, Neopilinoida, Bivalvia, Gastropoda, Scaphopoda** und **Cephalopoda** (Abb. 57).

Die **Aplacophora** werden für **basale** rezente Mollusken gehalten. Es ist aber unsicher, ob es sich nicht um eine paraphyletische Gruppe handelt. Ihre Schwestergruppe sind die **Testaria** (= Polyplacophora + Conchifera). Sie teilen einige abgeleitete Merkmale, insbesondere eine feste zweischichtige Kalkschale, werden dorsal von Kutikula bedeckt, weisen einen ähnlichen Bau der Radula und paarige Perikardiodukte auf. Alle Testaria haben einen gut entwickelten ventralen Fuß. Der Fuß der Testaria wies ursprünglich eine flache Fußsohle auf, die zum Kriechen auf festen Unterlagen geeignet war. Gleichartige Strukturen kennen wir von Polyplacophora, Neopilinoida und Gastropoda.

Die monophyletischen **Conchifera** (Neopilinoida, Gastropoda, Cephalopoda, Scaphopoda und Bivalvia) sind durch eine flache Schale mit Hypostrakum (abgewandelt in eine Perlmuttschicht), Reduktion des Perinotum und Kalknadeln oder Darmkristallkegel (Speicherorgan der kristallisierten Darmenzyme) charakterisiert. Innerhalb der Conchifera werden die **Tryblidia** als Schwestergruppe aller anderen Subtaxa geführt, die als **Ganglioneura** zusammengefasst werden. Die Monophylie der Ganglioneura wird durch die Reduktion der Muskelzahl (nur ein Paar Fußretraktormuskeln, fehlende Längsmuskeln für das kugelige Einrollen des Körpers) und insbesondere durch den abgeleiteten Typ ihres Nervensystems belegt. Zwei Hypothesen versuchen die verwandtschaftlichen Beziehungen zwischen den Subtaxa der Ganglioneura zu erklären. Hier (Abb. 57) gehen wir von einem Schwestergruppenverhältnis zwischen Scaphopoda und Cephalopoda (= **Helcionellida**) aus.

Die **Molekularphylogenetik** der Mollusken ist noch in den Anfängen. Sie beruht vor allem auf Vergleichen der 18sRNA. Die bisherigen Ergebnisse ergeben eher ein Chaos und es ist schwierig aus ihnen etwas Konkretes abzuleiten. Sogar die Monophylie etablierter Taxa wie der Gastropoda und Bivalvia wird nur wenig unterstützt. Es mangelt derzeit an kombinierten Analysen, die molekulare und morphologische Merkmale und das ganze Spektrum der Mollusken einbeziehen. Neueste Analysen der 28S rRNA zeigen, dass die Neopilinoida die Schwestergruppe der Polyplacophora sind (Neopilinoida + Polyplacophora = Serialia). Da diese beiden Taxa metamerer Mollusken mitten zwischen den anderen Mollusken-Taxa stehen, weist einiges darauf hin, dass die **Metamerie innerhalb der Mollusken abgeleitet** ist.

Übersicht

Aplacophora (Wurmmollusken) (griech. Keine Platten-Tragende)

Größe, Morphologie. Meist um 3 cm (bis 30 cm). Wurmförmig, ohne Gehäuse, mit reduziertem Fuß und weichem Mantel, der den größten Teil des Körpers bedeckt (und manchmal auch an der Ventralseite zusammenwächst). Der Mantel wird von Kalknadeln gestützt, die Mantelhöhle liegt im hinteren Teil des Körpers. Als Exkretionsorgane dienen spezialisierte Epidermiszellen. Die Gameten gelangen über den Herzbeutel und die Perikardiodukte in die Mantelhöhle und werden von dort über spezielle Schleimkanäle aus dem Körper geleitet.

Vorkommen, Biologie. Marin. Die Tiere graben in oberen Schichten der Weichböden des Sublitorals bis in Tiefen von über 4000 m. Manche Arten leben epizoisch auf Korallen. Sie ernähren sich von Detritus, kleinen Wirbellosen wie Korallenpolypen. Gonochoristen, äußere Besamung.

System. Die Monophylie ist unsicher. Circa 300 Arten; zwei Taxa: die grabenden **Caudofoveata** (Schildfüßer, z.B. *Chaetoderma canadense*) und die epizoisch lebenden **Solenogastres** (Furchenfüßer, z.B. *Nematomenia corallophila*).

Polyplacophora (Käferschnecken) (griech. Viele Platten-Tragende)

Größe, Morphologie. Bis 33 cm. Die Körper der Polyplacophora werden dorsal von acht sich überlappenden Plättchen bedeckt, die von einer peripheren Kutikulaschicht mit Nadeln gesäumt werden. Zahlreiche Ktenidien.

Vorkommen, Biologie. Weltweit, marin. Meistens im Flachwasser felsiger Küsten, aber auch in Tiefen von über 4400 m. Dämmerungsaktiv. Ernähren sich von Algen, Bryozoa, Diatomeen, Bakterien, die mit der Radula vom Substrat abgeschabt werden. Einige Arten räuberisch.

System. In kambrischen Schichten nachgewiesen, möglicherweise schon im Präkambrium verbreitet. Zwei größere Subtaxa: **Palaeoloricata** und **Loricata**. Circa 1000 Arten, z.B. *Chiton olivaceus*, *Stenochiton longicymba*.

Neopilinoida (Einschaler, Napfschaler) (lat., griech. Tabletttragende)

Größe, Morphologie. 1–4 cm. Äußerlich erinnern sie an Gastropoda, die keine Torsion vollzogen haben – sie verfügen über eine napfförmige flache Schale und eine breite Mantelfalte um Kopf und Fuß. Ihr auffälligstes Merkmal ist die Kombination eines einfachen Gehäuses mit acht Paaren von Retraktormuskeln. Auch Ktenidien, Nephridien und Gonodukte werden in mehreren Paaren ausgebildet. Die Anzahl dieser Organe unterscheidet sich jedoch voneinander, so dass von einer vollständigen Metamerie nicht mehr gesprochen werden kann.

Vorkommen, Biologie. Atlantischer, Pazifischer und Indischer Ozean. Die Tiere leben in Tiefen von circa 170–6500 m, ernähren sich vom Detritus. Gonochoristen mit äußerer Besamung.

Erforschungsgeschichte, System. Die Entdeckung der Neopilinoida 1952 gehört zu den zoologischen Sensationen des 20. Jahrhunderts („lebende Fossilien"). Traditionell wurden die Neopilinoida zusammen mit verschiedenen paläozoischen Fossilien den paraphyletischen **„Monoplacophora"** zugeordnet. Circa 20 Arten, z.B. *Neopilina galatheae*.

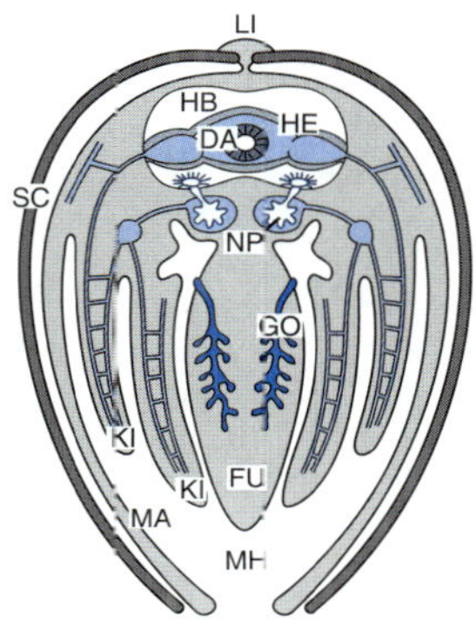

Abb. 60

Morphologie einer Muschel. DA Darm, **FU** Fuß, **GO** Gonade, **HB** Herzbeutel, **HE** Herz, **KI** Kiemen, **LI** Ligamentum, **MA** Mantel, **MH** Mantelhöhle, **NP** Nephridien, **SC** Schale (nach Papacek et al. 2000).

Bivalvia (= Lamellibranchiata, Muscheln) (Bivalivia = lat. Klapptürenartige, Lamellibranchiata = lat. mit Blattkiemen)

Größe, Morphologie. Wenige mm bis 140 cm (340 kg). Abgeflachter Körper mit reduziertem Kopf, ohne Kiefer und Radula, mit einem mächtigen keilförmigen Fuß (Abb. 60). Die Kalkschichten sind auf zwei schalenförmige Muschelhälften beschränkt, ein kutikuläres Periostrakum verbindet beide Schalen. Im Kontaktbereich der Schalen befindet sich ein elastisches Band, gegen das besondere Adduktormuskeln arbeiten. In der Mantelhöhle ursprünglicher Muscheln ist ein Paar Ktenidien ausgebildet. Spezielle, sogenannte Byssusdrüsen bilden bei einigen Arten (z.B. Miesmuscheln) Haftfäden zur Befestigung an der Unterlage.

Vorkommen, Biologie: Weltweit, marin und limnisch. Sessile, aber bewegliche Filtrierer, die meistens in Flachwassergebieten leben. Überwiegend Gonochoristen.

System. Circa 20.000 Arten; zwei hochrangige Subtaxa: **Protobranchia** (*Nucula nucleaus*, Nussmuschel) und **Autolamellibranchiata**, die die restlichen Bivalvien einschließen: Pteriomorpha (z.B. *Ostrea edulis*, Auster; *Mytilus edulis*, Miesmuschel), Palaeoheterodonta (z.B. *Margaritifera margaritifera*, Flussperlmuschel), Heterodonta (z.B. *Tridacna gigas*, Riesenmuschel) und Anomalodesmata (z.B. *Penicillus javanum*, Gießkannenmuschel).

Bedeutung. Nahrungsmittel für den Menschen, Perlmutt, Perlen, Muschelkalk. Die Larven einiger Süßwassermuscheln parasitieren an Fischen.

Gastropoda (Schnecken) (griech. Bauchfüßer)

Größe, Morphologie. Bis 40 cm. Ein dorsales Gehäuse, das ursprünglich flach und mit einem Deckel versehen war. Drehung (Torsion, Spiralisierung) des Eingeweidesacks und des Gehäuses, aus der eine typische Kreuzung der Längsnervenstränge resultiert (Abb. 61).

Vorkommen, Biologie. Weltweit, marin, limnisch, terrestrisch. Gonochoristen oder Hermaphroditen, bei einigen Arten Parthenogenese.

System. Circa 75.000 Arten, traditionell in drei Subtaxa eingeteilt: **„Prosobranchiata"** (Vorderkiemerschnecken): z.B. *Conus geographus*, (Kegelschnecke), *Patella vulgata* (Napfschnecke); *Viviparus contectus* (Sumpfde-

Abb. 61

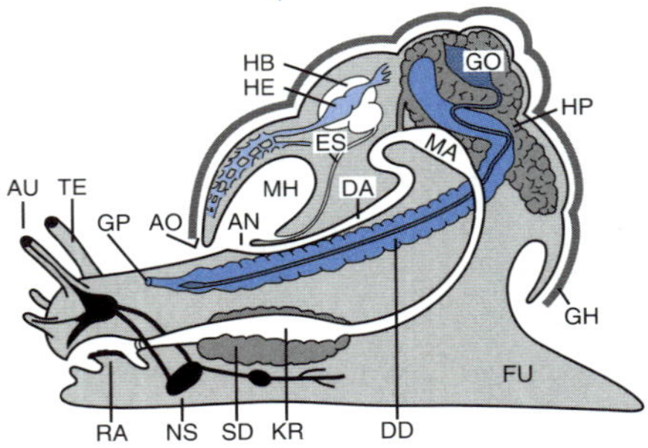

Morphologie einer Schnecke. AN Anus, **AO** Atmungsöffnung, **AU** Auge, **DA** Darm, **DD** Dotterdrüse, **ES** Exkretionssystem, **FU** Fuß, **GH** Gehäuse, **GO** Gonade, **GP** Gonopor, **HB** Herzbeutel, **HE** Herz, **HP** Hepatopankreas, **KR** Kropf, **MA** Magen, **MH** Mantelhöhle, **NS** Nervensystem, **RA** Radula, **SD** Speicheldrüse, **TE** Tentakel (nach Papacek et al. 2000).

ckelschnecke); **Pulmonata** (Lungenschnecken): z.B. *Achatina achatina* (Riesenschnecke), *Arion lusitanicus* (Spanische Wegschnecke), *Helix pomatia* (Weinbergschnecke); **Opisthobranchia** (Hinterkiemerschnecken): z.B. *Aplysia depilans* (Seehase). Allerdings sind die „Prosobranchiata" paraphyletisch und die Pulmonata gehören zu den Opisthobranchiata. Moderne Klassifikation unterscheidet zwei hochrangige Taxa rezenter Gastropoda: **Patellogastropoda** (= Eogastropoda, Echte Napfschnecken) und **Orthogastropoda**.
Bedeutung. Nahrungsmittel für den Menschen, Schädlinge, Wirte von Parasiten, einige Arten sind tödlich giftig. Ökologische Zeigerarten, Leitfossilien, Souvenirs, Modelle in der biomedizinischen Forschung (vgl. Burda, Allg. Zoologie, 2005, S. 286).

Scaphopoda (Kahnfüßer, Grabfüßer) (griech. Kahnfüßer)

Größe, Morphologie. Circa 5 cm. Scaphopoden verfügen über elephantenstoßzahnförmige, zylindrische, an beiden Enden offene, konische Gehäuse und einen besonderen Tentakelapparat mit zahlreichen fadenartigen Tentakeln (Captacula).
Vorkommen, Biologie. Marin, benthisch. Mit dem erweiterten Vorderende stecken sie schräg im Sand und strecken die Tentakel nach allen Seiten in den Sand. Die Nahrung (kleine Bodentiere) wird in Sandlücken gefangen, zum Mund geführt und mit dem beweglichen Rüssel aufgenommen.
System. Circa 350 Arten, z.B. *Antalis tarentinum*, *Dentalium elephantinum*.

Cephalopoda (Kopffüßer) (griech. Kopffüßer)

Größe, Morphologie. Bis 18 m. Kopffüßer sind das am stärksten abgeleitete Taxon der Mollusca. Das Endteil ihres spiralig gewunden Gehäuses beherbergt bei ursprünglichen Formen gasgefüllte Kammern, die dem Tarieren im Wasser dienen. Bei den meisten Arten ist die Schale zum kalkigen Schulp reduziert. Aus mundständigen Tentakeln entwickelten die Tiere zahlreiche Arme (circa 90 bei *Nautilus*, acht bei *Octopus*), die vor allem der Jagd dienen. Der Fuß ist in zwei Klappen umgewandelt, die zusammenwachsen und einen Trichter bilden, der die hohe Beweglichkeit der Tiere ermöglicht (Abb. 62). Weitere Apomorphien der Cephalopoda sind die Konzentration des Nervensystems in einem komplexen Hirnzentrum, die Bildung der Kammeraugen (ursprünglich über eine

Pore mit der Außenwelt verbunden und ohne Linsen), Eier mit diskoidaler (nicht spiraliger) Furchung, direkte Entwicklung.

Vorkommen, Biologie. Weltweit, marin. Räuberisch, sehr lernfähig, zu extrem schnellen Farbwechseln befähigt. Gonochoristen, innere Befruchtung. Bei den Männchen der Kraken (Octopoda) ist ein Arm modifiziert und zum sogenannten Hectocotylus umgebildet. Mit diesem werden Spermatophoren auf die Weibchen übertragen.

System. Zwei Subtaxa. **Tetrabranchiata** (Vierkiemige Kopffüßer, z.B. *Nautilus pompilius*, Perlboote), **Dibranchiata** (Zweikiemige Kopffüßer, z.B. *Sepia officinalis*, Sepia, Tintenfisch; *Loligo forbesi*, Nordischer Kalmar; *Architeuthis princeps*, Riesenkalmar; *Octopus vulgaris*, Gemeiner Krake; *Argonauta argo*, Papierboot). Bekannte **Fossilien** sind die Ammoniten (Devon bis Kreide) mit maximalen Gehäusedurchmessern von über 2,5 m.

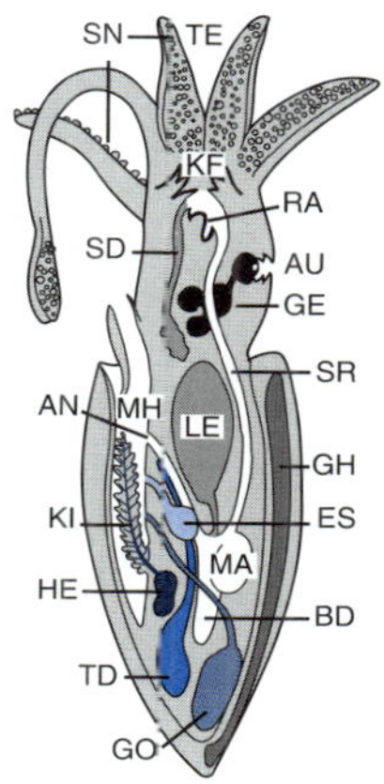

Abb. 62

Morphologie eines Tintenfisches. AN Anus, **AU** Auge, **BD** Blinddarm, **ES** Exkretionssystem, **GE** Gehirn, **GH** Gehäuse, **GO** Gonade, **HE** Herz, **KF** Kiefer, **KI** Kiemen, **LE** Leber, **MA** Magen, **MH** Mantelhöhle, **RA** Radula, **SD** Speicheldrüse, **SN** Saugnäpfe, **SR** Speiseröhre, **TD** Tintendrüse, **TE** Tentakel (nach Papacek et al. 2000).

Bedeutung. Nahrungsmittel für den Menschen, *Sepia* ist ein bekanntes Modell in der biomedizinischen Forschung (vgl. Burda, Allg. Zoologie, 2005, S. 43). Schulp der *Sepia* dient als Kalklieferant und als Wetzstein für Käfigvögel. Historisch wurde die Tinte der *Sepia* als Farbstoff verwendet.

Brachiozoa 8.2

Übersicht 8.2.1

Zu den Brachiozoa (= Brachiopoda i.w.S.) zählen die Phoronida und „Brachiopoda" (Abb. 63). Während die **Brachiopoda** ähnlich wie Muscheln **Schalen** bilden, sind die **Phoronida schalenlos.** Kombinierte morphologisch-molekulargenetische Analysen (18S rRNA) belegen, dass die Phoronida die Schwestergruppe der Brachiopoda sind.

Diagnose

Apomorphien der Brachiozoa:

- **Monociliäre Hautzellen.**
- **Tentakel auch bei Larven.**
- **Bau und Funktionsweise des Lophophors.**
- **Ein Paar Metanephridien.**

Ein gemeinsames Merkmal der Phoronida und Brachiopoda sind die **Tentakel der Larven**. Die **Filterapparate werden bereits früh angelegt**. Das **Lopho-**

Abb. 63

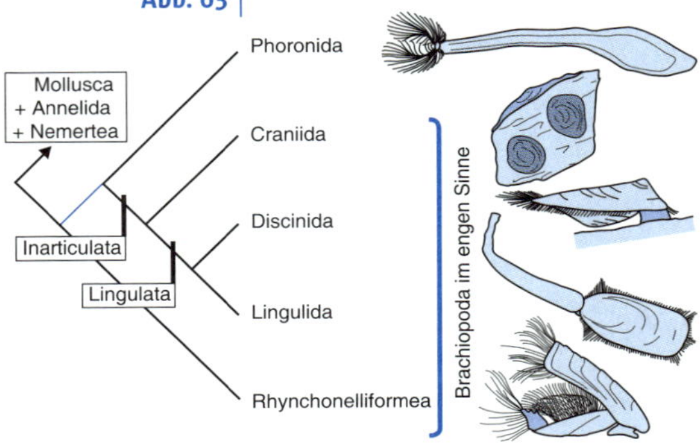

Verwandtschaftsdiagramm der Brachiozoa. Blaue Linie kennzeichnet unklare Monophylie bzw. unklare phylogenetische Beziehungen.

phor der Brachiozoa fungiert nach dem Prinzip des **aufwärts gerichteten Systems** (S. 83, Abb. 39). Die Mundöffnung liegt zwischen den Armen des Lophophors. Wie viele sessile Tiere, weisen auch die Brachiozoa einen **U-förmigen Darm** auf (mit Ausnahme der Rhynchonelliformea - Brachiopoda - bei denen er blind endet). Der dorsal gelegene Anus befindet sich außerhalb des Lophophors in der Nähe des Mundes.

Die Stammart der Brachiozoa war sehr wahrscheinlich marin, sessil und verfügte über monociliäre Zellen. Die Furchung war radiär und das Mesoderm leitete sich vom Urdarm ab. Ferner verfügte sie wahrscheinlich über eine planktotrophe Larve mit Lophophor. Der Körper wurde von Schalen bedeckt, die aus organischem Material aufgebaut waren. In Anbetracht der voneinander abweichenden Drehungen des Körpers und des Darmes während der Ontogenese bei Phoronida und Brachiopoda ist es wahrscheinlich, dass der Darm ursprünglich gerade verlief.

8.2.2 Phoronida (Hufeisenwürmer)

Übersicht

Phoronida (griech. Die Versteckten)

Größe, Morphologie. Bis 30 cm. Wurmförmig, Lophophor hufeisen-, seltener kreisförmig. Die Tiere leben in Chitinröhren.

Vorkommen, Biologie. Marin, benthisch. Sessil, solitär oder in kleinen Kolonien, Hermaphroditen oder Gonochoristen, mit frei beweglichen, sogenannten Actinotrocha-Larven. Einige Arten mit vegetativer Fortpflanzung. Filtrierer, in Flachgewässer bis etwa 400 m Tiefe.

System. 15 Arten: z.B. *Phoronis psammophila.*

Merkmale. Die Phoronida zeigen eine Mischung von Protostomia- und Deuterostomia- Merkmalen.

Diagnose

Zu den Protostomia-Merkmalen zählen:

- **Der Blastoporus wird häufig zum Mund und der Anus bricht sekundär durch.**
- **Art der Coelom- und Mesodermentstehung.**

Zu den Deuterostomia-Merkmale zählen:

- **Radiäre Furchung.**

- **Monociliäre Zellen.**
- **Vermutete (aber nicht überzeugend belegte) Archimerie.**
- **Bau des Apikalorgans.**
- **Dorsales Nervensystem der Adulti; der kurze Abschnitt zwischen Mund und After entspricht der dorsalen Körperseite.**
- **Bau und Funktion des Lophophors: Die Tentakel tragen zwei Wimperstreifen, die die Nahrungspartikel aus dem selbst erzeugten Wasserstrom filtrieren; es handelt sich um ein Aufwärtssystem (Abb. 39).**

Entwicklung. Der Ontogenese kommt eine Schlüsselbedeutung für das Verständnis der Morphologie und der systematischen Stellung der Phoronida zu. **Radiärfurchung, eine hohle Blastula und die Invaginationsgastrula** sind Merkmale einer **lehrbuchhaften Entwicklung** wie sie bei realen Tieren eher selten zu beobachten ist. Der **Blastoporus** geht entweder völlig unter oder bleibt als Mund erhalten, der Anus bricht erst nachträglich durch, wahrscheinlich am hinteren Rand des ehemaligen Blastoporus. Das **Mesoderm** entsteht bei vielen Phoroniden **aus dem Entoderm** und umgibt das ganze **Blastocoel** (und **wandelt dieses** somit allmählich **zum Coelom um**). Bei einigen Arten entsteht das Mesoderm jedoch durch das Ablösen einer kompakten Zellschicht aus dem vorderen Teil des Urdarms. Das Coelom entsteht in diesen Fällen durch Aufklaffen und Verschiebungen der mesodermalen Zellschichten, so dass sie das ursprüngliche Blastocoel umgeben. In keinem Fall stülpt sich das Coelom aus der Darmwand aus (Enterocoelie), wie es bei Deuterostomia üblich ist (vgl. S. 77, Abb. 33).

Auf der Ventralseite des Embryos zwischen Mund und Anus entsteht das erste Tentakelpaar. Die Embryonen sind uniform bewimpert, aber auf den sich entwickelnden Tentakeln bilden sich sofort die Anlagen der künftigen Wimperstreifen, die das Aufwärtssystem antreiben, das für die Nahrungsaufnahme und die Bewegung notwendig ist. Erst später entwickelt sich ein weiterer bewimperter Ring um den Anus; dieser wird zum Hauptantriebsorgan der frei beweglichen **Actinotrocha-Larve**. An ihrem Vorderende bildet sich ein einfaches **Apikalorgan** mit zahlreichen Nervenzellen, im hinteren Körperabschnitt entwickelt sich ein Paar Protonephridien. In der weiteren Entwicklung bildet sich auf der Ventralseite der Larve als umfangreiche Einstülpung der sogenannte **metasomale Sack**, der sich im Laufe der Metamorphose so stark ausstülpt, dass sich dabei der Darm in die U-Form dreht und die Dorsalseite des Tieres extrem verkürzt wird. Auf diese Weise entsteht eine **ganz neue Körperachse**, die senkrecht zur anterio-posterioren Achse des Embryos und der Larve steht. Auf der Dorsalseite des Tieres bildet sich das Nervensystem, ganz unabhängig vom Apikalorgan, das in dieser Phase der Entwicklung bereits abgeworfen oder teilweise resorbiert wird.

8.2.3 Brachiopoda (Armfüßer)

Übersicht

Brachiopoda (griech. Armfüßer)

Größe, Morphologie. Bis 20 cm. Der muschelförmige Körper wird von zwei Hautfalten (= einem Mantel) gebildet, die zwei schüsselförmige Schalen produzieren. Zwischen den Schalen befindet sich der eigentliche Körper mit dem hufeisenförmigen, kompliziert gebauten Lophophor (Abb. 39, 63).

Vorkommen, Biologie. Marin, benthisch. Solitäre, festsitzende, benthische Filtrierer.

System. Brachiopoda gehören zu den Tiergruppen, die ihre besten Zeiten schon hinter sich haben – wir kennen circa 350 rezente, aber über 12.000 ausgestorbene Arten. Die Klassifikation ist problematisch (siehe 8.2.4). Nach Aussehen und Art der Verbindungen der Schalen werden traditionell zwei Hauptgruppen der Brachiopoda unterschieden: **Rhynchonelliformea** und **Inarticulata**. Aufgrund ihrer chemischen Zusammensetzung und der Befestigung an einer Unterlage unterscheidet man innerhalb der Inarticulata zwei weitere Subtaxa: **Linguliformea** und **Craniiformea** (Tabelle 1, Box 38). Vertreter sind z.B. *Lingula anatina*, *Liothyrella neozelandicirca.*

Merkmale

Diagnose

Apomorphien der Brachiopoda:

- **Hautmantel.**
- **Zwei Schalen, Stiel.**
- **Zwei-, seltener dreiteiliges Coelom.**
- **Ein Paar Metanephridien (Protonephridien fehlen).**
- **Chitinborsten am Mantelrand; Larvalborsten-Bündel.**

Die äußere Schicht der Schale ist proteinhaltig, bei einigen Gruppen enthält sie Chitin. Die innere Schicht wird entweder aus Calciumcarbonat oder -phosphat gebildet.

Die Arme des Lophophors werden durch Bindegewebe, bei einigen Rhynchonelliformea darüber hinaus durch ein Calciumskelett gestützt. Die Arme werden vom Epistom bedeckt. Ein **Protocoel** fehlt den Embryonen und Larven fast aller Brachiopoda, außer den frühen Larven der Craniida. Die **Coelomhöhle des Lophophors** (sie wird als **Mesocoel** bezeichnet) erstreckt sich kanalartig in die einzelnen Tentakel. Die große **im Körper liegende Coelomhöhle**, die bei den Lingulata einen Kanal in die Stiele entsendet, wird als **Metacoel** bezeichnet. Bei den Craniida liegen Mesocoel und Metacoel getrennt vor, bei den übrigen Brachiopoda verschmelzen sie miteinander. Dem Metacoel ist **ein Paar Metanephridien** angeschlossen.

Box 38

Sind Brachiopoda monophyletisch?

Die Systematik der Brachiopoda ist umstritten, u.a. auch weil sie durch eine sehr vielfältige und **reichhaltige fossile Überlieferung** verkompliziert wird. Im Prinzip können wir zusammenfassen, dass Morphologen und Paläontologen zu zwei alternativen Vorstellungen über die Phylogenese der Brachiopoda gelangen: entweder bilden sie eine monophyletische Gruppe, oder es handelt sich um zwei unabhängige „Stämme“, die **„Chitin-Phosphat-Brachiopoda“** (Lingulata: Lingulida und Discinida) und die **„Kalk-Brachiopoda“** i.e. S. (Craniida und Rhynchonelliformea). Es ist kein Zufall, dass die Hypothese der Polyphylie der Brachiopoda vor allem von Paläontologen unterstützt wird, denn sie arbeiten ausschließlich mit Schalenstrukturen. Die phylogenetischen Analysen der Zoologen, die auf der Weichteilanatomie, Ontogenesen und Entwicklungszyklen lebender Brachiopoda beruhen, unterstützen ziemlich eindeutig die Monophylie der Gruppe.

Ein weiteres wichtiges Merkmal der Brachiopoda (außer Craniiformea) ist eine **Reihe von Chitinborsten** am Mantelrand; diese Borsten **entsprechen strukturell den Borsten der Annelida.**

Entwicklung. Die **Ontogenese** der Brachiopoda ist **kompliziert und vielfältig. Die Furchung ist radiär.** Das **Mesoderm** entsteht **aus Entoderm**, häufig durch Teilung einzelner Zellen aus der Umgebung des Blastoporus (also aus der Stelle, an der sich bei anderen Protostomia der Mesentoblast befindet). Der **Anus entsteht erst nach Verschluss des Blastoporus,** der Mund weist oft eine enge ontogenetische Beziehung zum Blastoporus auf. Der **U-förmige Darm** entsteht **durch die Verkürzung der Ventralseite** des Embryos, und nicht durch Verkürzung der Dorsalseite wie bei den Phoronida.

	Schale	Stiel	Befestigung auf Unterlage
Rhynchoneliformea	Calciumcarbonat	kurz	Stiel durch Öffnung in der Pedicularschale geführt
Inarticulata			
Craniiformea (Craniida)	Calciumcarbonat	kein	Durch Pedicularschale
Linguliformea (Lingulata)	Chitin – Calcium-phosphat		
Discinida		kurz	Stiel durch einen Spalt in der Pedicularschale geführt
Lingulida		lang	Stiel zwischen den Hinterrändern der Schalen

Tabelle 1

Hauptgruppen der Brachiopoda und ihre Hauptunterscheidungsmerkmale.

Abb. 64

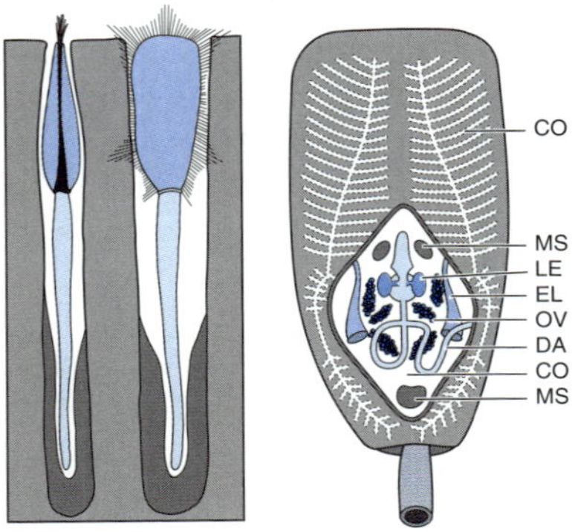

Morphologie eines Brachiopoden. Oben: Das Tier im Wohnröhrchen in Seitenansicht (links) und Frontalansicht (rechts). Unten: Körperanatomie. **CO** Coelom, **DA** Darm, **EL** Eileiter, **LE** Leber, **MS** Muskel, **OV** Ovarium (nach Lang et al. 1971).

Rezente Vertreter der Craniida und Rhynchonelliformea haben **lecithotrophe Larven**, aber detaillierte Untersuchungen der Wachstumszonen der Schalen fossiler Vertreter beider Gruppen zeigten, dass sie früher **planktotrophe Larven** hatten. Schon bei den frühen Larvenstadien der Brachiopoda sind Bündel von auffällig langen **Chitinborsten** ausgebildet, die ultrastrukturell den Mantelborsten der Erwachsenen gleichen.

Phylogenese und Klassifikation. Brachiopoda sind eine in vielen Aspekten **problematische Gruppe**: Die verwandtschaftlichen Beziehungen innerhalb der Gruppe sind umstritten. Unsicher ist auch, ob die Brachiopoda überhaupt monophyletisch sind (Box 38). Hinzu kommt, dass bis vor kurzem auch ihre Morphologie falsch interpretiert wurde, da man nicht genau wusste, wo die Vorder- und Ventralseiten bei den Tieren liegen.

Die traditionelle Systematik (Tabelle 1) stellte die **Rhynchonelliformea** (= Testicardines, oder auch „Articulata"), deren Schalen durch ein **mineralisiertes Scharnier** verbunden sind, den schlosslosen **Inarticulata** (also Craniida, Lingulida, Discinida) gegenüber. Eine Apomorphie der Inarticulata könnte ihr unpaarer Tentakel sein, der sich zu Beginn der Ontogenese des Lophophors bildet. Eine **zweite Verwandtschaftshypothese** nimmt an, dass die Brachiopoda mit **Kalkschalen** (Craniida und Rhynchonelliformea = **Calciata**) die Schwestergruppe der Brachiopoda mit **Chitin-Phosphat-Schalen** (**Lingulata**) sind. Hinsichtlich der Bildungsweise des Kalkexoskeletts unterscheiden sich allerdings Craniida und Rhynchonelliformea markant. **Beide morphologischen Hypothesen nehmen die Monophylie** der Lingulata **an**, die nicht nur durch die Biochemie der Schalen, sondern auch durch ihre speziellen Larvaltentakeln belegt zu sein scheint und unterscheiden sich nur durch die Stellung der Craniida.

Molekularbiologische Untersuchungen (Sequenzen der 18S rRNA und der 28S rRNA) indizieren, dass die Discinida und Lingulida vermutlich Schwestergruppen sind; ihre Schwestergruppe sind demnach die Craniida. Die Monophylie der traditionellen Gruppen Inarticulata und Lingulata wird somit unterstützt. Allerdings legen diese Untersuchungen zugleich nahe, dass die **Phoronida ein Teiltaxon der Brachiopoda** sind, konkret wären sie die Schwestergruppe der Inarticulata (Abb. 63).

8.2.4 Wohin gehören die Brachiozoa?

Traditionell werden die Brachiozoa als **Schwestergruppe der Deuterostomia** gedeutet (oder als paraphyletische Gruppierung an der Basis der Deuterostomia). Alle **molekular-phylogenetischen Analysen** stellen die Brachiozoa hingegen in die **nähere Verwandtschaft der Lophotrochozoa**. Ihre genaue Stellung im System ist noch unsicher, denn – wie wir schon mehrfach betont haben – die Rekonstruktion der phylogenetischen Beziehungen der Lophotrochozoa ist extrem schwierig. Es gibt nur wenige morphologische Merkmale, die die Brachiozoa mit anderen Taxa der Lophotrochozoa verbinden. So entsprechen z.B. die Borsten der Brachiopoda den Borsten der Annelida, während der Bau der Schalen der Brachiopoda stark an die Schalen der Mollusca erinnert (Box 39).

Box 39

Causa Halkieriida

Für Überlegungen zur Evolution der Brachiopoden-Schalen ist die kambrische Gruppe Halkieriida von Interesse, die vielleicht zu den Mollusken gehört. Die Tiere erinnern an Nacktschnecken mit einer Dorsalpanzerung aus 2000 Kalkskleriten und mit zwei großen Schalen auf dem vorderen und hinteren Teil des Rückens. Die Sklerite waren wahrscheinlich hohl mit einer basalen Öffnung, durch die ein kurzer Stiel reichte, der das Sklerit in der Haut verankerte. Diese Sklerite scheinen homolog den Borsten der Anneliden und Brachiopoda zu sein. Die Schalen der Halkieriida sind den Schalen der Brachiopoda auffällig ähnlich. Wenn wir den Körper der Halkieriida verkürzen und in der Mitte so einkrümmen würden, dass die hintere Schale unter die vordere gelangte, erhalten wir einen Brachiopoden-ähnlichen Organismus.

Junge Craniida zeigen eine deratige Einkrümmung, wenn auch in einem Stadium, in dem die Schalen noch nicht entwickelt sind (die Abschnitte, auf denen die Schalen später gebildet werden, sind allerdings in dieser Entwicklungsphase schon gut unterscheidbar). Die Larve der Craniida kriecht zunächst auf der Unterlage; wenn sich das Tier auf dem Substrat festsetzt, schiebt sich der hintere Teil der Larve unter den vorderen, wodurch sich die Bauchseite des Körpers extrem verkürzt. Die Brachialschale bildet sich auf der Rückenseite der Larve, die Pedicularschale entsteht auf dem hinter dem Blastoporus liegenden Teil des Körpers, also *nicht* auf der Bauchseite.

Wir müssen jedoch zugeben, dass die Phoronida und Aplacophora die Sache verkomplizieren: in der Umgebung der Brachiopoda und Mollusca gibt es zu viele Tiere ohne Schalen, um dem Evolutionsszenario über die Entstehung der Brachiopoda aus Halkieriida-ähnlichen Vorfahren einfach glauben zu können. Nehmen wir also **die Morphologie der Halkieriida und die Ontogenese der Craniida eher als eine Illustration, wie die Evolution abgelaufen sein könnte**. Und vergessen wir die **Sipunculida** nicht, eine weitere verwandte Gruppe. Diese benthischen Meeresbewohner verfügen ebenfalls über einen Ring bewimperter Tentakel mit speziellem Tentakelcoelom rund um die Mundöffnung und über einen U-förmigen Darm. Auch diese Tiere zeigen uns, wie ein „Übergangsglied" zwischen einem „Wurm" und einem „Lophophoraten" ausgesehen haben könnte.

Die Einordnung der Brachiozoa in die Protostomia würde evident ihre **Monophylie unterstützen**, da dann alle **„Deuterostomia-Merkmale“** dieser Tiere für unabhängig entstandene **Apomorphien** gehalten werden müssten. Außer durch paarige Metanephridien und larvale Tentakel wäre die Monophylie der Brachiozoa durch monociliäre Zellen, Lophophor mit Mesocoel, Aufwärtssystem der Nahrungsaufnahme, Radiärfurchung, ein aus dem Archenteron abgeleitetes Mesoderm und ein dorsales Nervensystem unterstützt. Die Liste dieser Merkmale ist so lang, dass eine konvergente Entstehung all dieser Merkmale lange Zeit für unwahrscheinlich gehalten wurde.

Ein **detailliertes Studium der Ontogenese** zeigte jedoch, dass die Brachiozoa **kein Protocoel** haben und ihr Coelom nur aus zwei Abschnitten besteht. Die Homologie dieser Abschnitte mit dem Meso- und Metastoma der Deuterostomia ist zudem nicht gesichert. Das Coelom entsteht bei den Brachiopoda zunächst als einheitlicher Raum und wird erst später durch die extrazelluläre Substanz und **nicht durch mesodermale Zellen** in „Meso-“ und „Metacoel“ aufgeteilt (Abb. 33)! Wir sollten uns vergegenwärtigen, dass ein tentakeltragendes Tier, das in einer Bodenröhre lebt, befähigt sein muss, den Druck der Coelomflüssigkeit zu verändern. Dies ist für die Funktion der Tentakel und Bewegungen des Körpers in der Röhre notwendig. Die Einteilung des Coeloms in mehrere autonome Abschnitte könnte eine adaptive Lösung dieses Problems sein. Nicht verwandte Tiere könnten unter gleichen evolutiven Zwängen konvergent zu einer ähnlichen Untergliederung ihrer Coelome gelangen. So weisen z.B. auch die Sipuncula ein zweiteiliges Coelom auf.

Fragen

1. Führen Sie die wesentlichen Merkmale der Mollusken auf.
2. Zeichnen Sie ein Kladogramm, aus dem die verwandtschaftlichen Beziehungen zwischen den wichtigsten Subtaxa der Mollusken ersichtlich sind.
3. Worauf beruht die große Vielfalt der Mollusken?
4. Nennen Sie zehn Arten von Mollusken, die (historisch oder gegenwärtig) für den Menschen von praktischer Bedeutung sind. In welcher Hinsicht sind sie bedeutsam?
5. Beschreiben Sie den Aufbau der Muschelschale.
6. Nennen Sie marine, limnische und terrestrische Molluskenarten. Gibt es auch parasitische Mollusken?
7. Welche Gemeinsamkeiten gibt es zwischen den Mollusken und den Anneliden?
8. Welche Mollusken werden als „lebende Fossilien“ bezeichnet? Nennen Sie einige bekannte Mollusken-Fossilien.
9. Nennen Sie die zwei Subtaxa der Brachiozoa. Wo liegen die Gemeinsamkeiten und wo die Unterschiede?
10. An welche Position im System wurden Brachiozoa traditionell gestellt und wo werden sie heute eingeordnet? Warum?

Scalidophora, Nematoida | 9

Inhalt

Scalidophora sind marine, benthische Tiere, mit einem ausstülpbaren Rüssel (Introvert), der als Bewegungsorgan dient und die Sinnesorgane trägt. Das Introvert wird von „Schuppen" (Skaliden) bedeckt. Die Chitinschildchen bilden häufig ein „Korsett" (Lorica). Die Scalidophora umfassen die **Priapulida, Loricifera und Kinorhyncha**. Die heute bekannten wenige Arten stellen nur den verbliebenen Rest eines einst größeren, bereits aus dem Kambrium bekannten Taxons dar. Die **Loricifera** wurden erst 1983 entdeckt, sie gehören zu den kleinsten und kompliziertesten Tieren. Die **Nematoida** (= Nematomorpha + Nematoda) sind u.a. durch einen langen dünnen Körper, eine Kollagen-Kutikula, fehlende Ringsmuskulatur, wellenartige Bewegungen und geißellose Spermien charakterisiert. **Nematomorpha** (Saitenwürmer) sind extrem lange, dünne, biegsame Würmer, die als Jungtiere in Arthropoden parasitieren und als Adulte frei im Wasser leben. Die **Nematoda** (Fadenwürmer) sind eine extrem arten- und individuenreiche Gruppe. Im Vergleich zur großen Artenzahl und ökologischen Vielfalt zeigen Nematoda jedoch eine erstaunliche morphologische Uniformität. Daher beruht das heutige System der Nematoda vielfach auf molekularen Untersuchungen. Nematoden sind von außerordentlich großer ökologischer und biomedizinischer Bedeutung.

Scalidophora (= Cephalorhyncha i.e.S.) | 9.1

Übersicht

Scalidophora (griech. Skaliden Tragende)

Morphologie. Der Körper ist in drei Teile gegliedert, einen ausstülpbaren rüsselförmigen Vorderkörper (Introvert), einen kurzen „Hals" und den eigentlichen Rumpf. Das Introvert ist das primäre Bewegungsorgan. Seine Beweglichkeit wird durch die besondere Anordnung der Rückziehmuskeln gewährleistet: Sie bilden zwei Ringe, die sich an verlängerten ektodermalen Zellen anheften. Das Introvert wird von „Schuppen", sogenannten Skaliden, bedeckt. Jedes Skalid enthält Haut- und Sinneszellen, ist hohl und mündet über eine terminale Pore. Chitinhaltige Endokutikula. Die oberflächliche Ornamentierung des Introverts ist eindeutig radiär symmetrisch. An der Spitze des Introverts befindet sich der Mundkegel mit Sinnesorganen. Das Gehirn der Scalidophora liegt gleich hinter der Mundöffnung.

System. Die Scalidophora sind eine zweifellos monophyletische Gruppe, die die **Priapulida, Loricifera und Kinorhyncha** einschließt (Abb. 65). Die Scalidophora sind schon aus dem Kambrium bekannt. Die enge Verwandtschaft der Priapulida mit den Kinorhyncha wird durch die Sequenz der 18S rRNA unterstützt.

9.1.1 Priapulida (= Priapula, Priapswürmer)

Übersicht

Priapulida (Priapos = griech. Gott der Zeugungskraft, das männliche Glied)

Größe, Morphologie. 0,2–38 cm. Walzenförmig mit einem kurzen Introvert, länglichem Rumpf, bei einigen Arten mit buschigem Schwanzteil. Körperwand mit kräftigem Hautmuskelschlauch. Die Juvenilen erinnern an Loricifera (s.u.).

Vorkommen, Biologie. Marin, benthisch, kosmopolitisch. Tiere wühlen im Meeresboden, Gonochoristen, äußere Besamung.

System. Aus dem Kambrium sind viele Arten räuberischer und grabender Priapulida bekannt. Die heute bekannten 16 Arten stellen nur den spärlichen Rest eines einst größeren Taxons dar, z.B. *Priapulus caudatus.*

Morphologie und Entwicklung

Diagnose

Apomorphien der Priapulida:

- **Muskulöser, bezahnter Pharynx mit einer taschenartigen, bezahnten terminalen Ausstülpung, in der fortlaufend neue Kutikularzähnchen gebildet werden.**
- **Geräumiger Körperhohlraum.**
- **Unpaares, ventrales Nervensystem.**
- **Komplizierter Bau der Protonephridien.**

Die **Körperhöhle** der Priapulida wird üblicherweise als **Blastocoel** interpretiert. Sie wird auf beiden Seiten von Muskeln eingefasst (mesodermales Gewebe), wird aber durch extrazelluläre Substanz begrenzt und nicht durch ein mesodermales Epithel. Alternativ könnte sie als ein **Coelom** mit sekundär reduzierten Grenzepithelien gedeutet werden. Angesichts der basalen Stellung der Priapulida innerhalb der Ecdysozoa ist die Frage bedeutsam, ob der gemeinsame Vorfahre der Ecdysozoa ein Coelom hatte oder nicht? Bemerkenswert ist, dass ein Coelom bei Priapulida tatsächlich vorkommt. Bei der Gattung *Meiopriapulus* kleidet es kleine unregelmäßige Räume zwischen der Muskulatur des Introverts aus. Der Körper juveniler Priapulida wird üblicherweise von einem Ring länglicher Chitinschildchen, den sogenannten **Lorica** (Korsett), bedeckt.

Die Priapulida sind die einzigen Vertreter der Scalidophora, deren embryonale Entwicklung einigermaßen gut untersucht worden ist. Die Furchung ist total und spiralig, die Blastula hohl und die Gastrulation beruht auf der Migration einzelner Zellen aus einem Pol der Blastula. Im Bereich dieses Blastoporus entsteht die Analöffnung, während der Mund auf dem gegenseitigen Pol des Embryos durchbricht. Priapulida sind also klassische **„Deuterostomia“**. Die weitere Entwicklung und damit auch die Entstehung der Körperhöhle sind nicht bekannt.

Abb. 65

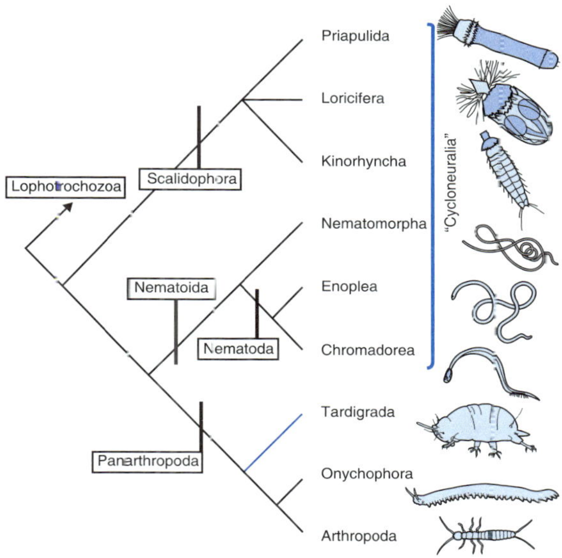

Verwandtschaftsdiagramm der Ecdysozoa. Die blaue Linie kennzeichnet eine Gruppe, deren Monophylie nicht gesichert ist bzw. deren phylogenetische Beziehungen unsicher sind.

Loricifera (Korsetttierchen)

9.1.2 Übersicht

Loricifera (griech. Panzerkorsett-Tragende)

Größe, Morphologie. Mikroskopisch. Die Loricifera gehören zu den kleinsten und kompliziertesten Tieren. Das Introvert ist komplex gebaut, mit einem dauerhaft ausgestreckten, radiärsymmetrischen Mundkegel und mit einem kutikularen Röhrchen zwischen Mundöffnung und Pharynx. Das Röhrchen wird von mehr als 200 morphologisch und funktionell verschiedenartigen, oft auffällig langen, beweglichen Skaliden bedeckt. Der Rumpf ist mit zahlreichen kompliziert gebauten Platten bedeckt, die ein Chitinkorsett (Lorica) bilden. Aus dem Ei schlüpft eine sogenannte Higgins-Larve mit einem relativ einfach gebauten Introvert, einem breiteren Mundkegel und einer relativ breiten Mundöffnung. Auf der Ventralseite der Lorica stehen Gruppen von Bewegungshäkchen, im hinteren Rumpfteil steht ein weiteres Paar dieser Bewegungsanhänge. Diese Anhänge können flossenförmig sein und dem Schwimmen dienen oder schmal und mit Klebdrüsen ausgestattet sein.

Vorkommen, Biologie. Erst 1983 entdeckt. Marin, benthisch. Die Lebensweise ist praktisch unbekannt. Die Tiere leben im Sandlückensystem. Es scheint aber, dass die Lebensweise der Adulti und der Jungtiere unterschiedlich ist: Die sessilen Adulten ernähren sich wahrscheinlich durch das Einsaugen von Geweben anderer Organismen, während die Jungtiere – zumindest bei einigen Arten – frei beweglich sind. Ihre Mundkegel sind auch nicht so evident „stechend“ wie die der Adulten.

System. Circa 80 Arten. Unlängst wurden unterschiedlich gebaute „Larvalstadien“ von verschiedenen Loricifera-Arten entdeckt; die Vielfalt dieser Gruppe ist also größer als zunächst vermutet. Vertreter z.B. *Nanaloricus mysticus.*

9.1.3 Kinorhyncha (Hakenrüssler)

Übersicht

Kinorhyncha (griech. bewegliche Rüssel)

Größe, Morphologie. 0,2–1 mm. Der wurmartige Rumpf ist in elf Segmente (Zonite) gegliedert. Üblicherweise spricht man von 13 Zoniten, denn zu ihnen werden auch das Introvert und der „Hals“ gezählt, was jedoch die offensichtliche Homologie der Introverte aller Scalidophora verdunkelt. Die Rumpfmuskeln sind segmental angeordnet. Das Introvert der Kinorhyncha erinnert an das Introvert der Loricifera. Der Pharynx weist mit seiner alternierenden Ring- und Radiärmuskulatur einen komplizierten und einzigartigen Bau auf. Das ventrale Nervensystem enthält in jedem Zonit ein Paar Ganglien, das durch eine Kommissur verbunden wird. Die Tiere schlüpfen mit neun Zoniten, aber die winzigen Anlagen der restlichen zwei sind schon bei frisch geschlüpften Hakenrüsslern im hinteren Teil des Körpers angelegt, so dass es sich hier nicht um eine terminale Wachstumszone handelt.

Vorkommen, Biologie. Marin, benthisch, im Sand, ernähren sich von Diatomeen. Gonochoristen, direkte Entwicklung mit sechs Häutungen.

System. Circa 150 Arten: z.B. *Echinoderes dujardinii.*

9.2 Nematoida

Die Nematoida (= **Nematomorpha + Nematoda**) bilden zweifellos eine monophyletische Gruppe (Abb. 65).

Diagnose

Apomorphien der Nematoida:

- **Llanger dünner Körper.**
- **Kollagen-Kutikula.**
- **Fehlende Ringsmuskulatur, in Stränge angeordnete Längsmuskel, die durch dorsale und ventrale Epidermisstreifen getrennt sind, durch die Nervenstränge hindurchziehen (Abb. 24).**
- **Die Kombination der festen Kutikula mit Längsmuskeln macht peristaltische Bewegungen unmöglich; die Bewegung erfolgt daher wellenförmig nach Art eines spritzenden Wasserschlauchs. Zwei Bewegungsformen sind möglich – die Nematomorpha wellen sich seitlich von rechts nach links, während die Wellenbewegungen bei der Nematoda in dorso-ventraler Richtung erfolgen.**
- **Protonephridien fehlen.**
- **Amöboide, geißellose Spermien ohne Akrosom.**

Nematomorpha (Saitenwürmer)

9.2.1

Übersicht

Nematomorpha (griech. Nematodenförmige)

Größe, Morphologie. Bis 150 cm. Extrem lange, dünne, biegsame Würmer. Das einfach gebaute Verdauungssystem dient eher der Speicherung der durch die Kutikula aufgenommenen Stoffe als der Nahrungsaufnahme. Den Jungtieren fehlt das Verdauungssystem vollständig. Die Pharynxmuskulatur ist rückgebildet und die Muskelfasern weisen eine besondere Ultrastruktur auf. Der dorsale Teil des Gehirns ist rückgebildet. Der Körper der „Larven" wird durch ein Septum in zwei Abschnitte geteilt: das Präseptum und das Postseptum. Das Präseptum erinnert an das Introvert der Priapulida. Der postseptale Körperteil wächst enorm, so dass der Körper des adulten Individuum fast ausschließlich dem Postseptum des Jungtieres entspricht. Die dünne Kutikula und ihre Anhänge wird bei den Juvenilen bereits kurz nach Verlassen des Wirtes gehäutet und durch die sehr viel dickere Kutikula der Adulten ersetzt.

Vorkommen, Biologie. Weltweit, marin, limnisch, semiterrestrisch, juvenile Stadien parasitisch. Gonochoristen. Nematomorpha schlüpfen im Wasser, aber das Stadium des freilebenden Jungtiers dauert nur wenige Tage. Die Jungtiere sind Parasiten von Arthropoden. Der juvenile Saitenwurm wird oral aufgenommen, durchdringt die Darmwand des Wirtes und nistet sich in dessen Körperhöhle ein. Die Adulten leben im Wasser und nehmen keine Nahrung zu sich.

System. Zwei Subtaxa: **Nectonematoida** und **Gordioidea.** Circa 230 Arten: z.B. *Gordionus scaber, Spinochordodes tellinii.*

9.2.2 Nematoda (Fadenwürmer)

Die Nematoda sind eine sehr erfolgreiche Tiergruppe. Hinsichtlich ihrer Artenzahl sind sie mit den Mollusken und Chordaten vergleichbar; auch erreichen sie extrem hohe Individuendichten. Weil der Fadenwurm *Caenorhabditis elegans* zum Modellorganismus in der biomedizinischen Grundlagenforschung, Molekular- und Entwicklungsbiologie wurde, kennen wir die Nematoden (eigentlich nur *Caenorhabditis*) sehr detailliert. Gleichzeitig sind unsere Ansichten über diese Gruppe gerade wegen ihres „Modellcharakters" seltsam verstellt – bei Weitem nicht alles, was für *Caenorhabditis* gilt, ist repräsentativ für die Nematoda. Verglichen zur großen Arten- und ökologischen Vielfalt zeigen Nematoda eine relativ geringe morphologische Vielfalt.

Übersicht

Nematoda (griech. Fadenförmige)

Größe, Morphologie. 0,2 mm–8 cm. Zylindrischer, wurmförmiger, langer Körper mit verengten Körperenden (Abb. 66).

Vorkommen, Biologie. Weltweit, marin, limnisch, terrestrisch, Parasiten von Tieren und Pflanzen. Verschiedene Lebensräume (s.o.), oft Nahrungs- und Wirtsspezialisten. Sehr individuenreich. Gonochoristen; Kopulation.

System. Sehr artenreich. Schätzungsweise eine halbe Million Arten, davon erst 20.000 beschrieben. Zwei Schwestergruppen: **Enoplea** und **Chromadorea** (Abb. 65). Beispiele: *Ascaris lumbricoides* (Spulwurm), *Caenorhabditis elegans, Dracunculus mediensis* (Medinawurm), *Enterobius vermicularis* (Madenwurm), *Globodera rostochiensis* (Kartoffelnematode), *Heterodera schachtii* (Rübennematode), *Trichinella spiralis* (Trichine).

Bedeutung. Bedeutende Parasiten, wichtige Rolle in Ökosystemen.

Morphologie und Entwicklung.

Diagnose

Apomorphien der Nematoda:

- **Der Hautmuskelschlauch wirkt gegen die Körperflüssigkeit als Hydroskelett.**
- **Adhäsionsdrüsen.**
- **Radiärsymmetrie im vorderen Körperabschnitt.**
- **Amphiden (Seitenorgane) als spezielle Sinnesorgane.**
- **Ringförmiges, dreiteiliges Gehirn.**
- **Saugpharynx mit dreizipfligem Querschnitt.**
- **Komplexe Geschlechts- und Kopulationsorgane.**
- **Konstante Anzahl der Zellen (sogenannte Eutelie) bei den Chromadorea.**
- **Embryonale Entwicklung mit zahlreichen Entwicklungsmodi.**

Der **Körperbau** der Nematoda ist sehr uniform – praktisch alle Arten weisen zylindrische Körper mit spitz zulaufenden Körperenden auf. Sie werden von einer festen und elastischen **Kollagen-Kutikula** bedeckt, die **kein Chitin** enthält und glatt oder mit verschiedenen Häkchen und Nadeln ausgestattet sein kann. Der **Hautmuskelschlauch** (aus Kutikula, Epidermis und Längsmuskulatur) wirkt gegen den hydrostatischen Druck der Körperflüssigkeit und bildet ein leistungsfähiges **Hydroskelett**. **Vertikale Bewegungen** werden durch die in vier Stränge eingeteilte Längsmuskulatur gewährleistet. Nematoden schwimmen allerdings nicht delfinartig durch vertikale Körperschläge; üblicherweise heften sie sich an Unterlagen an, so dass ihre Wellenbewegungen horizontal ausgerichtet erscheinen. Der Körperbau der Nematoda ermöglicht das Leben in beliebigen Milieus – vielleicht sind die Nematoden gerade deswegen morphologisch ziemlich uniform. Am Körperende befinden sich bei ursprünglichen wasserlebenden Formen **drei einzellige Drüsen**, die **klebrige Substanzen** produzieren, die der Adhäsion auf Unterlagen dienen.

Abb. 66

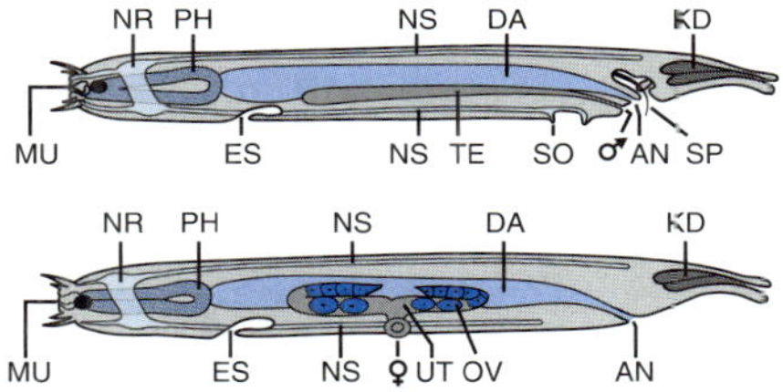

Morphologie eines Fadenwurms. Oben Männchen, unten Weibchen. **AN** Anus, **DA** Darm, **ES** Exkretionssystem, **KD** Klebdrüsen (Schwanzdrüsen), **MU** Mund, **NR** Nervenring, **NS** Nervenstrang, **OV** Ovarium, **PH** Pharynx, **SO** Sinnesorgane, **SP** Spiculum, **TE** Testis, **UT** Uterus (nach Papacek et al. 2000).

Im vorderen Körperabschnitt sind Nematoda (wie Priapulida) **radiärsymmetrisch**, mit drei Ringen der Sinnesorgane (Abb. 24). Im vorderen Körperabschnitt liegen laterale Ausgänge von tief eingestülpten Sinnesorganen, den sogenannten **Amphiden (Seitenorgane)**. Das ringförmige **Gehirn** ist dreiteilig (typisch für Cycloneuralia). **In der Ontogenese** des ventralen Nervenstrangs sind **13 migrierende Neurone** hintereinander geschaltet – wir erinnern uns, dass auch die Kinorhyncha „13" Körperabschnitte aufweisen. Es ist also möglich, dass auch Nematoda noch subtile Anzeichen einer (früheren?) Körpersegmentierung aufweisen.

Der **Saugpharynx** hat einen dreizipfligen Querschnitt und die myoepitheliale Muskulatur und die Details der Anordnung der Muskel- und Epidermiszellen im Schlund sind ebenfalls abgeleitete Besonderheiten dieser Tiere. Der Komplex der **Geschlechts- und Kopulationsorgane** enthält eine Reihe weiterer Apomorphien: räumliche Anordnung der Geschlechtsdrüsen, Lage der weiblichen Vagina in der Körpermitte, männliche Kloake, männliche Kopulationsorgane, sogenannte **Spiculae**, amöboide Spermien ohne Geißeln und Akrosomen.

Für die Nematoda, genauer gesagt für kleine Vertreter der Chromadorea, ist die **konstante Anzahl ihrer Zellen** (sogenannte **Eutelie**) charakteristisch. Die **Regenerationsfähigkeit** dieser Tiere ist dadurch drastisch **eingeschränkt**. **Die embryonale Entwicklung** ist abgeleitet und weist keine

Gemeinsamkeiten mit der Spiralfurchung auf. Das Mesoderm entsteht aus einem Zellring, der den Blastoporus umgibt; der Blastoporus wird wie bei anderen Protostomia von den Seiten verschlossen, wobei sich der Mund, Anus und Darm bilden. Entlang der Linie des Kontakts der beiden seitlichen Blastoporuslippen entsteht der ventrale Nervenstrang. Die **Vielfalt der Entwicklungsmodi** der Nematoda ist riesig und es stellt sich die Frage, ob *Caenorhabditis* wirklich viel mehr als die eigene Art repräsentiert. Während der postembryonalen Entwicklung werden **vier Juvenilstadien** durchlaufen.

Phylogenese und Systematik. Die Nematoda wurden **traditionell in zwei „Klassen"** eingeteilt – die ursprünglichen, üblicherweise marinen **„Adenophorea"** und die stärker abgeleiteten, üblicherweise terrestrischen **Secernentea** (einschließlich *Caenorhabditis*). Für die letzte Gruppe ist die Ausbildung besonderer Sinnesorgane, die sogenannten Phasmiden, im hinteren Körperabschnitt charakteristisch. Morphologische und embryologische Untersuchungen legen nahe, dass die „Adenophorea" nicht monophyletisch sind. Die **morphologische Uniformität der Nematoda erschwert allerdings die Rekonstruktion der Phylogenese dieser Tiere. Daher beruht das heutige System der Nematoda weitgehend auf molekularen Untersuchungen**. Diese teilen die Nematoda in **zwei Taxa ein**: die **Enoplea**, zu denen die meisten der ehemaligen „Adenophorea" gehören, und die **Chromadorea**, die die Secernentea und die ehemaligen „adenophoren" Chromadorida und Monhysterida einschließen (Abb. 65).

Fragen

1 Die namengebenden Strukturen der Scalidophora sind die Scaliden. Um welche Strukturen handelt es sich?

2 Nennen Sie die wichtigsten Subtaxa der Scalidophora und schildern Sie kurz ihre Ökologie.

3 Was ist die „Lorica"?

4 Welche Subtaxa werden zu den Nematoida gestellt und durch welche Apomorphien sind diese begründet?

5 Charakterisieren Sie die Taxa: Nematoda, Nemertea, Nematoida und Nematomorpha.

6 Nennen und erläutern Sie die Ecdysozoen-Merkmale der Nematoiden.

7 Das heutige System der Nematoda beruht überwiegend auf molekularen Untersuchungen. Warum?

8 Was verstehen Zoologen unter einem Hydroskelett?

9 Charakterisieren Sie die Bedeutung folgender Arten der Fadenwürmer: *Ascaris lumbricoides, Caenorhabditis elegans, Globodera rostochiensis, Trichinella spiralis.*

10 Vergleichen Sie die Fortpflanzungsbiologie eines Bandwurms mit der eines Spulwurms.

Panarthropoda | 10

Inhalt

Als Panarthropoda (Arthropoda i.w.S.) wird ein Taxon bezeichnet, das die **Tardigrada, Onychophora** und **Euarthropoda** (= Arthropoda i.e.S.) **und einige fossile Gruppen** umfasst (Abb. 65, 67). Panarthropoda zeigen ein Mosaik von gemeinsamen Merkmalen mit den Anneliden (worauf sich das Articulata-Konzept stützt) und den Nematoden (worauf das Ecdysozoa-Konzept beruht). Zu den Apomorphien der Arthropoden zählen u.a. ihre paarigen, mit Krallen endenden Extremitäten. Die Kopfextremitäten sind modifiziert und dienen als Träger von Sensillen („Antennen") oder zur Manipulation der Nahrung („Beißwerkzeuge"). Die **Zugehörigkeit der Tardigrada** zu Panarthropoda ist **unsicher**. Ihre Morphologie ist sehr ungewöhnlich und es wird kontrovers diskutiert, ob diese die Folge einer sekundären Verzwergung ist. In **molekularen Analysen** erscheinen die Tardigrada als **Schwestergruppe der Nematoda** und nicht der Arthropoda. **Onychophora (Stummelfüßer)** sind räuberische, „raupenförmige" Tiere mit auffälligen paarigen Antennen. Aus **kambrischen Lagerstätten** kennen wir eine große Anzahl von Panarthropoden. Spektakulär sind **Dinocarida** – eine Gruppierung bizarrer Prädatoren mit riesigen Vormundextremitäten und metamer angeordneten seitlichen Lappen, die Kiemen tragen. Bei den **Euarthropoden** handelt es sich um die artenreichste Tiergruppe überhaupt.

Merkmale | 10.1

Es ist schwieriger die Panarthropoden mit **Apomorphien** zu charakterisieren als es scheint, da die Merkmalsbewertung **davon abhängt, ob** die Panarthropoda als **Articulata** (also Verwandte der Annelida) oder als **Ecdysozoa** (also Verwandte der Priapulida etc.) gedeutet werden. Werden die Panarthropoda als Teiltaxon der Articulata betrachtet, können die Articulaten-Merkmale nicht als ihre Apomorphien bewertet werden. Im zweiten Fall (Panarthropoda als Ecdysozoa) werden die typischen Articulaten-Merkmale zu ihren Apomorphien.

Diagnose

Articulaten-Merkmale der Panarthopoda sind z.B.:
- ► Körpersegmentierung.
- ► Metameres Nervensystem.
- ► Teloblastische Wachstumszone am Körperende.

Ecdysozoa-Merkmale der Panarthropoda sind z.B.:
- ► Mehrschichtige Kutikula mit Chitin und ohne Kollagen.
- ► Ein durch ein ecdysteroides Hormon gesteuerter Häutungszyklus.
- ► Reduktion der lokomotorischen Cilien.
- ► Direkte Entwicklung und fehlendes Apikalorgan.

Apomorphien der Panarthropoda:

► Die Extremitäten (Lobopodien oder Arthropodien) mit paarigen Krallen.

► Die paarigen Kopfextremitäten sind modifiziert und dienen als Träger von Sensillen („Antennen") oder zur Manipulation der Nahrung („Beißwerkzeuge").

► Dotterreiche Eier. Die Furchung ist üblicherweise partiell und superfiziell, so dass der Embryo oberflächlich auf der zentralen Dottermasse liegt – Blastoderm. Infolgedessen ist auch die Embryogenese der Arthropoda sehr kompliziert. Nur bei einigen Gruppen (Pantopoda, einige Crustacea) finden sich dotterarme Eier mit totaler Furchung.

► Ein Coelom wird embryonal angelegt, seine Wände zerfallen später aber so weitgehend, dass die Körperhöhle aus dem Blastocoel und dem Coelom gebildet wird und ein sogenanntes Mixocoel (= Hämocoel) entsteht. Die Körperhöhle wird durch ein horizontales (perikardiales) Septum in eine Dorsalseite mit dem Herz und eine Ventralseite mit den übrigen Organen eingeteilt.

► Röhrenförmiges dorsales Herz, das aus einem Ringmuskel mit paarigen Öffnungen (sogenannte Ostien) besteht. Die Ostien sind an den Grenzen der Körpersegmente lokalisiert. Die Hämolymphe wird durch die Ostien aus dem Mixocoel ins Herz geleitet und kopfwärts gepumpt.

► Protonephridien fehlen. Modifizierte Metanephridien werden durch ein besonderes Bläschen, den sogenannten Sacculus, und einen Ausführungskanal gebildet. Der

Abb. 67

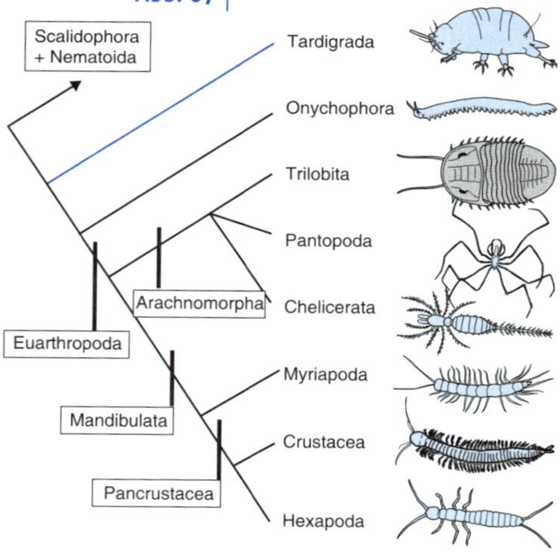

Verwandtschaftsdiagramm der Panarthropoda. Die blaue Linie kennzeichnet eine Gruppe, deren Monophylie nicht gesichert ist bzw. deren phylogenetische Beziehungen unsicher sind.

Sacculus wird gelegentlich für den Rest des echten Coeloms gehalten. Allerdings sind die Metanephridien (zumindest bei Onychophora, den einzigen Vertretern der Panarthropoda, deren Metanephridien die ursprüngliche Exkretionsfunktion behalten haben) schon teilweise entwickelt, wenn das Coelom mit dem Blastocoel zu verschmelzen beginnt.
▶ Das Nervensystem wird durch ein kompliziertes Gehirn und das metamer gegliederte, ventrale Bauchmark gebildet. Die Gehirne verschiedener Taxa der Panarthropoda sind vielfältig strukturiert.

Tardigrada (Bärtierchen)

10.2

Übersicht

Tardigrada (lat. langsam Gehende)
Ihren Namen verdanken die Tardigraden ihrer Teddybär-ähnlichen Körpergestalt und der langsamen, tapsigen Fortbewegungsweise (Abb. 65, 68).
Größe, Morphologie. 50 µm–1,5 mm. Kurzer gedrungener Körper, vier Stummelbeinpaare. Die Kutikula der Dorsalseite ist bei einigen Arten plattenartig ausgebildet. Auf Kopf- und Rumpfsegmenten können sich borsten- und fadenförmige Sensillen oder dickere, hohle Clavae (Chemorezeptoren) befinden.
Vorkommen, Biologie, Ökologie. Weltweit, marin, limnisch oder terrestrisch. Die Verbreitung einiger Familien und Gattungen korreliert mit der Trennung des Urkontinents Pangäa in Gondwana und Laurasia. Herbivor oder räuberisch, selten parasitisch. Innere oder externe Besamung, ovipar. Unter schlechten Umweltbedingungen werden dickschalige Dauereier, bei guten Bedingungen dünnschalige Eier gebildet. Parthenogenese möglich. Tardigraden sind gegen Temperatur- (-273 bis +151 °C) und Feuchtigkeitsschwankungen, Röntgenstrahlung oder gegen Nahrungsmangel extrem resistent und können widrige Bedingungen kryptobiotisch, als Tönnchen oder Zysten, überstehen.
System. Circa 700 Arten. Zwei Subtaxa: die **Heterotardigrada** („gepanzerte" Formen; neun Familien: z.B. Batillipedidae) und **Eutardigada** („nackte" Formen; sechs Familien: z.B. Macrobiotidae).

Morphologie und Ontogenese

10.2.1

Diagnose

Apomorphien der Tardigrada:

- **Vier Paare einästiger Extremitäten mit Krallen.**
- **Die Krallen des ersten Beinpaares sind zu einem Stilettapparat umgewandelt.**
- **Eutelie (= genetisch festgelegte Anzahl der Zellen).**
- **Coelom und Gefäßsystem fehlen.**

- **Das Genom zählt zu den kleinsten im Tierreich.**
- **Kryptobiose (Fähigkeit im gefrorenen oder ausgetrockneten Zustand zu überleben).**

Die Morphologie der Tardigrada ist so ungewöhnlich, dass ein Vergleich mit anderen Arthropoden-Taxa schwerfällt. Viele Aspekte sind unklar, z.B. die Anzahl der Kopfsegmente (drei?). Kontrovers diskutiert wird, ob die Tardigraden **sekundär verzwergte Formen** sind. **Coelome und Nephridien sind nicht ausgebildet**. Der Gasaustausch erfolgt über die Körperoberfläche. Die primäre Leibeshöhle ist als Hämocoel ausgebildet. Die Muskulatur des Rumpfes und der Gliedmaßen besteht aus einzelnen dünnen, an der Kutikula inserierenden, längs angeordneten glatten Muskelzellen. Diese wirken meist gegen das Hämocoel (Hydroskelett-Prinzip). Die Nahrung wird über eine Pharynxsaugpumpe in den Darmkanal gesaugt. Viele Arten verfügen über Pigmentbecheraugen, die durch die äußeren, dorsalen Gehirnlappen innerviert werden.

Die **ungegliederten Extremitäten tragen jeweils vier bis acht bewegliche Krallen**, die zu Haftplatten abgewandelt sein können. Die Tiere laufen nur mit den ersten drei Beinpaaren, das letzte Paar sorgt für die Verankerung am Substrat. Die **Mundwerkzeuge werden durch ein Paar Stilette** gebildet, die auf Stillettträgern ruhen. Hierbei handelt es sich vermutlich um die Krallen des ersten Beinpaares, denn ursprünglich wiesen Tardigraden wohl fünf Rumpfsegmente auf. Das 1. Rumpfsegment wurde vermutlich dem Kopf angegliedert; dafür spricht ein Konnektiv zwischen dem Protocerebrum und dem Ganglion des ersten Beinpaares. Die folgenden Ganglien sind entsprechend dem Strickleiternervensystem angeordnet (Box 40).

Die **Embryonalentwicklung** wurde erst 2005 detaillierter beschrieben. Sie beginnt mit einer unregelmäßigen Furchung des ganzen Eies. Auffällig ist die unerwartet hohe Regenerationsfähigkeit, durch die fehlende Blas-

Box 40

Bestehen Tardigrada nur aus einem laufenden Kopf?

Bei einem Vergleich der Segmentierung des Gehirns der Tardigrada mit dem Nervensystem und der Körpersegmentierung der Arthropoden fällt auf, dass die vier Paar Extremitäten der Tardigrada den beiden Paaren der Antennen, Mandibeln und dem 1. Maxillenpaar entsprechen könnten. Tardigrada sind, verglichen mit den Onychophora und Arthropoda, extrem verkürzt. Wenn der Kopf der Onychophora drei Segmente umfasst, gefolgt von Rumpfsegmenten mit Lobopodien und der Kopf der Arthropoda üblicherweise fünf bis sechs Segmente, könnte es sein, dass Bärtierchen vielleicht nur aus den Köpfen bestehen und ihnen die eigentlichen Rumpfsegmente fehlen.

tomere ersetzt werden können. Nicht einmal die Lage der anterio-posterioren Körperachse gegenüber den anfänglichen Furchungsebenen ist festgelegt. Dagegen erinnern die Entwicklung des Nervensystems, der Verlauf der Gastrulation und die Entstehung des Entoderms stark an die Situation bei manchen Arthropoden. Aus dem Blastoporus entsteht die Mundöffnung, die Rumpfsegmente entstehen aus Teloblasten, allerdings ohne eine klare anterio-posteriore Ausrichtung, welche wir bei Arthropoden und Anneliden beobachten. Das Mesoderm ist in frühen Entwicklungsphasen kompakt und ohne Hohlräume.

Abb. 68

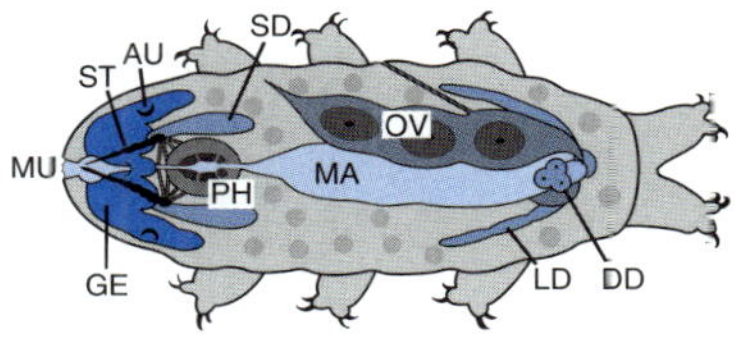

Morphologie eines weiblichen Bärtierchens aus der Dorsalansicht. AU Auge, **DD** dorsale Darmdrüse, **GE** Gehirn, **LD** laterale Darmdrüse, **MA** Magen, **MU** Mund, **OV** Ovarium, **PH** Pharynx, **SD** Speicheldrüse, **ST** Stilette (nach Lang 1971).

Phylogenese

10.2.2

Traditionell werden die Tardigrada für **Panarthropoden** gehalten und zwar für die Schwestergruppe der Onychophoren (Proarthropoda) oder der Euarthropoden (Tactopoda). Doch weisen sie nur wenige Apomorphien der Panarthropoda auf, was zwei Ursachen haben könnte: Entweder ist dies die Folge einer möglichen Miniaturisierung oder Bärtierchen zählen doch nicht zu den Panarthropoda (Box 41, 42). In letzter Zeit finden alte Hypothesen über die **Zugehörigkeit** der Tardigrada **zu den Cycloneuralia** wieder Unterstützung, da die Strukturen des Pharynx und des Mundkegels

Box 41

Was wäre, wenn die Tardigrada die Schwestergruppe der Nematoda wären?

Die Analysen, die die Tardigrada als Schwestergruppe der Nematoda identifizieren, warten noch auf Bestätigung, denn die Tardigrada wurden noch nicht zusammen mit Vertretern der Priapulida und Nematophora analysiert. Bislang wurde auch nur eine einzige Tardigraden-Art untersucht. Falls sich aber diese Verwandtschaftsbeziehung bestätigen sollte, könnte sich unsere Vorstellung von der Evolution der Ecdysozoa markant ändern: ursprüngliche Ecdysozoa wären segmentiert, die Panarthropoda wären paraphyletisch und die Cycloneuralia würden zu den Panarthropoda gehören. Die Kinorhyncha bildeten die ursprünglichste und die Nematoda die abgeleitetste Gruppe der Cycloneuralia. Der Widerspruch zwischen den beiden konkurrierenden Hypothesen über die phylogenetische Stellung der Panarthropoda (Articulata- *versus* Ecdysozoa-Konzept) würde sich markant glätten. Die Ecdysozoa erschienen als Subtaxon der paraphyletischen Articulata innerhalb der dann ebenfalls paraphyletischen Lophotrochozoa – vergessen wir nicht, dass die Monophylie der Lophotrochozoa stets unsicher war. Wir werden sehen, welche Hypothese durch zukünftige Untersuchungen Unterstützung erfährt.

Box 42

Tardigrada, Onychophora und Cephalochordata in Gefangenschaft der Traditionen

Den Tardigrada, Onychophora und Cephalochordata (S. 244) ist gemeinsam das Unglück geschehen, dass wir sie a priori als ursprünglich ansehen. Die **Tardigrada** werden üblicherweise für sekundär miniaturisierte Tiere gehalten, da sie kein Herz, kein Coelom und keine Metanephridien ausbilden. Diese Interpretation ist im Kontext der Articulata-Hypothese sinnvoll; die Tardigrada sind tatsächlich unter allen Panarthropoden den Anneliden am wenigsten ähnlich. Falls die Tardigraden allerdings zu den Ecdysozoa gehören, würde ihr kleiner und einfach gebauter Körper einfach nur einen ursprünglichen Merkmalszustand repräsentieren, den sie von den „Schlauchwurm-Verwandten" übernommen hätten. Die **Onychophora** werden wir üblicherweise als „Übergangsglieder" zwischen Anneliden und Arthropoden interpretiert, oder als ursprüngliche Schwestergruppe der Euahropoden, wodurch ihnen das „Recht" auf die Entwicklung eigener evolutionärer Neuheiten abgestritten wird. Diese Annahme ist ziemlich paradox. Beide, Onychophora und **Cephalochordata**, werden oft als „primitive Vorfahren" von großen und reich diversifizierten Gruppen gedeutet (also Arthropoden bzw. Wirbeltiere). Die Cephalochordata wurden daher häufig als Gegenstücke zu den Wirbeltieren wahrgenommen und ihre Eigenschaften dann automatisch für ursprünglich gehalten. Dadurch wurde den Cephalochordaten jedoch mehrere hundert Millionen Jahre unabhängiger Evolution aberkannt, in denen natürlich auch sie eigene Apomorphien entwickelten. Wenn wir also feststellen, dass sich die Cephalochordata und Wirbeltiere in einigen Aspekten unterscheiden, besteht kein Grund, die Wirbeltierversion eines Merkmals a priori für abgeleitet zu halten.

der Tardigrada im Detail an die Verhältnisse bei den Loricifera erinnern. In kombinierten **Multigen-Analysen** erscheinen die Tardigrada innerhalb der Ecdysozoa als **Schwestergruppe der Nematoda** und **nicht der Arthropoda**. Diese Hypothese erhielt durch die Analyse der cDNA Sequenz kürzlich weitere Unterstützung (Box 41).

10.3 | Onychophora (Stummelfüßer)

Übersicht

1. LB

Onychophora (griech. Krallentragende)

Größe, Morphologie. 5 mm–15 cm. Raupenförmig. Relativ homonom gegliedert, der Kopf ist nur schwach vom Rumpf getrennt. Er trägt ein Paar Grubenaugen, viele Atemöffnungen und drei Extremitätenpaare: lange, gegliederte Antennen, die mit einer Vielzahl von Sensillen ausgestattet sind, Kiefer (Mundhaken) und Oralpapillen. Die Körperoberfläche ist rau und papillös.

Vorkommen, Biologie. Terrestrisch, disjunkt verbreitet: Die Peripatidae weisen ein äquatoriales, die Peripatopsidae ein typisches Gondwana-Vorkommen auf, indem sie die Spitzen der Südkontinente besiedeln. Versteckte Lebensweise in Bodenhabitaten mit hoher Luftfeuchtigkeit. Räuberisch. Oviparie, Ovoviviparie und Viviparie. Die Übertragung der Spermatophoren erfolgt auf z.T. abenteuerliche Weise. Bei einigen Arten überreichen die Männchen ihre Spermatophoren über geweihartige Kopforgane, während die Männchen anderer Arten ihre Samenpakete auf der Körperoberfläche der Weibchen ablegen. Diese penetrieren dann die Kutikula; der Transport der Spermien zu den Ovarien erfolgt durch Hämozyten. **Systematik.** Box 42. Circa 200 Arten, zwei Familien: Peripatidae und Peripatopsidae.

Morphologie

10.3.1 Diagnose

Apomorphien der Onychophora:
- **Terrestrische Lebensweise.**
- **Tracheen.**
- **Mundhaken.**
- **Oralpapillen.**
- **Äußere Segmentierung.**
- **Papillöses Integument.**
- **Oncopodien.**

Alle aufgeführten Apomorphien der Onychophoren sind im Zusammenhang mit der **terrestrischen Lebensweise** entstanden. **Tracheen** sind den Tracheen der „Antennata" nicht homolog, denn sie weisen sehr viele Stigmen pro Segment und einen anderen chemischen Aufbau auf.

Der „raupenartige" Rumpf wird bei Onychophoren von **13 bis 43 Laufbeinpaaren** getragen. Die ungegliederten Stummelbeine (**Oncopodien**) enden in zwei Krallen.

Die Kiefer sind als **Mundhaken** mit Zähnen und Schneiden entwickelt. Die **Oralpapillen** sind abgewandelte Mundextremitäten, an deren Spitzen große **Schleimdrüsen** münden (Abb. 69). Onychophoren können den hier produzierten Schleim bis zu 50 cm weit netzartig ausspucken und mit diesen Netzen auch relativ große Beutetiere gezielt festleimen oder Angreifer vertreiben. Während sich die **Antennen der Onychophoren vermutlich mit den 1. Antennen der Euarthropoda homologisieren lassen, ist eine Homologisierung der Mundhaken und Oralpapillen mit Kopfextremitäten der Euarthropoda nicht möglich.**

Die **Kutikula** ist **nicht gehärtet**, das Exoskelett ist nur schwach entwickelt. Die unregelmäßige **papillöse Oberfläche** macht die Tiere unbenetz-

Abb. 69

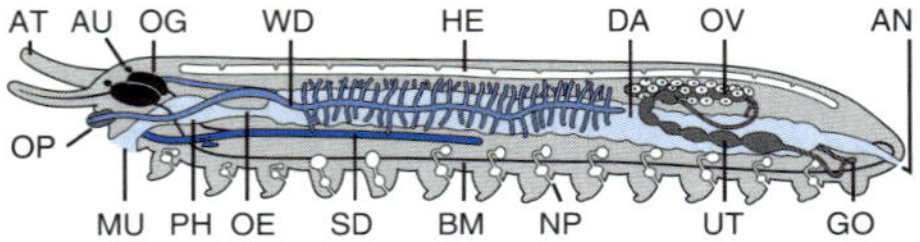

Morphologie eines weiblichen Stummelfüßers. AN Anus, **AT** Antenne, **AU** Auge, **BM** Bauchmark, **DA** Darm, **GO** Geschlechtsöffnung, **HE** Herz (Rückengefäß), **NP** Nephridioporus der Metanephridien, **OE** Ösophagus, **OG** Oberschlundganglion, **OP** Oralpapille, **OV** Ovarium, **PH** Pharynx, **SD** Speicheldrüse, **UT** Uterus mit Embryonen, **WD** Wehrdrüse (nach Pearse und Buschbaum, aus Westheide und Rieger 2004).

bar und verhindert, dass sie mit dem eigenen Fangschleim verkleben. Der **Lotuseffekt** wurde also auch im Tierreich erfunden. Der **Hautmuskelschlauch** erinnert stark an die Verhältnisse bei Anneliden.

Die dorsale **äußere Segmentierung** der Rumpfoberfläche wird durch eine sekundäre Ringelung „verwischt". In diesem Zusammenhang ist von Interesse, dass das **Gen *engrailed***, das an der Organisation des Ekto- und Mesoderms der Rumpfsegmente von Annelida und Arthropoda beteiligt ist, bei Onychophora nur als Segmentierungsgen im Mesoderm wirkt. Dieser Befund unterstützt Ansichten, wonach die Segmentierung der Onychophora „irgendwie unfertig" erscheint. Sie erfasst zwar die inneren Organe, das Ektoderm jedoch nur teilweise. Das **Nervensystem** ist nicht deutlich segmentiert, und detaillierte embryologische Untersuchungen deuten darauf hin, dass das Gehirn dem ringförmigen Gehirn der Cycloneuralia homolog sein könnte.

Box 43

Kambrische „Arthropoden mit großen Extremitäten" („great appendage arthropods")

Aus dem Kambrium sind zahlreiche Arthropoden-ähnliche Fossilien bekannt, deren systematische Zuordnung noch völlig unklar ist. Zwei dieser ungewöhnlichen Vertreter sind ***Opabinia regalis*** und ***Anomalocaris* sp.**, die vermutlich eng miteinander verwandt waren. ***Opabinia*** ist aus zwei kambrischen Lagerstätten bekannt, dem Burgess Schiefer, Britisch Kolumbien, und dem Maotianshan Schiefer, China. Ihr bis zu 8 cm langer Körper war weich und nicht kalzifiziert. Der unsegmentierte Kopf besaß fünf Augen und einen auffälligen frontalen, präoralen „Rüssel" (Proboscis) mit terminaler Schere, mit der die Tiere in Sedimenten nach Nahrung gruben. Der Rumpf war vielsegmentig mit oben liegenden Kiemen und ventralen lappigen Extremitäten, an den sich ein drei Segmente umfassendes Schwanzstück anschloss. ***Anomalocaris*** ist ebenfalls aus dem Burgess Schiefer und aus China bekannt (Chengjiang). Die freischwimmenden Tiere trugen vermutlich Facettenaugen und ein Paar große präorale sklerotiserte, mit stachelartigen Fortsätzen besetzte Anhänge am Kopf, die dem Beutefang dienten. Die scheibenförmige Mundöffnung war von „Zähnen" umstellt (häufig sind nur diese fossil erhalten). Der Rumpf wies mehr als zehn Segmente auf, die lobenartige Schwimmanhänge trugen; häufig zwei furca-ähnliche Schwanzanhänge (Arthropoden-Merkmal). Es sind mehrere Gattungen und Arten der Anomalocariden bekannt mit Größen zwischen 25 cm und max. 2 m.

Kambrische Panarthropoda

10.4

Die ältesten Fossilien, die den Arthropoden nahe stehen könnten, stammen aus **Ediacara-Schichten** (z.B. *Spriggina*). Aus **kambrischen Fundstellen** kennen wir eine große Anzahl von Stammlinienvertretern der Euarthropoden, der Panarthropoden und möglicherweise auch der Onychophoren. Einige Arten (*Aysheaia*, *Luolishania* und *Xenusion*), z.T. mit auffälligen Schutzstacheln (z.B. *Hallucigenia*, *Onychodictyon*), werden für marine, den Onychophora nahe stehende Tiere gehalten (**„Lobopodia“**). Möglicherweise handelt es sich jedoch um die Vertreter von eigenständigen Linien der Panarthropoda mit einem Paar bezahnter Extremitäten seitlich des Endmundes, metamer angeordneten Lobopodien, aber ohne Antennen und mit einer undeutlichen Körpersegmentierung.

Eine weitere für das Verständnis der Evolution der Arthropoden wichtige Gruppe sind **„Dinocarida“** – eine Gruppierung bizarrer Prädatoren mit riesigen Vormundextremitäten und metamer angeordneten seitlichen Lappen, die Kiemen tragen. Diese Gruppierung, zu der bekannte Organismen wie *Opabinia* oder *Anomalocaris* zählen, ist wahrscheinlich paraphyletisch. Einige basale Arthropoden (wie z.B. *Yohoia* oder *Fuxianhuia*) besaßen ein Paar großer „Stirnbeine“, die offensichtlich zum Beutefang genutzt wurden. Aufgrund dieser Extremitäten bezeichnet man diese Tiere auch als **„great appendage arthropods“** („Arthropoden mit großen Extremitäten“ (Box 43, Abb. 70).

Abb. 70

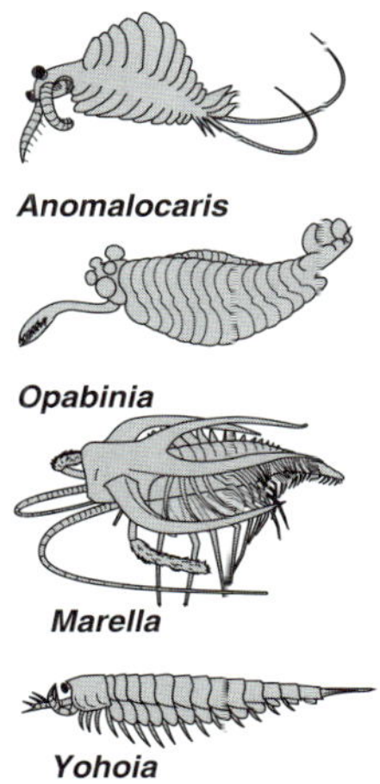

Einige spektakuläre Vertreter der „Dinocarida“.

Fragen

1 Welche Subtaxa werden in die Panarthropoda eingeordnet?

2 Nennen Sie die gemeinsamen Merkmale der Panarthropoda mit der Anneliden (Articulata-Konzept) und mit den Nematoden (Ecdysozoa-Konzept).

3 Nennen Sie einige Apomorphien der Panarthropoden, die sie weder mit den Anneliden noch mit den Nematoden teilen.

4 Die Stellung der Tardigraden ist höchst umstritten. In welchen völlig verschiedenen Tiergruppen werden sie nach verschiedenen Hypothesen eingeordnet?

5 Warum werden die Bärtierchen auch als laufende Köpfe bezeichnet?

6 Bärtierchen werden unter anderem durch Eutelie und Kryptobiose charakterisiert. Was bezeichnen diese Begriffe? Nennen Sie Beispiele auch aus anderen bisher behandelten Tiergruppen, die diese Eigenschaften bzw. Fähigkeiten ebenfalls zeigen.

7 Nennen Sie vier Apomorphien der Onychophora. Welche Merkmale haben diese Tiere bei der Besiedelung des Landes entwickelt?

8 Welche kambrische Panarthropoden kennen Sie?

11 | Euarthropoda

Inhalt

Die rezenten Euarthropoda („Echte Gliederfüßer") werden in **drei phylogenetische Linien** eingeteilt: **Chelicerata** (Spinnentiere inklusive oder exklusive **Pantopoda**), **Myriapoda** (Tausendfüßer) und **Pancrustacea** (Tetraconata = **Crustacea**, Krebstiere + **Hexapoda,** inklusive **Insecta**, Insekten). Die Kladogramme sind jedoch noch instabil und es gibt auch weitere systematische Konzepte. Die Eurthropoda bilden mit ca. 1,5 Millionen beschriebenen und vermutlich mehreren Millionen unbeschriebenen Arten das **artenreichste Taxon** der Tiere. Sie sind **morphologisch und ökologisch außerordentlich vielfältig**. Diese Vielfalt ist vor allem auf die Abwandlung ihrer Extremitäten, der Anzahl der Segmente, sowie auf die Bildung funktioneller Körperabschnitte (sogenannte **Tagmata**, wie Kopf, Thorax und Abdomen) zurückzuführen. Allen Euarthropoden gemeinsam ist das harte (sklerotisierte) **Exoskelett**. Die ebenfalls sklerotisierten Extremitäten (**Arthropodien**) bestehen aus mehreren gelenkig verbundenen Gliedern (**Poditen**). Die Kopfbildung ist bei den heutigen Euarthropoden weit fortgeschritten. Euarthropoden haben zwei Typen von Augen, **Medianaugen und Komplexaugen**, die beide vom vorderen Teil des Gehirns, dem **Protocerebrum**, innerviert werden. Die embryonale Entwicklung der Euarthropoden folgt keinem einheitlichen Muster und die Ontogenese ist enorm vielfältig.

Übersicht

Euarthropoda (griech. echte Gliederfüßer)

Größe. 1 mm–60 cm; fossile Arten waren deutlich größer (vgl. Burda, Allg. Zoologie, 2005, Box 2.7).

Vorkommen. Weltweit, alle Lebensräume.

Evolution. Der evolutionäre Erfolg der Arthropoden geht einher mit der Abwandlung ihrer Extremitäten, der Anzahl der Segmente, der Bildung funktioneller Körperabschnitte (sogenannte Tagmata) und der Entwicklung dieser Tagmata während der Embryogenese. Das bedeutet nicht, dass die Evolution der Furchungstypen oder der inneren Organe zum Stillstand gekommen wäre. Nichtsdestoweniger beruht die enorme

Diversität der Arthropoden auf der Variation weniger Merkmale.

System. Die Euarthropoda enthalten vier große rezente Subtaxa: **Chelicerata** (Spinnentiere inklusive oder exklusive **Pantopoda**), **Myriapoda** (Tausendfüßer), **Crustacea** (Krebstiere) und **Hexapoda** (einschließlich **Insecta**, Insekten). Die drei letztgenannten Taxa werden als **Mandibulata** zusammengefasst. Innerhalb der Mandibulaten werden die **Pancrustacea** (Tetraconata = Crustacea + Hexapoda) als Schwestergruppe der Myriapoda oder alternativ die **Antennata** (Hexapoda + Myriapoda) als Schwestergruppe der Cheliceraten geführt (Abb. 67). Die Arthropoda bilden mit circa 1,5 Millionen beschriebenen und vermutlich mehreren Millionen unbeschriebenen Arten das artenreichste Taxon innerhalb des Tierreichs. Ein Großteil, etwa drei Viertel, der Arthropoden-Arten entfällt auf die Insekten und dabei insbesondere auf die Käfer.

Morphologie

11.1

Diagnose

Apomorphien der Euarthropoda:

- **Plattenskelett.**
- **Arthropodium.**
- **Fortschreitende Kopfbildung.**
- **Fortschreitende Rumpfsegmentierung und Bildung von Tagmata.**
- **Ein Paar Komplexaugen, vier Medianaugen.**

Plattenskelett und Arthropodium

11.1.1

Das Exoskelett wird durch das Strukturprotein **Sklerotin** gehärtet (sklerotisiert) und entwickelt sich zum differenzierten **Plattenskelett** mit harten **Skleriten** (dorsale **Tergite** und ventrale **Sternite**) und zwischengeschalteten, pleural liegenden, „membranösen" Elementen (**Pleurite**) (Abb. 71). Ein geschlossener Hautmuskelschlauch wird bei den Euarthropoden aufgegeben. Die benachbarten Sklerite des Exoskeletts sind vielmehr durch **Bündel quergestreifter Muskeln** verbunden, die zusammen mit der Flexibilität der Skelettelemente ihre bewegliche Verbindung ermöglichen.

Die **Sklerotisierung** des Integuments betrifft auch die Extremitäten, die **Arthropodien** (Abb. 72). Sie bestehen aus mehreren Gliedern (**Poditen**). Untereinander und mit der Körperwand sind sie über weiche „Membranen" und Muskeln verbunden. Wie das ursprüngliche Arthropodium ausgebildet war bzw. aus wie vielen

Abb. 71

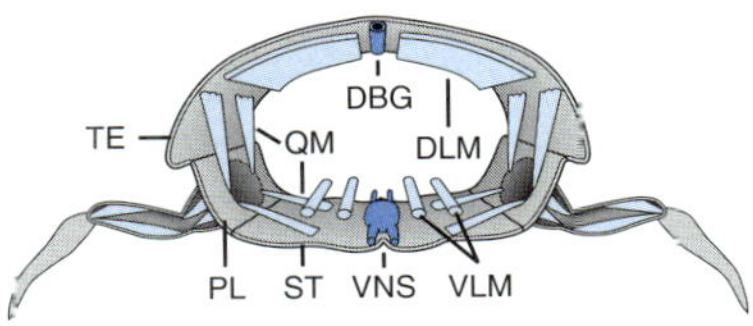

Plattenskelett der Arthropoden. DLM dorsaler Längsmuskel, **DBG** dorsales Blutgefäß, **PL** Pleurit, **QM** Quermuskel, **ST** Sternit, **TE** Tergit, **VLM** ventraler Längsmuskel, **VNS** ventraler Nervenstrang (Bauchmark) (nach Rosypal et al. 2003).

Abb. 72

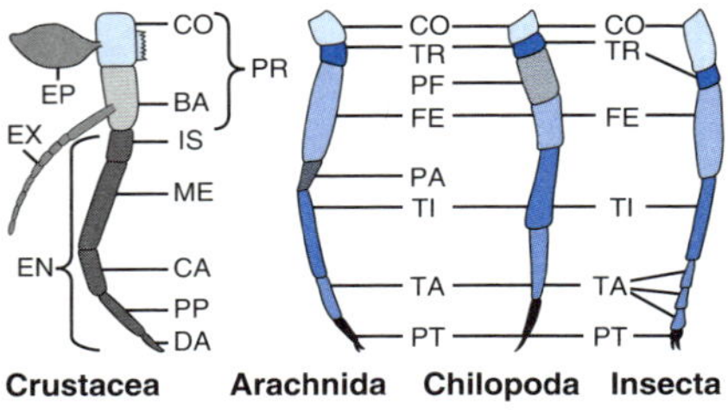

Extremitäten der Arthropoden. BA Basipodit, **CO** Coxa, **DA** Dactylus, **EN** Endopodit, **EP** Epipodit, **EX** Exopodit, FE Femur, **IS** Ischium, **ME** Merus, **PA** Patella, **PF** Praefemur, **PP** Propodus, **PR** Protopodit, **PT** Praetarsus, **TA** Tarsus, **TI** Tibia, **TR** Trochanter (nach Westheide und Rieger 2004).

Gliedern es bestand und ob es verzweigt oder unverzweigt war, ist seit vielen Jahren Gegenstand von Diskussionen. Sicher scheint, dass es aus zwei segmentierten Abschnitten bestand: aus einem kurzen basalen **Protopodit** und einem langen Endglied, dem **Telopodit**, deren morphogenetische Determinierung ganz unterschiedlich ist. Der Protopodit ähnelt in mancher Hinsicht eher einem Körpersegment als einem Bein. Es scheint, dass die ursprünglichen Beine Spaltbeine waren und einen äußeren **Exopodit** (häufig mit Atmungsfunktion) und einen inneren **Endopodit** trugen, der den Telopodit bildet. Da die Stammart der Euarthropoden aquatisch war, ist es naheliegend, dass ihre Extremitäten den Spaltbeinen ursprünglicher Krebse ähnlich gewesen sein werden. Nach einer zweiten Hypothese waren die Extremitäten der Stammart einästig und mehr oder weniger unter den Körper gerückt.

Box 44

Kopfsegmentierung der Spinnen

Nach weit verbreiteter Vorstellung erfolgt die Zusammensetzung des Kopfes bei den Mandibulata und Chelicerata in unterschiedlicher Weise (Tabelle 2): bei den Chelicerata fusioniert der Kopf mit zwei Rumpfsegmenten zum **Prosoma**. Es wurde lange **diskutiert**, ob den Chelicerata das **1. Antennalsegment fehlt**. Nach älteren Deutungen ist das Cheliceren-Segment dem 2. Antennalsegment der Mandibulata homolog. Diese Deutung beruht auf der Innervierung der Cheliceren durch das Tritocerebrum. Die Expression von *Hox*-Genen legt jedoch die Homologie des Cheliceren-Segments mit dem 1. Antennalsegment der Mandibulata nahe. Das nachfolgende Pedipalpen-Segment wäre demnach dem 2. Antennalsegment homolog. Nach dieser Deutung entspricht die Grenze zwischen dem 1. und dem 2. Antennalsegment der Insekten und Krebse der hinteren Grenze des Cheliceren-Segments. Für die **Homologie der Cheliceren und Antennulen** sprechen auch morphologische Hinweise: beide Extremitätenpaare sind unirame Gliedmaßen ohne Gnathobasen, wodurch sie sich markant von den nachgeschalteten Extremitäten unterscheiden. Der **Unterschied zwischen den Chelicerata und den Mandibulata beruht somit nicht in einer unterschiedlichen *Tagmatisierung*, sondern in einer unterschiedlichen *Spezialisierung* der Tagmata**: bei Cheliceraten bewahrt das vordere Tagma die Bewegungsfunktion, während das hintere (das Opisthosoma) strukturell und funktionell stark umgestaltet wurde. Bei den Antennata verhält es sich umgekehrt: der Kopf wird stark spezialisiert, die Bewegungsfunktion wird von den Rumpfsegmenten übernommen.

Die Ähnlichkeit zwischen den einästigen Extremitäten der Onychophora (und Tardigrada) und den Extremitäten vieler Euarthropoda ist nur oberflächlich. Terrestrisch lebende Arthropoden (Hexapoden, Myriapoden, einige Krebse) haben den Kiemen tragenden Ast reduziert.

Das verzweigte Arthropodium entspricht funktionell den Körperanhängen der kambrischen „**Dinocarida**" (innen liegendes Lobopodium, der äußere Lappen mit Kiemen). Die Anhänge der Dinocariden weisen kein basales Protopodium auf, d.h. sie wachsen einzeln aus der Körperwand heraus. Dies ist im Einklang mit der embryonalen Entwicklung der Arthropodien. Expodit und Endopodit werden bei einigen Arten (z.B. *Artemia* spp.) als selbständige Extremitäten angelegt und verschmelzen erst nachträglich, wenn zwischen ihnen das Protopodium auswächst.

Kopfbildung

11.1.2

Die Kopfbildung (**Cephalisation**) ist bei den heutigen Euarthropoden weit fortgeschritten. Die **Anzahl der Kopfsegmente der Stammart der Euarthropo-**

Tabelle 2

Homologisierung der Kopfsegmente mit den entsprechenden Extremitäten und Gehirnteilen der Euarthropoda (modifiziert nach Westheide und Rieger 1996) Die blaue Linie markiert die Grenze zwischen dem 2. und 3. Segment. Nach einigen Autoren entspricht bei den Cheliceraten die traditionell gesetzte Grenze zwischen dem 3. und 4. Segment eigentlich der Grenze zwischen dem 2. und 3. Segment. Das Expressionsmuster des Gens *engrailed* liefert keinen Hinweis für die Existenz eines sog. Präantennal-Segments, das in der früheren Literatur kontrovers diskutiert wurde. Die Oberlippe (Labrum) ist somit nicht die unpaare Extremität eines Präantennal-Segments, sondern die nach ventral verschobene Spitze des Akrons).

Kopfsegmente		Gehirnteile	Extremitäten				
			Trilobita	Chelicerata	Mandibulata		
					Crustacea	Myriapoda	Insecta
1	**Akron**	Oberschlund-ganglion Protocerebrum	Labrum	Labrum	Labrum	Labrum	Labrum
2	**1. Antennen-segment**	Deutocerebrum	1. Antennen = Antennulae	—	1. Antennen = Antennulae	1. Antennen = Antennulae	1. Antennen = Antennulae
3	**2. Antennen-segment**	Tritocerebrum	1. Laufbeine	Cheliceren	2. Antennen	—	—
4	**Mandibu-larsegment**	Unterschlund-ganglion	2. Laufbeine	Pedipalpen	Mandibeln	Mandibeln	Mandibeln
5	**1. Maxillar-segment**		3. Laufbeine	1. Laufbeine	1. Maxillen	1. Maxillen	1. Maxillen
6	**2. Maxillar-segment**		4. Laufbeine	2. Laufbeine	2. Maxillen	2. Maxillen	Labium

Abb. 73

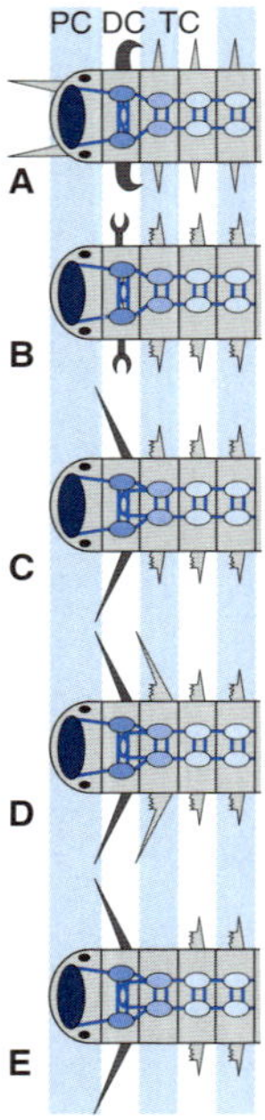

Bau des Kopfes bei den Hauptgruppen der Panarthropoden. A) Onychophora, **B)** Euchelicerata, **C)** Trilobita, **D)** Crustacea, **E)** Hexapoda und Myriapoda. **PC** = Protocerebrum, **DC** = Deutocerebrum, **TC** = Tritocerebrum (nach Zrzavý 2006).

den ist jedoch umstritten. Der Kopf früher Arthropoden enthielt wahrscheinlich nur wenige Segmente, möglicherweise lediglich ein „Augen-“ und ein Antennen-Segment. Die Nahrung wurde mit den Antennenbasen aufgenommen und bearbeitet, nachfolgende Extremitäten waren undifferenzierte Schwimmbeine. Erst später wurden dem Kopf weitere Rumpfsegmente angegliedert (Abb. 73, Tabelle 2).

Wenn wir uns auf die rezenten Mandibulaten (Insekten, Krebse und Tausendfüßer) und die ausgestorbenen Trilobiten beschränken, kann als vorderster Abschnitt des Kopfes das **Akron** identifiziert werden. Das Akron trägt neben dem **Labrum** (Oberlippe) **ein Paar Komplexaugen**; es wird vom vorderen Hirnteil (**Protocerebrum**) innerviert. Das Expressionsmuster des Gens *engrailed* deutet darauf hin, dass das Labrum die nach ventral verschobene Spitze des Akrons darstellt. Das Akron der Arthropoden wird oft mit dem Protostomium der Anneliden homologisiert (Articulata-Konzept) und somit für eine Art Kappe vor dem 1. Kopfsegment gehalten. Von vielen Autoren wird diese Region hingegen als echtes, protocerebrales Segment angesehen (Ecdysozoa-Konzept).

Dem Akron folgt das **1. Antennensegment**, das ein Paar einästiger **Antennullae** (erste Antennen, „Fühler“) trägt und vom **Deutocerebrum** innerviert wird. Bei den Trilobita findet sich nur dieses eine Paar spezialisierter Kopf-Extremitäten.

Dem 1. Antennensegment folgen **vier weitere Segmente mit jeweils zweiästigen Extremitäten**, die im ursprünglichen Zustand bezahnte **Gnathobasen** aufwiesen. Diese Strukturen werden zum Zermahlen der Nahrung benutzt. Die Kopfextremitäten waren ursprünglich den Rumpfbeinen noch sehr ähnlich, hatten wie diese Schwimmfunktion und führten zerkleinerte Nahrungspartikel dem Mund zu. Innerhalb der Subtaxa der Euarthropoda wurden die Kopfextremitäten mannigfaltig abgewandelt.

Das **2. Antennensegment** („Interkalarsegment“), das vom **Tritocerebrum** innerviert wird, trägt die Antennen. Die Abwandlung der Antennen zu rein sensorischen Organen erfolgte erst im Verlauf der Evolution. Die Extremitäten, die wir bei den Antennata als Antennen bezeichnen, sind den **Antennulen** der Krebse homolog, denn die „2. Antennenextremitäten“ wurden vollständig reduziert. Sie weisen keine Gnathobasen auf.

Dem 2. Antennensegment folgt das **Mandibularsegment**. Die Mandibeln sind spezialisierte Beißwerkzeuge, die den Mandibulata zu ihrem Namen verholfen haben. Auch die **Mandibel-Extremitäten** waren ursprünglich den Rumpfextremitäten sehr ähnlich. Bei einigen Krebsen und insbesondere bei ihren Naupliuslarven lässt sich die primäre Funktion der Antennen und der Mandibeln (Fortbewegung und Nahrungszerkleinerung) bis heute gut nachvollziehen. Die Naupliuslarven schlüpfen mit drei Extremitätenpaaren: Antennulen, Antennen und Mandibeln. Auch bei adulten Mystacocarida sind die Antennen und Mandibeln morphologisch kaum zu unterscheiden.

Der hintere Kopfabschnitt wird von **dem 1. und 2. Maxillarsegment** gebildet. Dass auch ihre Extremitäten ursprünglich den Rumpfextremitäten glichen, ist bei den Mystacocarida, Cephalocarida und den kambrischen Phosphatocopina nachzuvollziehen. Bei abgeleiteten Arthropoden dienen diese Extremitäten als Hilfsorgane zur Nahrungsaufnahme und werden vielfältig abgewandelt. Die Ganglien der Kopfsegmente drei bis fünf bilden das **Unterschlundganglion**.

Das sukzessive Anschmelzen von Rumpfsegmenten an den Kopf und die Entstehung des Kopfes mit seinen spezialisierten Extremitäten lässt sich also auch heute noch gut nachvollziehen. Bei den Chilopoden und einigen Crustaceen dienen die Extremitäten des ersten Rumpfsegments als **Maxillipeden** ebenfalls der Nahrungsaufnahme. Bei Crustacea und Chelicerata werden dem Kopf weitere Rumpfsegmente angegliedert (**Cephalothorax**, **Prosoma**) (Box 44).

Rumpfsegmentierung und Bildung der Tagmata

11.1.3

Wie oben schon betont, geht der evolutionäre Erfolg der Arthropoden u.a. mit der Abwandlung der Segmentanzahl, der Bildung **funktioneller Körperabschnitte,** der sogenannte **Tagmata**, und der Entwicklung dieser Tagmata während der Embryogenese einher. Unsere Kenntnisse der **genetischen Steuerung** der Rumpfsegmentierung sind bislang fragmentarisch und auf nur einige Gene von wenigen Modellorganismen beschränkt. Darüber hinaus wird die Situation durch die sehr heterogene Nutzung der Wörter **„Thorax“** (Brustkorb) und **„Abdomen“** (Hinterleib) bei verschiedenen Taxa verkompliziert (Abb. 74).

Für das Verständnis der Evolution der Rumpfsegmentierung der Arthropoden kommt dem ***Gen Abdominal-B*** eine Schlüsselstellung zu. Es ist homolog den Wirbeltiergenen *Hox9-13* (Abb. 75) und beteiligt sich an der Differenzierung der hinteren Rumpfsegmente. Segmente, in denen *Abdominal-B* aktiv ist, sind stets ohne Gliedmaßen, genauso wie die Segmente hinter der posterioren *Abdominal-B*-Zone.

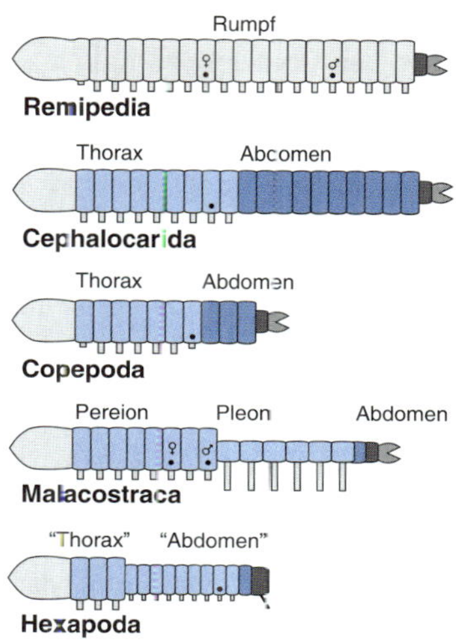

Abb. 74

Tagmata bei wichtigen Gruppen der Pancrustacea mit eingezeichneter Lokalisation der Gonoporen (nach Walossek und Ax).

Abb. 75

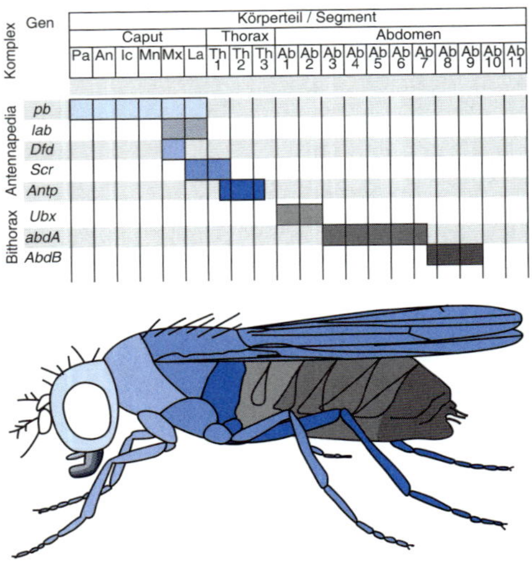

Reihenfolge der homeotischen Gene des HOM-C-Clusters auf dem 3. Chromosom und ihrer Ausprägung entlang der Körperlängsachse bei *Drosophila*. Ab Abdomen, **An** Antennen, **Ic** Intercalarsegment, **La** Labium, **Mn** Mandibeln, **Mx** Maxillen, **Pa** Praeantennalsegment, **Th** Thorax (aus Burda 2005).

Nur die Segmente, die vor dieser Zone liegen, tragen Gliedmaßen. Die extremitätenlosen hinteren Segmente können wir als **„echtes" Abdomen** bezeichnen, während die beintragenden Rumpfsegmente den **Thorax** bilden. Der Abschnitt, der bei Insekten gewöhnlich **„Abdomen"** genannt wird, trägt verkürzte und vereinfachte Extremitäten (z.B. Coxalbläschen) und repräsentiert damit nur den hinteren Teil des Thorax. Dem echten Abdomen entspricht demnach nur der winzige hinter den Genitalsegmenten liegende Rumpfabschnitt. Die traditionelle Terminologie ist also irreführend, denn sie belegt sehr verschiedene Rumpfabschnitte mit demselben Namen.

Eine Ausnahme von diesem Schema stellen einige Krebse (Malacostraca) dar, deren Rumpf in drei Tagmata eingeteilt ist: ein vorderes achtsegmentiges **Pereion** („Thorax") mit Gliedmaßen und Gonoporen, das durch die vordere Zone von *Abdominal-B* beendet wird, ein **Pleon** („Hinterteil"), das sechs Segmente umfasst und einen anderen Typ von Gliedmaßen trägt, und ein **beinloses eingliedriges Abdomen** mit der hinteren Zone der Aktivität von *Abdominal-B*.

Im Allgemeinen gilt, dass die Aktivitätszonen der wichtigsten *Hox*-Gene den Grenzen der Tagmata entsprechen. Bei Cheliceraten finden sich jedoch breit überlappende Zonen von *Hox*-Genen im Prosoma und auch im Opisthosoma, was der eher uniformen Morphologie der Segmente dieser Tagmata entspricht. Dagegen überlappen sich die Aktivitätszonen von einzelnen *Hox*-Genen bei Hexapoden und Crustaceen kaum. Die Myriapoda nehmen hinsichtlich der Überlappung der Aktivitätszonen der *Hox*-Gene eine intermediäre Stellung ein. Es wird deutlich, dass **die riesige Formenvielfalt der Arthropoden zum großen Teil auf ein einheitliches morphogenetisches Schema zurückzuführen ist**, das in Nuancen, aber offensichtlich mit durchschlagenden Effekten verändert wurde und das wir erst ansatzweise verstehen.

11.1.4 Augen

Eine auffällige Apomorphie der Arthropoden sind zwei Typen von Augen, **Medianaugen und Komplexaugen**, die beide vom vorderen Teil des

Abb. 76

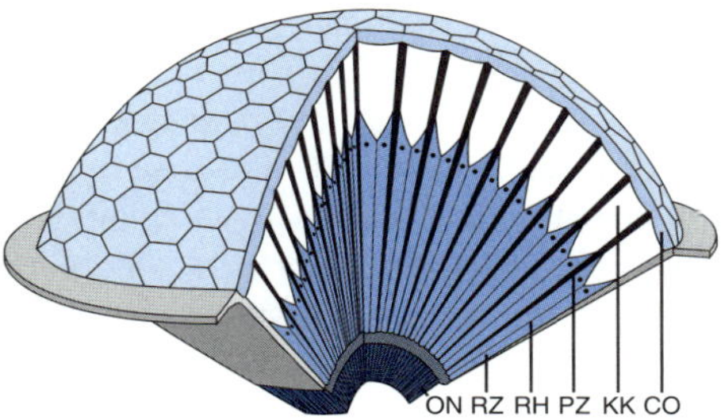

Bau des Facettenauges eines Insekts. CO Cornea, **KK** Kristallkegel, **ON** optischer Nerv, **PZ** Pigmentzelle, **RH** Rhabdomere, **RZ** Retinulazelle (nach Hesse, aus Lang et al. 1971).

Abb. 77

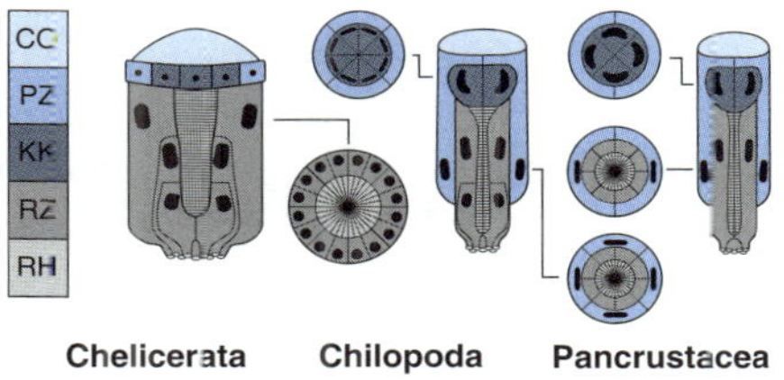

Bau der Ommatidien bei Cheliceraten, Chilopoden und Pancrustaceen. CO Cornea, **KK** Kristallkegel, **PZ** Pigmentzelle, **RH** Rhabdomere, **RZ** Retinulazelle (nach Harzsch et al 2005)

Gehirns, dem **Protocerebrum**, innerviert werden. Die Medianaugen werden von vier in der Kopfmitte angeordeneten Ocellen gebildet. Die paarigen Komplexaugen sind lateral am Kopf lokalisiert. Sie setzen sich aus wenigen bis vielen Tausend Ommatidien zusammen (bei Libellen circa 30.000) (Abb. 76, 77, Burda, Allg. Zoologie, 2005, S. 281).

Entwicklung

11.2

Die embryonale Entwicklung der Euarthropoden folgt keinem einheitlichen Muster. Die **Furchung der meisten Arthropoden erfolgt radiär.** Hinweise auf Spiralfurchung gibt es nur bei abgeleiteten Krebsen aus der Gruppe der Thecostraca. Der Verlauf der **Gastrulation** und das Schicksal des Blastoporus sind ebenso variabel. Im Allgemeinen entsteht jedoch der Mund vor dem Blastoporus, während der After im Bereich des vorher geschlossenen Blastoporus durchbricht. Eine weitere Apomorphie der Arthropoda ist der **ventrale Keimstreif („germ band")**: Die Blastomere konzentrieren sich auf der Bauchseite des Embryos, wo sie üblicherweise die Anlagen des Kopfes und der vorderen Rumpfsegmente bilden. Fehlende Rumpfglieder werden in der hinteren Wachstumszone gebildet. Auch die Anlage der Extremitäten erfolgt auf der Bauchseite. Der Rest des Embryos ist mit Nährstoffen gefüllt und durch embryonale Hüllen umschlossen.

Die Körpersegmente können synchron oder sukzessive und embryonal oder postembryonal gebildet werden. Als **Epimorphose** wird jene Entwicklungsweise bezeichnet, in der alle Segmente bereits im Ei ausgebildet werden und ein Jungtier mit der vollständigen Segmentzahl schlüpft. Wenn Jungtiere mit einer unvollständigen Segmentzahl schlüpfen und weitere Körpersegmente postembryonal gebildet werden müssen, sprechen wir von **Anamorphose**. Extreme Beispiele für eine anamorphotische Entwicklung liefern einige Krebse und Asselspinnen: ihre frühen postembryonalen Stadien verfügen nur über drei bis vier vordere Segmente und stellen eigentlich nur frei bewegliche, unvollständige Köpfe dar.

Der Unterschied zwischen den beiden Typen der Ontogenese ist aber nicht so groß, wie er auf den ersten Blick erscheint. Auch epimorphe Gliederfüßer erleben im Verlauf ihrer Ontogenese eine „anamorphe" Phase, allerdings noch im Ei. Der Zeitpunkt des Schlupfes entscheidet somit, ob uns ein Tier als „anamorph" (Schlupf vor Beendigung der Anamorphose) oder „epimorph" erscheint (Schlupf nach der Beendigung der Anamorphose).

Die Ontogenese der Arthropoda ist enorm vielfältig. Charakteristisch sind Kurzlarven mit drei Extremitätenpaaren und ohne Protonephridien. Bei Trilobiten und Crustaceen treten Larven mit wenigen Segmenten auf. **Keines dieser Taxa zeigt jedoch primäre Larven** vom Typ der Trochophora. **Die „Larven" der Arthropoda sind ökologisch und morphologisch modifizierte Jungtiere**, die auf einer ähnlich hohen Entwicklungsstufe stehen wie die Imagines; eine Raupe ist nicht viel einfacher gebaut als ein Schmetterling. Auch die Kurzlarven einiger Arthropoda, wie die Naupliusstadien der Krebse oder die Protonyhmphenstadien der Pantopoda, sind komplex gebaute Tiere mit differenziertem Mesoderm, die sich mithilfe von Extremitäten und Muskeln bewegen und nicht mit Geißeln.

11.3 | Phylogenese

Einige namhafte Arthropoden-Forscher gingen früher von der polyphyletischen Entstehung der Arthropoden aus („**Uniramia-Hypothese**"). Heute ist die **Monophylie der Euarthropoden** weitgehend unbestritten. Zu den **Euarthropoden** werden zwei Schwestergruppen gestellt: die **Chelicerata** (Spinnentiere) und **Mandibulata** (Mandibeltiere = Crustacea + Myriapoda + Hexapoda). Bis hierhin besteht noch Konsens unter den meisten Systematikern. **Molekular-phylogenetische Untersuchungen** rüttelten in den letzten Jahren jedoch kräftig an den etablierten Stammbäumen und warfen sie gnadenlos durcheinander. Umstritten ist vor allem die Stellung der **Crustacea** (Krebse) und der **Myriapoda** (Tausendfüßer) innerhalb der Mandibulata. Das Einverständnis darüber, dass die **Myriapoda** und die **Hexapoda** (Sechsfüßer) das Monophylum **Antennata** (= Tracheata, Atelocerata, Monantennata) bilden, geriet ins Wanken. In jüngerer Zeit wird vielmehr diskutiert, ob die Hexapoda die nächsten Verwandten der Crustacea („**Pancrustacea-Konzept**", „**Tetraconata-Konzept**") und ob die Myriapoden die nächsten Verwandten der Chelicerata sind („**Myriochelata**", „**Paradoxopoda**"). Die Diskussionen werden z.T. emotional geführt und sind noch lange nicht abgeschlossen. Die Entscheidung, welcher Einteilung gefolgt werden soll, scheint ähnlich schwierig zu sein wie die zwischen dem Articulaten- und dem Ecdysozoa-Konzept. Nachfolgend wollen wir einige der oben aufgeführten Konzepte untersuchen (Abb. 78).

Mandibulata (Mandibeltiere)

11.3.1

Die Mandibulata werden als Taxon durch einen umfangreichen Satz abgeleiteter Merkmale unterstützt. Hier ist vor allem der einzigartige Bau der Kopfextremitäten zu nennen. Zu den Antennulae des 2. Kopfsegments kommen weitere speziell ausgebildete Kopfextremitäten hinzu: ein Paar **2. Antennen** als Extremitäten des 3. Kopfsegmentes, ein Paar **Mandibeln** (4. Kopfsegment) und **zwei Maxillenpaare** (5. und 6. Kopfsegment). Ferner **enthalten die Ommatidien der Komplexaugen Kristallkegel**.

Die Stammart der Mandibulata war ein aquatischer Organismus. Während nur wenige Taxa der Crustacea (z.B. Isopoda) das Wasser verlassen haben, war die Stammart der Myriapoda und Hexapoda vermutlich bereits primär terrestrisch. Da die Stammart der Crustacea möglicherweise noch keine Mandibeln besaß, ist die Bezeichnung „Mandibulata" – sollte sich das bestätigen – für dieses Taxon nicht mehr geeignet.

Antennata-Konzept

11.3.2

Während die Monophylie der Crustacea schon früher gelegentlich angezweifelt wurde, war die Monophylie der **Antennata** (= Tracheata, Atelocerata, Monantennata = **Hexapoda + Myriapoda**) lange unbestritten. Dieses Taxon weist so viele Apomorphien auf, dass es besonders den Morphologen schwerfallen dürfte anzunehmen, dass die Evolution einen anderen Verlauf genommen haben könnte. Allerdings sind viele **Merkmale im Zusammenhang mit der terrestrischen Lebensweise** entstanden (Tracheen, Malpighi-Gefäße, Spermatophoren, Mandibeln ohne Palpus, Tömösvary-Organ, Verlust der Extremitäten des 2. Antennalsegments, Reduktion des äußeren Astes der Extremitäten etc.). Manche dieser Merkmale entwickelten sich innerhalb der Arthropoden **mehrfach unabhängig voneinander** und **molekulare Studien unterstützen das Antennata-Konzept** in der Regel **nicht**.

Abb. 78

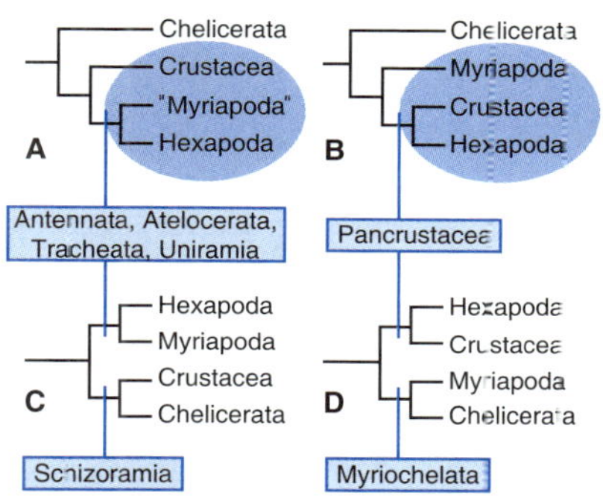

Vergleich verschiedener Verwandtschaftshypothesen der Arthropoda. Der blaue Kreis umfasst die Mandibulata.

11.3.3 Pancrustacea-Konzept

Viele molekularbiologische Studien gruppieren die **Hexapoda als Schwestergruppe der Crustacea** oder führen sie sogar als ein Teiltaxon der Krebse. Diese Gruppierung wird als **Pancrustacea oder Tetraconata** bezeichnet.

Die Monophylie der Crustacea steht auf erstaunlich schwachen Beinen. Mit der Monophylie der Krebse steht und fällt die Frage, ob die Antennata die Schwestergruppe der Krebse sind oder ob die Insekten ein Teiltaxon der Crustacea sind. Die **Schwestergruppe der Hexapoden** innerhalb der Pancrustaceen ist bislang allerdings **noch unbekannt**. In Betracht kommen eine ganze Reihe von Krebsgruppen: die **Malacostraca** (ähnlicher Bau des Gehirns, Neurogenese durch Neuroblasten), **Branchiopoda** (gleiche Anzahl von Rumpfsegmenten zwischen dem Kopf und Geschlechtsorganen, deren Homologie durch *Hox*-Gen-Analysen unterstützt wird), **Remipedia** (Reduktion der Antennen, Lage der Gonoporen auf dem letzten präanalen Segment) oder **Malacostraca/Remipedia** (komplizierter Bau des Gehirns). Erst kürzlich erhielt das Schwestergruppenverhältnis Branchiopoda - Hexapoda weitere Unterstützung durch eine umfangreiche Analyse von rRNA-Gensequenzen. Der numerische Vergleich mehrerer Datensätze weist jedoch am ehesten auf die Remipedia als nächstverwandtes Taxon hin. Doch auch diese Hypothese ist derzeit noch ziemlich instabil. Wenn sich die Schwestergruppe der Insekten wirklich innerhalb der Krebse finden sollte, hätte das die Konsequenz, dass die Crustacea zum Paraphylum würden. Daneben werden aber die Crustacea (ihre Monophylie vorausgesetzt) in der Literatur auch noch als Schwestergruppe der Hexapoda geführt. Die **Myriapoda** bilden nach diesem Konzept **die Schwestergruppe der Chelicerata oder der Pancrustacea**.

Nachdem die erste Aufregung überwunden war, untersuchten Morphologen, ob sich ein Taxon Pancrustacea auch mit morphologischen Merkmalen unterstützen lässt. Schnell bestätigte sich, dass die Ultrastruktur der **Ommatidien** der Komplexaugen von Crustacea und Hexapoda übereinstimmt und sich vom Feinbau der Komplexaugen der Myriapoden und Cheliceraten unterscheidet. Eine Apomorphie der Pancrustacea wäre demnach die **spezifische Ultrastruktur der Ommatidien**: Jedes Ommatidium besteht aus zwei Corneazellen, die die Linse auf der Körperoberfläche bilden, **vier Kristallkegelzellen („Tetraconata")**, acht Netzhautzellen und einigen Pigmentzellen, die die Ommatidien voneinander isolieren (Abb. 76, 77). Andere Arthropoden haben

Abb. 79

Veränderung des Stammbaumes der Arthropoda nach dem Einbeziehen der fossilen Taxa (1-4).

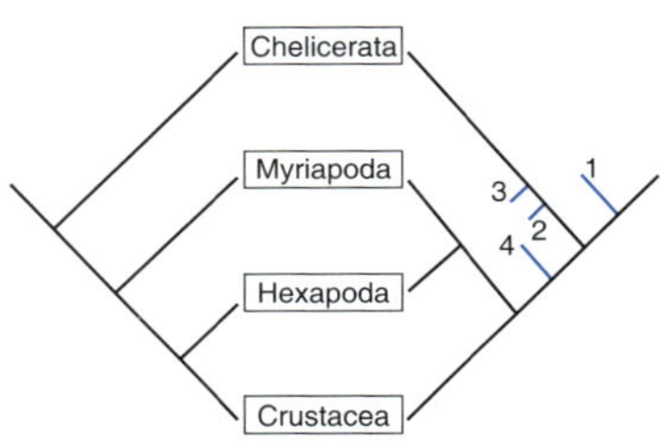

größere Ommatidien und üblicherweise auch eine instabile Anzahl der verschiedenen Zelltypen.

Ferner weisen die Pancrustacea Übereinstimmungen hinsichtlich der **Entwicklung ihres Nervensystems** auf. Im ventralen Teil des Ektoderms werden besondere Stammzellen gebildet, **Neuroblasten**, die sich asymmetrisch teilen und Nervenzellen bilden. Neuroblasten sind individuell unterscheidbar und die Anordnung dieser identifizierten Neuroblasten ist in Embryonen von Krebsen und Insekten identisch. Bei anderen Arthropoden ist die neurogenetische Aktivität nicht so strikt an wenige ausgewählte Zellen gebunden. Eine weitere Spezialisierung betrifft die niedrige Anzahl der die Gliedmaßen innervierenden **Motorneuronen**.

Kombinierte morphologisch-molekulare Analysen

11.3.4

Kombinierte Analysen bestätigen das **Mandibulata-Konzept** und eine nahe Verwandtschaft von Myriapoda und Pancrustacea. Die Chelicerata sind demnach die Schwestergruppe der Mandibulata. Auch nach den neuesten Befunden werden die rezenten Arthropoda in **drei phylogenetische Linien** eingeteilt: **Chelicerata, Myriapoda und Pancrustacea.**

Fügt man morphologische **Merkmale einiger fossiler Gruppen** (Dinocariden, Trilobiten, „Ur-Cheliceraten", „Arthropoden mit großen Gliedmaßen", „Ur-Krebse") hinzu, verändern sich die Beziehungen zwischen den rezenten Gruppen allerdings markant (Abb. 79)**: Die Monophylie der Antennata (Myriapoda + Insekten) wird wieder bestätigt.** Dies zeigt, wie **instabil die Kladogramme derzeit noch sind**. Die phylogenetische Analyse ist stark von der Auswahl der untersuchten Arten und Gene abhängig.

Fragen

1 Welche Subtaxa gehören zu den Euarthropoden?

2 Nennen Sie die wichtigsten Apomorphien der Euarthropoda.

3 Aus welchen Segmenten setzt sich der Euarthropodenkopf zusammen?

4 Worin unterscheiden sich die Mundgliedmaßen der Mandibulata und der Chelicerata?

5 Durch welche Augentypen sind die Euarthropoden gekennzeichnet?

6 Worin unterscheidet sich die Anamorphose von der Epimorphose?

7 Was verstehen Zoologen unter: „Uniramia-Konzept", Mandibulaten-Konzept, Antennaten-Konzept, Pancrustacea-Konzept, Myriochelata-Konzept? Nennen Sie die wesentlichen Merkmale, die die zur Begründung dieser Hypothesen herangezogen werden?

8 Was verstehen Zoologen unter einem Exoskelett?

9 Zeichnen und beschriften Sie schematisch ein Arthropodium.

10 Die Körper der Chelicerata, Crustacea und Insecta sind in unterschiedlicher Weise gegliedert. Wie werden die verschiedenen Tagmata dieser Tiergruppen bezeichnet?

12 | Arachnomorpha und Myriapoda

Inhalt

Zu den basalen phylogenetischen Linien der Euarthropoda zählen die **Arachnomorpha** (Trilobita + Chelicerata + Pantopoda) und die **Myriapoda**. Ein Schwestergruppenverhältnis beider Taxa wird diskutiert, ist aber nicht wahrscheinlich. Die Körper der **Trilobiten** sind auf der Dorsalseite entlang der Längsachse in drei Abschnitte (Lappen) gegliedert. Fossil sind sie auf allen Kontinenten vom Kambrium bis zum Perm in Flachmeer-Ablagerungen nachgewiesen. Die **Chelicerata** (Spinnentiere) bilden keine sichtbaren Antennen aus („Fühlerlose"); die ersten Kopfextremitäten werden durch die Cheliceren (Giftklauen) mit distalen Scheren repräsentiert. Die Cheliceraten stellen mit ca. 100.000 bekannten Arten ein sehr artenreiches Taxon dar. Innerhalb der Chelicerata werden traditionell die **Pantopoda** (Asselspinnen) als Schwestergruppe der **Euchelicerata** (Chelicerata i.e.S.) angesehen. Pantopoda werden oft aber auch als eine Schwestergruppe der Euarthropoda gedeutet. Zu den Eucheliceraten zählen die **Xiphosura** (Schwertschwänze), **Arachnida** (Echte Spinnen: z.B. Weberknechte, Skorpione, Milben, Webspinnen). **Myriapoda** (Tausendfüßer) sind meist lang gestreckte, vielbeinige Tiere. Zu ihnen werden vier hochrangige Taxa gezählt: **Chilopoda** (Hundertfüßer), **Symphyla** (Zwergfüßer), **Pauropoda** (Wenigfüßer) und **Diplopoda** (Doppelfüßer).

12.1 | Trilobita (Trilobiten)

Übersicht

Trilobita (lat. Dreilapper)

Größe, Morphologie. 1 mm–75 cm. Der Körper ist in drei Abschnitte gegliedert: einen Kopf mit großen Facettenaugen und speziellen Häutungsnähten, einen gegliederten Thorax mit bis zu 61 Segmenten und einen Schwanzteil (Pygidium) (Abb. 80). Die Bezeichnung des Taxons bezieht sich allerdings auf die Dreigliederung entlang der Längsachse, die besonders auf der Dorsalseite deutlich zu erkennen ist: Vom Kopf bis zum

Pygidium verlaufen ein Zentrallappen und zwei Seitenlappen. Die Dorsalseite ist stark sklerotisiert, die Ventralseite weichhäutig.

Vorkommen, Biologie. Fossil in Flachmeer-Ablagerungen auf allen Kontinenten nachgewiesen. Blütezeit vom unteren Kambrium bis zum Ende des Ordoviziums – am Ende des Perms starben sie aus. Viele Arten konnten sich einrollen, die Tiere liefen auf den Meeresböden umher, eine aktive Schwimmfähigkeit wird kontrovers diskutiert. Filtrierer, Aasfresser, Räuber.

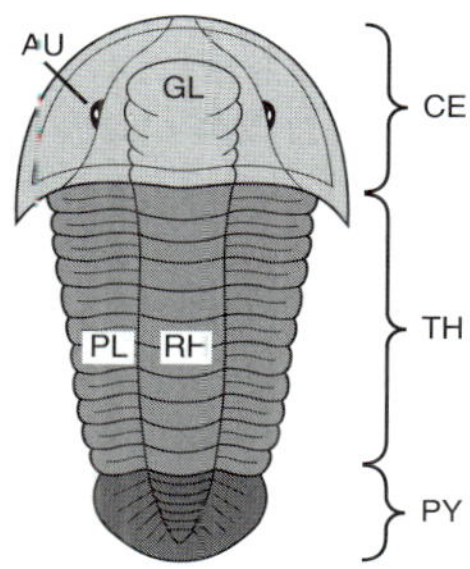

Abb. 80

Trilobit (von dorsal). **AU** Auge, **CE** Cephalon (Kopf), **GL** Glabella, **RH** Rhachis (Axis), **PL** Pleurit, **PY** Pygidium, **TH** Thorax (nach Beurlen und Lichter 1996).

System. Trilobita werden als Schwestergruppe der Cheliceraten (= **Arachnomorpha**, Arachnata) angesehen. Aktuell wird jedoch diskutiert, ob die Trilobiten nicht eher mit den Mandibulaten verwandt sind. Sehr diversifiziertes Taxon, 9 „Ordnungen", über 150 Familien, über 17.000 Arten.

Bedeutung. Trilobiten sind wichtige Leitfossilien in der Biostratigraphie für die Perioden Kambrium bis Silur.

12.2 Chelicerata (Spinnentiere)

12.2.1 Morphologie

Diagnose

Apomorphien Chelicerata:

- **Dreigliedrige Cheliceren mit distaler Schere.**
- **Prosoma.**
- **Gegliedertes Opisthosoma.**
- **Genitalöffnung im 2. Opisthosoma-Segment.**

Die Chelicerata bilden keine sichtbaren Antennen aus („Fühlerlose"); die ersten Kopfextremitäten sind die dreigliedrigen **Cheliceren** (Giftklauen) mit distal gebildeten Scheren. Das Segment der 1. Antenne der Cheliceraten wurde früher als reduziert angesehen, zumal auch das Deutocerebrum als zugehöriger Gehirnabschnitt fehlen soll. Jüngere paläontologische und molekularbiologische Befunde ziehen diese Deutung in Zweifel. So legt die Expression von *Hox*-Genen vielmehr die Homologie des Cheliceren-Segments mit dem 1. Antennensegment der Mandibulata nahe (Tabelle 2).

Die **Tagmatisierung** des Körpers ist bei Cheliceraten charakteristisch (Box 44): Durch das Anschmelzen von zwei Rumpfsegmenten an den Kopf (Akron plus fünf Segmente) entsteht das **Prosoma** (Vorderkörper), in dem die **Mund- und Laufextremitäten**, sowie die **wichtigsten Sinnesorgane** lokalisiert sind. Bei den Xiphosura trägt das auf die Cheliceren folgende Segment bereits das erste Laufbeinpaar. Dieses und die nachfolgenden Paare wiesen **ursprünglich bezahnte Gnathobasen** auf. Bei allen weiteren Cheliceraten-Taxa sind diese Extremitäten als **Pedipalpen** ausgebildet. Nach der oben dargestellten Deutung wäre das Pedipalpen-Segment dem Segment der 2. Antenne der Mandibulata homolog. Den Pedipalpen folgen **vier Laufbeinpaare**.

Das 13 Segmente umfassende **Opisthosoma** (Hinterkörper) enthält die Verdauungs-, Kreislauf-, Respirations- und Geschlechtsorgane. Es lässt sich in ein Mesosoma und ein Metasoma untergliedern. Das **Mesosoma**, dessen Plattenskelett in Tergite und Sternite differenziert ist, umfasst sieben Segmente mit abgeplatteten Extremitäten. Am besten lässt sich dies noch heute bei den Xiphosuren beobachten. Die Gliedmaßen des ersten opisthosomalen Segments werden als **Chilarien** bezeichnet; sie

Box 45

Asselspinnen – Spinnen oder keine Spinnen?

Da man die Asselspinnen **traditionell** für die nächsten Verwandten der Cheliceraten hält, werden ihre Körperabschnitte in der Regel als Prosoma und Opisthosoma interpretiert. Ihr **„Prosoma"** ist allerdings um mindestens ein Segment länger als das anderer Cheliceraten und ihr **„Opisthosoma"** ist zu einem winzigen unsegmentierten Anhängsel reduziert. Wir kennen zwar auch devonische Asselspinnen mit gegliedertem „Opisthosoma", aber auch bei ihnen können die Grundeigenschaften (Zahl und Form der Segmente, Lage der Gonoporen oder Modifizierung der Gliedmaßen) des Opisthosomas der Cheliceraten *nicht* nachgewiesen werden. Die postembryonale Entwicklung der Asselspinnen umfasst das Stadium der **Protonymphen-Larve**, mit drei Paaren von Gliedmaßen (Cheliphoren, Palpen und Ovigeren). Protonymphen-Larven sind, zusammen mit den Nauplius-Larven einiger Crustacea, die kürzesten bekannten Larvalstadien unter den Arthropoden. Bei den übrigen Cheliceraten schlüpfen die Larven mit der vollständigen Anzahl an Rumpfsegmenten. Obwohl die Asselspinnen fraglos stark abgeleitet sind, verfügen sie auch über einige plesiomorphe Merkmale (z.B. Endmund ohne Labrum, protocerebrale Extremitäten, einfache Verbindungen zwischen den Rumpfsegmenten). **Kombinierte phylogenetische Analysen** führen zu zwei unterschiedlichen Interpretationen: entweder sind die Pantopoda die Schwestergruppe der Euchelicerata oder sie sind die Schwestergruppe aller Arthropoda. Die ***Hox*-Gene** der Pantopoda, die erst kürzlich untersucht wurden, **unterstützen die traditionelle Deutung**, dass diese Tiere wie Euchelicerata gegliedert sind (d.h. die Cheliphoren gehören wie die Cheliceren dem 2. Segment an) – demnach gibt es doch keine rezenten Euarthropoden, die auf dem 1. Kopfsegment Gliedmaßen tragen (im Unterschied zu den Antennen der Onychophora).

begrenzen die Mundöffnung nach kaudal. Die Extremitäten des 2. Segments bilden das **Genitaloperculum** und die der Segmente drei bis sieben sind als **Kiemenbeine** ausgebildet. Das ringförmig geschlossene **Metasoma** umfasst die extremitätenlosen Segmente 8–13. Das stark reduzierte 13. Rumpfsegment kann als **Tergaldorn** (z.B. Schwanzstachel der Skorpione) ausgebildet sein. Die **Geschlechtsöffnung** ist bei Cheliceraten in das Vorderende des Opisthosomas verlagert.

Phylogenese und System

12.2.2

Die Cheliceraten stellen mit circa 100.000 bekannten Arten ein sehr artenreiches Taxon dar. Innerhalb der Chelicerata werden traditionell die **Pantopoda** (Asselspinnen) als Schwestergruppe der **Euchelicerata** (Chelicerata i.e.S.) angesehen. Pantopoda werden oft auch als Schwestergruppe der Euarthropoden betrachtet (Box 45).

Die **Euchelicerata** sind durch nur zwei Medianaugen und die Verschmelzung der prosomalen und der beiden ersten opisthosomalen Ganglien gekennzeichnet. Detaillierte Studien der Embryogenese zeigen, dass das scheinbar fehlende Deutocerebrum mit dem Protocerebrum fusioniert ist (Abb. 73, 82, Tabelle 2). Heute sind die Euchelicerata durch zwei sehr unterschiedliche Taxa vertreten: die marinen und in vielen Merkmalen ursprünglichen **Xiphosura (Schwertschwänze)** und die landlebenden, sehr vielfältigen **Arachnida (Spinnentiere)**. Dennoch unterstützen molekulare und kombinierte Verwandtschaftsanalysen nur selten ein Schwestergruppenverhältnis zwischen Xiphosura und Arachnida.

Die paläozoischen **Eurypterida (Seeskorpione)**, die größten jemals lebenden Arthropoden, wurden traditionell den Xiphosura zugeordnet. Zusammen mit ihnen wurden sie lange in die paraphyletische Gruppe **„Merostomata“** gestellt. Heute wird jedoch angenommen, dass es sich um Stammlinienvertreter der Arachnida handelt. Einige Seeskorpione konnten offensichtlich das Wasser bereits kurzfristig verlassen.

Die Systematik der Chelicerata hat in den letzten zehn Jahren dramatische Änderungen erfahren (Abb. 81). Eine besondere Bemerkung verdient die phylogenetische Stellung der **Skorpione**. Traditionell wurden sie als basale Gruppe der Arachnida und Schwestergruppe der übrigen Arachniden (= Lipoctena) betrachtet. Doch nach den neueren Untersuchungen erscheinen sie im Zentrum des Arachniden-Stammbaums.

Abb. 81

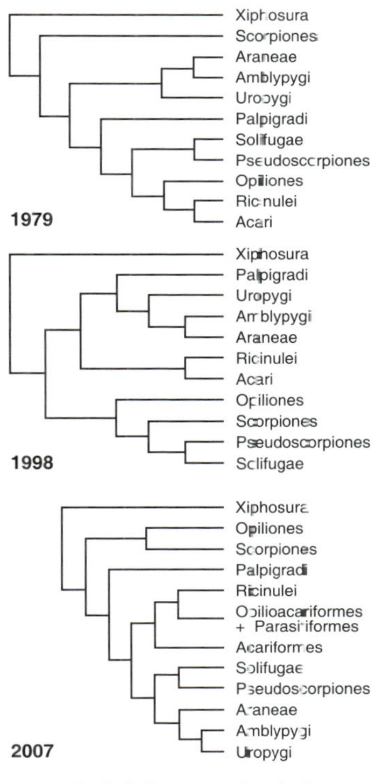

Verwandtschaftsdiagramme der Chelicerata. Änderung der Verwandtschaftshypothesen im Laufe der Zeit.

Die Stammart der Chelicerata war ein aquatischer Organismus, die **Pantopoda und Xiphosura** sind bis heute **aquatisch**, während die Stammart der **Arachnida** bereits **terrestrisch** war. Innerhalb der Arachniden sind jedoch wiederholt Arten **sekundär zur semiaquatischen Lebensweise zurückgekehrt** (z.B. Wassermilben oder die Wasserspinne).

12.2.3 Pantopoda (= Pycnogonida, Asselspinnen)

Übersicht

Pantopoda (griech. Gesamt-Beine)

Größe, Morphologie. Spannweite von wenigen mm bis fast 75 cm. Bizarre Tiere mit einem winzigen, stabförmigen Rumpf und auffällig langen Beinen. Diese Proportionen erzwingen die Verlagerung von Teilen des Mitteldarms, der Gonaden und der Geschlechtsöffnungen in die Beine. Asselspinnen besitzen einen auffälligen Rüssel mit Endmund und einer muskulösen Pharynxsaugpumpe.

Vorkommen, Biologie. Meeresbodenbewohner, von der Gezeitenzone bis in fast 7000 m Tiefe, größte Artenvielfalt in kalten Meeren. Räuber, die sich von Nesseltieren, Bryozoen, Mollusken und Seescheiden ernähren, die sie mit ihrem langen Rüssel aussaugen. Einige Arten leben parasitisch, andere weiden Algenrasen ab. Über die Fortpflanzung ist wenig bekannt. Die Larven einiger Arten leben parasitisch.

System. Circa 1000 Arten, 9 Familien, z.B. Colossendeidae, Nymphonidae (Box 45).

12.2.4 Xiphosura (Schwertschwänze, Pfeilschwanzkrebse)

Übersicht

Xiphosura (griech. Schwertschwänze)

Größe, Morphologie. Bis 85 cm. Der Körper wird durch ein breites hufeisenförmiges Schild bedeckt, „Schwanzstachel“ am Telson, die „Larve“ erinnert an Trilobiten.

Vorkommen, Biologie. Marin, entlang der nordamerikanischen Atlantikküste und in Südostasien, in Tiefen zwischen 5 und 40 m. Benthisch, können jedoch auch schwimmen. Sie ernähren sich von Mollusken und anderen Invertebraten. Vor Beutegreifern schützen sich die Tiere durch Einrollen oder durch Eingraben in den Sand. Im Frühsommer sammeln sie sich zum Ablaichen in Flachwasserbereichen der Küstengewässer. Die erste freischwimmende „Larve“ lebt vom Dotter. Erst nach neun bis zwölf Jahren geschlechtsreif.

System. Heute leben nur noch vier Arten, die als „lebende Fossilien“ bezeichnet werden, da sie die einzigen Überlebenden eines einstmals großen Taxons sind, das bereits seit dem Silur bekannt ist. Auch ihre charakteristische Fährte (Schleifspur des Schwanzstachels) ist fossil überliefert. *Limulus polyphemus* (amerikanische Atlantikküste), *Carcinoscorpius rotundicaudatus*, *Tachypleus gigas*, *Tachypleus tridentatus* (alle Südostasien). **Bedeutung.** Früher wurden Schwertschwänze massenhaft als Viehfutter und als vermutliche Schädlinge von Aallaich gefangen, heute sind sie in biomedizinischen Labors sehr gefragt (Burda, Allg. Zoologie, 2005, S. 192).

Arachnida (Echte Spinnen)

12.2.5

Morphologie

Diagnose

Apomorphien der Arachnida:

- **Pedipalpen-Extremitäten.**
- **Vier paarige Prosoma-Extremitäten.**
- **Anpassungen an die terrestrische Lebensweise: Extraintestinale Verdauung, Fächertracheen, Malpighi-Gefäße, Spermatorphoren (Abb. 82-84).**

Viele dieser Merkmale entwickelten sich parallel zu denen der Antennata, denn sie stehen in Verbindung mit der Besiedlung des Landes. In der Regel wird davon ausgegangen, dass die Stammart der Arachnida bereits terrestrisch und zur Luftatmung befähigt war. Es gibt jedoch Hinweise, dass verschiedene Subtaxa der Arachnida (insbesondere die Skorpione) das Land unabhängig von den übrigen Gruppen besiedelten. Die Existenz **paläozoischer wasserlebender „Skorpione"** mit Kiemen ist jedoch zu überprüfen, denn möglicherweise handelt es sich nicht um echte Skorpione, sondern um Tiere, die in die Stammlinie der Arachniden einzufügen sind. Einige der aufgeführten Apomorphien (extraintestinale Verdauung,

Abb. 82

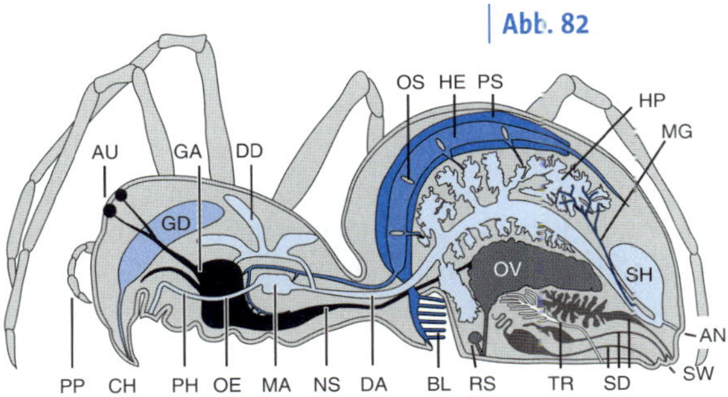

Morphologie einer Spinne. AN Anus, **AU** Auge, **BL** Buchlunge, **CH** Chelicere, **DA** Darm, **DD** Darmdiverticula, **GA** Ganglion, **GD** Giftdrüse, **HE** Herz, **HP** Hepatopankreas, **MA** Magen, **MG** Malpighi-Gefäße, **NS** Nervensystem, **OE** Ösophagus, **OS** Ostium, **OV** Ovarium, **PH** Pharynx, **PP** Pedipalpus, **PS** Pericardialsinus, **RS** Receptaculum seminis, **SD** Spinndrüsen, **SH** Stercoralhöhle, **SW** Spinnwarze, **TR** Trachee.

Abb. 83

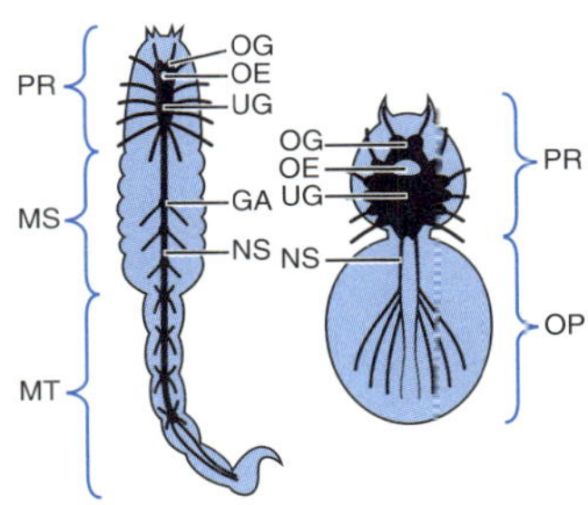

Nervensystem verschiedener Arachnida. GA Ganglion, **MS** Mesosoma, **MT** Metasoma, **NS** Nervenstrang, **OE** Ösophagus, **OG** Oberschlundganglion, **OP** Opisthosoma, **PR** Prosoma, **UG** Unterschlundganglion (nach Lang et al. 1971).

Abb. 84

Schema der Kiemen der Xiphosura (oben) **und Buchlungen der Skorpione** (unten) (nach Hesse, aus Lang et al. 1971).

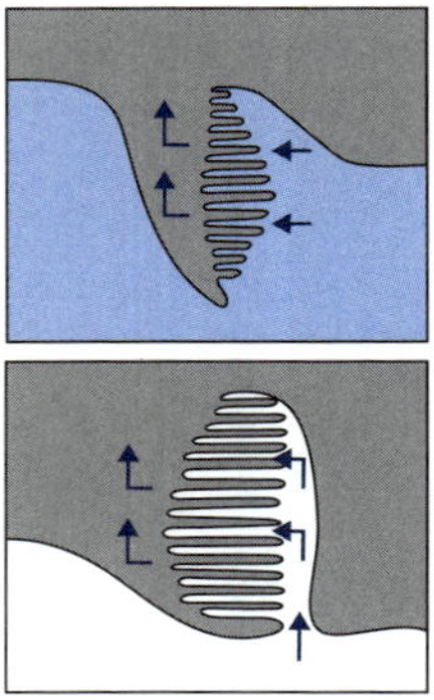

Fächertracheen, Malpighi-Gefäße, Spermatophoren) gelten somit nur unter der Annahme einer bereits terrestrischen Stammart.

Bei allen Arachniden wurde das zweite prosomale Extremitätenpaar in **Pedipalpen** abgewandelt. Dieses Beinpaar hatte ursprünglich Laufbeinfunktion und erhält nun **Tastfunktion**; sekundär unterstützt es den Beutefang. Bei den Männchen vieler Arachniden dienen Pedipalpen zum Kämpfen, zur Signalgebung und zur **Übertragung von Spermatophoren**. Arachniden bewegen sich somit nur mit vier Paaren prosomaler Extremitäten. Die Genitalöffnung ist unpaar, auch die **Chilarien** (Extremitäten des ersten Opisthosoma-Segmentes) verschmelzen zu einer unpaaren Platte. Die Zahl der **Coxalnephridien** ist auf zwei Paare reduziert (sie münden am ersten und dritten Laufbeinpaar), dafür entstehen als neue Exkretionsorgane **Malpighi-Gefäße**. Im Gegensatz zu den gleichnamigen Organen der Insekten sind sie entodermaler Herkunft. Die Kiemen werden in **Fächertracheen** transformiert (Abb. 84).

Arachnida haben eine **extraintestinale Verdauung**. Die Mundöffnung ist verengt und die Tiere können keine feste Nahrung aufnehmen. Verdauungsenzyme werden in den Körper der Beute injiziert. Die angedaute Nährflüssigkeit wird dann mit der **Pharynxsaugpumpe** angesaugt.

Das **Nervensystem** der Arachniden ist noch stärker konzentriert als das der Schwertschwänze, indem die Nervenmasse auch die Ganglien des dritten und vierten opisthosomalen Segments einschließt. Komplexaugen fehlen; durch ihren Zerfall entstehen **fünf Paar isolierte Seitenaugen**.

Übersicht

► Opiliones (Weberknechte, Kranker)

Größe, Morphologie. Bis 22 mm. Prosoma und Opisthosoma breit verschmolzen, viele Arten mit extrem langen Laufbeinen. Autotomie der Beine möglich, große dreigliedrige Chelicere, keine Gift- und Spinndrüsen. Pedipalpen als Fangorgane oder als Taster ausgebildet. Einige Arten mit Geschlechtsdimorphismus, „Penis". Brutpflege. Meist nachtaktiv, einige Arten sind Nahrungsspezialisten (Schneckenkanker). **System.** Circa 4000 Arten, etwa 45 Familien, z.B. Phalangiidae (Schneider, z.B. Gattung *Opilio*), Ischyropsalididae (Schneckenkanker).

► Scorpiones (Skorpione)

Größe, Morphologie: 9 mm–21 cm. Pedipalpen als mächtige Scheren ausgebildet, zwölf Opisthosoma-Segmente, 13. Opisthosoma-Segment als

Giftstachel mit paariger Giftdrüse entwickelt. **Vorkommen.** Meist trockene Subtropen und Tropen, wenige Arten in Europa. Nachtaktive Räuber. Ovoviviparie mit Brutpflege. Etwa 1400 Arten, 13 Familien: z.B. Buthidae, Euscorpiidae, Scorpionidae. **Bedeutung.** Gift wirkt als Neurotoxin, Stich ist schmerzhaft, bei einigen Arten auch für den Menschen gefährlich oder unbehandelt tödlich.

► Palpigradi (Palpenläufer)

Größe, Morphologie. Bis 1,5 mm. Pigmentlos, blind. Ähneln den Uropygi (Tasterextremitäten; Opisthosoma gegliedert in Meso- und Metasoma). Vielgliedriges Flagellum am Metasoma. Pedipalpen werden als Laufbeine verwendet. Dreigliedrige, große Cheliceren. Atmungsorgane und Kreislaufsystem reduziert. **Vorkommen.** In allen warmen Gebieten der Welt. Feuchtigkeits- und dunkelliebend. Fortpflanzung und Entwicklung nahezu unbekannt. **System.** Circa 80 Arten; zwei Familien: z.B. Koeniniidae.

► Ricinulei (Kapuzenspinnen)

Größe, Morphologie. Bis 1 cm. Auffällige Chitinpanzerung; die bewegliche „Kapuze" wird als Abgliederung des Prosomas über die Chelicere geschoben. Das dritte Laufbeinpaar dient den Männchen als Gonopoden zur Übertragung der Spermatophore. **Vorkommen.** Tropische Wälder Afrikas und Südamerikas. Jagen kleine Arthropoden. Lichtscheu. Brutpflege durch das Weibchen. **System.** Eine Familie (Ricinuleidae), circa 40 Arten.

► „Acari" (Milben)

Größe, Morphologie. 80 µm–3 cm. Prosoma und Opisthosoma breit verschmolzen. Körper in ein rostrales Gnathosoma (mit Cheliceren und Pedipalpen) und ein Idiosoma (restlicher Körper) gegliedert. Tracheensystem. Entwicklung über sechsbeinige Nymphen. **Vorkommen.** Viele Lebensräume (Boden, Süßwasser, Meer, Tiefsee, in Organismen). Sie ernähren sich von Tieren, Pflanzen, Pilzen, Aas. Phoresie ist häufig. **System.** Die Monophylie der „Acari" umstritten. Drei Subtaxa: **Acariformes**, **Opilioacariformes** und **Parasitiformes** (Abb. 81). Über 400 Familien, circa 48.000 Arten, z.B. *Acarus siro* (Mehlmilbe), *Sarcoptes scabiei* (Krätzmilbe), *Dermatophagoides pteronyssinus* (Hausstaubmilbe), *Trombicula autumnalis* (Herbstmilbe), *Ixodes ricinus* (Holzbock, Zecke). **Bedeutung.** Schädlinge, Parasiten, Krankheitserreger und ihre Vektoren. Einige Raubmilben werden zur Bekämpfung von Schädlingen in der Landwirtschaft eingesetzt.

► Solifugae (Walzenspinnen)

Größe, Morphologie. Bis 10 cm. Sehr große, zweigliedrige Cheliceren. Pedipalpen und das erste Laufbeinpaar fungieren als Taster, so dass Walzenspinnen nur mit drei Beinpaaren laufen. Das Prosoma ist zweigliedrig, das Opisthosoma segmentiert, walzenförmig. **Vorkommen.** Meistens trockene Subtropen und Tropen, außer Australien und Madagaskar. Nachtaktive, schnelle Jäger. **System.** 1080 Arten, 50 Gattungen, zwölf Fami-

Abb. 85

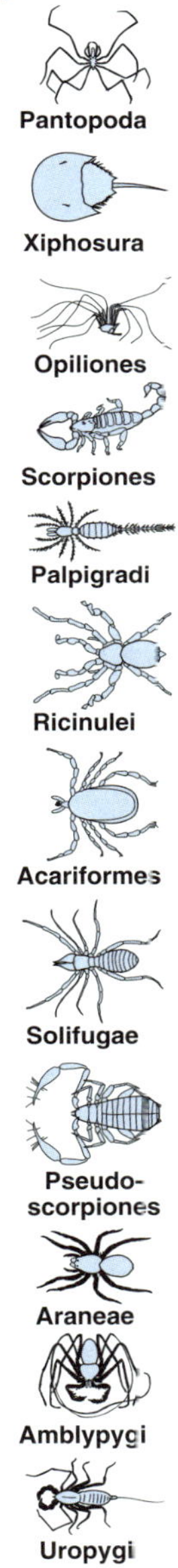

Habitus ausgewählter Vertreter der Chelicerata.

lien: z.B. Galeodidae. **Bedeutung:** Ungiftig, Biss für den Menschen jedoch schmerzhaft.

► **Pseudoscorpiones (Pseudoskorpione)**

Größe, Morphologie. Bis 1 cm. Skorpionen-ähnlich, aber ohne Metasoma und Giftstachel. Pedipalpen als große Scheren ausgebildet, die zweigliedrige Chelicere bildet eine kleine Schere. **Vorkommen, Ökologie.** Räuberisch. Die meisten Arten leben im Boden, Nestern von Säugetieren, Bienenstöcken, einige Arten als Kulturfolger in Siedlungen. Viele Arten lassen sich von Insekten transportieren (Phoresie). Brutpflege. **System.** Etwa 3000 Arten, 24 Familien: z.B. Cheliferidae (Bücherskorpione), Neobisiidae (Moosskorpione).

► **Araneae (Webspinnen)**

Größe, Morphologie. 1–90 mm, Beinspannweite bis 25 cm. Vier Laufbeinpaare am ungegliederten Prosoma. Das kurze, sackartige Opisthosoma ist über einen kurzen Stiel mit dem Prosoma verbunden und trägt abgewandelte Extremitätenreste (Fächertracheen und Spinnwarzen) (Abb. 82). **Vorkommen, Ökologie.** In allen terrestrischen Lebensräumen, einige Arten sekundär wasserlebend. Räuberisch; das proteinreiche Sekret der Spinndrüsen verweben viele Arten zu einem Beutefangnetz. Das Gift einiger der circa 40.000 Arten ist auch für größere Tiere gefährlich. **System.** Ungiftige, ursprüngliche, segmentierte **Mesothelae** (südostasiatische Liphistiidae) und ihre Schwestergruppe **Opisthothelae**, **Mygalomorphae** (14 Familien: z.B. Theraphosidae, Vogelspinnen) und **Araneomorphae** („moderne" Spinnen); mit 93 Familien: z.B. Araneidae (Echte Radnetzspinnen), Cybaeidae (Wasserspinnen), Lycosidae (Wolfspinnen), Linyphyiidae (Baldachinspinnen), Theridiidae (Kugelspinnen).

► **Amblypygi (Geißelspinnen)**

Größe, Morphologie. Körper bis 5 cm, Spannweite bis 25 cm. Der flache Körper ist durch einen Stiel in Prosoma und Opisthosoma getrennt. Keine Giftdrüsen, Pedipalpen zu mächtigen Greifzangen entwickelt. Die Geißel-Extremitäten des dritten Prosoma-Segments dienen als Taster. Drei Laufbeinpaare; seitwärts gerichtete, krabbenartige Fortbewegung. **Vorkommen.** Tropen und Subtropen. Rhodos, Türkei. Nachtaktive Jäger, feuchtigkeitsliebend. In Spalten unter Rinde, Steinen, etc. Brutpflege. **System.** Circa 140 Arten, fünf Familien: z.B. Charinidae.

► **Uropygi i.w.S. (Geißelskorpione)**

Größe, Morphologie. 6–75 mm. Skorpionähnlich. Die drei letzten Opisthosoma-Segmente verjüngen sich röhrenförmig und münden in einer Geißel (Flagellum). Wehrdrüsen mit stinkendem Sekret beiderseits der Basis des Flagellums. Es verursacht Schmerzen in Augen und Schleimhäuten. **Vorkommen.** Feuchte Subtropen und Tropen. Amerika, Asien, Afrika. Nachtaktive Räuber, Brutpflege. **System.** Zwei Subtaxa, mit je zwei

Familien: **Thelyphonida** (= Uropygi i.e.S., z.B. Thelyphonidae, circa 100 Arten) und **Schizomida** (z.B. Hubbardiidae, 230 Arten).

Myriapoda (Tausendfüßer) | 12.3

relativ wenig Segmente
fast immer Räuberisch

Die meisten Myriapoden (= lat. Tausendfüßer) sind lang gestreckte, vielbeinige Tiere. Allerdings gehören auch verzwergte Formen mit vergleichsweise wenigen Extremitäten zu diesem Taxon. Im Gegensatz dazu waren die verwandten Arthropleurida, die ihre Blütezeit im Karbon erreichten, Giganten. Mit bis zu 2 m Länge gehörten sie zu den größten Arthropoden, die jemals die Erde besiedelten.

Diagnose

Apomorphien der Myriapoda:

- **Schwingbare Kopftentorien (= inneres Kutikulaskelett des Kopfes).**
- **Verlust der Medianaugen und Auflösung der Komplexaugen zu Ocellenhaufen.**
- **Verlust der Spaltsinnesorgane.**
- **Postantennalorgane (Schläfenorgane, „Tömösvary-Organe"), die als Chemosensoren fungieren.**
- **Ultrastruktur der Kopfdrüsen.**

Myriapoden gehören zu einer phylogenetisch alten Tiergruppe, die bereits im Silur landlebend war. Mit knapp 14.000 rezenten Arten stellen sie eine sehr artenreiche Gruppe dar. Zu den Myriapoden werden vier hochrangige Taxa gezählt: **Chilopoda** (Hundertfüßer, circa 3000 Arten), **Symphyla** (Zwergfüßer, circa 150 Arten), **Pauropoda** (Wenigfüßer, circa 540 Arten) und **Diplopoda** (Doppelfüßer, circa 10.000 Arten) (Abb. 86, Box 46).

Chilopoda (Hundertfüßer) | 12.3.1

Mundwerkzeug!

Übersicht

Chilopoda (griech. Lippenfüßer)
Größe, Morphologie. 1–20 cm. Kopf und Rumpf meist abgeflacht. Rumpfsegmente mit jeweils einem Beinpaar. Lange, seitwärts gerichtete Laufbeine. Bei den meisten Taxa alternieren in spezifischer Weise Segmente mit Kurz- und Langtergiten, während die Sternite in etwa gleich lang sind. Die augenfälligsten **Apomorphien** sind: Umwandlung des ersten postcephalen Extremitätenpaares zu Maxillipeden (Giftklauen), Verschmelzung der Nephridien der 1. und 2. Maxillen zu einer Funktionseinheit, Eizahn auf der 2. Maxille bei Larven. Das 1. Maxillenpaar bildet die Unterlippe, das zweite trägt lange Taster. Die Coxen der Extremitäten des ersten Rumpfsegments bilden eine große Platte, die die Mun-

Box 46

Klassifikation der Myriapoda: Progoneata und Dignatha

Die **Monophylie der Myriapoden** lässt sich morphologisch durch einige wenige Apomorphien begründen und wird durch viele molekularbiologische Untersuchungen unterstützt. Es werden zwei phylogenetische Linien unterschieden, **Chilopoda und Progoneata.**
Für die **Progoneata** (Symphyla und Dignatha) ist die Progoneatie namengebend, d.h. die **Gonoporen** befinden sich im vorderen Teil des Rumpfes. Dieses Merkmal ist allerdings nicht besonders überzeugend, da der unpaare Gonoporus bei Symphyla auf dem vierten Rumpfsegment lokalisiert ist, während die paarigen Gonoporen der Dignatha auf dem zweiten Rumpfsegment liegen. Weitere Merkmale der Gruppe sind die **Darm- und Fettkörperbildung innerhalb des Dotters** und der spezifische Bau der **Trichobothrien** (= lange Sinneshaare, die auf die Wahrnehmung von Luftströmung spezialisiert sind). Einige Autoren haben ein Schwestergruppenverhältnis von **Progoneata und Hexapoda** vorgeschlagen und bezeichnen eine solche Gruppierung als **Labiophora**.
Zu den **Dignatha** gehören die **Pauropoda und Diplopoda.** Namengebend ist hier die **Dignathie** (= „Zweikieferigkeit"), was heißt, dass die Mundwerkzeuge aus zwei Komponenten gebildet werden, den ersten Maxillen (funktionelle Unterlippe = **Gnathochilarium**) und den **Mandibeln**. Bei Dignathen liegen die **Stigmen** ventral, **nahe der Coxen**. Ansonsten könnten die Vertreter beider Taxa morphologisch kaum verschiedenartiger sein – die Pauropoden sind Zwerge, die Diplopoden vergleichsweise riesig. Dennoch handelt es sich um das am besten geklärte Schwestergruppenverhältnis innerhalb der Myriapoda.

dextremitäten von unten bedecken. Nur die Notostigmophora besitzen Komplexaugen, während die meisten Gruppen der Pleurostigmophora über Augenfelder mit wenigen Ocellen verfügen; die Geophilomorphen sind blind.

Abb. 86

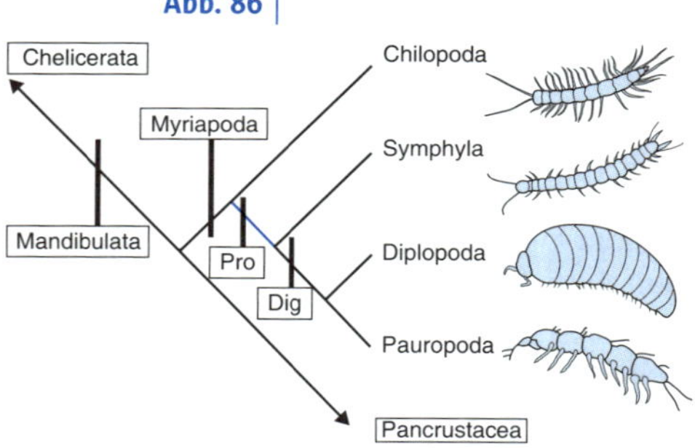

Verwandtschaftsdiagramm der Myriapoda. Pro Progoneata, **Dig** Dignatha. Blaue Linie kennzeichnet die Gruppe unklarer Monophylie bzw. unklare phylogenetische Beziehungen.

Vorkommen, Biologie. Weltweit. Feuchtigkeitsliebend; meist im Erdreich, Laub, unter Steinen oder verrottendem Holz. Räuberisch. Schnelle Läufer. Spermatophoren.

System. Circa 3000 Arten. Zwei Schwestergruppen: **Notostigmophora** (mit unpaaren dorsalen Stigmen auf den Tergiten und Tracheenlungen) und **Pleurostigmophora** (mit paarigen, pleuralen Stigmen). Die erste Gruppe enthält eine „Ordnung" **Scutigeromorpha**, drei Familien: z.B. Scutigeridae (Spinnenläufer). Zu der zweiten Gruppe gehören **Lithobiomorpha** (zwei Familien: z.B. Lithobiidae, Steinläufer), **Craterostigmomorpha** (eine Familie:

Craterostigmidae), **Scolopendromorpha** (drei Familien: z.B. Scolopendridae, Skolopender) und **Geophilomorpha** (fünf Familien: z.B. Geophilidae).
Bedeutung. Der Biss einiger Arten kann sehr schmerzhaft sein.

Symphyla (Zwergfüßer)

12.3.2 Übersicht

Symphyla (griech. von gleicher Sippe)
Größe, Morphologie. Bis 8 mm. Pigmentlos und blind. Adulti mit zwölf Rumpfsegmenten, die jeweils ein Laufbeinpaar und ein bis zwei Tergite aufweisen. Die Jungtiere schlüpfen mit sechs bis sieben Beinpaaren; bei jeder Häutung kommt ein weiteres Beinpaar hinzu. Auch die Adulti häuten sich weiter. Flacher Kopf mit Mandibeln und zwei Paar Maxillen. Gliederantenne, ein Paar Kopfstigmen. Ein Paar Spinngriffel (Cerci, wahrscheinlich Extremitätenreste), die mit im Rumpf liegenden Spinndrüsen verbunden sind, ein Paar Trichobothrien am Rumpfende.
Vorkommen, Biologie. Weltweit. Die Tiere leben meist in oberen Bodenschichten und ernähren sich von verrottenden und lebenden pflanzlichen Materialien und den darauf lebenden Pilzhyphen. Die Männchen bilden lange Sekretstiele, auf denen sie Spermatropfen absetzen.
System. Circa 150 Arten, zwei Familien: Scutigerellidae, Scolopendrellidae.
Bedeutung. Einige Arten sind Schädlinge in Treibhäusern.

Pauropoda (Wenigfüßer)

12.3.3 Übersicht

Pauropoda (griech. Wenigfüßer)
Größe, Morphologie. Bis 2 mm. Der Kopf ist so winzig, dass das Gehirn in das erste Rumpfsegment hineinragt. Das Segment der 2. Maxille ist dem Rumpf angegliedert. Die Tiere sind blind, der Kopf ist kompensatorisch mit Tast- und Chemorezeptoren ausgestattet. Die Gliederantenne trägt an ihrem Ende mehrere Nebengeißeln. Rumpf mit neun bis zehn Segmenten, jedoch nur sechs sichtbaren Tergiten.
Vorkommen, Biologie. Weltweit, im Boden lebend: sie ernähren sich von Pilzhyphen. Die Männchen legen auf Gespinsten Spermientropfen ab, die die Weibchen von dort aufnehmen. Aus den Eiern schlüpfen Pupoidstadien, die nur die Antennen und zwei Beinpaaranlagen aufweisen. Weitere Beinpaare werden nach den Häutungen angelegt.
System. Circa 540 Arten, vier Familien: z.B. Pauropodidae.

Diplopoda (Doppelfüßer)

bis 220 Segmente

12.3.4 Übersicht

→ keine Räuber

Diplopoda (griech. Doppelfüßer)
Größe, Morphologie. Bis 30 cm. Die Diplopoda verdienen die Bezeichnung

→ haben Blausäure

„Tausendfüßer“, da ihre Vertreter von allen Taxa der Myriapoden die meisten Beinpaare aufweisen (bis 350). Ab dem 4. Rumpfsegment verschmelzen die Segmente zu Doppelsegmenten mit jeweils zwei Beinpaaren. Der stark gewölbte Kopf weist sehr kurze Antennen auf, die mit vier speziellen Sinneszapfen den Boden abtasten. Die Tiere besitzen Ocellenfelder sowie je ein Schläfenorgan (Tömösváry-Organ) beiderseits des Kopfes. Die kräftige Mandibel ist dreiteilig. Die Männchen verfügen über artspezifisch gebaute Penes. Die ventralen Stigmen liegen knapp oberhalb der Beinbasen, beginnend am dritten Laufbeinpaar. Viele Chilognatha besitzen Wehrdrüsen, deren Sekrete z.T. über mehrere Zentimeter verspritzt werden können. Bislang wurden über 30 Arten von Wehrsekreten beschrieben, einige Bestandteile sind Essigsäure, Chinone und Blausäure. Ursprüngliche Arten der Doppelfüßer (Penicillata) verfügen über maximal 17 Beinpaare und sind klein und weichhäutig. Bei den abgeleiteten Formen (Chilognatha) ist das Integument verkalkt.

Vorkommen, Biologie. Weltweit. Saprophag. Die Männchen der Chilognatha übertragen die Spermatophoren mit Hilfe von Telopoden oder Gonopoden. Einige Arten mit Parthenogenese, andere mit Brutpflege. Dem Ei folgt ein Pupoidstadium, dann ein Jugendstadium mit drei Beinpaaren.

System. Circa 10.000 Arten, 13 Ordnungen, 115 Familien. Zwei Schwestergruppen: **Penicillata** (z.B. Polyxenidae) und **Chilognatha**. Innerhalb der Chilognatha werden zwei Gruppen unterschieden: **Pentazonia** (z.B. Glomeridae, Sphaerotheriidae) und **Helminthomorpha** (z.B. Julidae).

Bedeutung. Einige Arten sind Schädlinge in Treibhäusern. Sekrete mancher Arten können die Haut reizen.

Fragen

1. Welche hochrangigen Teiltaxa der Chelicerata kennen Sie?
2. Welchem Kopfsegment werden die Cheliceren zugeordnet?
3. Die Stellung der Pantopoden wird diskutiert. Wohin werden sie gestellt?
4. Nennen Sie Beispiele der terrestrischen, marinen, limnischen und parasitischen Cheliceraten.
5. Charakterisieren Sie die Taxa Arachnomorpha, Arachnida und Araneae.
6. Nennen Sie fünf bis zehn Teiltaxa der Arachniden und einige typische Vertreter.
7. Sind die Myriapoden eine monophyletische Gruppe? Welche morphologisch ziemlich verschiedenen Subtaxa werden zu dieser Tiergruppe gestellt?
8. Was sind die wesentlichen Unterschiede zwischen Tausendfüßern und Hundertfüßern?
9. Wie atmen Chelicerata und wie Myriapoda?
10. Nennen Sie verschiedene Ernährungsweisen der Cheliceraten und Myriapoden.

Crustacea (Krebstiere) | 13

Inhalt

Keine andere Tiergruppe ist morphologisch und ökologisch derart **vielfältig**. Krebstiere sind **primäre Wasserbewohner**, doch sie haben nicht nur alle möglichen aquatischen Lebensräume besiedelt, sondern auch das Land erobert. Unter ihnen gibt es Mikro- und Makrophagen, Herbivoren, Carnivoren, Omnivoren, Saprophagen und Parasiten. Aufgrund ihrer althergebrachten aquatischen Lebensweise weisen Crustacea **viele Plesiomorphien** auf. Charakteristisch sind die sogenannte **Naupliuslarve** sowie die Verschmelzung von ursprünglich vier Medianaugen zum Naupliusauge. Möglicherweise stellen sie eine **paraphyletische Gruppe** dar, denn nach dem Pancrustacea-Konzept sind die Insekten ein Teiltaxon der Crustacea. Das **System** der Crustacea wurde **in letzter Zeit dramatisch umgestaltet**. Dies ist auf die Entdeckung und Beschreibung neuer Taxa in jüngerer Zeit und die Befunde molekularer Studien zurückzuführen. Die **traditionellen** Verwandtschaftshypothesen, das **Malacostraca-Entomostraca-Konzept** bzw. das **Maxillopoda-Thoracopoda-Konzept**, werden **durch die neuen Befunde nicht unterstützt**. **Zurzeit** werden **elf hochrangige Taxa** („Klassen") der Crustacea unterschieden. Die verwandtschaftlichen Beziehungen zwischen diesen Taxa sind aber weiterhin unsicher. Krebse stellen die größte Quelle tierischen Eiweißes auf der Erde dar und entsprechend immens **ist die Rolle**, die sie **in der Nahrungskette** spielen.

Charakterisierung | 13.1

Aufgrund ihrer althergebrachten Lebensweise weisen Crustacea viele Plesiomorphien auf. Diskutiert wird, ob sie eine **paraphyletische Gruppe** darstellen, denn nach dem Pancrustacea-Konzept werden die Insekten in die Crustacea eingeschlossen. Die Monophylie der Crustacea vorausgesetzt, könnten folgende evolutionäre Neuheiten aufgeführt werden:

Diagnose

Apomorphien der Crustacea:

- **Verschmelzung von ursprünglich vier Medianaugen zum Naupliusauge.**
- **Reduktion der Nephridien auf zwei Paare in den Segmenten der 2. Antenne und der 2. Maxille.**
- **Naupliuslarve.**

Die Verschmelzung von ursprünglich vier einfachen Medianaugen zum Nauplienauge wird in der Regel als eine der wichtigsten Apomorphien angeführt. **Naupliusaugen** fehlen jedoch – vermutlich sekundär – bei phylogenetisch besonders wichtigen Gruppen, z.B. den blinden Remipedia und den Cephalocarida. Auch die Apomorphie **„Naupliuslarve"** mit drei Paaren von Extremitäten ist kein unstrittiges Merkmal der Krebse – erstens können Insekten das Naupliusstadium reduziert haben (manche Insekten zeigen embryonal ein ähnliches Stadium), zweitens haben manche Krebse keine Nauplienstadien (weisen dann aber häufig sogenannte Einauplien auf) und die Malacostraca entwickelten diese vermutlich sekundär (Abb. 87, 88).

Abb. 87

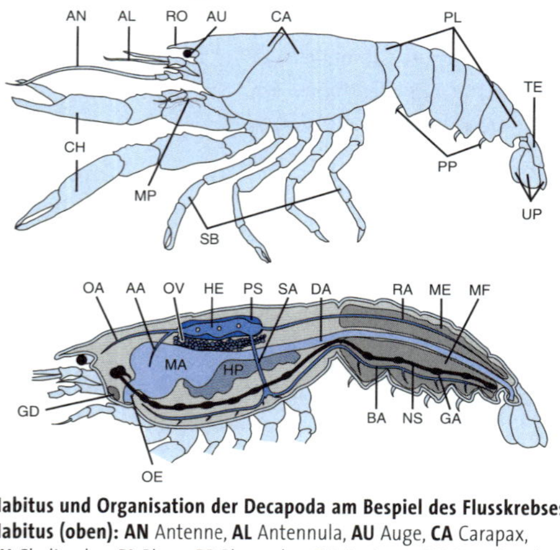

Habitus und Organisation der Decapoda am Bespiel des Flusskrebses. Habitus (oben): AN Antenne, **AL** Antennula, **AU** Auge, **CA** Carapax, **CH** Chelipoden, **PL** Pleon, **PP** Pleopoden, **RO** Rostrum, **MP** Maxillipoden, **SB** Schreitbeine (Pereiopoden), **TE** Telson, **UP** Uropoden. **Anatomie (unten): AA** Antennenarterie, **BA** Baucharterie, **DA** Darm, **GA** Ganglion, **GD** Grüne Drüse, **HE** Herz, **HP** Hepatopankreas, **MA** Magen, **ME** Streckmuskel (Extensor), **MF** Beugemuskel (Flexor), **NS** Nervenstrang, **OA** Augenarterie, **OE** Ösophagus, **OV** Ovarium, **PS** Pericardialsinus, **RA** Rückenarterie, **SA** Sternalarterie.

Abb. 88

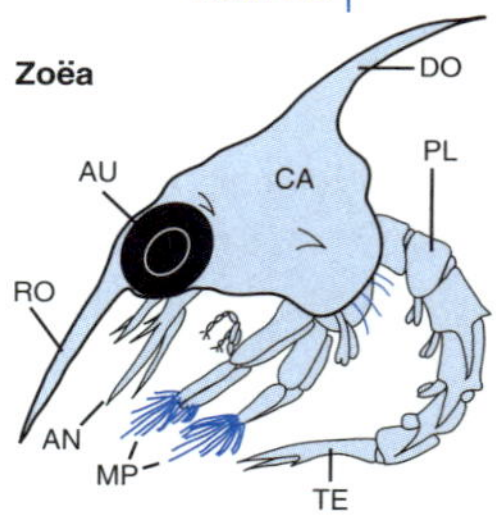

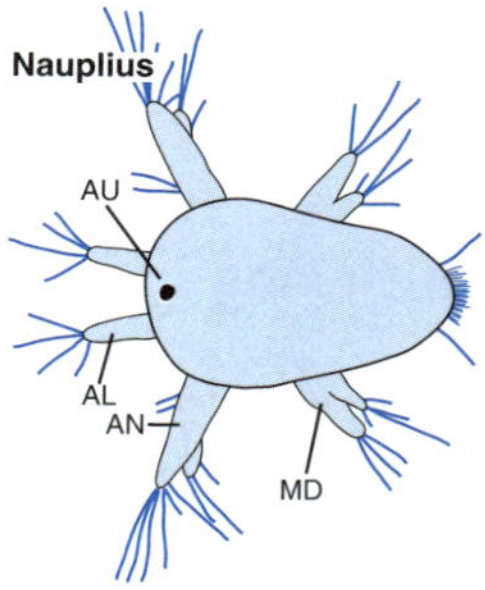

Zwei typische Larven der Crustacea. AL Antennula, **AN** Antenne, **AU** Auge, **CA** Carapax, **DO** Dorn, **MD** Mandibeln, **MP** Maxillipoden, **RO** Rostrum, **PL** Pleon, **TE** Telson.

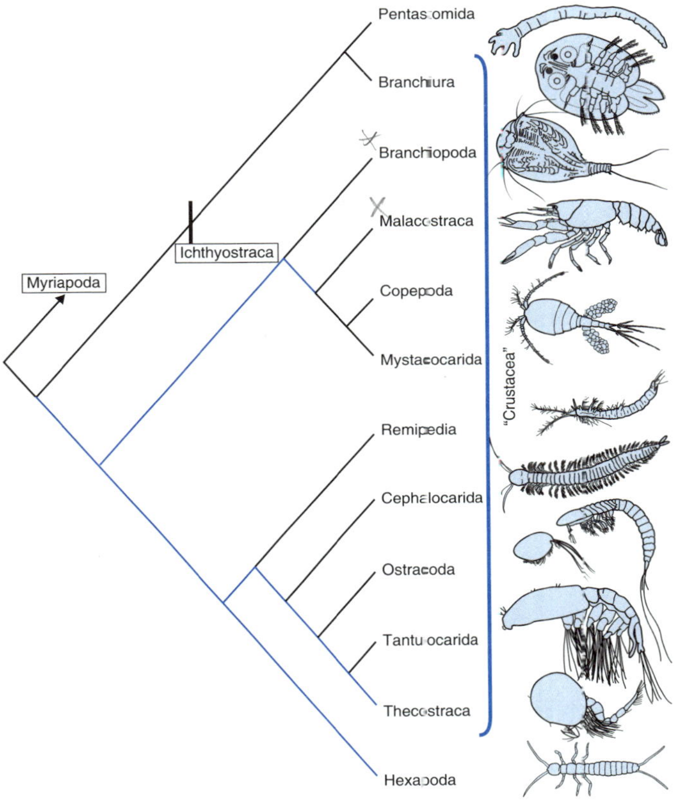

Abb. 89

Mögliches Verwandtschaftsdiagramm der Pancrustacea. Blaue Linien kennzeichnen Gruppen, deren Monophylie nicht gesichert ist bzw. deren phylogenetische Beziehungen unsicher sind. Das Diagramm beruht auf der bisher komplexesten morphologisch-molekularen Analyse (nach Giribet et al. 2005).

Phylogenese, System, Vielfalt

13.2

Das System der Crustacea wurde in der letzten Zeit dramatisch umgestaltet. Dies hängt mit der Entdeckung und Beschreibung neuer Taxa in jüngerer Zeit und den Befunden molekularer Untersuchungen zusammen. Nach **neuesten Analysen lassen sich elf hochrangige Taxa** („Klassen") der Crustacea **unterscheiden**: (1) Branchiopoda, (2) Cephalocarida, (3) Remipedia, (4) Malacostraca, (5) Copepoda, (6) Mystacocarida, (7) Tantulocarida, (8) Thecostraca, (9) Pentastomida, (10) Branchiura und (11) Ostracoda. Die verwandtschaftlichen Beziehungen zwischen diesen Taxa sind aber weiterhin unklar. Eine von mehreren möglichen Verwandtschaftshypothesen wird in Abb. 89 illustriert.

In der älteren Literatur wurden zwei alternative Verwandtschaftshypothesen der Crustacea diskutiert: das **Malacostraca-Entomostraca-Konzept**, in dem man den „höheren Krebsen" (Malacostraca) die „niederen Krebse" (Entomostraca, zu denen alle sonstigen Taxa gezählt wurden) gegenüberstellte, und das **Maxillopoda-Thoracopoda-Konzept,** in dem die Maxillopoda (Pentastomida, Branchiura, Mystacocarida, Ostracoda, Tantulocarida, Cirripedia) den übrigen Taxa (Cephalocarida, Branchiopoda und Malacostraca) gegenübergestellt wurden.

Gemeinsame **Merkmale der Maxillopoda** („Kieferfüßer") sind: **Naupliusauge mit drei Ocellen**, **Thorax mit sieben Segmenten** und lokomotorischen Extremitäten und ein **dreisegmentiges Abdomen**. Diese Gruppe schließt zahlreiche, stark abgeleitete, **parasitische** Taxa (Tantulocarida, Branchiura, Pentastomida, teilweise Cirripedia und einige Copepoda) sowie **sessile** (die meisten Cirripedia) Formen ein. Die **häufig auftretende Reduktion von Rumpfsegmenten** (Ostracoda, Branchiura, Pentastomida) erschwert das Verständnis der Morphologie und der verwandtschaftlichen Beziehungen.

Die **Thoracopoda** („Brustfüßer") sind durch einen **vielsegmentigen Rumpf** und durch die Einbeziehung der Rumpfextremitäten in die Nahrungsaufnahme (**Filtrierung der Nahrung,** sogenannte Thoracophagie) charakterisiert. Ihre zweiästigen Rumpfbeine (**Thoracopodien**) verlieren allmählich ihre Segmentierung und werden aufgrund ihrer Form als Blattbeine (**Phylopodien**) bezeichnet.

13.2.1 Branchiopoda (Kiemenfüßer)

Übersicht

Branchiopoda (griech. Kiemenfüßer)

Größe, Morphologie. 0,2 mm–10 cm. Der Kopf ist frei, fünf Retinulazellen pro Ommatidium, Thoraxextremitäten mit Kiemenblättern. Komplexer Filterapparat: Durch den Schlag der Thorakopoden entsteht in der ventralen Saugkammer (Einbuchtungen der Thorakalsternite) ein mundwärts gerichteter Wasserstrom. Die Spermien sind amöboid beweglich. Taxon-spezifischer Nauplius (Labrum verlängert, 1. Antenne ungegliedert, Borsten der 2. Antenne mit Gelenkzone, einästige Mandibel).

System. Die Branchiopoda standen lange unter Verdacht, polyphyletisch zu sein. Neuere molekulare Analysen bestätigen jedoch ihre Monophylie. Sie sind demnach die Schwestergruppe der Malacostraca (zugeordnet den Thoracopoda). Circa 700 Arten werden neun Subtaxa zugeordnet: **Anostraca, Cyclestherida, Laevicaudata, Spinicaudata, Anomopoda, Ctenopoda, Onychopoda, Haplopoda** und **Notostracirca.** Die altvertrauten Taxa, wie **„Cladocera"** und **„Conchostraca",** sind poly- bzw. paraphyletisch. Nur einige der Gruppen können hier kurz vorgestellt werden.

? Maxillopoda ?

Übersicht

Decapoda 10 LB

► **Anostraca (Feenkrebse, Salinenkrebse, „Schalenlose")**

Größe, Morphologie. 1,5–10 cm. Sie sind lang, haben keinen Carapax, bewegen sich als Dauerschwimmer in Rückenlage. Salinenkrebse kommen in extremen Habitaten vor (Salzlagunen, ephemere Gewässer) und ernähren sich filtrierend. **System.** Circa 250 Arten, neun Familien: z.B. Artemiidae.

► **„Conchostraca" (Muschelschaler)**

Größe, Morphologie. Bis 2 cm. Der seitlich abgeflachte Körper wird von einer zweiklappigen Schale umschlossen. Thorax und Abdomen bilden eine Einheit mit 32 Segmenten. Meist in Bodennähe, in periodischen Gewässern, auch parthenogenetisch. **System.** Eine paraphyletische Gruppe. 180 Arten, fünf Familien, drei Subtaxa: **Cyclestherida** (Cyclestheriidae), **Lavicaudata** (Lynceidae) und **Spinicaudata** (z.B. Limnadiidae).

► **Anomopoda (Wasserflöhe, „Zweigfühler")**

Größe, Morphologie. 0,2–6 mm. Sechs Thorakopoden. Der Kopf ist frei und nicht vom Carapax umschlossen. Marin oder limnisch, Filtrierer oder Räuber. Bisexuelle und parthenogenetische Vermehrung. Die Dauereier können extreme Bedingungen schadlos überstehen. Wichtige Primärkonsumenten, die sich von Bakterien und Phytoplankton ernähren und diese damit regulieren. Sie sind ein wichtiger Bestandteil des Zooplanktons und damit der Fischnahrung. **System.** Circa 400 Arten; 80 Gattungen, fünf Familien: z.B. Daphniidae, Bosminidae.

► **Notostraca (Rückenschaler)**

Größe, Morphologie. Mehrere cm. Urtümlich erscheinende Krebse mit schildförmigem Carapax. Ab dem 12. Rumpfsegment weisen sie zwei bis sechs Extremitätenpaare pro „Segment" auf (Polypodie). **Vorkommen.** Schlammbodenbewohner in temporären Gewässern (z.B. Reisfelder). **System.** Eine Familie (Triopsidae), zwei Gattungen (*Triops*, *Lepidurus*), 16 Arten.

Cephalocarida

13.2.2

Übersicht

Cephalocarida (griech. Kopfkrebse)

Größe, Morphologie. 3 mm. Kopf abgesetzt, 19 wenig differenzierte Rumpfsegmente, Blattbeine mit einem breiten unsegmentierten Protopodit. Apomorphie: Mandibel ohne Palpus; Plesiomorphie: die Extremitäten der 2. Maxillen unterscheiden sich nicht von den Rumpfextremitäten.

Vorkommen, Biologie. Erst 1955 entdeckt. Atlantik, in der Übergangszone zwischen freiem Wasser und Schlamm, Hermaphroditen.

System. Eine Familie (Hutchinsoniellidae), fünf Gattungen, neun Arten.

13.2.3 Remipedia

Übersicht

Remipedia (griech. Ruderfüßer)

Größe, Morphologie. 1–5 cm. Die Tiere erinnern an Cephalocarida, haben aber mehr Rumpfsegmente. Sie werden plakativ als marine „Höhlen-Tausendfüßer" bezeichnet, da ihr Rumpf sehr lang gestreckt ist und viele gleichartige Segmente (bis 38) aufweist. Die Rumpfsegmente tragen jeweils ein Paar Spaltbeine, die zum Schwimmen verwendet werden. Der Bau des Kopfes und des Mundapparats ist hoch abgeleitet: Das erste Rumpfsegment verschmilzt mit dem Kopf zum Cephalothorax. Seine Gliedmaßen sind in Maxillipeden umgebildet. Funktionell ist der Kopf somit um ein Segment länger als der vieler anderer Krebse. Komplexes Gehirn, das dem der Malacostraca und Insekten sehr ähnlich ist.

Vorkommen, Biologie. Erst 1981 entdeckt. Kanaren, Mexiko, Karibik, Westaustralien. Blind, räuberisch, Hermaphroditen. Die Biologie ist wenig bekannt.

System. Remipedia werden als Schwestergruppe verschiedener Krebstaxa diskutiert. Molekulare Analysen zeigen kein eindeutiges Bild. Die rezenten circa 15 Arten, elf Gattungen, werden zwei Familien (Godzilliidae und Speleonectidae) der „Ordnung" **Nectiopoda** zugeordnet.

13.2.4 Malacostraca („Höhere" Krebse)

Übersicht

Malacostraca (griech. Weichschaler,)

Morphologie. Der Körperbau der Malacostraca unterscheidet sich markant von dem anderer Crustacea, weshalb sie von vielen Autoren auch als Schwestergruppe der „Entomostraca" angesehen werden (s.o.). Sie zeigen viele Apomorphien, z.B. eine sehr konstante Tagmatisierung: von den 15 Rumpfsegmenten bilden 14 den Thorax und nur das 15. Segment repräsentiert das beinlose Abdomen. Der Rumpf wird durch ein fächerförmiges Telson beendet. Der Thorax gliedert sich in zwei Abschnitte: (1) die ersten acht Thorakomere mit blattförmigen Thorakopoden (Filterextremitäten) und (2) die folgenden sechs Pleomere mit Pleopoden (Schwimmbeine). Der Endabschnitt des Vorderdarms ist zu einem Kau- und Filtermagen differenziert.

Vorkommen, Biologie. Weltweit, marin, limnisch, terrestrisch. Die Malacostraca sind hinsichtlich ihrer Sinnesleistungen und der Komplexität ihrer Verhaltensweisen die am weitesten entwickelten und organisierten Crustacea. Es gibt sogar staatenbildende Arten (z.B. Garnelen der Gattung *Synalpheus*).

System. Die Malacostraca werden als sogenannte „höhere Krebse" den Entomostraca gegenübergestellt, nach einem anderen Konzept werden sie als Teiltaxon der Thoracopoda geführt. Sie sind mit circa 39.000 beschriebenen rezenten Arten das artenreichste Taxon der Krebse. Es werden sechs hochrangige Subtaxa unterschieden: **Leptostraca**, **Stomatopoda**, **Syncarida**, **Euphausiacea**, **Decapoda** und **Peracarida**. Leptostraca stellen eine basale Linie dar und bilden die Schwestergruppe aller anderen Malacostracen, die als Eumalacostraca zusammengefasst werden.

Übersicht

▶ Leptostraca („Dünnschaler")

Größe, Morphologie. 5–15 mm. Vergleichsweise ursprünglich. Sieben Pleomere (sonstige Malacostraca nur sechs). Das Telson trägt ein Paar beweglicher Furkula (Schwanzfächer). Marin, Filtrierer. **System.** 13 Arten, drei Familien: z.B. Nebaliidae.

▶ Stomatopoda (Fangschreckenkrebse, „Mundfüßer")

Größe, Morphologie. 1,5–34 cm. Die 1. Antenne weist drei Äste auf. Die vorderen fünf Paare der Thoracopoden sind in „Maxillipeden" umgewandelt. Das 2. Maxillipedenpaar ist zu Raubbeinen umgestaltetet. Mit diesen können sie ihre Beute (Fische, Garnelen, Cephalopoden, „Polychaeten") blitzschnell erschlagen. Der Schlag dieser Raubbeine zählt zu den schnellsten Bewegungen im Tierreich. **System.** 350 Arten, 17 Familien: z.B. Squillidae. **Bedeutung.** Einige Arten richten in kommerziellen Garnelenkulturen Schäden an. Speisekrebse in der asiatischen Küche.

▶ Syncarida (Brunnenkrebse, „Mit-Krebse")

Größe: 0,5–60 mm. **Vorkommen.** Kosmopolitisch, einige Taxa aber endemisch in Tasmanien, Australien, Neuseeland oder Südamerika. Carapax auf den Kopf beschränkt. Bewohnen vorwiegend unterirdische Gewässer. **System.** Circa 180 Arten, 59 Gattungen, sechs Familien: z.B. Bathynellidae.

▶ Euphausiacea (Leuchtkrebse, Krill)

Größe, Morphologie. 1–2 cm (–15 cm). Sichtbare Kiemen. Leuchtorgane, mit denen sie Lichtblitze senden. Ihre riesigen Schwärme sind von herausragender Bedeutung für die marine Nahrungskette. Sie sind die Hauptnahrungsquelle für viele Bartenwale, Fische, Vögel etc. Die Biomasse von *Euphausia superba* wird auf 500 Mrd. Tonnen geschätzt (circa zweimal mehr als die der Menschen). **Bedeutung.** Jährlich werden circa 150.000–200.000 Tonnen gefangen und meistens als Fischfutter, Nahrungsmittel (vor allem in Japan und Russland) und in der pharmazeutischen Industrie verwendet. **System.** Circa 85 Arten, zwei Familien: z.B. Euphasiidae.

▶ Decapoda (Zehnfußkrebse, Zehnfüßer)

Größe, Morphologie: 1 mm–60 cm, die Spannbreite der Scherenbeine der japanischen Riesenseespinne beträgt bis zu 4 m. Die ersten Kopfsegmente bilden ein Protocephalon, das die Augen und zwei Antennenpaare trägt. Die nachfolgenden Kopfsegmente verwachsen mit den Thoraxsegmenten und werden von einem großen Carapax bedeckt. Die Entwicklung der marinen Arten erfolgt üblicherweise indirekt über verschiedene Larventypen (typisch ist die sogenannte Zoëa, Abb. 88), die Entwicklung der Süßwasserarten erfolgt direkt. Überwiegend benthisch, vom Strand bis in die Tiefsee, manche Arten auch terrestisch (zur Fortpflanzung kehren sie jedoch ins Meer zurück). **System.** Circa 10.000 Arten, 50 Superfamilien, die u.a. zu folgenden Habitus- und Ökotypen gruppiert werden können: Garnelen (*Crangon*, *Penaeus*, *Stenopus*), Flusskrebse (*Astacus*, *Cambarus*, *Oronectes*), Langusten (*Palinurus*), Hummer (*Homarus*, *Nephrops*), Einsiedlerkrebse (*Diogenes*), Landeinsiedlerkrebse (*Birgus*), Strandkrabben (*Carcinides*), Steinkrabben (*Xantho*), Süßwasserkrabben (*Potamon*), Seespinnen (*Macrocheira*). **Bedeutung.** Viele Arten als „Speisekrebse" von wirtschaftlicher Bedeutung.

► Peracarida (Ranzenkrebse, „Beutelkrebse")

Größe, Morphologie. Bis 28 cm. Carapax mit bis zu zwei verschmolzenen Thoraxsegmenten. Der Kopf ist mit einem oder zwei Thorax-Segmenten verschmolzen. Augen ungestielt. Charakteristisch ist der Brutbeutel (Marsupium) auf der Bauchseite der Weibchen, der durch die Sternite und plattenartig modifizierten Epipodite gebildet wird. **Ökologie.** In allen Wasserhabitaten und auch an Land. Brutpflege. **System.** Fünf morphologisch und ökologisch diversifizierte Taxa.

Mysidacea (**Spaltfüßer**, griech. Zusammengedrückte). Garnelenartig. Vor allem in den Küstenregionen der Weltmeere, einige Arten in Tiefsee, im Süßwasser und in Höhlengewässern. Circa 800 Arten, sechs Familien: z.B. Mysidae (Schwebgarnelen).

Amphipoda (**Flohkrebse**, griech. Unterschiedsfüßer). Größe 1 mm–28 cm. Der gekrümmte Körper ist seitlich zusammengedrückt. Das Pleon trägt drei Paare Schwimmbeine und drei Paare kurzer Extremitäten. Flohkrebse sind die dominierende Krebsgruppe flacher Küstenzonen. Sedimentfresser, Filtrierer, Räuber oder Parasiten. Landlebende Formen leben z.B. in feuchtem Falllaub. Circa 6000 Arten, circa 150 Familien: z.B. Gammaridae (Süßwasserflohkrebse).

Cumacea (lat. Sprossähnliche). Größe: 1–10 mm. Der aufgetriebene Vorderkörper ist stark von dem dünnen, langen Hinterkörper abgesetzt. Weichbodenbewohner, vorwiegend marin. Circa 1000 Arten, acht bis elf Familien: z.B. Bodotriidae.

Isopoda (**Asseln**, griech. Gleichfüßer). Größe: 5 mm–28 cm. Dorsoventral abgeflacht; relativ kurze Extremitäten. Besonders vielgestaltige und vielfältige Gruppe. Sie besiedeln alle marinen und limnischen Habitate und sogar das Land. Asseln sind die am besten an das Landleben angepassten Krebse (einige Arten mit Pseudotracheen und Wasserleitungssystem); selbst zur Fortpflanzung müssen einige Arten nicht mehr ins Wasser zurückkehren. Die Wüstenassel kann sogar unter Wüstenbedingungen überleben. Herbivoren, Carnivoren, Omnivoren, Saprophagen, Parasiten. Über 10.000 Arten, über 60 Familien: z.B. Asellidae (Süßwasserasseln), Cirolanidae (Tiefseeasseln), Oniscidae (Mauerasseln), Porcellionidae (Kellerasseln).

Thermosbaenacea (= Pancarida). Bis 5 mm. Rumpf homonom gegliedert in freie Segmente, nur das 1. Segment verschmilzt mit dem Kopf und Carapax. In unterdischen Gewässern, heißen Quellen, im Lückensystem mariner Sandstrände der Nordhemisphäre und in Australien. Circa 20 Arten, vier Familien: z.B. Thermosbaenidae.

Copepoda (Ruderfußkrebse)

13.2.5 Übersicht

Copepoda (griech. Ruderfüßer).

Größe, Morphologie. 0,5–5 mm (–6,5 cm). Freilebende Copepoden sind meistens durch einen zylindrischen oder keulenförmigen Körper mit langen Antennen charakterisiert, die als Schwebefortsätze dienen und die Fortbewegung im Wasser ermöglichen. Der Kopf trägt ein großes Naupliusauge und verschmilzt mit einem oder zwei Thoracomeren, so dass neun bis zehn freie Körpersegmente vorliegen. Fünf Paare zweiästiger Schwimmextremitäten. Eine gabelige Furka am Telson. Die Atmung erfolgt über die Körperoberfläche. Weibchen mit ein bis zwei typischen Eisäckchen, in denen die verklebten Eier so lang getragen werden, bis die Nauplienlarven schlüpfen. Parasitische und sandlückenbewohnende Arten teilweise sehr stark abgewandelt.

Vorkommen, Biologie. Sehr anpassungsfähig, weltweit, in allen marinen und limnischen Habitaten. Mikroherbivoren – räuberisch, Endo- oder Ektoparasiten von verschiedenen Tieren.

System. Mindestens 10.000 Arten, circa 250 Familien: z.B. Calanidae, Canthocamptidae, Cyclopidae, Diaptomidae, Ergastilidae.

Bedeutung. Die marinen Arten stellen die größte Quelle tierischen Eiweißes auf der Erde dar und ihre Rolle in der Nahrungskette ist kaum zu überschätzen. Darüber hinaus sind sie als Zwischenwirte von Parasiten und Überträger von Krankheiten für den Menschen bedeutsam.

Mystacocarida

13.2.6 Übersicht

Mystacocarida (griech. Bartkrebse)

Größe, Morphologie. 0,5–1 mm. Großer Kopf, langes Labrum, „Stummelfüßchen“ mit Fortsätzen, die wie Haare aussehen (Name!).

Vorkommen, Biologie. Erst 1943 entdeckt. Mittelmeer, Atlantikküste, Pazifikküste Chiles und Australiens, Küste Südafrikas. Bewohner des marinen und sublitoralen Sandlückensystems. Die Tiere können in extrem hoher Abundanz vorkommen (15 Mio Tiere pro m^3 Sand).
System. Eine Familie (Derocheilocarididae), circa elf Arten.

13.2.7 Tantulocarida

Übersicht

Tantulocarida (griech. so kleine Krebse)
Größe, Morphologie. Bis 1 mm. Geschlechtsdimorphismus, sowie Gestaltunterschiede bei sexuellen und parthenogenetischen Weibchen.
Vorkommen, Biologie. Erst 1983 beschrieben. Weltweit, marin, ausnahmslos Ektoparasiten anderer Crustaceen. Parthenogenese.
System. Circa 28 Arten, fünf Familien: z.B. Deoterthridae.

13.2.8 Thecostraca (= „Cirripedia", Rankenfüßer)

Übersicht

Thecostraca (griech. Kapselschaler)
Morphologie. Tiere kaum noch als Krebse zu erkennen. Die morphologisch sehr verschieden aussehenden Gruppen weisen jedoch die charakteristischen Naupliuslarven der Krebse auf. Sessile Arten setzen sich mit dem Kopf auf einer Unterlage fest. Der undeutlich segmentierte Körper wird von einem lederartigen Mantel aus Kutikula umgeben, der durch Kalkplatten hermetisch abgeschlossen werden kann. Die Thoracopoden sind zu Rankenfüßen umgebildet, die durch rhythmisches fächerartiges Schlagen Wasser herbeistrudeln und Partikel und Kleinorganismen abfiltern.
Vorkommen, Biologie. Weltweit, marin, Brackwasser. Die Adultstadien sind meist sessil (Entenmuscheln, Seepocken), in seltenen Fällen sogar semiterrestrisch oder hoch spezialisierte Parasiten (Wurzelkrebse – siehe Burda, Allg. Zoologie, 2005, S. 203). Meistens Hermaphroditen.
System. Zu den Thecostraca gehören neben den klassischen **„Cirripedia"** auch die **Ascothoracida** und die **Facetotecta**. Letztere sind bislang nur anhand ihrer sogenannten Y-Larven bekannt. Circa 1300 Arten, acht „Ordnungen", circa 45 Familien: z.B. Balanidae (Seepocken), Coronulidae (Walkrebse), Lepadidae (Entenmuscheln), Sacculinidae (Wurzelkrebse).
Bedeutung. Entenmuscheln und Seepocken heften sich häufig an Meerestiere und Schiffe an, Plage in Austernkulturen.

13.2.9 Pentastomida (Zungenwürmer)

Übersicht

Pentastomida (griech. Fünfmünder)
Größe, Morphologie: 2–16 cm. Als Larven und Erwachsene wurm- oder

zungenförmig. Dorsoventral abgeflacht. Mundöffnung umgeben von vier Hauttaschen mit Klammerhaken.

Vorkommen, Biologie. Weltweit. Gonochoristen mit kompliziertem Entwicklungszyklus. Die Adulti leben parasitisch im Respirationssystem carnivorer Wirbeltiere (insbesondere „Reptilien"). Die Zwischenwirte (Insekten, poikilotherme Wirbeltiere, herbivore Säugetiere) infizieren sich durch die Aufnahme von Eiern (z.B. mit Gras), die vom Endwirt ausgehustet wurden. Die Larven schlüpfen in der Leber des Zwischenwirts und kapseln sich dort ein. Die Endwirte infizieren sich durch das Fressen infizierter Lebern.

System. Gelten als Schwestergruppe der Branchiura (zugeordnet zu Maxillopoda, Entomostraca). Bis vor kurzem wurden sie als eigenständiger Stamm geführt. Circa 100 Arten, neun Familien: z.B. Linguatulidae (Zungenwürmer).

Bedeutung. Parasiten von Wildtieren und Hunden, selten infiziert sich der Mensch als Fehlwirt.

Branchiura (Karpfenläuse)

13.2.10 Übersicht

Branchiura (griech. Kiemenschwänze)

Größe, Morphologie. Bis 2 cm. Dorsoventral abgeflacht, Carapax oval, schildartig, seitlich weit abstehend. Kopf mit dem 1. Thoraxsegment verwachsen, die vier Rumpfsegmente tragen je ein Paar zweiästiger Schwimmbeine, Abdomen zweilappig, flossenartig, Antennulen und Antennen reduziert, zwei Facettenaugen, die ersten Maxillen sind zu Saugnäpfen umgewandelt. Die Mandibeln liegen in dem starken Saugrüssel versteckt.

Vorkommen, Biologie. Weltweit. Ektoparasiten von Fischen.

System. Gelten als Schwestergruppe der Pentastomida. Eine Familie (Argulidae), 125 Arten.

Bedeutung. Beim stärkeren Befall wird das Wachstum größerer Fische verlangsamt, kleine Fische werden stark geschwächt und können sterben.

Ostracoda (Muschelkrebse)

13.2.11 Übersicht

Ostracoda (griech. Schaler)

Größe, Morphologie. 0,1–25 mm. Muschelähnlich, da der Körper vollständig von einem zweiklappigen Carapax umschlossen wird. Die Körpersegmente sind stark reduziert und untereinander verschmolzen. Maximal sieben Extremitätenpaare. Die Süßwasserformen sind meistens parthenogenetisch.

Vorkommen, Biologie. Weltweit, marin und limnisch, vorwiegend Bodenbewohner, einige Arten parasitieren an anderen Crustaceen, einige semiterrestrische Arten leben in Moos und Falllaub.
System. Circa 10.000 rezente und 40.000 fossile Arten, circa 30 Familien: z.B. Cylindroleberididae, Cypridinidae.
Bedeutung. Bedeutende Leitfossilien (z.B. Indikatoren bei der Ölsuche), einige sind Zwischenwirte von Cestoden und Acanthocephalen.

Fragen

1. Ist die Monophylie der Crustacea unumstritten? Welche Verwandtschaftshypothesen kennen Sie?
2. Warum werden Pancrustacea auch als Tetraconata bezeichnet?
3. Für welches Taxon ist die Naupliuslarve charakteristisch und durch welche Merkmale zeichnet diese sich aus?
4. Nennen Sie einige marine, limnische, terrestrische und parasitische Vertreter der Krebstiere.
5. Welche Krebstiere spielen eine wichtige Rolle in der Nahrungskette?
6. Nennen sie einige Beispiele für sessil lebende Krebstiere.
7. Warum werden die Pentastomida als Zungenwürmer bezeichnet? Beschreiben Sie kurz deren Lebenszyklus.
8. Nennen Sie Beispiele für wichtige Speisekrebse. Zu welchen Teiltaxa gehören sie?
9. Nennen Sie einige plesiomorphe Merkmale der Krebstiere.
10. Wie heißen die Tagmata der Malacostraca und wodurch werden sie charakterisiert?

Hexapoda (= Insecta i.w.S., Sechsfüßer) | 14

Inhalt

Hochrangige Taxa der rezenten Hexapoda sind die **Protura** (Beintastler), **Diplura** (Doppelschwänze), **Collembola** (Springschwänze) und **Ectognatha = Insecta i.e.S.** (Archaeognatha, Zygentoma + Pterygota). Die primär ungeflügelten Insekten (Protura, Collembola, Diplura, Archaeognatha und Zygentoma) wurden **früher** als **„Apterygota"** („Flügellose Insekten") zusammengefasst und den geflügelten Formen, **Pterygota**, gegenüber gestellt. Diese künstliche Gruppierung wurde inzwischen aufgelöst. Die **phylogenetischen Beziehungen der Haupttaxa** der Hexapoda werden weiterhin **kontrovers diskutiert** und in verschiedenen Konzepten wiedergegeben. Auch die Klassifikation der Pterygota, des artenreichsten und bekanntesten Taxons der Hexapoda, hat in der letzten Zeit einige Änderungen erfahren. Namengebend für die Hexapoda sind ihre **drei Paare sechsgliedriger Extremitäten.** Insekten sind in einigen Aspekten ursprünglicher als die Myriapoda. So trägt der Kopf **vollständig erhaltene Komplex-** und **Medianaugen** und das Labium (Unterlippe) ist weniger stark reduziert. Hinsichtlich der Anzahl ihrer Arten (vermutlich mehrere Millionen) und der Nischen, die sie besetzen, stellen Hexapoden die erfolgreichste und meist diversifizierte rezente Tiergruppe dar.

Morphologie | 14.1

Diagnose

Apomorphien der Hexapoda:

- **Labium als Verschmelzungsprodukt der 2. Maxillen.**
- **Thorax mit drei Segmenten und drei Paaren lokomotorischer Extremitäten.**
- **Sechsgliedrige Beine.**
- **Abdomen mit elf Segmenten + Telson, mit reduzierten Extremitäten am 1.–9., fehlenden Beinen am 10. und sensorischen Cerci am 11. Segment.**
- **Ommatidien mit zwei primären Pigmentzellen.**
- **Spezielle Ultrastruktur der Spermatozoen.**

Kopf besteht aus 6 Segm!

Abb. 90

Vergleichsweise ursprüngliche Mundextremitäten von Insekten. **AN** Antenne, **AU** Auge, **LB** Labium, **LR** Labrum, **MD** Mandibeln, **MX** Maxillen, **PA** Palpen.

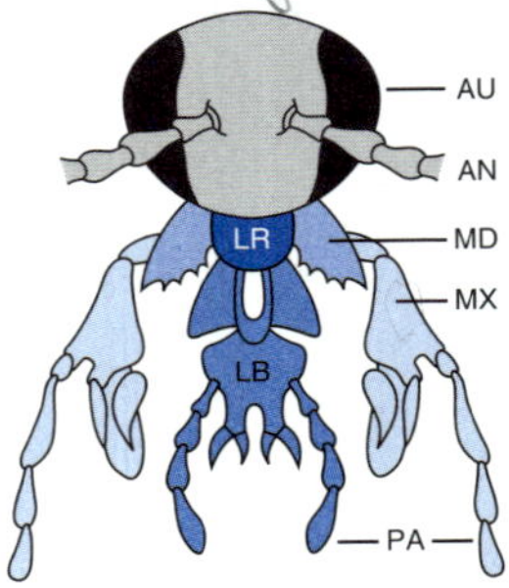

Insekten sind in einigen Aspekten ursprünglicher als die Myriapoda. So trägt der Kopf **vollständig erhaltene Komplexaugen** und **Medianaugen** und das Labium (Unterlippe) ist weniger reduziert. Das **Labium** ist ein Fusionsprodukt der 2. Maxillen. Es besteht aus dem Submentum und Mentum (Praementum?), an denen die Paraglossa, Glossa und Labialpalpen inserieren. Ursprünglich beißend, wurden die **Mundextremitäten** bei vielen Insekten zu stechenden, saugenden oder leckenden Mundwerkzeugen umgewandelt (Abb. 90).

Charakteristisch für Insekten ist die **heteronome Gliederung des Rumpfes** in Thorax und Abdomen mit Telson (Abb. 74, 91). Die Extremitäten des Rumpfes weisen unterschiedliche Differenzierungsgrade auf. Die drei Segmente **des Thorax** tragen **drei Paare lokomotorischer Extremitäten**. Diese gliedern sich in Coxa (Hüfte), Trochanter (Schenkelring), Femur (Schenkel), Tibia (Schiene) und Tarsus (Fuß) mit Endklaue (Abb. 72).

Das **Abdomen** mit elf Segmenten trägt Extremitätenreste (Styli, Coxalorgane) und entspricht damit augenfällig nicht dem Abdomen der Krebse (siehe S. 166). Bei einigen paläozoischen Insekten waren die abdominalen Extremitäten noch beinartig entwickelt und *Devonohexapodus bocksbergensis* wies sogar einen postthorakalen Abschnitt auf, der bis zu 40 Segmente mit Rumpfgliedmaßen umfasste. Es ist allerdings umstritten, ob diese marine Art aus dem Devon wirklich in die Stammlinie der Hexapoda einzugliedern ist.

Abb. 91

Habitus und Organisation eines Insekts. Habitus (oben): AN Antenne, **EA** Einzelauge, **HF** Hinterflügel, **KA** Komplexauge, **MW** Mundwerkzeuge, **SP** Spiraculum, **VF** Vorderflügel. **Anatomie (unten): AD** Anhangsdrüsen, **AN** Anus, **GE** Gehirn, **GO** Geschlechtsöffnung, **HE** Herz mit Ostien, **KR** Kropf, **LD** Labialdrüse, **MA** Magen, **MD** Maxillardrüse, **MG** Malpighi-Gefäß, **MU** Mund, **NS** Nervenstrang mit Ganglien, **OE** Ösophagus, **OV** Ovarium, **UG** Unterschlundganglion (nach Papacek et al. 2000).

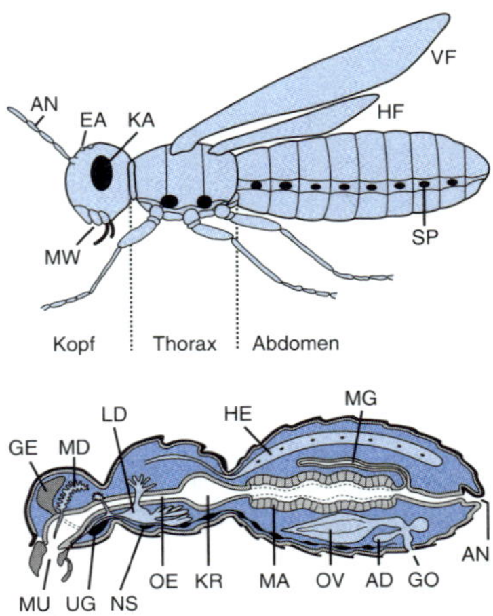

Die Ausstattung des Meso- und Metathorax und der ersten acht Abdominalsegmente mit **paarigen Atemöffnungen** (Stigmen) wird als ursprünglicher Zustand innerhalb der Insekten gedeutet, ebenso der Besitz **paariger Hoden und Gonaden**, beide mehr oder weniger stark in Follikel oder Ovariolen gegliedert (Burda, Allg. Zoologie, 2005, 233, 234). Die Hämolymphgefäße in den Antennen weisen als akzessorische Zirkulationsorgane sogenannte **Antennenherzen** auf.

Die **größte rezente Insektenart** findet sich unter den Stabheuschrecken (Phasmatodea, **33 cm**), **die schwerste** ist ein Käfer der Scarabidae (Larve erreicht über 100g), **die kleinste** gehört zu den Eiparasitoiden (Mymaridae, **0,14 mm**) (vgl. auch Burda, Allg. Zoologie, 2005, S. 115).

System, Phylogenese, Vielfalt

14.2

Der Begriff Hexapoda wird in der Literatur häufig als Synonym für die Insecta verwendet. Doch bilden **Insekten nur ein Subtaxon der Hexapoden** und entsprechen den Ectognatha („Freikiefler") (Abb. 92). Die **Hauptgruppen** der rezenten Hexapoda sind die **Protura** (Beintastler), **Diplura** (Doppelschwänze), **Collembola** (Springschwänze) und **Ectognatha = Insecta i.e.S.** (Archaeognatha + Zygentoma + Pterygota) (Abb. 93). Die Taxa der primär ungeflügelten Formen (Protura, Collembola, Diplura, Archaeognatha und Zygentoma) wurden früher als **„Apterygota"** („Flügellose Insekten") zusammengefasst und den geflügelten Formen, **Pterygota**, gegenübergestellt. Diese künstliche Gruppierung wurde inzwischen aufgelöst, da sie lediglich durch die Plesiomorphie „Flügellosigkeit" gestützt wurde. Die **phylogenetischen Beziehungen der Haupttaxa** der Hexapoden werden weiterhin **kontrovers diskutiert** und in verschiedenen Konzepten wiedergeben. Eine abschließende Bewertung über die Phylogenese der basalen Hexapoda steht noch aus. Molekulare und kombinierte Analysen bestätigen die Monophylie der Diplura und unterstützen überraschenderweise die Verwandtschaft der Diplura und Protura. Als die meist entfernte Gruppe

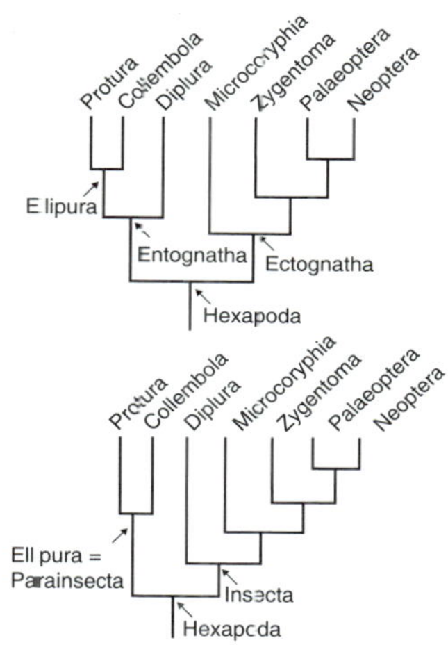

Abb. 92

Zwei Hypothesen über die Phylogenese der Hexapoda. Oberes Kladogramm nach Hennig (1981), unteres Kladogramm nach Kukalova-Peck (1987).

Abb. 93

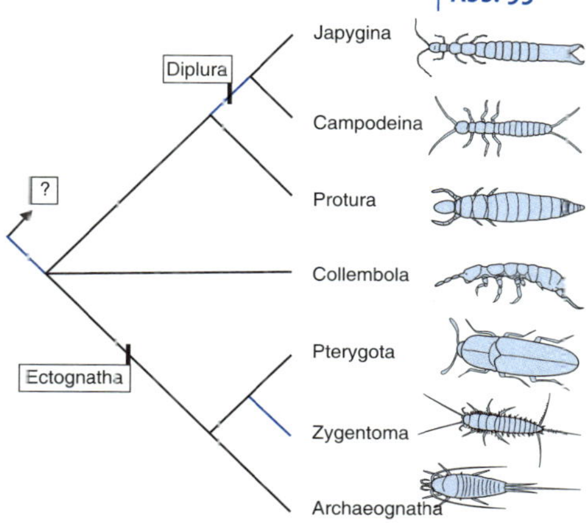

Verwandtschaftsdiagramm der Hexapoda. Blaue Linien kennzeichnen Gruppen, deren Monophylie nicht gesichert ist bzw. deren phylogenetische Beziehungen unsicher sind.

identifizieren sie häufig die Collembola (Abb. 92, 93, Box 47, 48). In einigen Analysen werden diese als eigenständige Linie gesehen.

Die Monophylie der Hexapoda wurde wiederholt in Frage gestellt. Obwohl die Hexapoda – hinsichtlich der Zahl ihrer Arten (vermutlich

Box 47

Entognatha-Ectognatha-Hypothese

Protura, Collembola und Diplura wurden lange Zeit als **Entognatha** (Sackkiefler) zusammengefasst, da ihre Mandibeln und Maxillen in Taschen liegen, die seitlich von Falten der Kopfkapsel und hinten vom Labium umwachsen sind. Ferner sind die Malpighi-Gefäße bei den Entognatha reduziert. Bei der postulierten Schwestergruppe, den **Ectognatha** (Freikiefler: Archaeognatha, Zygentoma und Pterygota), liegen die Mandibeln und Maxillen hingegen frei. Die Ectognatha verfügen über dreigliedrige Antennen, wobei das sekundär in zahlreiche kleine Ringe gegliederte Endglied keine eigene Muskulatur besitzt und nur passiv durch die beiden basalen Glieder bewegt wird. Auf dem Kopf dieser Tiere finden sich üblicherweise große, paarige Komplexaugen und drei einfache Stirnocellen (das mittlere entstand durch Verschmelzung der ursprünglich paarigen Medianaugen). Die Extremitäten des Abdomens sind reduziert, oder dienen als Kopulationsorgane (bei Männchen) oder als Legerohr (Ovipositor, bei Weibchen). Aus dem Telson oder aus dem Tergum des elften Abdominalsegments ersteht ein unpaarer, gegliederter Schwanzfaden, der sogenannte Paracercus. Hierbei handelt es sich nicht um ein Gliedmaßenderivat.

Box 48

Ellipura-Cercophora-Hypothese

Das Taxon **Ellipura** umfasst die Collembola und Protura. Als Unterstützung der Monophylie dieser Gruppe können folgende Apomorphien aufgeführt werden: Mandibeln und Maxillen liegen in separaten Taschen, Reduktion der Antennen auf höchstens vier Glieder, Reduktion der Komplexaugen (die Protura sind blind), starke Reduktion des Tracheensystems (keine Stigmen im Abdomen), unpaare Klauen, Tendenz zur Verschmelzung der distalen Extremitätenglieder und Verlust der Cerci. Allerdings stehen viele dieser Rückbildungen mit der kryptischen Lebensweise der Tiere in Verbindung und können leicht konvergent entstanden sein. Die Schwestergruppe der Ellipura wären nach dieser Hypothese die **Cercophora** (Diplura und Insecta i.e.S.). Die Entognathie müsste demnach zweimal entstanden sein und hierfür gibt es durchaus Hinweise: bei den Diplura erfolgt die lateroventrale Begrenzung des Mundraumes durch ein zusätzliches Sklerit, die Mandibeln und Maxillen liegen in einer paarigen Tasche. Die Verwandtschaft der Cercophora wird ferner durch die Epimorphose, das Fehlen eines Telsons nach dem Schlüpfen, einen abgewandelten Häutungsmodus und die langen, vielgliedrigen Cerci wahrscheinlich gemacht.

mehrere Millionen) und der Nischen, die sie besetzen – die erfolgreichste und meist diversifizierte rezente Tiergruppe darstellen, bleibt ihr Ursprung weiter unklar (vgl. S. 170).

Protura (Beintaster)

14.2.1 Übersicht

Protura (griech. Urschwänze)

Größe, Morphologie. 0,5–2 mm. Primär flügellos, kegeliger Kopf, Augen und Antennen reduziert, fünfgliedrige Beine. Das lange, erste Beinpaar wird als Taster verwendet. Zwölf Abdominalsegmente, mit Beinrudimenten auf den ersten drei Segmenten, keine Cerci. Stechend-saugende Mundwerkzeuge, Körper weichhäutig und pigmentlos. Anamorphose.

Vorkommen, Biologie. Weltweit, feuchtigkeitstliebend, im Moos, Humus bis circa 10 cm Tiefe. Ernähren sich von Pilzhyphen. Obwohl in geeigneten Habitaten sehr häufig (bis zu 90.000 Tiere pro m^2), werden sie meist übersehen.

System. Circa 700 Arten, vier Familien: z.B. Eosentomidae.

Diplura (Doppelschwänze)

14.2.2 Übersicht

Diplura (griech. Doppelschwänze)

Größe, Morphologie. 2–6 mm. Primär flügellos, wenig pigmentiert, keine Augen, Gliederantennen. Entognathie, homonome Segmentierung. Thorax mit drei, Abdomen mit zehn Segmenten, von denen das 1. bis 7. Extremitätenreste tragen. Zwei Cerci am 10. Segment (fadenförmig bei Campodeina, zangenförmig bei Japygina).

Vorkommen, Biologie. Weltweit, vor allem in den Tropen und Subtropen. Leben im Boden, Moos, unter Steinen oder Rindenstücken, feuchtigkeitsliebend. Räuberisch (Japygina) oder detritophag (Campodeina). Indirekte Spermaübertragung, einige Japygidae betreiben Brutpflege.

System. Circa 850 Arten, neun Familien, zwei Subtaxa: **Campodeina** (z.B. Campodeidae), **Japygina** (z.B. Japygidae).

Collembola (Springschwänze)

14.2.3 Übersicht

Collembola (griech. Leim schleudernde)

Größe, Morphologie. 0,3–7 mm. Primär flügellos, entognath, Augen mit acht Ommatidien, viergliedrige Antenne, reduzierter Prothorax, Beine mit Tibiotarsus, eine Klaue am Posttarsus, sechs Abdominalsegmente. Extremitätenpaar des 4. Abdominalsegments zur Sprunggabel abgewandelt. Keine Cerci.

Vorkommen, Biologie. Weltweit, vorwiegend auf und im Boden, aber auch auf Wasseroberflächen und Gletschereis. Saprobionten, Detritusfresser, ernähren sich u.a. von Pilzhyphen.

System. Circa 7300 Arten, 20 Familien, drei Subtaxa: **Poduromorpha** (z.B. Poduridae, gestreckt, kleiner, mit Prothorax), **Entomobryomorpha** (z.B. Entomobryidae, gestreckt, größer, kein Prothorax) und **Symphypleona** (Sminthuridae, Kugelspringer, kugelige Gestalt).

Bedeutung. Wichtige Humusbildner.

14.2.4 | Archaeognatha (Felsenspringer)

Übersicht

Archaeognatha (griech. alte Kiefer)

Größe, Morphologie. 6–23 mm. Fisch- oder tropfenförmig, bedeckt mit kleinen Farbschuppen, große, dorsal in Kontakt stehende Komplexaugen, Ocelli, lange vielgliedrige Antennen, beißende Mundwerkzeuge mit einem einzigen Gelenk, lange Maxillartaster, Beine mit je zwei Klauen, elf Abdominalsegmente, lange gegliederte Cerci, ein noch längeres Terminalfilum. Gut entwickeltes Legerohr.

Vorkommen, Biologie. Weltweit, Meeresküsten, Felsenbiotope, unter Baumrinde, in Moospolstern. Nachtaktiv. Ernähren sich von Algen, Flechten, Pilzen, Detritus. Gutes Sprungvermögen. Epimetabolie. **System:** Circa 350 Arten, vier Familien: z.B. Machilidae.

14.2.5 | Zygentoma (= Thysanura, Silberfischchen)

Übersicht

Zygentoma (griech. Joch-Fischchen, Schuppenschwänze,)

Größe, Morphologie. 7–20 mm ohne Cerci. Fisch- oder tropfenförmig, nackt oder mit kleinen silbrig glänzenden Schuppen bedeckt, lange vielgliedrige Antennen, reduzierte oder fehlende Komplexaugen und Ocelli, beißende Mundwerkzeuge mit zwei Gelenken, fünfgliedrige Maxillartaster, Cerci und Terminalfilum gleich lang. Legerohr.

Vorkommen, Biologie. Weltweit, dunkelheit-, feuchtigkeits- und wärmeliebend. Einige Arten synanthrop, manche leben in Nestern von Ameisen und Termiten. Mit der gefalteten Enddarmwand können sie atmosphärischen Wasserdampf absorbieren. Einige Arten verfügen über Zellulase. Ernähren sich von Algen, Pilzen, Detritus.

System: Circa 400 Arten, vier Familien: z.B. Lepismatidae (Silberfischchen).

14.2.6 | Pterygota (Geflügelte Insekten)

Die wichtigste **Apomorphie** der Pterygota ist die Bildung von **zwei Flügelpaaren**. Die Flügel werden aus Duplikaturen der Körperwand (sogenannte

Paranota) gebildet, die zwischen den Tergiten und den kompakten, sklerotisierten Pleuren des Meso- und Metathorax austreten. Diese Segmente werden durch ein Endoskelett gestützt, das gleichzeitig Muskelansatzstellen bietet. Die Flügel werden durch Tracheen vernetzt. Neben oben beschriebener primärer Flügellosigkeit gibt es sekundäre Flügellosigkeit bei spezialisierten Pterygota (meist Parasiten wie Flöhe und Läuse).

Die **postembryonalen Stadien** der Pterygota verfügen schon über die vollständige Segmentzahl der Adultstadien. Über mehrere Häutungen werden die Larven der **hemimetabolen** Insekten den Imagines immer ähnlicher (z.B. Orthoptera, Heteroptera). Bei den abgeleiteten **holometabolen** Insekten (z.B. Lepidoptera, Coleoptera) ist zwischen Larvenstadien und Imago ein **Puppenstadium** eingeschoben (**Metamorphose**). Die Puppen nehmen keine Nahrung auf und verfügen über Flügelanlagen, währenddie Larven noch fügellos sind. Die Larven fressen und wachsen, die Imagines sorgen für Vermehrung und Verbreitung. Durch die getrennte Spezialisierung von Imago und Larve können unterschiedliche Lebensräume genutzt werden (siehe Burda, Allg. Zoologie, 2005, S. 60–62).

Die Pterygota werden in **circa 25 „Ordnungen“** untergliedert (Abb. 94–98). In der älteren Literatur werden weitere „Ordnungen“ aufgeführt, die inzwischen aufgelöst wurden, da sie nicht monophyletisch waren, so z.B. die „Homoptera“ (Gleichflügler). Die „Ordnungen“ der Isoptera (Termiten), „Phthiraptera“ (Tierläuse) und Siphonaptera (Flöhe) wurden als Subtaxa anderer „Ordnungen“ identifiziert (s.u.). Die drei **Hauptlinien** sind die **Ephemeroptera**, **Odonata** und **Neoptera**. Letztere schließen die alle restlichen „Ordnungen“ ein. Die Kronengruppe bilden die Holometabola (Raphidioptera bis Diptera in der Übersicht unten).

Abb. 94

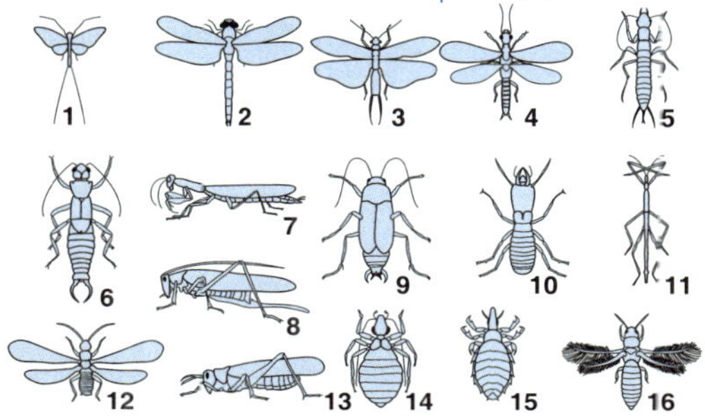

Habitus einiger Vertreter der Pterygota I. 1 Ephemeroptera, **2** Odonata, **3** Plecoptera, **4** Embioptera, **5** Notoptera, **6** Dermaptera, **7** Mantodea, **8** Ensifera, **9** Blattaria, **10** Isoptera, **11** Phasmatodea, **12** Zoraptera, **13** Caelifera, **14** Psocoptera, **15** Phthiraptera, **16** Thysanoptera.

Abb. 95

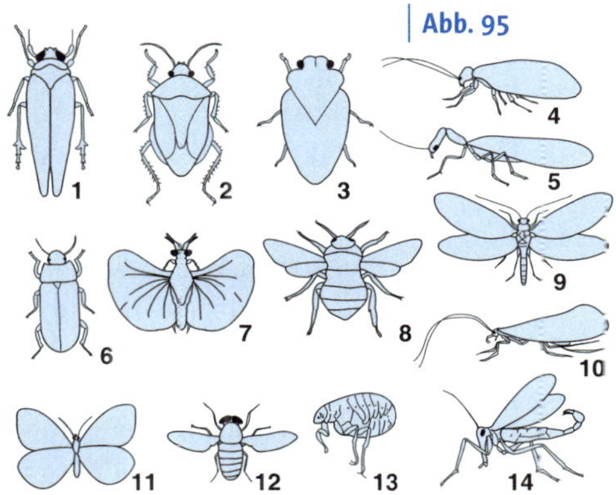

Habitus einiger Vertreter der Pterygota II. 1 Auchenorhyncha, **2** Heteroptera, **3** Coleorrhyncha, **4** Megaloptera, **5** Raphidioptera, **6** Coleoptera, **7** Strepsiptera, **8** Hymenoptera, **9** Neuroptera, **10** Trichoptera, **11** Lepidoptera, **12** Diptera, **13** Siphonaptera, **14** Mecoptera.

Übersicht

▶ Ephemeroptera (Eintagsfliegen)

Größe, Morphologie. Imagines: 5–50 mm ohne Cerci, Flügelspannweite bis 80 mm. Kurze, borstenförmige Antennen, große Komplexaugen. Zwei reich geäderte Flügelpaare, in Ruhe nach hinten auf das Abdomen gelegt, das hintere Flügelpaar meist stark reduziert. Zwei Cerci und ein Terminalfaden. Adulte nehmen keine Nahrung auf, ihre Mundgliedmaßen sind rudimentär. Die Lebensspanne beträgt wenige Minuten bis wenige Tage. Hemimetabol. **Larven, Nymphen:** Limnisch. Kurze Antennen, gut entwickelte Augen, beißende Mundwerkzeuge. Abdomen mit vier bis sieben Paaren von Tracheenkiemen, paarigen Cerci und einem Terminalfaden an Abdominalsegmenten. Lebensdauer: ein bis vier Jahre. Saprophag oder Filtrierer, selten räuberisch. **System.** Circa 2500 Arten, 23 Familien: z.B. Ephemeridae, Palingeniidae. **Bedeutung.** Indikatoren für die Gewässergüte.

▶ Odonata (Libellen)

Größe, Morphologie. Imagines: 30–90 mm, Flügelspannweite 2–11 cm (bei Riesenlibellen in Karbon und Perm bis zu 70 cm). Lang gestreckter Körper, Kopf groß und beweglich, kurze borstenförmige Antennen, große Augen, kräftige beißende Mandibeln. Mächtiger Thorax, Beine zum Kopf geschoben, vier annähernd gleich große, starre Flügel (Raschelgeräusch beim Fliegen). Eingliedrige Cerci dienen als Greiforgane bei der Kopulation. Exzellente Flieger. Räuberisch. Hemimetabol. **Larven, Nymphen:** Limnisch, beißende Mundwerkzeuge, Labium in bewegliche Fangmaske umgewandelt, kurze Antennen, große Augen, blattförmige Abdominal- oder Rektalkiemen. Räuberisch. Die Larvalzeit beträgt mehrere Jahre.

System. 5600 Arten; 26 Familien: z.B. Aeschnidae (Großlibellen), Calopterygidae (Prachtlibellen), Libellulidae (Segellibellen). **Bedeutung.** Indikatoren für die Gewässergüte.

▶ Orthoptera (Geradflügler, Springschrecken)

Größe, Morphologie. 2–100 mm (–200 mm). Zwei Flügelpaare, das vordere ist schmal, stärker sklerotisiert und bedeckt in Ruhestellung das hintere membranöse, gefaltete Flügelpaar. Das Pronotum hat die Form eines Sattels. Die Hinterbeine sind als Sprungbeine ausgebildet mit kräftigen Schenkeln und langen Schienen. Beißend-kauende Mundwerkzeuge. Große Facettenaugen plus drei Punktaugen. Hörorgane (Tympanalorgane), Männchen haben Stridulationsorgane zur Lauterzeugung. Hemimetabol. **System.** Zwei Subtaxa: **Ensifera** und **Caelifera.**

Ensifera (Langfühlerschrecken). Mit langen Antennen, Tympanalorgane an den Tibien der Vorderbeine. Omnivor, räuberisch, phytophag. Circa 9500 Arten, 12 Familien: z.B. Tettigonidae (Heupferde), Gryllidae (Grillen), Gryllotalpidae (Maulwurfsgrillen).

Caelifera (Kurzfühlerschrecken). Mit kurzen Antennen, hintere Flügel auffällig (aposematisch) gefärbt. Tympanalorgane an den Seiten des ersten Abdominalsegments. Phytophag. Riesige Schwärme von Wanderheuschrecken richten verheerende Schäden an. Circa 11.000 Arten, 29 Familien: beispielsweise Acrididae (Wanderheuschrecken, z.B. *Locusta migratoria*, *Schistocerca gregaria*).

▶ **Phasmatodea (Gespenstheuschrecken)**

Größe, Morphologie. 10–180 mm (–330 mm) Stab-, zigarren- oder blattförmig. Kopf und Augen klein. Vorderflügel verkürzt, Geäder stark reduziert, Flügel können fehlen. Herbivor, nachtaktiv. Beispiel für Phytomimese. Hemimetabol. **Vorkommen.** Tropen und Subtropen. **System.** Circa 2500 Arten, zwei bis neun Familien: z.B Phasmatidae (Stabheuschrecken), Phylliidae (Wandelnde Blätter).

▶ **Embioptera (Tarsenspinner)**

Größe, Morphologie. 8–20 mm. Körper schlank, wenig sklerotisiert. Beißende Mundwerkzeuge, Weibchen flügellos, starke und kurze Beine, dreigliedrige Tarsen mit Spinndrüsen. Detritophag. Männchen kurzlebig, häufig Sexualkannibalismus, Brutpflege. Hemimetabol. **Vorkommen.** Subtropen und Tropen. Leben am Boden, unter Steinen in selbst gesponnenen Röhrensystemen. **System.** Circa 300 Arten, acht bis zehn Familien: z.B. Anisembiidae.

▶ **Grylloblattodea (= Notoptera, Grillenschaben)**

Größe, Morphologie. 20–30 mm. Flügellos, Augen stark reduziert oder fehlen, beißende Mundwerkzeuge. Phytophag und räuberisch. Sexualkannibalismus. Larven leben fünf Jahre, Imagines bis zwei Jahre. Hemimetabol. **Vorkommen.** Paläarktisch, in Gebirgen, Eishöhlen, feuchtigkeits- und kälteliebend. **System.** 20 Arten, eine Familie: Grylloblattidae.

▶ **Mantophasmatodea (Gladiatoren)**

Größe, Morphologie. Bis 2,5 cm. Flügellose Insekten, die in ihrem Aussehen die Charakteristika von Phasmatodea (gestreckte Körperform) und Mantodea (stachelbewehrte Fangbeine) kombinieren. Insektivor. **Vorkommen.** Namibia, westliches Südafrika. „Lebende Fossilien"; in Eozän weit verbreitet. **System.** Die Ordnung wurde 2002 anhand lebender Tiere aus Namibia und 45 Millionen Jahre alten Exemplaren aus dem baltischen Bernstein federführend von deutschen Forschern beschrieben. Einige schon vorher in Museumssammlungen vorhandene Exemplare waren nicht als derart eigenständig erkannt worden. Damit handelt es sich um die erste neu beschriebene Insektenordnung seit 1914. Drei bis vier Familien, 14 Arten: z.B. *Mantophasma zephyra*.

▶ **Mantodea (Fangheuschrecken)**

Größe, Morphologie. 1,5–16 cm. Kopf klein, sehr beweglich, große Augen, beißend-kauende Mundwerkzeuge, verlängerter beweglicher Prothorax.

Die Vorderextremitäten sind zu Fangarmen mit Endklaue umgewandelt. Ledrige Vorderflügel. Tagaktive Lauerjäger. Einige Arten können allerdings sehr schnell laufen und verfolgen ihre Beute aktiv. Komplizierte Balz. Sexualkannibalismus ist – entgegen der allgemeinen Meinung – selten. Einige Arten parthenogenetisch. Hemimetabol. **Vorkommen.** Weltweit, meist Tropen und Subtropen. **System.** 2300 Arten, acht Familien: z.B. Mantidae (z.B. *Mantis religiosa*, Gottesanbeterin).

► Blattodea (Schaben, Termiten)

Vorkommen. Meist Tropen und Subtropen, einige Schabenarten synanthrop. Lichtscheu. Hemimetabol. Schädlinge. **System.** Traditionell werden zwei „Ordnungen" unterschieden: „Blattaria" (= Blattoptera, Blattodea i.e.S., Schaben) und Isoptera (Termiten). Allerdings sind die Schaben eine paraphyletische Gruppe, denn die Termiten sind die Schwestergruppe der sozialen und xylophagen Schaben aus der Familie Cryptocercidae.

Blattaria (Schaben). Größe: 5–30 mm (–10 cm), Flügelspannweite bis 17 cm. Große Augen, beißend-kauende Mundwerkzeuge. Ein scheibenförmiges Halsschild bedeckt den Kopf meist vollständig, Körper meist dorsoventral abgeflacht. Vorderflügel derb, lederartig, sie bedecken die feineren Hinterflügel. Stinkdrüsen. Omnivor. Ovi-, Ovovivi- und Viviparie. 4000 Arten, sechs Familien: z.B. Blattidae.

Isoptera (Termiten). Größe: 2–10 mm. Weichhäutig. Kurzes Pronotum. Vorwiegend Holzfresser. Zellulose wird im Enddarm von symbiotischen Mikroorganismen verdaut. Eusozial, Kasten-Polymorphismus: reproduktive Tiere, nichtreproduktive Arbeiter und Soldaten. Circa 3000 Arten, sieben Familien: z.B. Mastotermitidae, Kalotermitidae, Termitidae.

► Plecoptera (Steinfliegen)

Größe, Morphologie. Imagines: 3,5–40 mm. Lange Antennen, mehr oder weniger reduzierte kauende Mundwerkzeuge. Der Prothorax trägt einen Halsschild. Flügel in Ruhe flach über dem Abdomen zusammengelegt. Schlechte Flieger. Dreigliedrige Tarsen, zwei Klauen, lange vielgliedrige Cerci. Nehmen meistens keine Nahrung auf. Hemimetabol. **Larven** leben benthisch in Fließgewässern, sind detritophag oder räuberisch und leben drei Jahre. **System.** Circa 2000 Arten, 7–16 Familien: z.B. Perlidae, Nemouridae. **Bedeutung.** Indikatoren für Gewässergüte.

► Dermaptera (Ohrwürmer)

Größe, Morphologie. 5–20 mm (– 85 mm). Schlanker, sklerotiosierter Körper, beißende Mundwerkzeuge, fadenförmige Antennen, Vorderflügel stark sklerotisiert und verkürzt, Hinterflügel kompliziert faltbar, kurze Laufbeine, Abdomen frei, sehr beweglich, Cerci in Zange umgewandelt. Detritophag, zum Teil räuberisch. Einige Arten Ektoparasiten. Nachtaktiv. Funktionen der Zangen: Abwehr, Angriff, Beförderung der Beute zum Mund, Entfalten der Flügel, Kopulation. Hemimetabol. **Vorkommen.** Weltweit, vor allem in Subtropen und Tropen. **System.** Circa 1300 Arten, zehn Familien: z.B. Forficulidae.

► Zoraptera (Bodenläuse)

Größe, Morphologie. 1,5–3 mm. Kurze Antennen, beißende Mundwerkzeuge, häutige (oft reduzierte) Flügel, Flügelgeäder stark reduziert, kurze Cerci. Hemimetabol. Sozial. **Vorkommen.** Tropen und Subtropen. In feuchtem Humus, unter Rinde etc. **System.** Eine Gattung (*Zorotypus*), 30 Arten.

► Psocoptera i.w.S. (Staubläuse, Tierläuse)

Zu den Psocopteren werden neuerdings auch Phthiraptera (Tierläuse) gezählt. Die Monophylie der Phthiraptera ist nicht gesichert.

„Psocoptera i.e.S." (Staubläuse). Größe: 0,6–10 mm. Weicher Körper, großer, beweglicher Kopf, fadenförmige Antennen, häutige (oft reduzierte oder fehlende) Flügel. Unter Borke, Steinen, im Falllaub, in Tiernestern, synanthrop. Sie ernähren sich von Algen, Pilzsporen, Flechten, Schimmelpilzen. Hemimetabol. Ca. 4000 Arten, 16–40 Familien: z.B. Liposcelidiae, Psocidae.

„Phthiraptera" (Tierläuse). Größe: 0,35–12 mm. Augen reduziert, Mundgliedmaßen beißend-kauend oder stechend-saugend, Körper dorsoventral abgeflacht, Thoraxsegmente und teilweise auch die Abdominalsegmente stark verschmolzen, Flügel reduziert, Klammerbeine. Ektoparasiten, meist wirtsspezifisch. Viele saugen Blut oder fressen Hautschuppen, Haare oder Federn. Die Eier (Nissen) werden mittels einer Kittsubstanz an Haare oder Federn geklebt. Hemimetabol. Ektoparasiten von Vögeln (Federlinge) und Säugetieren (Läuse), Krankheitsüberträger (z.B. Fleckfieber). Circa 5000 Arten, 15 Familien: z.B. Pediculidae (Kopfläuse), Phthiridae (Filz- oder Schamläuse).

► Thysanoptera (Fransenflügler, Thripse)

Größe, Morphologie. 0,5–2 mm, maximal 14 mm. Schlank, abgeflacht, stechend-saugende Mundwerkzeuge, Flügel zu schmalen Bändern reduziert, fransenartig. **Vorkommen.** In Blüten, Blattscheiden von Gräsern, unter Borke. Saugen Pflanzensäfte, einige Arten sind räuberisch. Massenschwärme („Gewitterfliegen"). Hemimetabol. **System.** Circa 5350 Arten, acht Familien: z.B. Thripidae. **Bedeutung.** Pflanzenschädlinge.

► Hemiptera (Schnabelkerfe)

Morphologie. Saugrüssel, die Unterlippe dient als Gleitschiene für die Stechdornen (aus Mandibeln und Maxillen). Innerhalb der Maxillen verläuft ein Kanal, durch den gesaugt werden kann, sowie ein Speichelkanal, durch den Speichel zur Fraßstelle geleitet wird. Teile der Mundhöhle sind zu einer Saugpumpe umgestaltet. Fünfgliedrige Antennen. Gemeinsamkeiten auch im Aufbau der Flügelfelderung. Hemimetabol.

System. Vier Subtaxa: Sternorrhyncha, „Auchenorhyncha“, Coleorrhyncha und Heteroptera. Circa 80.000 Arten.

Sternorrhyncha (Pflanzenläuse). Größe: 0,5–8 mm (–35 mm). Basis des Saugrüssels nach hinten verlagert, flügellos oder häutige Flügel in Ruhe dachförmig gehalten. Ein- bis zweigliedrige Tarsen. Pflanzensauger. Viele Arten monophag. Generationswechsel (Heterogonie) und Wirtswechsel, Parthenogenese kommt vor. Pflanzenschädlinge. Aus Schildläusen wurde lange Zeit Karmin gewonnen. Honigtau-Lieferanten. Die Lackschildlaus (*Kerria laccifera*) liefert den Schellack (Schallplattenindustrie, Haarspray, Möbelbau, Musikinstrumentenbau). Circa 16.400 Arten, 29 Familien: z.B. Aphididae (Pflanzenläuse), Kerriidae (Lackschildläuse), Pseudococcidae (Wolläuse).

„Auchenorhyncha“ (Zikaden). Größe: 1,8–38 mm (–95 mm). Kurze borstenförmige Antennen, stechend-saugende Mundwerkzeuge, dreigliedrige Tarsen, Flügel in Ruhe dachförmig gehalten. Trommel- und Hörorgane an den Seiten des 1. Abdominalsegments. Pflanzenschädlinge. Wahrscheinlich paraphyletische Gruppe. Circa 42.000 Arten, 31 Familien: z.B. Cercopidae, Cicadidae, Membracidae.

Coleorrhyncha (Scheidenschnäbler). Größe: 2–5 mm. Gondwana-Verbreitung: alpine Relikte der antarktischen Fauna. Vorderflügel zeichnen sich durch ein typisches Geäder aus, die Hinterflügel fehlen meist. Hervortretende kugelige Augen. In Moosen und Flechten von Bergwäldern. Eine Familie (Peloridiidae), 25 Arten.

Heteroptera (Wanzen). Größe: 1,5–40 mm (–110 mm). Saugend-stechende Mandibeln mit Stechborsten, viergliedrige Antennen, Thorax mit dorsalem Halsschild, Vorderflügel als Hemielytren ausgebildet, Stinkdrüsen, Schreit-, Grab-, Fang-, Sprung- oder Schwimmbeine, Hörsensillen (Trichobothrien). Terrestrisch oder aquatisch. Pflanzensaft- oder Blutsauger, Räuber. Ektoparasiten, Krankheitsüberträger (z.B. Chagas-Krankheit). Circa 40.500 Arten, 73 Familien: z.B. Cimicidae (Bettwanzen), Pentatomidae (Baumwanzen), Reduviidae (Raubwanzen), Miridae (Weichwanzen), Pyrrhocoridae (Feuerwanzen), Nepidae (Wasserskorpione), Gerridae (Wasserläufer).

► Megaloptera (Schlammfliegen)

Größe, Morphologie. Imagines: 8–85 mm. Körper wenig sklerotisiert, beißende Mundwerkzeuge, große Augen, lange fadenförmige Antennen, Flügel sind breit, dunkelbraun, in Ruhe dachförmig über dem Hinterleib zusammengelegt, dichtes Geäder. Keine Cerci. Adulte nehmen kaum Nahrung auf, lecken höchstens Nektar. **Larven** leben aquatisch, räuberisch. Holometabol, Verpuppung am Land in Wassernähe. **System.** 270 Arten, zwei Familien: z.B. Sialidae.

▶ **Raphidioptera (Kamelhalsfliegen)**

Größe, Morphologie. 5–20 mm. Breiter, abgeplatteter, beweglicher Kopf. Große Augen, beißende Mundwerkzeuge. Halsartiger, beweglicher, schräg vorwärts getragener Prothorax. Durchsichtige Flügel. Langes Legerohr. **Vorkommen, Biologie.** Auf Bäumen und Sträuchern, räuberisch. Larven ebenfalls räuberisch, unter Borke oder am Boden. Fehlen in der Neotropis und Australien. Holometabol. **System.** 206 Arten, zwei Familien: z.B. Raphidiidae.

▶ **Neuroptera (= Planipennia, Netzflügler)**

Größe, Morphologie. 2–25 mm (–80 mm). Wenig sklerotisiert, beißende Mundwerkzeuge, große Augen, dichtes Flügelgeäder, zehngliedriges Abdomen, keine Cerci. Räuberisch. Larven zur extraintestinalen Verdauung befähigt. Holometabol. **System.** Circa 6000 Arten, 18 Familien: z.B. Chrysopidae (Florfliegen), Mantispidae (Fanghafte), Myrmeleontidae (Ameisenlöwen).

▶ **Coleoptera (Käfer)**

Größe, Morphologie. 0,25–75 mm (–160 mm). Stark sklerotisiert, beweglicher Kopf, beißend-kauende Mundwerkzeuge, großer, beweglicher Prothorax, Meso- und Metathorax und Abdomen fest miteinander verbunden. Vorderflügel zu sklerotisierten Elytren umgebildet. Die membranösen Hinterflügel dienen als Flugorgane. Sie werden in Ruhe kompliziert unter die Elytren gefaltet, bei einigen Arten vollständig reduziert. Cerci fehlen. Verschiedene Ernährungsweisen. Viele fliegen gut. Holometabol. Larven mit beißenden Mundwerkzeugen und deutlichem Kopf; Beine vorhanden oder fehlend. **Vorkommen.** Diverse Lebensräume. **System.** Circa 450.000 Arten, 166 Familien: z.B. Buprestidae (Prachtkäfer), Carabidae (Laufkäfer), Cerambycidae (Bockkäfer), Chrysomelidae (Blattkäfer), Coccinellidae (Marienkäfer), Curculionidae (Rüsselkäfer), Dermestidae (Speckkäfer), Dytiscidae (Schwimmkäfer), Lampyridae (Leuchtkäfer), Scarabaeidae (Blatthornkäfer), Staphylinidae (Kurzflügler), Tenebrionidae (Schwarzkäfer). (Abb. 96). **Bedeutung.** Vorratsschädlinge (z.B. Mehlkäfer), Pflanzenschädlinge (z.B. Kartoffelkäfer), Nützlinge (z.B. Marienkäfer) und Pflanzenbestäuber.

▶ **Hymenoptera (Hautflügler)**

Größe, Morphologie. 0,14–80 mm, Flügelspannweite bis 110 mm. Beweglicher Kopf, große Facetten- und drei Medianaugen, Mundwerkzeuge variabel von beißend-kauend bis leckend-saugend. Zwei Paare durchscheinender Flügel mit stark reduziertem Geäder, erstes Flügelpaar größer. Die Flügel schlagen synchron, da sie durch eine Reihe kleiner Borsten gekoppelt sind. Innerhalb des Taxons werden die Flügel häufig reduziert. Zwischen dem 1. und 2. Abdominalsegment befindet sich bei den meisten Arten eine „Wespentaille“. **Biologie.** Holometabol. Bei vielen

Abb. 96

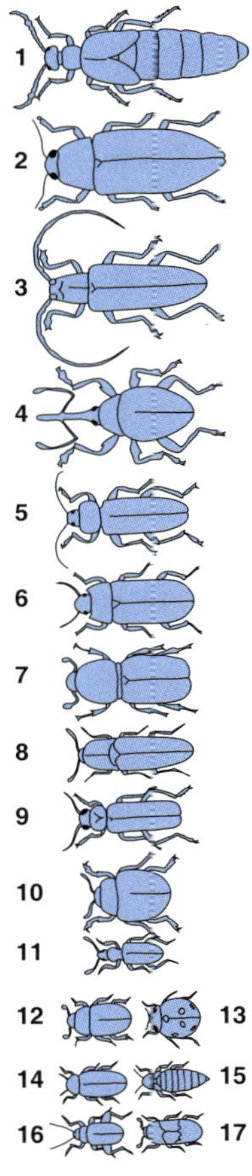

Habitus einiger Vertreter (Gattungen) der Coleoptera. 1 *Meloe*, **2** *Chalcophora*, **3** *Saperda*, **4** *Curculio*, **5** *Hylotrupes*, **6** *Tenebrio*, **7** *Ips*, **8** *Elater*, **9** *Cantharis*, **10** *Leptinatarsa*, **11** *Thanasimus*, **12** *Meligethes*, **13** *Coccinella*, **14, 15** *Phausis* Männchen und Weibchen, **16** *Phyllotreta*, **17** *Dermestes* (nach Lang et al. 1971).

Abb. 97

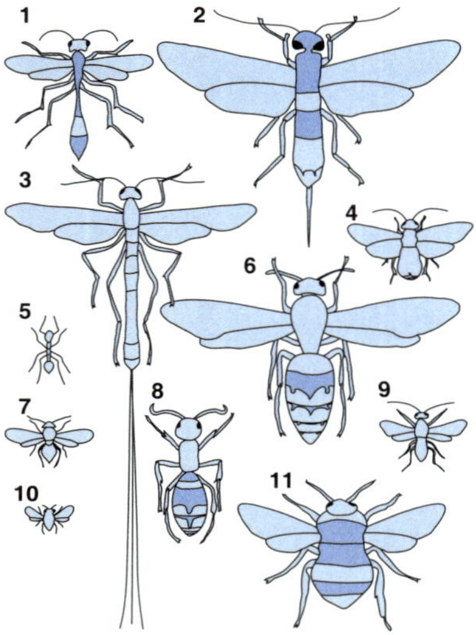

Habitus einiger Vertreter (Gattungen) der Hymenoptera. **1** *Ammophila*, **2** *Urocerus*, **3** *Megarhyssa*, **4** *Pamphilus*, **5** *Myrmica*, **6** *Vespa*, **7** *Cynips*, **8** *Mutilla*, **9** *Chelonus*, **10** *Aphelinus*, **11** *Bombus* (nach Lang et al. 1971).

Arten ist das Legerohr zu einem Wehrstachel umgestaltet. Haplo-diploide Geschlechtsbestimmung: Die Weibchen sind diploid, die haploiden Männchen entwickeln sich aus unbefruchteten Eiern. Viele Arten (eu)sozial mit Brutfürsorge, Kasten- und Staatenbildung. Komplexe Kommunikation, Raum- und Zeitorientierung. **System.** 132.000 Arten, 100 Familien: z.B. Apidae (Bienen, *Apis mellifera*, Honigbiene), Cynipidae (Gallwespen), Formicidae (Ameisen), Ichneumonidae (Schlupfwespen), Myrmaridae (Zwergwespen, kleinste Insekten überhaupt), Vespidae (Wespen) (Abb. 97). **Bedeutung.** Honiglieferanten, Bestäuber, Nützlinge, Schädlinge, manche stechen schmerzhaft, selten lebensbedrohlich.

► Trichoptera (Köcherfliegen)

Größe, Morphologie. 1,5–40 mm. Körper bedeckt mit Haaren oder Schuppen, Mundwerkzeuge reduziert und leckend-saugend. Lange fadenförmige Antennen, gleich große behaarte Flügel in Ruhe dachförmig gefaltet. **Imagines** nachtaktiv, bilden große Schwärme. Holometabol. **Larven** mit starken Mandibeln, Maxillen und Labium verwachsen, Kiementracheen. **Vorkommen.** Aquatisch. Bauen typische Gehäuse (Köcher) oder Wohn- und Fanggewebe. **System.** Circa 10.000 Arten, 43 Familien: z.B. Hydropsychidae, Rhyacophilidae. **Bedeutung.** Indikatoren für Gewässergüte.

► Lepidoptera (Schmetterlinge)

Größe, Morphologie. 1,5–100 mm, Flügelspannweite 2–320 mm. Große Komplexaugen. Saugende Mundwerkzeuge, Saugrüssel. Prothorax reduziert. Flügel häutig und mit pigmentierten Schuppen bedeckt. Ursprüngliche Schmetterlinge, denen der Saugrüssel fehlt, fressen häufig Pollen, diejenigen mit Saugrüssel saugen meist flüssige Nahrung auf (Nektar, Honigtau, Tierurin etc.). Holometabol. **Larven** (Raupen) mit beißenden Mundwerkzeigen und Spinndrüsen. Phytophag, selten zoo- oder fungiphag. Viele Arten schützen sich durch Mimikry oder Mimese. **System.** Circa 150.000 Arten, 122 Familien: z.B. Bombycidae (Echte Spinner, *Bombyx mori*, Seidenspinner), Gelechiidae (Palpenmotten), Geometridae (Spanner), Lycaenidae (Bläulinge), Noctuidae (Eulenfalter), Nymphalidae (Edelfalter), Papilionidae (Ritterfalter), Pieridae (Weißlinge), Sphyngidae (Schwärmer), Tineidae (Echte Motten), Tortricidae (Wickler). **Bedeutung.** Blütenbestäuber, Raupen mancher Arten sind Schädlinge. Maulbeer-Seidenspinner domestiziert – liefert Naturseide.

▶ Strepsiptera (Fächerflügler)

Größe, Morphologie. 1–30 mm. Sexualdimorphismus: Weibchen sind größer, flügellos und larvenförmig. Männchen sind geflügelt, Vorderflügel reduziert. Antennen bei Männchen verzweigt (gutes Riechvermögen), große Augen. Ocellen fehlen, Mundwerkzeuge stark reduziert. Malpighi-Gefäße fehlen, Darm ist blind geschlossen. Holometabol. Parasitoide von Insekten. Männchen leben nur wenige Stunden. **System.** Circa 600 Arten, drei Familien: z.B. Stylopidae.

▶ Mecoptera i.w.S. (Schnabelfliegen, Flöhe)

Nach neuesten Untersuchungen gehören die Siphonaptera (Flöhe) zu den Mecoptera und sind die Schwestergruppe der „Schneeflöhe" Boreidae. Holometabol.

„Mecoptera i.e.S." (Schnabelfliegen). Größe: 2,5–20 mm. Kopf nach unten gerichtet und in ein schnabelartiges Rostrum verlängert. Beißende Mundwerkzeuge, fadenförmige Antennen, zwei Paare gleich großer Flügel. Kurze Cerci, zangenförmige Kopulationsorgane bei Männchen. Räuberisch, komplizierte Balz. Circa 600 Arten, sieben Familien, z.B. Bittacidae (Mückenhafte), Boreidae (Winterhafte, Schneeflöhe), Panorpidae (Skorpionfliegen).

Siphonaptera (Flöhe). Größe 0,5–8 mm. Stechend-saugende Mundwerkzeuge. Sekundär flügellos. Seitlich abgeflachte Körperform und nach hinten gerichtete Körperborsten erleichtern das Laufen im Haarkleid. Feste, glatte Kutikula (die Tiere sind nahezu unzerdrückbar). Kopf und Rumpfsegmente tragen spezifische Zahnkämme. Das hintere Beinpaar ist zu Sprungbeinen umgebildet. Blutsaugende, wirtsspezifische Ektoparasiten von Säugetieren (selten auch Vögeln). Die Nahrungsaufnahme erfolgt auf dem Wirt, ansonsten leben sie in dessen Nest. Bedeutend als Krankheitsüberträger. Circa 2200 Arten, 16 Familien: z.B. Pulicidae (z.B. *Pulex irritans*, Menschenfloh), Ceratophyllidae (z.B. *Xenopsylla cheopis*, Rattenfloh).

▶ Diptera (Zweiflügler)

Größe, Morphologie. 0,5–60 mm, Flügelspannweite bis 10 cm. Zwei Habitustypen: „Mücke" und „Fliege". Beweglicher Kopf, große Augen, Mundwerkzeuge der Fliegen sind meist leckend-saugend (einige mit Leckrüssel), die der Mücken stechend-saugend. Zweiflügelig. Durchsichtige Vorderflügel mit spezifischer Flügeladerung. Hinterflügel zu kurzen keulenförmigen Schwingkölbchen (Halteren) umgebildet, die

Abb. 98

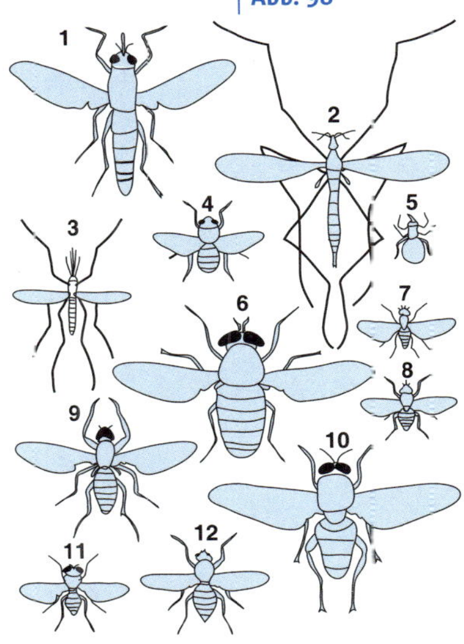

Habitus einiger Vertreter (Gattungen) der Diptera. **1** *Asilus*, **2** *Tipula*, **3** *Anopheles*, **4** *Gasterophilus*, **5** *Mellophagus*, **6** *Tabanus*, **7** *Simulium*, **8** *Stomoxys*, **9** *Bibio*, **10** *Eristalomyia*, **11** *Musca*, **12** *Sarcophaga* (nach Lang et al. 1971).

vermutlich der Flugstabilisierung dienen. Daneben sind flügellose Arten bekannt. **Ökologie.** Verschiedene Lebensräume, vielfältige Ernährungsweisen: räuberisch, parasitisch, Saugen von Pflanzensäften. Ovi-, Ovovivi-, Larvi- oder Pupiparie. Holometabol. **System.** Circa 134.000 Arten, etwa 130 Familien: z.B. Chironomidae (Zuckmücken), Culicidae (Stechmücken), Mycetophylidae (Pilzmücken), Simuliidae (Kriebelmücken), Tipulidae (Schnaken), Calliphoridae (Schmeißfliegen), Drosophilidae (Taufliegen, Fruchtfliegen), Glossinidae (Tsetsefliegen), Muscidae (Echte Fliegen), Sarcophagidae (Fleischfliegen), Scathophagidae (Dungfliegen), Syrphidae (Schwebfliegen), Tabanidae (Bremsen) (Abb. 98). **Bedeutung.** Wichtige Bestäuber, Pflanzenschädlinge, Parasiten, Überträger von Krankheiten (z.B. Malaria), *Drosophila melanogaster* als Modellorganismus der biomedizinischen Forschung.

Fragen

1. Sind Insecta und Hexapoda verschiedene Tiergruppen?
2. Nennen Sie die wesentlichen Apomorphien der Insekten.
3. Das System der Insekten ist umstritten. Welche Begründungen für die Entognatha-Ectognatha-Hypothese und die Ellipura-Cercophora-Hypothese kennen Sie?
4. Aus welchen Strukturen entwickelten sich die Flügel?
5. Nennen Sie zehn Teiltaxa der Pterygota.
6. Worin unterschieden sich hemi- und holometabole Insekten? Nennen Sie einige Vertreter beider Gruppen.
7. Welche sind die fünf artenreichsten Taxa der Insekten?
8. Welche wichtigen Änderungen im System der Insekten haben in den letzten Jahren stattgefunden?
9. Insekten ernähren sich auf vielfältige Weise. Welche Ernährungsweisen kennen Sie? Geben Sie jeweils Beispiele für Arten.
10. Welche Bedeutung haben Insekten für den Menschen? Illustrieren Sie dies anhand von Beispielen.

Deuterostomia (Neumundtiere) | 15

Inhalt

Die Monophylie der Deuterostomia ist in der Geschichte der systematischen Zoologie nie angezweifelt worden, obwohl sich ihre Zusammensetzung im Laufe der Zeit änderte. Zu den Deuterostomiern werden die **Ambulacraria** (**Hemichordata** + **Echinodermata**) und **Chordata** (**Urochordata, Cephalochordata** + **Craniota**) gezählt. Erst kürzlich wurde erkannt, dass zu den Deuterostomia auch die seltsamen **Xenoturbellida** gehören – kleine, einfach gebaute Tiere, die benthisch im Nordatlantik leben und sich von Mollusken ernähren (Abb. 99). Eine weitere wesentliche Änderung in unserem Verständnis der Evolution der Deuterostomia war die Feststellung, dass die **Echinodermata und Hemichordata eine monophyletische Gruppe (Ambulacraria) bilden**. Die **Chordata sind also die Schwestergruppe der Ambulacraria** und nicht der Hemichordata, wie bislang angenommen. Charakteristisch für die Deuterostomia ist ihre Ontogenese: **embryonale Induktion** und das **Schicksal des Blastoporus**, der zum Anus wird, der Mund bricht sekundär durch. Die **Nervenzellen** konzentrieren sich **im dorsalen Körperbereich** der Tiere.

System | 15.1

Die Echinodermata und Hemichordata bilden als **Ambulacraria** die Schwestergruppe der Chordata, deren Monophylie durch Gensequenzen, eine Reihe morphologischer und embryologischer Merkmale, durch die Besonderheiten ihrer *Hox*-Komplexe und durch gemeinsame Abweichungen vom universellen genetischen Code der Mitochondrien in beiden Gruppen unterstützt wird. Die **frühere Einordnung** der Pogonophora zu den Deuterostomia beruhte auf einem Irrtum, die Einordnung der Chaetognatha auf der Überbewertung einiger embryologischer Merkmale sowie auf der allgemeinen Verzweiflung, die dieses Taxon den Phylogenetikern bereitet. Auch die Brachiozoa wurden gelegentlich den Deuterostomia zugeordnet, aber auch hier handelte es sich um einen Irrtum.

15.2 | Ontogenese und Morphologie

Diagnose

Apomorphien der Deuterostomia:

- **Der Blastoporus wird zum Anus, der Mund bricht sekundär durch.**
- **Als Exkretionsorgane fungieren das Axialorgan oder stark modifizierte „Metanephridien".**
- **Embryonale Induktion.**
- **Radiärfurchung, nie Spiralfurchung.**
- **Postanaler Schwanz.**
- **Konzentration der Nervenzellen im dorsalen Körperbereich.**

15.2.1 | Embryonale Entwicklung

Das **Schicksal der Blastomeren wird nicht früh determiniert**, sondern die Zellen beeinflussen sich in ihrer Entwicklung gegenseitig (**embryonale Induktion**). Bei der Kommunikation und Adhäsion der Zellen spielt die **Sialsäure**, zu deren Synthese der Deuterostomia befähigt sind, eine besondere Rolle. Eingriffe in die Embryogenese sind in der Regel nicht fatal, da andere Blastomeren oft die Funktionen der beschädigten oder entfernten Zellen kompensieren können (Burda, Allg. Zoologie, 2005, S. 74).

Abb. 99

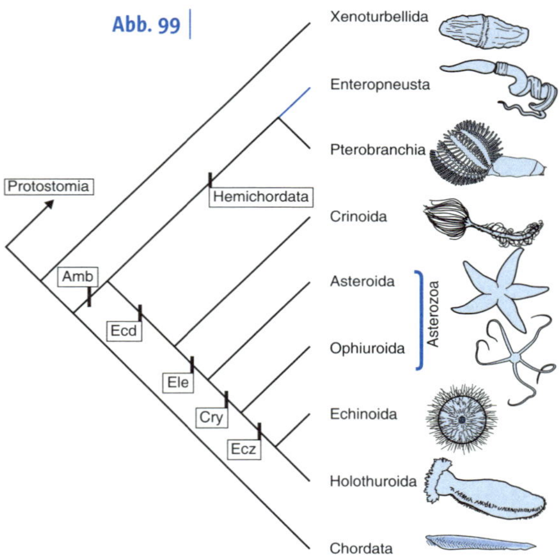

Verwandtschaftsdiagramm der Deuterostomia. Die blaue Linie kennzeichnet eine Gruppe, deren Schwestergruppe unsicher ist. **Amb** Ambulacraria, **Ecd** Echinodermata, **Ele** Eleutherozoa, **Cry** Cryptosyringia, **Ecz** Echinozoa.

Der Name Deuterostomia (griech. deuteros = zweiter, stoma = Mund; Neumundtiere) bezieht sich auf das Schicksal des **Blastoporus (Urmund)**, der **zur Analöffnung wird**, während die Mundöffnung neu gebildet wird. Sie entsteht üblicherweise am Boden des wachsenden Urdarms, wo dieser in Kontakt mit der Körperwand kommt – also im vorderen Teil des Embryos. Man muss jedoch zugeben, dass die **Chordaten üblicherweise gar nicht mehr typisch „deuterostom" sind**: Sehr früh in der Entwicklung der Chordata entsteht auf der Dorsalseite des Körpers das Neuralrohr, dessen Hinterende sich mit dem Blastoporus verbindet; dabei entsteht der neuroenterische Kanal. Der Blastoporus verschließt sich anschließend und die Analöffnung bricht sekundär durch (Abb. 32, 100).

Coelom

15.2.2

Innerhalb der Deuterostomia entwickelt sich das **Mesoderm und das Coelom in unterschiedlicher Weise**. Die klassische **Enterocoelie** (Abb. 33), also die Abspaltung mesodermaler Taschen mit Coelomhöhlen vom Urdarm, gibt es nur bei wenigen Gruppen (z.B. Hemichordata, Cephalochordata und Neunaugen). Manchmal trennen sich kompakte mesodermale Zellstreifen vom Urdarm, in denen nachträglich das Coelom gebildet wird; ein anderes Mal entsteht das Mesoderm durch Abspaltung einzelner entodermaler Zellen. Bemerkenswert ist, dass wir die sehr vielfältigen Entstehungsweisen des Mesoderms auch innerhalb homogener Gruppen finden, z.B. den Enteropneusta. Eine **bilaterale Asymmetrie** des Körpers und der Coelomhöhlen kommt bei Cephalochordata, Craniota und insbesondere bei Echinodermata vor. Die **Archimerie** (Dreiteiligkeit des Coeloms) ist **nur bei Hemichordaten und Echinodermaten** ausgeprägt. Die Suche nach dem Protocoel ist bei den meisten Chordaten schwierig. Bei den Tunicaten wird es nicht angelegt, denn diese haben, mit Ausnahme der Herzbeutelhöhle, das Coelom reduziert. Andere Chordaten haben weder Mesosoma noch Mesocoel und auch Metasoma und Metacoel können bei ihnen nicht mehr klar differenziert werden.

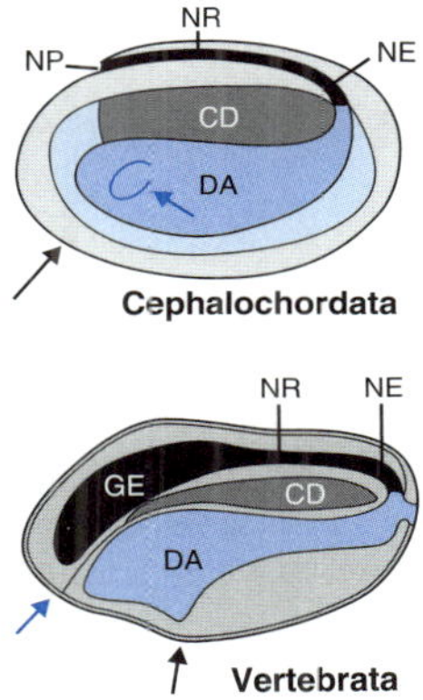

Abb. 100

Entwicklung des Neuralrohrs und der Chorda dorsalis bei Cephalochordata und Vertebrata. **CD** Chorda dorsalis, **DA** Darm, **GE** Gehirn, **NE** neuroenterischer Kanal, **NP** Neuroporus, **NR** Neuralrohr. Der blaue Pfeil bezeichnet die Mundöffnung, der schwarze den apikalen Pol des Embryos (nach Nielsen 1999)

Postanaler Schwanz

15.2.3

Im Gegensatz zu den meisten Tieren ist bei Chordaten der **Anus nicht am Körperende** lokalisiert; der Rumpf geht vielmehr in einen muskulösen Schwanz über. Dieser ist dem kontraktilen stielartigen Fortsatz der Hemichordata homolog (es sind jeweils die homologen Gene der „hinteren“ Gruppe des *Hox*-Komplexes aktiv), so dass es sich offensichtlich um ein gemeinsames Merkmal der Deuterostomia handelt.

Nervensystem

15.2.4

Adulte Deuterostomia (mit Ausnahme der meisten Chordata) weisen **kein ausgeprägtes Gehirn** auf, sondern nur eine mehr oder weniger auffällige Konzentration von Nervenzellen im dorsalen Rumpfabschnitt. Das Zentrale Nervensystem der **Chordaten** entsteht als **dorsal gelegenes Neuralrohr**. Es ist ektodermaler Herkunft und entwickelt sich durch **Neurulation** (siehe S. 237). Nervensysteme entstehen bei Deuterostomia also nie im Zusammenhang mit der Entwicklung (und dem allmählichen Verschließen) des Blastoporus, wie etwa bei den meisten Protostomia.

15.2.5 | Exkretionssysteme

Deuterostomia entwickeln keine Protonephridien. Als **Exkretionssystem** dient **den Echinodermata und Hemichordata** ein sogenanntes **Axialorgan,** das im Protosoma lokalisiert ist. Dieses besteht vor allem aus **Podozyten**, besonderen Zellen, die ein vom Herzen ausgehendes Gefäß umgeben. Der Primärharn wird durch Ultrafiltration zwischen Gefäß und Protocoel gebildet und von hier aus über den mit Coelothel ausgekleideten Hydroporus aus dem Körper geleitet. Die **Exkretionsorgane der Cephalochordata und Craniota** weisen eine andere Lage und einen anderen Aufbau auf als die Axialorgane: funktionell entsprechen sie den Metanephridien

15.3 | Evolution und Phylogenese

Die wesentliche Änderung in unserem Verständnis der Evolution der Deuterostomia ist die Feststellung, dass die **Echinodermata und Hemichordata eine monophyletische Gruppe (Ambulacraria) bilden**. Die **Chordata sind also die Schwestergruppe der Ambulacraria** und nicht der Hemichordata (konkret der Enteropneusta), wie früher angenommen.

Die gemeinsamen Merkmale der Chordata und Enteropneusta müssen wir somit entweder als ursprüngliche Deuterostomia-Merkmale interpretieren, die bei den stark abgeleiteten Echinodermata reduziert wurden (z.B. Pharynx mit Kiemenspalten, Schwanz), oder als Konvergenzen. Noch bedeutender ist aber die zweite Auswirkung: Alle gemeinsamen Merkmale der Echinodermata und Hemichordata, die den Chordaten fehlen (z.B. Archimerie und planktonische Larven), sind Apomorphien der Ambulacraria und nicht der Deuterostomia insgesamt. Die Chordata sind nicht die „Nachfolger" der Ambulacraria und haben also deren Eigenschaften nicht sekundär verloren, sondern hatten diese wahrscheinlich nie ausgebildet. Wir brauchen also die erfolglose Suche nach dem Protosoma und Mesosoma bei den Wirbeltieren nicht fortzusetzen und müssen uns auch nicht bemühen, Reste „primärer Larven" in den Jungtieren („Larven") der Tunicata erkennen zu wollen.

Unsere Versuche, das Grundmuster der Deuterostomia zu rekonstruieren, wurden durch die Entdeckung der rätselhaften Gattung ***Xenoturbella*** verkompliziert (Box 49). Unser Wissen über die Morphologie und Ontogenese der Xenoturbellida ist sehr fragmentarisch. So ist bis heute nicht entscheidbar, ob diese einen ursprünglich einfachen oder sekundär vereinfachten Zweig der Deuterostomia sind. Falls die Xenoturbellida wirklich in die Stammlinie der Deuterostomia eingeordnet werden sollten, würde dies bedeuten, dass eine den „Acoelomorpha" ähnliche

Körperarchitektur auch in der Stammlinie der Ambulacraria erhalten geblieben ist. Die wesentlichen Unterschiede zwischen dem Bauplan der Chordata und der Ambulacraria würden betont – es würde sich um unabhängig voneinander erworbene Apomorphien handeln. So würden z.B. das archimere Coelom der Ambulacraria und die abweichend gebauten Coelome der Cephalochordaten und Craniota zwei unabhängig voneinander entstandene Coelomtypen darstellen, da diese Taxa von einem acoelomaten Vorfahren abstammten. Eine alternative und heute für wahrscheinlich gehaltene Erklärung ist jedoch, dass die Xenoturbelliden sekundär vereinfacht sind. In manchem erinnern sie an die lecithotrophen Larven einiger Hemichordata. Es ist wahrscheinlich, dass die Vorfahren der Deuterostomia doch komplizierter gebaut waren.

Box 49

Causa Xenoturbella

Die beiden Arten der Gattung *Xenoturbella* wurden in den 40er Jahren des letzten Jahrhunderts in eine **„Ordnung" der Strudelwürmer**, gestellt. **Morphologisch erinnern sie an Acoelomorpha**, aber sie unterscheiden sich von diesen durch eine Reihe wichtiger Merkmale, insbesondere die ursprünglich gebauten Spermien und die auffällig entwickelte extrazelluläre Substanz. Die ersten molekularen Untersuchungen überraschten daher durch die Feststellung, dass die Xenoturbellen **extrem modifizierte Mollusken** (**Nuculidae**) sein sollen. Der Grad der genetischen Verwandtschaft beider Gruppen war höchst bemerkenswert. Dagegen widersprachen Untersuchungen der Epidermis, des Nerven- und Muskelsystems der Mollusken-Herkunft der Xenoturbellen, denn diese wiesen sie eher als basale Vertreter der Bilateria aus. Vor wenigen Jahren (2003) wurde gezeigt, dass alles ganz anders ist: Die ursprünglich im Körper der *Xenoturbella* gefundene **DNA war in Wirklichkeit nicht ihre**. So wie wir im Körper des Menschen auch die DNA verschiedener Darmbakterien, sowie von zuvor verzehrtem Schwein und Kohl finden können, hatten die Forscher die DNA von Mollusken analysiert, die von *Xenoturbella* gefressen worden waren. Es wurde nun gezeigt, dass die *Xenoturbella* **ein neues Taxon innerhalb der Deuterostomia** repräsentieren, das mit den Echinodermata und Hemichordata verwandt ist. Die phylogenetische Stellung der Gruppe Xenoturbellida innerhalb der Deuterostomia wird auch durch die spezifisch „deuterostome" Sequenz der Gene im mitochondriellen Genom bestätigt. Auf der anderen Seite benutzt *Xenoturbella* den mitochondriellen Standardcode und gehört somit nicht in die Gruppe der Ambulacraria.

Die Vertreter von *Xenoturbella* zeigen uns möglicherweise, wie die Vorfahren der Deuterostomia und auch der Bilateria ausgesehen haben könnten und werden somit zu hoffnungsvollen Modellorganismen. Vergessen wir nicht, dass die „Acoelomorpha" keine Plathelminthen, sondern die Schwestergruppe aller Bilateria sind – und gerade die „Acoelomorpha" ähneln den Xenoturbelliden sehr, u.a. in der Ultrastruktur ihrer Cilien.

Gegenwärtig stellen wir uns die Stammart der Deuterostomia als marines, benthisches, aber freibewegliches Tier vor, das die Nahrung aus Meeressedimenten bezog. Es zeigte eine Radiärfurchung und eine direkte Entwicklung. Die Epidermis dieses Tieres war vermutlich multiciliär, Exkretionsorgane waren nicht ausgebildet, das einfache Nervensystem war netzartig angeordnet, ohne ein zentrales Gehirn. Ein Coelom war vermutlich noch nicht ausgebildet und wenn doch, bildete sich das ungeteilte (?) Coelom durch Enterocoelie. Der Darm endete mit Anus, hinter der sich ein Schwanzausläufer befand. Tentakel waren nicht entwickelt, aber das Tier könnte über einfache, bewimperte Kiemenspalten verfügt haben, die den Pharynx mit der Körperoberfläche verbanden. Diese Grundmustermerkmale unterschieden sich sehr vom Bild des „Phoroniden-ähnlichen Vorfahren", den wir noch unlängst als Stammart der Deuterostoma postulierten.

15.4 | Xenoturbellida

Übersicht

Xenoturbellida (griech. und lat. Fremde Strudelwürmer)

Größe, Morphologie. Bis 3 cm. Bewimperte Tiere mit länglichen oder fassförmigen Körpern, die eine auffällige Querrille aufweisen und einen Kragen von bewimperten Zellen tragen. Sie verfügen über einen ventralen Mund in der Mitte des Rumpfes und einen sackförmigen Darm ohne Pharynx. Exkretions- und Kopulationsorgane fehlen, die Keimzellen entwickeln sich wahrscheinlich im lockeren Gewebe der Körperwand und werden durch die Mundöffnung ausgeschleust. Die Spermien sind sehr ursprünglich gebaut. Einfaches netzartiges Nervensystem, ohne Gehirn oder Nervenstränge. Im vorderen Körperteil ist ein seltsames Sinnesorgan mit 10–40 monociliären Zellen lokalisiert, die frei in einem geschlossenen Kämmerchen schwimmen. Die Epidermiszellen sind üblicherweise multiciliär, die Spitzen der Cilien tragen den gleichen „zahnähnlichen Fortsatz" wie bei „Acoelomorpha"; auch die Wurzeln der Cilien sind kompliziert gebaut und erinnern entfernt an die Situation bei „Acoelomorpha". Die dicke Epidermis wird durch Bündel intrazellulärer Filamente versteift. Unter der Epidermis befindet sich eine feste, hohe Schicht aus Kollagenfasern zwischen zwei Basallaminae.

Vorkommen, Biologie. Nordatlantik, in Tiefen von 40–100 m, benthisch. Prädatoren von Mollusken. Hermaphroditen. **Vertreter:** Eine Gattung *Xenoturbella* mit zwei Arten.

Fragen

1 Welche hochrangigen Teiltaxa gehören zu den Deuterostomia? Stellen Sie ihre verwandtschaftlichen Beziehungen anhand eines Kladogramms dar.

2 Nennen Sie drei Apomorphien der Deuterostomia.

3 Was ist unter einer embryonalen Induktion zu verstehen?

4 Was verstehen Zoologen unter Archimerie?

5 Was sind die Xenoturbellida und welche Folgen hatte ihre Entdeckung und Erforschung für unser Verständnis der Evolution der Deuterostomia?

6 Wie sah der hypothetische Vorfahre der Deuterostomia aus?

16 | Ambulacraria

Inhalt

Ambulacraria (= Hemichordata + Echinodermata) sind marine Tiere, üblicherweise mit primären planktonischen Larven (**Tornaria- oder Dipleurula-Larven**) und benthischen Adulten. Typisch für die Ambulacraria ist die **Archimerie**. Körper und Coelom sind in drei Abschnitte aufgeteilt: Prosoma (mit Protocoel), Mesosoma (mit Mesocoel) und Metasoma (mit Metacoel). Die **Hemichordata** enthalten zwei Gruppen von morphologisch vollkommen unterschiedlichen Tieren: die **Enteropneusta** (Eichelwürmer) und die **Pterobranchia** (Flügelkiemer). Ihre Monophylie wird durch nur wenige Merkmale gestützt, darunter das **Stomochord**, ein Stützstrang, der aus Vakuolen und einer äußeren extrazellulären Scheide aus verfestigten Zellen besteht, und die **Kiemenspalten**. Molekulare Analysen unterstützen diese Verwandtschaftshypothese. Die **Echinodermata** (Stachelhäuter) sind eine so aberrante Gruppe, dass ihre **Morphologie** praktisch **nur** durch das **Studium der Ontogenese** begreiflich wird. Die Körperform der Adulten kann sternförmig, kugelig oder wurmförmig sein. Oft ist es nicht einfach auf den ersten Blick zu erkennen, wo die Vorder- und Hinterenden der Tiere liegen. Typisch ist das mit Meerwasser gefüllte Wassergefäßsystem (**Ambulakralsystem**), welches das Gefäßsystem teilweise ersetzt und der Bewegung, dem Nahrungserwerb sowie der Atmung dient. Ambulacraria enthalten fünf Teiltaxa: **Crinoida**, **Asteroida**, **Ophiuroida**, **Echinoida** und **Holothuroida**.

16.1 | Apomorphien

Diagnose

Apomorphien der Ambulacraria:

- **Archimerie (= Dreiteiligkeit des Körpers und des Coeloms).**
- **Primärlarven (sogenannte Tornaria- oder Dipleurula-Larven) mit Apikalorgan, zahlreichen Serotonin-Zellen und Wimpernstreifen um Mund und Anus.**

Die Primärlarven (sogenannte **Tornaria- oder Dipleurula-Larve**) besitzen einen **Neotroch**, einen kreisförmigen Wimpernstreifen rund um den Mund, einige Arten auch einen Archeotroch, der den Anus umringt. Ferner zeigen sie ein einfaches, kleines **Apikalorgan** mit langen Cilien (Abb. 101) und zahlreichen **Serotonin-Zellen**. Ein **Nervenring** wird entlang des Archaeotrochs angelegt. Hierbei könnte es sich um den Rest des Nervenrings handeln, der den Blastoporus umgab (wie bei Cnidaria und Protostomia). Dieser Ring geht während der Metamorphose allerdings wieder unter.

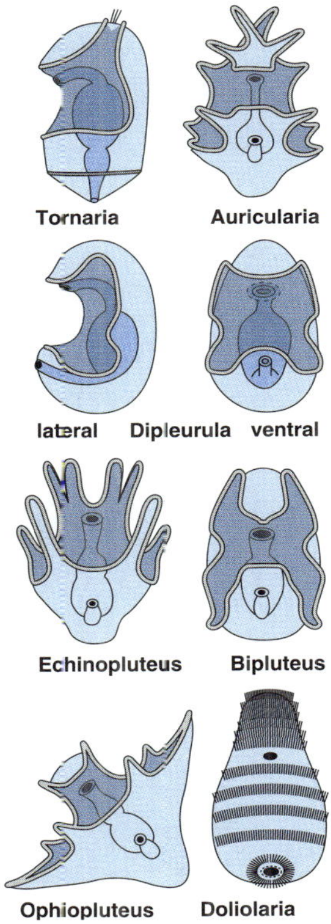

Abb. 101

Typen der Larven der Deuterostomia (nach Komarek, aus Lang et a . 1971).

Ein auffallendes Merkmal der Ambulacraria ist auch ihre **Archimerie**, die **Einteilung des Körpers und des Coeloms in drei Abschnitte** (Abb. 34, 38). Der vordere, ontogenetisch früheste Abschnitt, das **Protosoma** mit dem dazugehörigen **Protocoel**, ist bei Embryonen und Larven der Hemichordata und Echinodermata, aber auch bei einigen erwachsenen Hemichordata („Eichel") gut entwickelt. Das ebenfalls gut entwickelte **Mesosoma** trägt bei den Pterobranchia Arme mit Tentakeln und das **Mesocoel** ist bei den Hemichordata und Larven der Echinodermata als paariger Hohlraum entwickelt; es wird während der weiteren Entwicklung drastisch umgebaut. **Metasoma und Metacoel** bilden **bei den Deuterostomiern** den **Hauptteil des Körpers**, dieser wird bei den Echinodermata stark modifiziert.

Hemichordata

16.2

Die Hemichordata enthalten zwei Gruppen von morphologisch vollkommen unterschiedlichen Tieren: die **Pterobranchia** und die **Enteropneusta**. Die Monophylie der Hemichordata wurde oft in Frage gestellt, denn sie wird nur durch **wenige Merkmale** unterstützt: z.B. wie durch ein Paar **mesosomaler Coelomodukte** und das **Stomochord**. Das Stomochord ist ein Stützstrang, der aus Vakuolen und einer äußeren extrazellulären Scheide aus verfestigten Zellen besteht. Es befindet sich im dorsalen vorderen Abschnitt

Box 50

Sind das Stomochord und die Chorda dorsalis homolog?

Das Stomochord erinnert nicht nur durch seine Bezeichnung, sondern auch durch seinen histologischen Aufbau an die Chorda dorsalis (S. 236). Beide Organe werden in der Ontogenese sehr ähnlich gebildet, da es sich in beiden Fällen um Ausstülpungen des Urdarms handelt. Wären die beiden Strukturen homolog, hätten die Hemichordata noch eine Apomorphie weniger. Denn dann wäre diese Stützstruktur eine Eigenschaft einiger Subtaxa der Deuterostomia. Allerdings ist die Ultrastruktur von Stomochord und Chorda dorsalis im Detail ziemlich unterschiedlich und auch das Gen *Brachyury*, das in Zellen der Chorda dorsalis spezifisch aktiv ist, wird im Stomochord nicht exprimiert. Chorda dorsalis und Stomochord unterscheiden sich auch funktionell: die Chorda dorsalis der Chordatiere bildet einen festen, längenkonstanten, aber elastischen Stützstab als Widerlager der Rumpfmuskulatur (Schlängelbewegungen), während das Stomochord der Hemichordata eine Stütze für das pulsierende Perikard bildet.

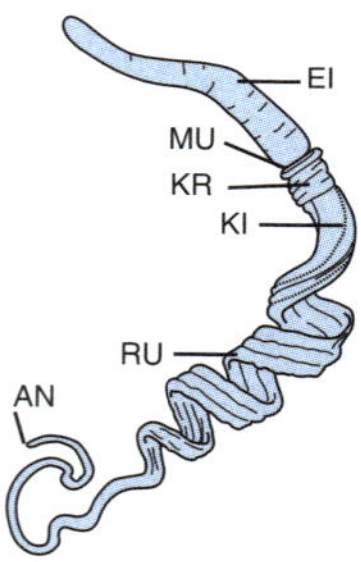

Abb. 102

Habitus und Gliederung eines Eichelwurms.
AN Anus, **EI** Eichel, **KI** Kiemen, **KR** Kranzkragen, **MU** Mund, **RU** Rumpf (nach Lang et al. 1971).

des Pharynx und erstreckt sich nach vorne bis ins Protosoma (Box 50). Die **Kiemenspalten** der Hemichordata und Chordata sind wahrscheinlich homolog. Da die Hemichordata den Echinodermaten näher stehen als den Chordaten, darf man annehmen, dass frühe Echinodermaten ebenfalls Kiemenspalten aufgewiesen haben.

Molekulare Analysen (Sequenzen der **18S rRNA** und **28S rRNA) bestätigen die Monophylie der Hemichordata**. Die beiden Untersuchungen kommen allerdings zu unterschiedlichen Verwandtschaftsverhältnissen innerhalb dieses Taxons. Entweder sind die Pterobranchia die basale Gruppe und der Körperbau der Enteropneusta wurde mit zunehmender Körpergröße graduell komplizierter (28S rRNA), oder die Enteropneusta sind paraphyletisch. Dann würde eines ihrer Subtaxa, die Harimaniidae, an die Basis der Hemichordata rücken und die Pterobranchia hätten im Zusammenhang mit Miniaturisierung, Sessilität und kolonialer Lebensweise ihre Anatomie sekundär vereinfacht.

16.2.1 Enteropneusta (Eichelwürmer)

Übersicht

Enteropneusta (griech. Innenatmende, Bezug auf die Ausbildung eines Kiemendarms. Der deutsche Name bezieht sich auf das eichelförmige, schwellbare Bohrorgan.)

Größe, Morphologie. Bis 30 cm. Wurmförmiger Körper geteilt in drei Abschnitte (Abb. 102).
Vorkommen, Biologie. Marin, graben im Boden. Filtrierer. Gonochoristen, indirekte Entwicklung.
System. Circa 85 Arten, vier bis sechs Familien: z.B. Ptychoderidae (Gattung *Balanoglossus*).

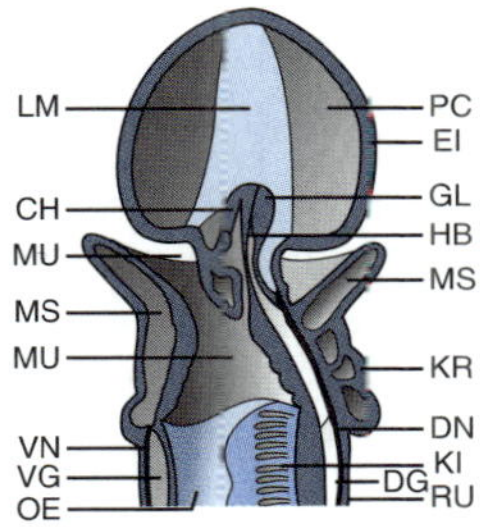

Abb. 103

Anatomie eines Eichelwurms. EI Eichel, **LM** Längsmuskel, **CH** Stomochord, **DG** Dorsalgefäß, **DN** dorsaler Nervenstrang, **GL** Glomerulus, **HB** Herzbeutel, **KI** Kiemenspalten, **KR** Kragen, **LM** Längsmuskel der Eichel, **MS** Mesosoma, **MU** Mundöffnung und Mundhöhle, **OE** Ösophagus, **PC** Protocoel, **RU** Rumpf, **VN** ventraler Nervenstrang, **VG** Ventralgefäß (nach Lang et al. 1971).

Morphologie und Ontogenese. Das **Protosoma** ist rund oder länglich rüsselförmig und enthält das **Protocoel** mit Axialorgan und Stomochord. Das **Mesosoma** ist kurz, kragenartig und enthält ein paariges **Mesocoel** mit bewimperten Coelomodukten. Das lange **Metasoma** trägt zwei Reihen von **Kiemenspalten** im vorderen Teil und die Analöffnung am Körperende. Das System der Kiemenspalten wird durch ein sehr kompliziert gebautes Kollagenskelett gestützt, die Spalten öffnen sich über ektodermale Kiementaschen nach außen. Das ganze System dient als hocheffektiver Filterapparat (Abb. 102, 103).

Die Epidermiszellen adulter Enteropneusta sind in der Regel **multiciliär**; monociliär sind nur spezialisierte Zellen, z.B. Drüsenzellen. Der Neotroch der Larven ist monociliär, aber die Epidermis und der Wimpernstreifen rund um den Anus werden bei ihnen von multiciliären Zellen gebildet.

Diagnose

Apomorphien der Enteropneusta:
- **Neurochord, dorsales Neuralrohr.**

Weitere Merkmale:
- **Archimerie: Körper und Coelom dreiteilig: Protosoma (mit Protocoel), Mesosoma (mit Mesocoel) und Metasoma (mit Metacoel)** (Box 51).
- **Multiciliäre Epidermiszellen.**
- **Radiärfurchung, Deuterostomia-artige Embryogenese.**
- **Planktotrophe Tornaria-Larve oder lecithotrophe Larve.**

Das **Nervensystem** wird durch ein Netzwerk feiner Nervenfasern mit deutlichen Nervensträngen im Protosoma gebildet. Die auffälligste Struktur des Nervensystems ist aber das **dorsale Neuralrohr (Kragenmark)**, das im Mesosoma als längliche Einstülpung des dorsalen Ektoderms entsteht. Die **Embryonalentwicklung** ist typisch „deuterostomia-artig", mit **Radiärfurchung**, die den Embryo zunächst in eine rechte und linke Körperhälfte

Box 51

Entspricht der größte Teil eines Eichelwurms dem Kopf eines Chordaten?

Die Aktivitätszonen der *Otx*, *Pax* und *Hox* Gene im Nervensystem ermöglichen eine grobe Homologisierung von Körperabschnitten. Das Protosoma der Enteropneusta entspricht dem ventralen Bereich des Vorderhirns der Chordata, das Mesosoma und der vordere Abschnitt des Metasomas (bis auf das 1. Paar Kiemenspalten) sind dem Dorsalteil des Vorderhirns und dem Mittelhirn homolog. Der Kopf der Chordaten entspricht also dem größten Teil des Rumpfes der Hemichordata (Abb. 38).

und danach dorsoventral teilt. Anschließend entstehen das Ektoderm des Proto- und Mesosomas auf einer Seite und das Ektoderm des Metasomas zusammen mit dem gesamten Ento- und Mesoderm auf der anderen Körperseite. Die Entwicklung der Enteropneusta läuft über eine **hohle Blastula** und eine **Invaginationsgastrula**. Der Mund bricht am vorderen Ende des Archenterons durch. Die **Entwicklung des Mesoderms und der Coelomsäcke** ist sehr **vielfältig**.

Der **Neotroch** der planktotrophen **Tornaria**-Larve dient als Gegenstrom-Sammelsystem und zunächst auch als Hauptbewegungsorgan. Die Fortbewegung wird bei der Larve allerdings bald von einem Kreis komplexer Cilien übernommen, die aus multiciliären Zellen rund um den Blastoporus gebildet werden. Manche Enteropneusta haben jedoch nur einfache **lecithotrophe Larven**. Bei der Metamorphose werden Neotroch und Apikalorgan zügig rückgebildet, gleichzeitig brechen die Kiemenspalten durch und es entwickelt sich das Nervensystem der Adulten.

16.2.2 | Pterobranchia (Flügelkiemer)

Übersicht

Pterobranchia (griech. Flügelkiemer)

Größe, Morphologie. Einzeltiere 1–2 mm, Kolonien 10 cm. Äußere Ähnlichkeit mit den Brachiozoa (sessil, leben in selbstgebauten Röhrchen, bilden Kolonien, tragen Tentakel).

Vorkommen, Biologie. Marin, benthisch, Filtrierer, Gonochoristen, indirekte Entwicklung.

System. Zwei markant unterschiedliche Gattungen, *Rhabdopleura* (vier Arten) und *Cephalodiscus* (15–20 Arten). Einige Autoren zweifeln an ihrem Schwestergruppenverhältnis. Die fossile Überlieferung der Pterobranchia ist sehr reich und reicht bis ins Kambrium zurück. Nach neueren Erkenntnissen gehören die fossilen **Graptolithen** (ehemals die „Klasse Graptolithoida") zu den Pterobranchia (Box 52).

Box 52

Lebende Graptolithen?

Unlängst wurde nahe Neukaledoniens in größerer Meerestiefe *Cephalodiscus graptolitoides* entdeckt. Dieses Tier würde, wenn wir nur seine fossilisierbaren Körperteile kennen würden, wahrscheinlich für einen lebenden Vertreter der Graptolithen (Schriftsteine) gehalten werden. Am lebenden Gesamtorganismus erkennt man jedoch, dass es sich um einen ziemlich gewöhnlichen Flügelkiemer handelt. Daraus folgt, dass die ausgestorbenen Graptolithen (von denen wir nur ihre Röhren kennen) keine selbständige Gruppe *neben* den Pterobranchia bilden, sondern in diese eingeordnet werden müssen.

Morphologie und Ontogenese. Das drüsenreiche **Protosoma** bildet die Wohnröhre und dient der Bewegung des Einzeltieres (Zooids). Das **Mesosoma** ist kragenförmig mit zwei (*Rhabdopleura*) oder fünf bis neun (*Cephalodiscus*) **Armen**. Diese enthalten Ausläufer des Mesocoels und tragen seitliche Tentakel mit Doppelreihen von Cilien. Arme, Tentakel und die Anordnung der Cilien erinnern sehr an das Lophophor der Brachiozoa. Allerdings sind diese Strukturen nicht homolog, denn die Tentakel der Pterobranchia umgeben nicht den Mund, sondern stehen auf den Armen (Abb. 39). Die Nahrung wird auf der Außenseite der Tentakel transportiert, während sie bei den Brachiozoa entlang der Innenseite geleitet wird. Möglicherweise auch aus diesem Grund verwenden die Pterobranchia viel mehr Transportschleim. Das verlängerte **Metastoma** läuft nach hinten in einen engen **Stiel** aus, auf dem neue **Zooide knospen**.

Diagnose

Merkmale der Pterobranchia:

- **Kolonien mit proteinhaltigen Röhren.**
- **Archimerie: kragenförmiges Mesosoma mit Tentakeln, Metastoma mit Stiel.**

Der **Darm ist U-förmig**, der Anus liegt auf der Dorsalseite des Körpers, gleich hinter den Armen. *Cephalodiscus* weist ein Paar **Kiemenspalten** auf, die den Pharynx mit der Oberfläche des Mesosomas verbinden. Bei *Rhabdopleura* fehlen diese vollständig und anstelle der Kiemenspalten finden sich innere Rillen. Über die Ontogenese der Pterobranchia ist nur wenig bekannt, beide Gruppen haben **lecithotrophe Larven**.

Echinodermata (Stachelhäuter) | 16.3

Die Echinodermata sind eine so aberrante Gruppe, dass ihre Morphologie praktisch nur durch das **Studium der Ontogenese** begreiflich wird. Es sind marine Tiere, üblicherweise mit planktonischen Larven und benthischen Adulten. Die Körperform der Adulten kann sternförmig, kugelig oder wurmförmig sein. Oft ist kaum zu erkennen, wo die Vorder- und Hinterenden der Tiere liegen. Man unterscheidet fünf Taxa: **Crinoida, Asteroida, Ophiuroida, Echinoida** und **Holothuroida** (Abb. 99).

16.3.1 Ontogenese und Morphologie

Diagnose

Apomorphien der Echinodermata:

- **Ambulakralsystem (Wassergefäßsystem).**
- **Kalkskelett.**
- **Besonderer Typ des Kollagengewebes.**
- **Ein Nervenzentrum fehlt, das Nervensystem ist radiär angeordnet.**
- **Archimerie bei Adulten unterdrückt; sie wird durch eine rechts-links Asymmetrie verwischt, die zu einer scheinbar radiären Symmetrie (sogenannte pentamere Symmetrie) führt. Das rechte Proto- und Mesocoel wird rückgebildet.**

Weitere Merkmale:

- **„Klassische" Deuterostomia-Ontogenese. Der Verlauf der frühen Ontogenese ist jedoch sehr vielfältig.**
- **Planktotrophe Dipleurula-Larven oder lecithotrophe Larven** (Abb. 101).
- **Monociliäre Epidermiszellen.**

Ontogenese. Da die Echinodermata seit mehr als einem Jahrhundert **klassische Objekte embryologischer Forschung** sind, kennen wir ihre Ontogenese sehr detailliert. Die **Grundprozesse ihrer frühen Embryonalentwicklung** sind **sehr variabel und evolutonär instabi**l. Generell gilt, dass die **Blastula hohl** ist, dass das **Entoderm durch Einstülpung im Bereich des Blastoporus** entsteht und dass der **Mund** an der Kontaktstelle des vorderen Teils des Urdarms mit dem Ektoderm **durchbricht**. Die **Coelomsäcke entstehen durch Enterocoelie**. Die freilebende **Dipleurula-Larve** entspricht weitgehend der Tornaria-Larve der Hemichordata. Im weiteren Verlauf der Ontogenese wandelt sich die Dipleurula in verschiedene Larventypen um. Der große Unterschied in der Anatomie der Larve und des Adultus macht einen meist dramatischen Verlauf der Metamorphose notwendig. Bei vielen Arten wird die Dipleurula-Larve durch eine einfachere **lecithotrophe Larve** ersetzt, was den Verlauf der Embryogenese markant beeinflusst.

Morphologie.

Unterdrückte Archimerie und bilaterale Asymmetrie:

Genauso wie die Hemichordata weisen auch Echinodermata einen **archimeren Körperbau** auf. Dieser ist **bei den Adulten** allerdings **nicht erkennbar**. Das wesentliche Merkmal der Echinodermata ist ihre enorme **rechts-**

links Asymmetrie. Das **linke Protocoel** (das sogenannte **Axocoel**) ist bei den meisten Echinodermata **mit dem linken Mesocoel verbunden. Über** den mit Coelothel ausgekleideten **Hydropor sind sie mit der Außenwelt verbunden**. Der Kanal, der vom Hydropor wegführt, fungiert als Exkretionsorgan und ist offenbar ein modifiziertes Axialorgan. Das **rechte Protocoel und das rechte Mesocoel** werden während der Entwicklung fast vollständig rückgebildet, dafür beteiligt sich **das linke Mesocoel (Hydrocoel) maßgeblich am Aufbau des Echinodermaten-Körpers.** Aus dem **Metacoel („Somatocoel")** entsteht ein umfangreicher Coelomraum, der den Darm, die Keimdrüsen und die meisten Kanälchen umgibt, die sich aus anderen Coelomsäcken herleiten (Abb. 104, 105).

Bei erwachsenen Echinodermata **liegt das linke Mesocoel (Mundseite des Körpers) auf dem linken Metacoel. Letzteres liegt wiederum auf dem rechten Metacoel, das sich auf der „Gegenmund- (aboralen) Seite"** befindet. Diese ist nicht die Analseite, denn bei ursprünglichen Echinodermata sind Mund und After auf der gleichen Körperseite lokalisiert. In der **Evolution von sessilen zu den freibeweglichen rezenten Formen** kam es zur drastischen **Reduktion des rechten Metacoels**. Darüber hinaus kommt es im Verlauf der Ontogenese zur Rotation des **Larvenkörpers** um seine eigene Körperachse (häufig um 90°), so dass die anterio-posteriore Körperachse zur oral-aboralen Achse wird (Abb. 104). Dieses Schema zeichnet ein ziemlich idealisiertes Bild: Bei manchen Echinodermata, am häufigsten bei Crinoida, Holothurida und einigen Echinoida, treten auffällige Abweichungen auf.

Abb. 104

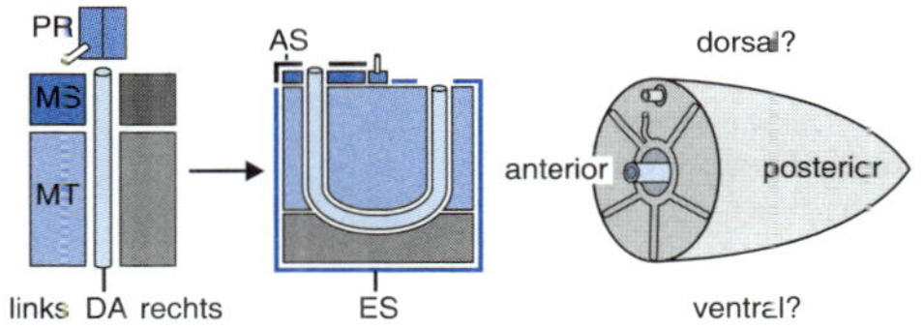

Körperarchitektur und Körperachsen der Echinodermata. Schema der Organisation eines Embryos (links), eines Adulten (Mitte), gezeichnet in derselben Größe und Orientierung, Schema der Körperachsen eines adulten Echinodermaten (rechts). **AS** Axialskelett, **DA** Darm, **ES** Extraaxialskelett, **MS** Mesocoel, **MT** Metacoel, **PR** Protocoel (nach Peterson et al. 2000).

Abb. 105

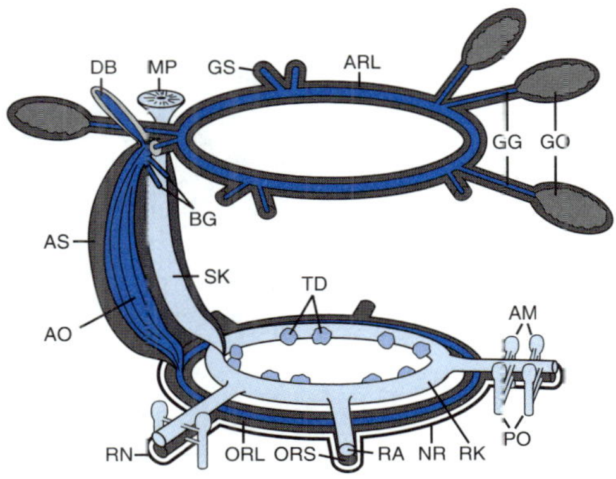

Organisation des ambulakralen Systems bei Echinodermata. **Hellblau:** Ambulakralsystem, **Dunkelblau:** Pseudohämal- und Gefäßsystem. **AM** Ampullen, **AO** Axialorgan, **ARL** Aboralsinus (Aborallakune), **AS** Axialsinus, **BG** Gefäße des Verdauungssystems, **DB** Dorsalblase, **GG** Genitalgefäße, **GO** Gonaden, **GS** Genitalsinus, **MP** Madreporit, **NR** Nervenring, **ORL** Oralsinus (Orallakune), **ORS** oraler Radiärsinus, **PO** Podien, **RA** Radiärkanal, **RK** Ringkanal, **RN** Radiärnerv, **SK** Steinkanal, **TD** Tiedemann-Drüsen (nach Hickman, aus Lang et al. 1971).

Ambulakralsystem:

Aus dem Hydrocoel entsteht ein **System von Wassergefäßen** (sogenanntes **ambulakrales System**). Es besteht vor allem aus einem Gang um den Pharynx, von dem üblicherweise fünf radiäre Kanälchen mit einer Reihe

Abb. 106

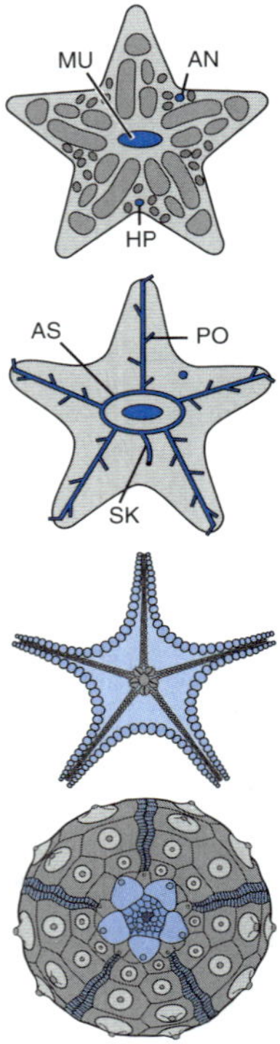

Anordnung des Skeletts und des Ambulakralsystems bei Seesternen und Seeigeln. AN Anus, **AS** Ambulakralsystem, **HP** Hydroporus, **MU** Mund, **PO** Podium, **SK** Steinkanal (nach Zrzavý 2006).

von röhrchenförmigen ambulakralen „Pseudopodien" und ein oder mehrere verkalkte „Steinkanäle" ausgehen, die entlang des Axialorgans zum Hydroporus führen (Abb. 105). Das mit Meerwasser gefüllte Wassergefäßsystem ersetzt partiell das Gefäßsystem (Echinodermaten bilden dennoch ein lakunenartiges Blutgefäßssytem), dient der Fortbewegung (die Tiere laufen auf Podien), dem Nahrungserwerb und der Atmung.

Kalkskelett:
Das balkenartig angeordnete Kalkskelett, das sogenannte **Stereom**, wird durch Synzytien produziert, die durch Verschmelzung mesodermaler Zellen (sogenannte Stereoblasten) entstehen (manchmal schon bei Larven). Die Körperwand und ihr Skelett unterscheiden sich. Die Platten des **Axialskeletts** sind im Einklang mit dem Verlauf der „Wassergefäße" radiär angeordnet, während das **Extraaxialskelett** den Rest der Körperhülle bildet, insbesondere ihren aboralen Pol (Abb. 106). Beide Skeletttypen **unterscheiden sich vor allem durch ihre Ontogenese**: Das Axialskelett entsteht aus dem linken Mesocoel der Larve, während das extraaxiale Skelett vor allem aus dem Metacoel gebildet wird.

Kollagenbindegewebe und Nervensystem:
Die Echinodermata verfügen über einen besonderen Typ des **Kollagen-Bindegewebes**. Dieses ist **unter Kontrolle des Nervensystems** in der Lage, seine **Steifigkeit** dramatisch **zu ändern**. Das Nervensystem ist sehr atypisch – es wird von einem **Nervenring um den Pharynx** und radiale Nerven entlang der Kanäle des ambulakralen Systems gebildet. Ein zentrales **Gehirn fehlt**.

16.3.2 Evolution des Bauplans

Auch die Echinodermata zeigen eine grundlegende **anterio-posteriore Körperachse** mit einem **vorderen Mund** und mit **Armen und Radiärkanälen** des ambulakralen Systems, das Ausläufer **senkrecht zu dieser Achse** bildet. Der Hydroporus liegt auf der ursprünglichen Dorsalseite der Tiere (wie bei den verwandten Hemichordata), bei verschiedenen Gruppen der Echinodermata wird er allerdings auffällig verschoben. Der **Anus liegt dorsal des Mundes** und somit im **vorderen Körperabschnitt**. Diese Deutung der Körperorganisation wird durch die Aktivität der ***Hox*-Gene** in den verschiedenen

Körperteilen unterstützt und ferner durch die Expression des **Gens *Distalless*** an den Spitzen der sich entwickelnden Arme.

Die alternative Hypothese nimmt an, dass jeder Arm eines Seesterns (und die entsprechenden Körperabschnitte anderer Echinodermata) eine von fünf Kopien der ursprünglichen anterio-posterioren Achse darstellt, wobei die Spitze des Tentakels dem vorderen Körperende der Bilateria entsprechen soll. Auch diese Hypothese wird durch die Aktivität verschiedener Gene unterstützt, die üblicherweise mit der Bestimmung der anterio-posterioren Achse assoziiert sind (*orthodenticle, engrailed*). Weil Gene, die die Morphogenese steuern, auch in anderen Zusammenhängen aktiv sein können, als in den ursprünglich bekannten, ist eine gewisse Skepsis gegenüber radikalen Hypothesen zunächst angebracht.

Die markanteste Besonderheit des Körperbaus der Echinodermata ist ihre extreme **rechts-links Asymmetrie**, die Reduktion des rechten Proto- und Mesocoels und das Verschieben des vorderen rechten Metacoels hinter das linke Metacoel. Diese auffällige Asymmetrie verführte zu Spekulationen – manche Autoren gehen von einem mehr oder weniger symmetrischen Vorfahren der Echinodermata mit Tentakeln aus, die die Nahrung aus der Wassersäule filterten. Allerdings ist ein wurmförmiger Vorfahr genauso wahrscheinlich. Auf jeden Fall kann man annehmen, dass während der Evolution der Echinodermata der Nahrungserwerb auf Bodenorganismen ausgeweitet wurde, und zwar mit Hilfe der linken Seite des Nahrungsapparates.

Phylogenese

16.3.3

Um die Evolution dieser aberranten Tiere verstehen zu können, werden wir zunächst die Beziehungen zwischen den Subtaxa analysieren und dann das Grundmuster ihrer Stammart rekonstruieren. Die Echinodermata werden in der rezenten Fauna durch fünf bis sechs markant unterschiedliche Gruppen repräsentiert. Fast unumstritten ist, dass die sessilen **Crinoida** die Schwestergruppe aller übrigen Echinodermata (= Eleutherozoa) bilden (Abb. 99).

Die Vertreter der **Eleutherozoa** sind frei bewegliche Tiere, deren Mundöffnungen zur Unterlage gerichtet sind. Ihre Apomorphien umfassen das ambulakrale System, bewegliche Nadeln auf dem Skelett und insbesondere eine spezielle poröse Kalkplatte, die **Madreporenplatte**, welche den Hydroporus bedeckt.

Die Stellung der Asteroida, Ophiuroida und Echinozoa innerhalb der Eleutherozoa bleibt strittig. Hier konkurrieren zwei Hypothesen: Entweder sind die Ophiuroida die Schwestergruppe der **Asterozoa (= Asteroida + Echinoida),** oder, was wahrscheinlicher ist, die Asteroida sind die Schwestergruppe der **Cryptosyringia (= Ophiuroida + Echinozoa)**. Die letzte Hypothe-

Abb. 107

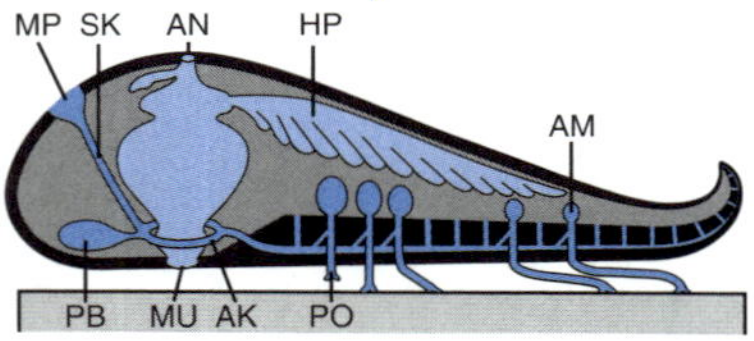

Anatomie des Seesterns. AK Ambulakralsystem, **AM** Ampulle, **AN** Anus, **HP** Hepatopankreas, **MP** Madreporit, **MU** Mund, **PB** Poli-Blase, **PO** Podium, **SK** Steinkanal (nach Pfurtscheller und Cuenot, aus Lang 1971).

se wird auch durch molekulare Analysen unterstützt, obwohl auch diese die umstrittene Stellung der Ophiuroida nicht eindeutig auflösen können (Abb. 99). Die **Cryptosyringia** sind durch den besonderen Bau ihres Nervensystems charakterisiert, das an das Neuralrohr der Hemichordata und Chordata erinnert. Radiäre Nerven der unteren (oralen) Seite, sind in den Körper eingestülpt und verlaufen in geschlossenen Längskanälen entlang der Wandinnenseite (Abb. 105).

Zum Taxon **Echinozoa** zählen die **Echinoida und Holothuroida**; sie sind durch eine umfassende Änderung des Bauplans charakterisiert. So wird das Axialskelett auf die Oralseite des Körpers ausgedehnt und das extraaxiale Skelett wird bis auf ein kleines Feld rund um den Anus reduziert. Hieraus resultiert ein runder oder walzenförmiger Körper ohne Arme. Die Echinozoa tragen **Podien mit adhäsiven Scheiben** an den Enden, die von Kalknadeln gestützt werden. Ihr Kieferapparat enthält ein axiales Kalkskelettsystem, die sogenannte **„Laterne des Aristoteles“** – sie fungiert wie der Greifer eines Baggers (Abb. 108). Auch wenn die Körperformen der Echinoida und Holothuroida sehr unterschiedlich sind, so wird das Schwestergruppenverhältnis beider Gruppen durch molekulare und auch durch paläontologische Befunde unterstützt.

16.3.4 Crinoida (Seelilien und Haarsterne)

Übersicht

Crinoida (griech. Lilienartige)

Größe, Morphologie. Bis 1 m lang. Der Körper besteht aus einer Krone (Kelch, Durchmesser bis 30 cm) mit fünf gegliederten Armen und einem Stiel extraaxialer Herkunft. Der Mund und die Arme weisen stets in Richtung Wasser und nicht zur Unterlage. Der After liegt gleich neben dem Mund zwischen den Armen. Die Arme entstehen aus dem Metacoel und enthalten daher das Coelom und Keimdrüsen. Sie sind extraaxial; das Axialskelett ist sehr schwach entwickelt und auf die Mundseite der Krone begrenzt. Keine Madreporenplatte, aber zahlreiche Hydroporen auf der Mundseite des Kelchs.

Vorkommen, Biologie. Weltweit, marin, Hauptvorkommen im Westatlantik und Westpazifik. Benthisch, freibeweglich oder sessil; Filtrierer, Gonochoristen, lecithotrophe Dipleurula-Larven mit einigen Streifen bewimperter Zellen.

System. Die Blütezeit der Crinoida war das Paläozoikum, aus dem circa 6000 Arten bekannt sind (meistens sessil, mit langem Stiel). Heute circa 650 Arten, 25 Familien: z.B. Antedonidae, Isocrinidae, Tropiometridae.

Asteroida (Seesterne)

16.3.5 Übersicht

Asteroida (griech. Sternartige)

Größe, Morphologie. 1–20 cm, maximal bis über 1 m. Körper mit fünf (bis 50) breiten Armen und einfachen Podien mit Saugnäpfen (in Seeaquarien können wir beobachten, dass Seesterne auch an Glasscheiben hochkriechen können). Axiales und extraaxiales Skelett annähernd gleich stark entwickelt (Abb. 106, 107). Die Asteroida weisen nur wenige Apomorphien auf – hier sind vor allem einfache Kleinaugen an den Enden der Arme, die Ausdehnung der Keimdrüsen und des Verdauungssystems in die Arme und eine besondere planktonische Larve, die sogenannte Bipinaria-Larve, zu nennen. Fissiparie (aus einem abgebrochenen Arm kann ein neues Individuum heranwachsen).

Vorkommen, Biologie. Weltweit, marin, benthisch, freibeweglich. Prädatoren von Mollusken, Seeigeln, Anneliden, Crustaceen, Korallen, Seeanemonen etc. Gonochoristen, äußere Besamung; Brutpflege bei einigen Arten.

System. Circa 1500 Arten, circa 35 Familien: z.B. Asteriidae, Acanthasteridae (Dornkronenseestern), Ophidiasteridae (s. auch Box 53).

Bedeutung. Souvenire, werden oft in Meeresaquarien gehalten, einige polypenfressende Arten sind eine Gefahr für Korallenriffe (z.B. Dornkrone).

Box 53

Seltsame Seesterne

In den achtziger Jahren des letzten Jahrhunderts wurde die sechste „Klasse" der rezenten Echinodermata beschrieben, und zwar die **Concentricycloida**, die wenige Tiefseearten der Gattung *Xyloplax* enthält. Es sind seltsame Echinodermata mit einem flachen medusenartigen Körper ohne Mund, Pharynx, Darm und Analöffnung und einem stark abgeleiteten Ambulakralsystem. Es wurde angenommen, dass die Tiere eine innere Befruchtung und direkte Entwicklung aufwiesen. Erst später zeigte sich, dass es sich um einen Irrtum handelte: morphologische und molekulare Analysen ergaben, dass die Concentricycloida lediglich extrem abgeleitete Asteroida (Seesterne) sind.

Bemerkenswert ist auch ein weiterer seltsamer Seestern, „*Platasterias*", der in Flachwasserzonen entlang der westamerikanischen Meeresküste lebt. Seine auffällig breiten, blattförmigen Arme führten zu Spekulationen darüber, ob es sich um den einzig überlebenden Angehörigen der ansonsten nur fossil bekannten, paraphyletischen **„Somasteroida"** handeln könnte. Es zeigte sich jedoch, dass „*Platasterias*" ein echter Seestern ist. Er ist ein abgeleiteter Vertreter der Gattung *Luidia*, die keine ursprünglichen Seesterne sind.

16.3.6 Ophiuroida (Schlangensterne)

Übersicht

Ophiuroida (griech. Schlangenschwanzartige)

Größe, Morphologie. Der sternförmige Körper wird durch eine zentrale Scheibe (bis 10 cm) und fünf Arme (bis 70 cm lang) gebildet; mit einem sehr kompliziert gegliederten Skelett. Die Madreporenplatte liegt am Rande der Zentralscheibe oder auf seiner Oralseite. Das Verdauungssystem ist sackartig, eine Analöffnung ist nicht ausgebildet. Die Larve hat vier Paare langer Arme, die durch Kalknadeln gestützt werden.

Vorkommen, Biologie: Weltweit, marin, benthisch, von der Gezeitenzone bis in 7000 m Tiefe. Räuberisch, Aasfresser, manche Arten ernähren sich auch von Algen. Einige Arten luminiszieren. Gonochoristen, einige Arten sind Hermaphroditen oder betreiben Brutpflege; planktotrophe Larve, Fissiparie bei einigen Arten.

System. Circa 2000 Arten, 10–15 Familien: z.B. Asteronychidae, Ophiuridae.

16.3.7 Echinoida (Seeigel)

Übersicht

Echinoida (griech. Igelartige)

Größe, Morphologie. Bis 40 cm. Kugelig oder sekundär abgeflacht, mit Stacheln (Abb. 108). Larve mit acht Armpaaren.

Vorkommen, Biologie. Weltweit. Obere Bereiche der Schelfmeere, benthisch, manchmal sehr abundant. Ernährt sich vom Algenbewuchs und kleinem Benthos. Gonochoristen, planktotrophe Echinopluteus-Larve.

System. Circa 950 Arten, circa 45 Familien: z.B. Echinidae, Holasteridae, Spantagidae.

Bedeutung. Nahrung für manche Fischarten, Seesterne, Meeressäugetiere, Seeigel-Gonaden (*Echinus esculentus*) gelten auch bei Menschen als Delikatesse, Souvenire, oft in Meeresaquarien gehalten. Stichverletzungen an steinigen Badestränden.

16.3.8 Holothuroida (Seegurken)

Übersicht

Holothuroida (griech. Seegurke)

Größe, Morphologie. 2 mm–250 cm. Mit weichen, muskulösen, zylindrischern Körpern. Das Kalkgehäuse ist bis auf mikroskopisch kleine Kalknadeln reduziert. Die Tentakel sind rund um den Mund angeordnet. Ambulakralfüßchen finden sich nur auf der Ventralseite oder fehlen ganz. Seegurken unterscheiden sich von allen anderen Echinodermata durch ihre sekundäre „Bilateralsymmetrie". Üblicherweise stellen wir sie uns als „Seeigel" vor, die sich in Richtung der Achse Mundöffnung zur Analöffnung verlängert haben. Das ist allerdings die traditionelle und wahrscheinlich irrtümliche Interpretation, denn die Holothuroida sind in manchen Aspekten andersartig: Der Mundbereich der Holothuroida entspricht vielmehr dem Körper der Echinoida, während sich der ganze übrige „Rumpf“ aus extraaxialem Gewebe ableitet. Dies ist wahrscheinlich die Folge einer extrem beschleunigten Ontogenese (vgl. Heterochronie, Burda, Allg. Zoologie, 2005, S. 81). Einzigartige Organe, die bei manchen Arten ausgebildet werden, sind die sogenannten Cuvierschen Schläuche, die in den Darm münden. Bei Gefahr werden sie durch den After ausgestoßen – sie sind klebrig und/oder giftig.

Abb. 108

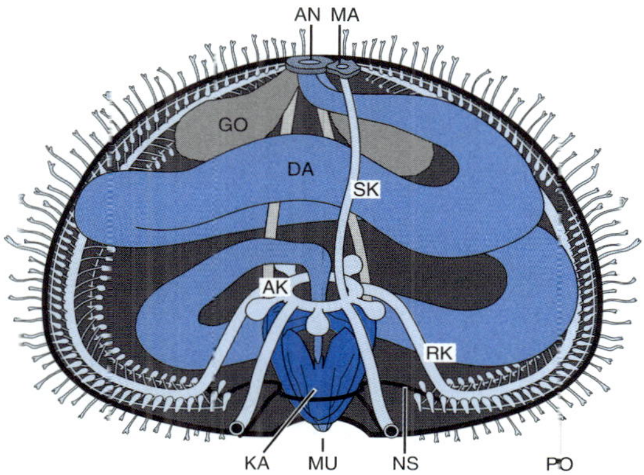

Anatomie des Seeigels. AK Ambulakralsystem, **AN** Anus, **DA** Darm, **GO** Gonade **KA** Kieferapparat, **MP** Madreporit, **MU** Mund, **NS** Nervensystem, **PO** Podium, **RK** Radiärkanal, **SK** Steinkanal (nach Pfurtscheller, aus Lang 1971).

Eine weitere Besonderheit der Holothuroida ist die Morphologie ihrer planktotrophen Auricularia-Larve: Es handelt sich um eine ursprüngliche, leicht abgewandelte Dipleurula-Larve.

Vorkommen, Biologie. Weltweit, marin, benthisch, einige Arten aber auch pelagisch; kommen bis in einer Tiefe von 10.200 m vor. Seegurken ernähren sich von Algen, Einzellern, Detritus etc. Meistens Gonochoristen. Ein bekanntes Phänomen ist die Evisceration, das Ausstoßen der inneren Organe durch den After oder Mund. Die Eingeweide regenerieren.

System. Circa 1150 Arten, 23 Familien: z.B. Holothuriidae, Cumariidae, Synaptidae.

Bedeutung. Verkleben Fischnetze durch ausgestoßene Eingeweide. *Stichopus chloronotus* ist in Malaysien als „grüner Fisch oder Trepang“ von kulinarischer Bedeutung.

Fossile Echinodermata

16.3.9

Bis jetzt haben wir uns mit den rezenten Echinodermata befasst. Die fossilen Vertreter repräsentieren weitere und z. T. auch abweichende Baupläne. Phylogenetische Analysen der rezenten und fossilen Echinodermaten zeigen, dass sich die wichtigen Apomorphien der rezenten Echinodermata **nicht zeitgleich entwickelten**. Das älteste Merkmal der Echinodermata ist das Kalkskelett, danach wurde das Ambulakralsystem entwickelt (bekannt bei den asymmetrischen Helicoplacoida) und schließlich folgte die fünfstrahlige Körperarchitektur, die die Crinoida, Eleutherozoa und die fossile Gruppe der Edrioasteroida verbindet.

Aus der Ediacara-Fauna ist die Gattung *Arkarua* bekannt, die eine klare fünfstrahlige Symmetrie aufweist, aber noch kein Stereom. Möglicherweise handelt es sich um Stammlinienvertreter der Echinodermata. In den 70er-Jahren des letzten Jahrhunderts wurden die Calcichordata beschrieben. Sie gelten als ursprüngliche Chordaten, da ihre beweglichen Larven eine Chorda aufweisen. Ihre Zugehörigkeit zu den Echinodermaten wird diskutiert.

Fragen

1 Zeichnen Sie ein Kladogramm der Ambulacraria.

2 Was sind die wesentlichen Merkmale der Ambulacraria?

3 Welche Subtaxa gehören zu den Echinodermaten?

4 Welche Apomorphien der Echinodermata kennen Sie?

5 Wie ist das Ambulkralsystem aufgebaut und welche Funktionen hat es?

6 Was sind die Graptolithen?

7 Welche Ähnlichkeiten zeigen die Pterobranchia, Phoronida und Ectoprocta?

8 Um welche Struktur handelt es sich bei dem Stomochord?

9 Wieso werden offensichtlich radiärsymmetrische Tiere, wie Seesterne oder Seeigel, den Bilateria zugeordnet?

10 Wie ernähren sich adulte Echinodermaten und ihre Larven?

Chordata (Chordatiere) | 17

Inhalt

Die Chordata umfassen die **Cephalochordata** (= Acrania, Lanzettfischchen), **Urochordata** (= Tunicata, Manteltiere) und die **Craniota** (= Craniata, Schädeltiere) (Abb. 109). Craniota werden weitgehend mit den Vertebrata (Wirbeltiere) synonymisiert. Namengebendes Merkmal ist die **Chorda dorsalis**, ein elastischer Stab mit Endoskelettfunktion. Sie wird bei vielen adulten Wirbeltieren jedoch weitgehend reduziert. Der Vorderdarm – Schlund, Rachen (Pharynx) – ist zum Filtrieren von Plankton oder Detritus als **Kiemendarm** umgestaltet. Bei Landwirbeltieren wird der Kiemendarm nur noch embryonal angelegt. Weitere wichtige Apomorphien sind u.a. **das dorsal liegende Neuralrohr** und **das ventral gelegene Herz**. Die zurzeit populärste Hypothese zur Entstehung der Chordaten nimmt eine **dorsoventrale Umkehrung** des Körpers in eine Rückenlage an. Diese alte Hypothese hat im letzten Jahrzehnt Unterstützung durch die Entwicklungsgenetik sowie die vergleichende Morphologie, Embryologie und Histologie bekommen. **Zwei alternative Modelle** versuchen, die verwandtschaftlichen Beziehungen innerhalb der Chordaten zu erklären. Die erste Hypothese betrachtet die Manteltiere als basale Gruppe und sieht eine engere Beziehung zwischen den Lanzettfischchen und den Schädeltieren (= **Notochordata**). Die alternative, wahrscheinlichere Hypothese betrachtet die Manteltiere als stark abgeleitete Schwestergruppe der Schädeltiere (= **Olfactores**) und stellt die Lanzettfischchen an die Basis der Chordata.

Morphologie und Entwicklung | 17.1

Wenn wir uns im Folgenden ausführlicher mit den Chordaten beschäftigen, ist dies nicht allein durch unseren Anthropozentrismus motiviert. Die Chordaten sind nämlich seltsame Tiere. Sie zeigen eine sehr ungewöhnliche Kombination morphologischer und embryologischer Merkmale, an deren Anfang eine revolutionäre Umstrukturierung der Genome und Entwicklungsprozesse stand.

17.1.1 Merkmale

Die unten angegebenen Merkmale der Chordata sind zum Teil gleichzeitig auch die ursprünglichen Merkmale der Deuterostomia, die jedoch bei Chordaten besonders ausgeprägt sind (vgl. Kap. 15).

Diagnose

Apomorphien der Chordata:

- **Chorda dorsalis als elastischer zellulärer Stab entomesodermaler Herkunft mit Endoskelettfunktion.**
- **Durchgehendes Neuralrohr mit Zentralkanal, dorsal der Chorda liegend, aus Neuroektoderm.**
- **Ventral gelegenes Herz; das Blut fließt nach vorne zum Kopf.**
- **Der Kiemendarm ist der perforierte Vorderdarm mit Endostyl (bei den meisten Chordaten nur während der Embryonalentwicklung ausgebildet).**
- **Der Darm liegt unter der Chorda dorsalis und öffnet sich auf der Bauchseite; es entsteht der postanale Schwanz.**

17.1.2 Chorda dorsalis

Das Hauptmerkmal der Chordaten ist die Chorda dorsalis (lat. Rückensaite, im englischen Schrifttum als **Notochord** bezeichnet). Sie ist ein länglicher flexibler Achsenstab, der als **entomesodermale Ausstülpung aus dem Dach des Urdarms** (Archenteron) entsteht (Burda, Allg. Zoologie, 2005, S. 56). Damit liegt die Chorda **oberhalb des Darms und unterhalb des Neuralrohrs**. Bei allen Chordaten weist sie einen einheitlichen anatomischen Grundbau und die gleiche Ontogenese auf. Während der **Ontogenese** durchläuft die Chorda dorsalis ein Stadium, das aus scheibenartigen, fest zusammengepressten Zellen besteht, das an einen Münzenstapel („stack-of-coins") erinnert. Bei allen Chordaten wird die Morphogenese der Chorda durch das Gen *Brachyury* gesteuert und die Chorda selbst beteiligt sich an der **Induktion der Neurulation**.

Das Zusammenspiel der Chorda und der Längsmuskeln, die sich seitlich der Chorda bei allen Taxa der Chordaten finden, zeigt, dass sich ursprüngliche Chordaten zumindest während eines Teils ihrer Ontogenese mit Hilfe ihres Ruderschwanzes wellenartig fortbewegten und frei umher schwammen. A priori ist nicht entscheidbar, ob die Chorda ursprünglich nur auf den Schwanz begrenzt war oder ob sie sich bis in den vorderen Teil des Körpers hinein erstreckte.

Es besteht kein Zweifel, dass die Chorda dorsalis bei Chordaten

Abb. 109

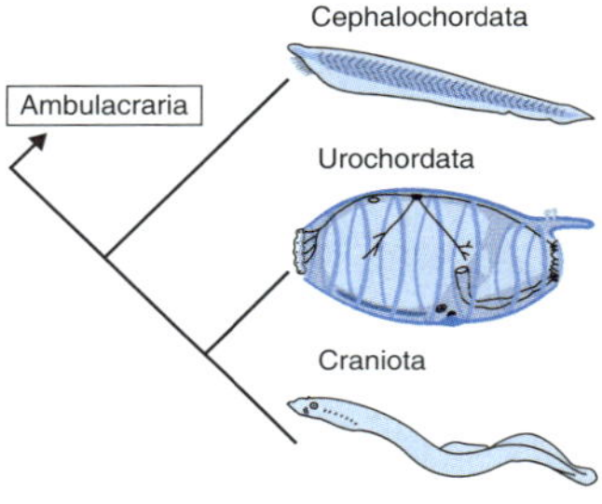

Verwandtschaftsdiagramm der Chordata.

homolog ist, auch wenn die **definitive Struktur** bei erwachsenen Tieren **histologisch unterschiedlich** ausgebildet sein kann. Die Chorda der Lanzettfischchen verharrt im Stadium des „Münzenstapels", der jedoch mit Muskelfasern ergänzt wurde, so dass die Chorda dieser Tiere aus zusammengepressten Muskelplättchen besteht. Bei Manteltieren und Wirbeltieren entstehen in der Chorda zwischenzelluläre Räume, die bei den Manteltieren verschmelzen und einen durchgehenden, von Epithelzellen umgebenen Kanal bilden. Bei Wirbeltieren bilden sich diese zwischenzellulären Räume wieder zurück. Die Chorda der Wirbeltiere wird zunächst von zahlreichen vakuolenhaltigen Zellen gebildet und im Laufe der Entwicklung durch die Wirbelsäule verdrängt. Reste der Chorda finden sich in den Bandscheiben in Form der **Nuclei pulposi**.

Neuralrohr und Herz

17.1.3

Ein weiteres apomorphes Merkmal der Chordaten ist das dorsal gelegene Neuralrohr, das durch **Neurulation**, also durch **Einstülpung eines länglichen dorsalen Ektodermstreifens**, entsteht, und folglich zwischen Chorda und der Körperoberfläche liegt (Burda, Allg. Zoologie, 2005, S. 55). Bei den Larven der Manteltiere reicht das Neuralrohr bis in den vorderen Körperteil, während die Chorda nur auf den hinteren Schwanzbereich begrenzt ist. Das Neuralrohr ist zunächst an seinen beiden Enden offen und mit der Außenwelt durch den rostralen und kaudalen **Neuroporus** verbunden, im hinteren Teil des Embryos kommuniziert es mit dem Urdarm über den engen **neurenterischen Kanal** (**Canalis neurentericus**, 15.2.4, Abb. 100).

Abb. 110

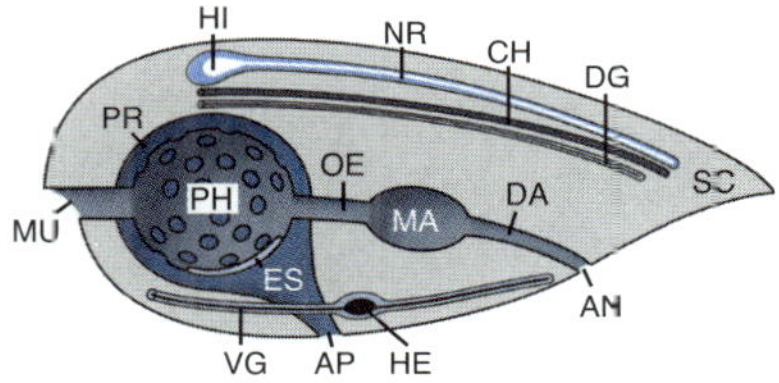

Grundmuster der Chordata. AN Anus, **AP** Atrioporus, **CH** Chorda dorsalis, **DA** Darm, **DG** Dorsalgefäß, **ES** Endostyl, **HE** Herz, **HI** Gehirn, **MU** Mund, **NR** Neuralrohr, **OE** Ösophagus, **MA** Magen, **PH** Pharynx (Kiemendarm), **PR** Peribranchialraum, **SC** Schwanz, **VG** Ventralgefäß.

Das Herz (oder das pulsierende Blutgefäß) liegt **auf der Ventralseite** unterhalb des Darmes und treibt das Blut nach vorne zum Kiemendarm (Abb. 110). Es fließt über die Rückengefäße wieder nach hinten. (Die Situation bei Hemichordaten und Protostomiern ist umgekehrt.)

Kiemendarm

17.1.4

Der **Vorderdarm – Schlund, Rachen (Pharynx)** – ist zum Kiemendarm umgestaltet und dient nun **zum Filtrieren** von Plankton oder Detritus. Er ist **perforiert** und kommuniziert mit der Außenwelt durch seitliche Öffnungen, die **Kiemenspalten**. Aus diesem Abschnitt differenzieren sich bei Wirbeltieren die Kiemen. Bei den Landwirbeltieren wird der Kiemendarm nur noch embryonal angelegt.

Der Bau erinnert auch bei Chordaten an den Kiemendarm der Hemichordaten, seine Funktion ist jedoch unterschiedlich. Bei Hemichordaten werden die Nahrungspartikel auf der Körperoberfläche (also außerhalb des Kiemendarms) mit Schleim umhüllt und durch Geißelbewegungen der Kragengeißelzellen mit dem Wasserstrom durch die Kiemenspalten in den Darm eingesaugt. Bei Chordaten werden die Nahrungspartikel mit dem Wasser über den Mund aufgenommen. Das Wasser durchfließt den **siebartigen** Kiemendarm, die Nahrungspartikel werden im Kiemendarm abgefangen und mit Schleim umhüllt. Ein kontinuierlicher Schleimfilm wird in einem Streifen von Wimper- und Drüsenzellen am Boden des Kiemendarms, dem sogenannten **Endostyl**, produziert und entlang der inneren Oberfläche des Kiemendarms nach oben bewegt. Im Dach des Kiemendarmes vereinigen sich der rechte und linke Schleimstrom und fließen weiter in den Verdauungstrakt. Das gefilterte Wasser tritt in den **Peribranchialraum** ein, eine ektodermale Einstülpung im Inneren des Körpers (Abb. 110; Burda, Allg. Zoologie, 2005, S. 118). Dieser Raum dient vor allem dem Schutz des feinen Schleimfilterapparats und ist offensichtlich homolog bei Manteltieren, Lanzettfischchen und den Larven der Neunaugen, auch wenn er embryonal anders entsteht (als paarige dorsale Einstülpungen bei Manteltieren oder als unpaare ventrale Falte bei Lanzettfischchen).

Das Endostyl ist innerhalb der Chordaten-Gruppen ähnlich gebaut und produziert **iodierte Hormone** (z.B. Thyroxin). Wir beobachten bei Deuterostomiern **drei Phasen in der Evolution der Kiemenspalten und des Endostyls**: (a) Filtrationskiemenspalten der Hemichordaten ohne Endostyl, aber schon mit den zur Iod-Bindung befähigten Zellen, (b) ursprüngliche Chordaten weisen ein Endostyl und Schleimfilter auf und darüber hinaus werden iodierte Hormone in den Filter und in das Blut sekretiert, (c) bei Wirbeltieren hat das Endostyl rein endokrine Funktion und wird zur Schilddrüse. Die Kiemenspalten haben hier ausschließlich Atmungsfunktion und Muskeln werden zum Motor des ganzen Systems.

17.1.5 Entwicklung

In der Entwicklung der Chordaten spielen **epigenetische Prozesse** (d.h. embryonale Zellen sind nicht fest determinert) eine unvergleichbar größere Rolle als bei anderen Tieren. Das Schicksal embryonaler Zellen ist daher viel plastischer und beruht auf der ausgeprägten zwischenzellulären Kommunikation während der Integration einzelner Zelllinien zu funktionellen Geweben und Organen. Eine wichtige Rolle spielen in diesem Zusammenhang **Induktionsprozesse**: Hierbei wird die Entwicklung von Zellen und Geweben durch bereits differenzierte, wenn auch genealogisch unverwandte, Gewebe beeinflusst. Dies ist oft mit der Einwanderung von Zellen aus entfernten Regionen des Embryos verbunden (vgl. Burda, Allg. Zoologie, 2005, 1.3.7). In einer solchen epigenetischen

Umwelt entstehen ganz andere evolutionäre Neuheiten als bei Tieren mit einer fest determinierten Ontogenese.

Evolution des Bauplans

17.2

Es gibt **mehrere Hypothesen**, welche die Entstehung der Chordaten aus anderen Deuterostomia „global“ zu erklären versuchen. Wichtig ist hier das Wort „global“: Die Autoren sehen die Baupläne der Chordaten und ihrer „Vorfahren“ – üblicherweise werden hier die Hemichordaten genannt – als unteilbare Syndrome, so dass sie sich eher mit der Gesamtkörpergeometrie und ihren Änderungen als mit der möglichen Mosaikevolution einzelner Merkmale beschäftigen. Darüber hinaus versuchen sie, die Chordaten von Vorfahren mit pelagischen planktotrophen Larven abzuleiten, was jedoch nicht bewiesen ist.

Die „Tornaria-Hypothese“ geht davon aus, dass die Chordaten modifizierten Tornaria-Larven der Hemichordaten entsprechen. Es wird angenommen, dass das Zentrale Nervensystem der Chordaten aus der Transformation des larvalen Neototrochs der Tornaria hervorging. Die Grundarchitektur des Körpers bliebe nach dieser Hypothese erhalten: Die Dorsalseite eines Chordatieres entspräche der Rückenseite eines Hemichordaten. Mit anderen Worten, **die Hypothese nimmt an, dass Chordaten ganz „gewöhnliche“ Bilateria sind, die ihre Anatomie nur um die Chorda dorsalis, das Neuralrohr und das Endostyl ergänzt haben**. Diese Hypothese kann jedoch die auffälligen Unterschiede zwischen der dorsoventralen Organisation der Chordaten einerseits und anderer Bilateria andererseits nicht erklären (Abb. 111).

Abb. 111

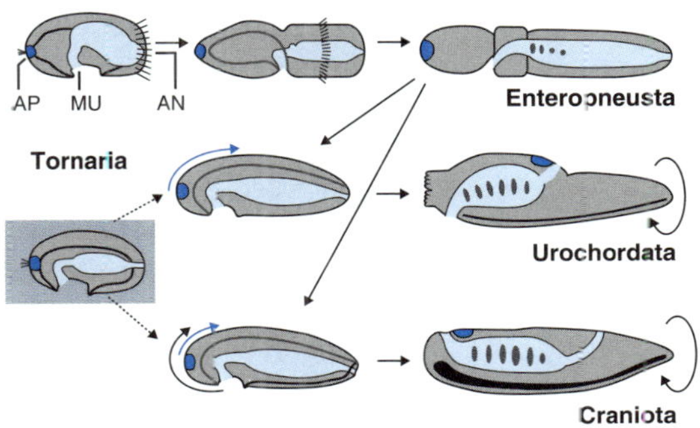

Evolution des Körperbaus der Chordata. Oben: Entwicklung des Eichelwurms aus der Tornaria-Larve. Mitte und unten: Entwicklung von Urochordata und Craniota mit angedeuteter dorsoventraler Inversion, Verschiebung der Mundöffnung und des Apikalfeldes auf die dorsale (also letztendlich ventrale) Körperseite. Die klassische „Auricularia-Theorie“ leitet die Chordaten von der Tornaria-Larve ab, aber die Existenz einer primären Larve in der Evolution der Chordata (unten links) ist höchst zweifelhaft. Ferner sind die Körper der Chordaten eher mit denen erwachsener Hemichordaten als mit Tornarien vergleichbar. **AN** Anus, **AP** apikaler Pol, **MU** Mund (nach Nielsen 2001).

Die zurzeit populärste Hypothese zur Entstehung der Chordaten nimmt eine **dorso-ventrale Umkehrung** (Inversion) des Körpers in eine Rückenlage an. Die Hypothese ist sehr alt, hat aber im letzten Jahrzehnt überraschend Unterstützung durch die Entwicklungsgenetik sowie die vergleichende Morphologie,

Abb. 112

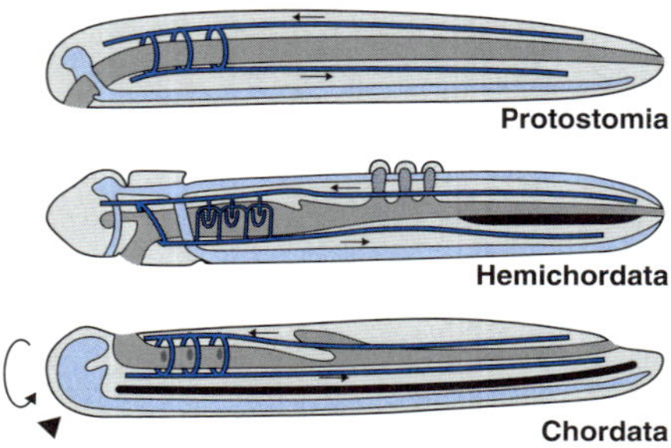

Dorsoventrale Inversion. Das Schema verdeutlicht, dass sich der Chordaten-Körper erst dann mit dem Körper eines Protostomiers vergleichen lässt, wenn das Chordatier mit Bauch nach oben (spiegel-vertikal) dargestellt wird. Ein Hemichordat ist dem gedrehten Chordaten jedoch noch ähnlicher. Das Dreieck bezeichnet die Position, an der möglicherweise eine sekundäre Mundöffnung entstanden sein könnte (nach Nübler-Jung und Arendt 1999).

Embryologie und Histologie bekommen (Burda, Allg. Zoologie, 2005, S. 71). Die **dorsale Lage des Nervensystems** ist vielleicht die bedeutendste Apomorphie der Chordaten. Wenn wir einen Chordaten sezieren, stellen wir fest, dass die Anordnung vieler Organe oft gegenseitig zu der von Nicht-Chordaten ist (Abb. 111, 112).

Unlängst wurde festgestellt, dass die **dorsoventrale Inversion auch die Gene betrifft**. In Zellkernen der Rückenzellen werden andere Gene aktiviert als in Kernen der Ventralseite. So werden z.B. von den *BMP*-Genen der Chordaten kodierte Proteine nur in ventral gelegenen embryonalen Zellen gebildet. Diese durch homologe Gene (*decapentaplegic*) kodierten Proteine kommen auch bei Insekten vor, werden dort allerdings in dorsal gelegenen Zellen produziert. Beide Gene haben einen gemeinsamen Ursprung und bestimmen die dorsoventrale Anordnung des Körpers. Wir können also davon ausgehen, dass auch das entsprechende Gen des gemeinsamen Vorfahren der Bilateria eine vergleichbare Funktion hatte. Der konkrete Einfluss der Nachkommen dieses „Ur-Gens" auf die dorsoventrale Anordnung des Embryonen ist bei verschiedenen Tiergruppen jedoch ganz unterschiedlich.

Es gibt eine ganze Reihe solcher Gene, die bei Chordaten eine gegenseitige dorso-ventrale Polarität – verglichen mit Nicht-Chordaten – bewirken. Sie betreffen nicht nur die Polarisation des gesamten Körpers, sondern auch den spezifischen **Bau des Nervensystems und des Herzens**. Ob diese anatomische Situation wirklich Folge einer dorso-ventralen Umkehrung in der frühen Evolution der Chordaten ist, bleibt noch offen.

Dem ventral gelegenen **Endostyl** entspricht die auf der Rückenseite des Schlundes gelegene Epibranchialdrüse der Enteropneusten (allerdings ist das Gen *NK2.1* bei Chordaten nur im Endostyl aktiv, während es bei Enteropneusten in der ganzen Schlundwand aktiv ist). Die paarigen Leberausstülpungen des Darms befinden sich bei Enteropneusten im Dorsalbreich des Körpers, während die wahrscheinlich homologe **Leber** der Chordaten ventral liegt. Und schließlich finden wir bei einigen großen Enteropneusten mit dem ventralen **Pygochord** im hinteren Rumpfabschnitt eine an die Chorda dorsalis erinnernde Zellreihe. Die Hypothese, dass die Chorda dorsalis dem Pygochord homolog ist, wird durch die Aktivität des Gens *Brachyury* unterstützt (Box 50). Dieses Gen ist für die Bildung der Chorda unerlässlich, ist aber auch im hinteren

Teil des ventralen Mesoderms von Insekten aktiv, also an der Stelle, an der bei Enteropneusta das Pygochord lokalisiert ist (direkte Beweise über seine Aktivität im Pygochord fehlen jedoch).

Vieles deutet darauf hin, dass eine Inversion tatsächlich stattgefunden hat, und zwar in der Stammlinie zwischen dem gemeinsamen Vorfahren der Deuterostomier und der Stammart der Chordaten. Die Zentralisierung des Nervensystems der Chordaten ist wahrscheinlich jünger als die Inversion selbst. Die Körper-Inversion eines Enteropneusten-ähnlichen Vorfahren würde jedoch einen Chordaten mit dorsalem **Mund** ergeben, was nicht der Fall ist. Möglicherweise ist der Mund der Chordaten dem der Hemichordaten und „Protostomier" nicht homolog oder es kam bei Chordaten zu einer ausgeprägten Verschiebung der Mundöffnung auf die ursprüngliche dorsale Körperseite (die dann zur Bauchseite wurde). Die Mundöffnungen entstehen bei Hemichordaten und Chordaten in der Tat an unterschiedlichen Polen des Embryos (Abb. 111).

Abb. 113

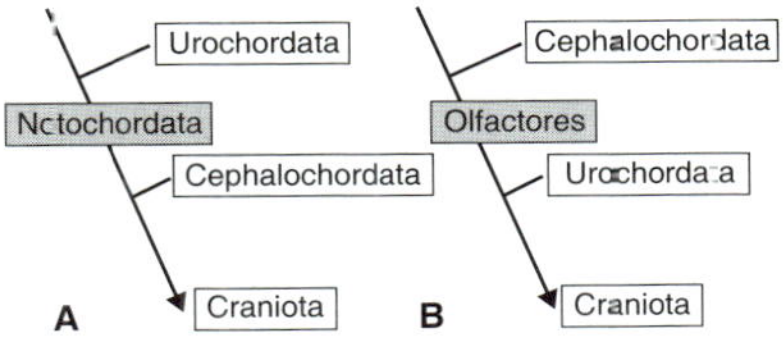

Vergleich zweier Verwandtschaftshypothesen der Chordata.

Phylogenese

17.3

Der Komplex aus morphologischen, biochemischen, genetischen und embryologischen Eigenschaften, der die Chordata als Monophylum charakterisiert, ist eindrucksvoll. **Zwei alternative Modelle** erklären die verwandtschaftlichen Beziehungen innerhalb der Chordata. Die erste Hypothese betrachtet die Manteltiere als basale Gruppe und sieht eine engere Beziehung zwischen den Lanzettfischchen und den Cranioten (= **Notochordata**). Die alternative Hypothese betrachtet die Manteltiere als stark abgeleitete Schwestergruppe der Craniota (= **Olfactores**) und stellt die Lanzettfischchen an die Basis der Chordata (Abb. 113).

Notochordata-Urochordata-Hypothese

17.3.1

Die **Cephalochordata und Craniota** wurden bis vor kurzem unbestritten als **Notochordata** („Chordata i.e.S.") zusammengefasst.

Diagnose

Gemeinsamkeiten der Notochordata:

- **Die Chorda dorsalis erstreckt sich über den ganzen Körper.**
- **Einteilung des Körpers in mehrere Segmente (Metamere oder Somiten), die durch Abschnürungen des Mesoderms und Coeloms aus seitlichen und dorsalen Teilen der Darmtaschen entstehen. Die segmentierte Rumpfmuskulatur wird durch metamere Rückenmarknerven innerviert.**

- **Differenziertes Kopf- und Schwanzende bei Adulten.**
- **Ähnlicher Bau des Neuralrohrs.**
- **Geschlossenes Blutgefäßsystem.**
- **Unpaarer vertikaler Flossensaum im Rücken- und Schwanzbereich, zwei seitliche Bauchfalten, sogenannte Metapleuren.**
- **Mehr oder weniger direkte Entwicklung.**

Diese Gemeinsamkeiten **könnten** jedoch **auch als plesiomorphe Merkmale aller Chordaten interpretiert werden**, die bei Manteltieren sekundär reduziert wurden. Tatsächlich haben die Manteltiere offensichtlich mehr als die Hälfte ihrer *Hox*-Gene verloren, so dass sie wahrscheinlich sekundär vereinfachte Tiere darstellen. Die Notochordata würden so zu einer Gruppierung ursprünglicher Chordaten und die Wirbeltiere wären somit in manchen Aspekten ursprünglicher als die Manteltiere.

Darüber hinaus gibt es wesentliche **Unterschiede in der Segmentierung der Cephalochordaten und der Wirbeltiere** (Abb. 114). In der Ontogenese der Wirbeltiere tritt kein Stadium auf, das vergleichbar uniform segmentiert wäre, wie es die Cephalochordata sind.

17.3.2 Olfactores-Cephalochordata-Hypothese

Die alternative Hypothese nimmt eine enge phylogenetische Verwandtschaft der Mantel- und Schädeltiere (die den Kladus **Olfactores** bilden) und eine basale Stellung der Cephalochordaten an.

Diagnose

Gemeinsamkeiten der Olfactores:

- **Ersatz der trennwandigen zwischenzellulären Verbindungen, die für alle Metazoen typisch sind, durch unterschiedliche Arten von tight junctions.**
- **Bau der Chorda dorsalis, deren Ontogenese hinter das Stadium des „Münzenstapels" reicht und deren Funktionsfähigkeit auf Turgordruck beruht (in Vakuolen oder zwischenzellulären Räumen).**
- **In der Ontogenese des Schlundes und der Muskulatur sind spezifische *Pax*-Gene aktiv.**
- **Neuromasten-Sinneszellen. Diese sind bei den Wirbeltieren z.B. im Seitenlinienorgan zu finden.**
- **Verlust von Myoepithelien.**
- **Jüngst wurde gezeigt, dass es bei Manteltieren Zellen ektodermaler Herkunft gibt, die in den Mantel wandern und sich dort in Pigmentzellen umwandeln – ihre Ähnlichkeit mit den Zellen der Neuralleiste der Wirbeltiere ist verblüffend.**

Allerdings ähnelten Lanzettfischchen und ursprüngliche Wirbeltiere den beweglichen Larven der Manteltiere deutlich stärker als deren

Adulti. Dies ermöglicht zwei Interpretationen über die **Lebensweise der ursprünglichen Chordaten**: (1) diese hatten **einen biphasischen Entwicklungszyklus mit einer Schwimmlarve und einem sessilen Adultus.** Lanzettfischchen und Wirbeltiere ließen sich demnach von Larven ursprünglicher Chordaten ableiten, oder (2) diese **waren frei beweglich, mit einer direkten Entwicklung** und Manteltiere haben sekundär ein sessiles Adultstadium entwickelt.

Auch wenn die erste **„Juvenil"- Hypothese** sehr populär ist, ist sie komplizierter als ihre Alternative und auch schlechter kompatibel mit der Phylogenese der Chordaten. Sie erlaubt uns allerdings, Wirbeltiere als Gruppe mit einem abgeleiteten Lebenszyklus zu sehen und zu spekulieren, warum Änderungen in der Ontogenese entwickelt wurden. Nach der zweiten Hypothese wäre in der Evolution des Lebenszyklus der Wirbeltiere wahrscheinlich zunächst nichts Gravierendes geschehen. Sie hätten diesen von Vorfahren übernommen, die den heutigen Lanzettfischchen ähnlich waren. Die wirklichen Innovatoren unter den Chordaten wären dann erstaunlicherweise die Manteltiere.

Abb. 114

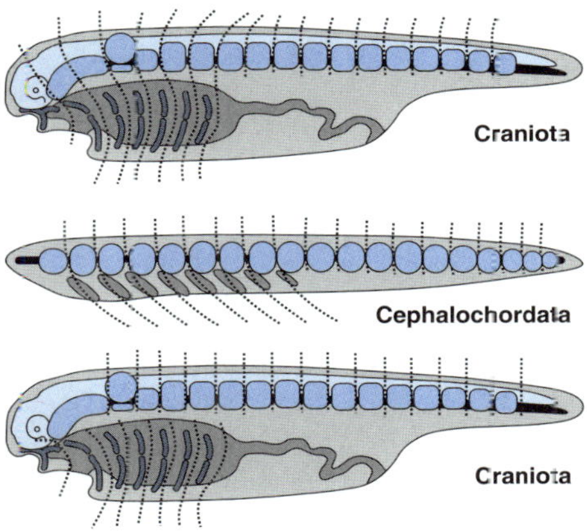

Schema der Segmentierung der Cephalochordata und zwei alternative Interpretationen der Segmentierung der Craniota. In der oberen Abb. wird angenommen, dass die Segmentierung des Rumpfes, des Kopfes und des Kiemenapparats in beiden Taxa gleich sind. Die wahrscheinlichere Interpretation (unten) nimmt an, dass bei Craniota die Segmentierung der Dorsal- und Ventralseite unabhängig voneinander erfolgte (nach Kuratani 2003).

Fragen

1 Welche wesentlichen Merkmale der ursprünglichen Chordaten kennen Sie?

2 Welche Subtaxa gehören zu den Chordatieren? Wie heißt die Schwestergruppe der Chordaten?

3 Wichtige evolutionäre Neuheiten, die sich innerhalb der Chordaten zu unterschiedlichen Zeitpunkten bildeten, sind die Chorda dorsalis, Kiefer, Knochengewebe und der Kiemendarm. In welcher Reihenfolge bildeten sich diese Strukturen?

4 Beschreiben Sie den Aufbau und die Funktion der Chorda dorsalis.

5 Beschreiben Sie die Bildungsweise des Neuralrohrs.

6 Beschreiben Sie die Bildungs- und Funktionsweise des Kiemendarms.

7 Was ist das Endostyl und mit welcher Drüse ist es homolog?

8 Welche Genfamilien regulieren die Entwicklung des Gehirns?

9 Erläutern Sie die Hypothese der dorso-ventralen Inversion des Chordatenbauplans

10 Worin unterscheidet sich die Notochordata-Urochordata-Hypothese von der Olfactores-Cephalochordata-Hypothese?

18 | Cephalochordata und Urochordata

Inhalt

Die **Cephalochordata** (= **Acrania**, Lanzettfischchen) sind marine fischförmige bis etwa 8 cm lange Tiere. Sie stellen die kleinste, ursprünglichste und wahrscheinlich auch basalste Gruppe der Chordaten dar. Sie zeigen viele „typische" Merkmale der Chordata, z.B. durchgehende Chorda dorsalis, Metamerie und Kiemendarm. Apomorphien sind u.a. entlang des gesamten Neuralrohrs verteilten Lichtsinnesorgane, spezielle Exkretionsorgane und asymmetrische „Larven". Unter dem Namen „Amphioxus" werden sie häufig in Mikroskopierübungen als ein Modell des Chordatenbauplans vorgestellt. **Urochordata** (= **Tunicata**, Manteltiere) sind marine Tiere, die **als Adulte in drei Habitustypen** vorkommen: sessile, an Schwämme erinnernde Seescheide; freischwimmende, fassförmige Salpe und frei schwimmende Appendicularien mit einem Gehäuse und persisitierendem „Larvenschwänzchen". Der Seescheiden-Habitus kommt bei drei teilweise nicht verwandten Taxa vor. Typisch für die Manteltiere ist ihr fester gallertiger **Mantel (Tunica)** aus Tunicin (zelluloseähnliches Polysaccharid). Er wird von der Epidermis gebildet und enthält eingewanderte Mesoderm-Zellen. Häufig weisen nur noch die **frei schwimmenden juvenilen Stadien** („Larven") die typischen Chordaten-Merkmale auf (z.B. Chorda dorsalis, Neuralrohr, Schwanz), während diese Merkmale bei den Adulten weitgehend reduziert sind.

18.1 | Cephalochordata (= Acrania, Lanzettfischchen)

Übersicht

Cephalochordata (Cephalochordata = griech. Kopfchordaten, Acrania = lat. Schädellose, der deutsche Name bezieht sich auf den lanzettförmigen Schwanzflossensaum)

Größe, Morphologie. Bis 8 cm. Fischförmig (Abb. 115, 116).

Vorkommen, Biologie. Marin, entlang der Küsten des Atlantischen, Indischen und Pazifischen Ozeans. Tagsüber sind sie meist in Sand- oder

Schotterböden vergraben, nachts schwimmen sie in Bodennähe umher. Filtrierer. Amocoetes-„Larve“.

System. Cephalochordata stellen die kleinste, ursprünglichste und wahrscheinlich auch basalste Gruppe der Chordaten dar (Box 42). „Ordnung“ Amphioxiformes, zwei Familien, drei Gattungen, circa 25 Arten. Vertreter: *Branchiostoma (= Amphioxus) lanceolatum*.

Bedeutung. An der chinesischen und taiwanesischen Küste werden sie in großen Mengen abgefischt und verzehrt.

Morphologie

18.1.1

Diagnose

Gemeinsame Merkmale mit Wirbeltieren:

- **Chorda dorsalis erstreckt sich über den ganzen Körper und reicht vom Kopf bis in den Schwanz.**
- **Coelom, Muskulatur, Spinalnerven, Exkretionsorgane und Gonaden sind segmentiert.**
- **Differenziertes Kopf- und Schwanzende bei den Adultstadien.**
- **Nervensystem in Ansätzen wie bei Wirbeltieren, ein Gehirn und Spinalganglien fehlen jedoch.**
- **Geschlossenes Blutgefäßsystem ohne Herz.**

Gemeinsame Merkmale mit Urochordaten:

- **Oberhaut einschichtig.**
- **Kiemendarm öffnet sich über Kiemenspalten in den Peribranchialraum; durch Cilienschlag wird Wasser in den Mundraum eingestrudelt.**
- **Endostyl.**

Zu den ursprünglichen Eigenschaften der Cephalochordaten zählen einige Merkmale aus den Stammlinien der vermutlich paraphyletischen Notochordaten (s. 241) (**Chorda dorsalis** entlang des gesamten Rückens, **Metamerie** der Coelomräume, Muskulatur und Spinalnerven, **geschlossenes Blutgefäßsystem**), ferner der **Kiemendarm** mit vielen Kiemenspalten, Endostyl und Schleimfilter, die **einschichtige Oberhaut**, einfache **Leberdrüse**, die gleichzeitig Enzyme produziert und Reservestoffe speichert, ein Gefäßsystem **ohne Herz** und Endothel (die Gefäße werden nur von der Basallamina und Bindegewebe umhüllt) und **farblose Blutzellen ohne Hämoglobin**. Außerdem sind **trennwandige, zwischenzelluläre Verbindungen**,

Abb. 115

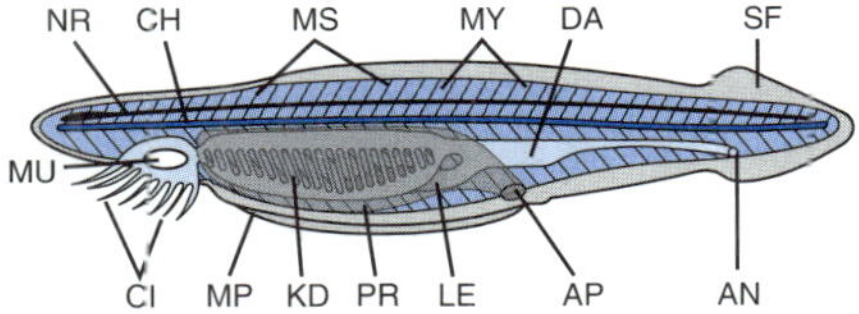

Anatomie des Lanzettfischchens (Längsschnitt). **AN** Anus, **AP** Atrioporus, **CH** Chorda dorsalis, **CI** Cirri, **DA** Darm **LE** Leberdrüse, **KD** Kiemendarm, **MP** Metapleura, **MS** Myosepten, **MU** Mund, **MY** Myomeren, **NR** Neuralrohr, **PR** Peribranchialraum, **SF** Schwanzflosse (nach Papacek et al. 2000).

der **ursprüngliche histologische Aufbau der Chorda dorsalis** und das Vorkommen von **Myoepithelien** aufzuführen. Des Weiteren **fehlen ein differenzierter Kopf und komplizierte Sinnesorgane** (wie Kammeraugen und statische Organe), **Neuromasten-Sinneszellen, Neuralleiste und Knochengewebe**.

Diagnose

Apomorphien der Cephalochordata:

- **Ursprüngliche Lichtsinnesorgane sind entlang des gesamten Neuralrohrs verteilt.**
- **Die Exkretionsorgane vereinigen Eigenschaften von Proto- und Metanephridien. Vielzahl von Exkretionsorganen, die einzeln in den Peribranchialraum münden.**
- **Zahlreiche Gonaden, die Gameten werden in den Peribranchialraum abgegeben.**
- **Asymmetrische Larven; die Kiemenspalten werden zunächst nur auf der rechten Seite, der Mund linksseitig angelegt.**

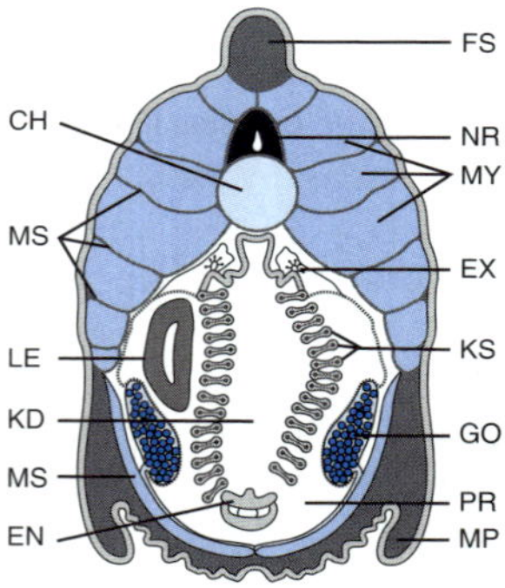

Abb. 116

Anatomie des Lanzettfischchens (Querschnitt). **CH** Chorda dorsalis, **EN** Endostyl, **EX** Exkretionsorgane, **FS** Flossensaum, **LE** Leberdrüse, **GO** Gonade, **KD** Kiemendarm, **KS** Kiemenspalten, **MP** Metapleura, **MS** Myosepten, **MY** Myomeren, **NR** Neuralrohr, **PR** Peribranchialraum (nach Papacek et al. 2000).

Wir kennen auch eine Reihe abgeleiteter Merkmale, die nur bei Cephalochordaten und bei keiner anderen Tiergruppe vorkommen. Hierzu gehört vor allem die besondere Form des Mundes und seiner Umgebung: **Einstülpung der Vormundhöhle** auf der Bauchseite des Körpers, die Entstehung eines hufeisenförmigen Kranzes von **Tentakeln (Cirren) rund um den Mund**, die eine Wasserströmung in den Schlund erzeugen und dem Fangen größerer Nahrungspartikel dienen. Weiterhin ist das **Räderorgan** anzuführen, ein System bewimperter Leisten auf dem Boden des Vormundraumes, außerdem die **Hatschek-Grube** am Mundraumdach (homolog der Adenohypophyse der Wirbeltiere), die Schleim produziert und das angesaugte Wasser mit einem Wirbel in den Darm befördert. Weitere Apomorphien der Cephalochordata sind **zahlreiche Gonaden**, das unpaare **Stirnauge** in der *Otx*-Zone des vorderen erweiterten Neuralrohrabschnitts, zahlreiche einfache **Photorezeptoren** im Neuralrohr und **Notochordzellen, die Muskelfasern** enthalten. Cephalochordata unterscheiden sich von anderen Chordaten auch dadurch, dass sie **kein differenziertes Gehirn** besitzen, auch wenn die Genaktivität auf die Homologie einzelner Abschnitte des Neuralrohrs der Cephalochordata und der Craniota hindeutet. Einzigartig ist auch der **Bau des Coeloms**: Nach der Einstülpung des Peribranchialraums rund um den Vorderdarm teilt sich das ursprünglich einheitliche Bauchcoelom in zwei Längsrohre seitlich des Darms und einen unpaaren Raum im Bereich des Endostyls.

Schwer interpretierbar sind die **Exkretionsorgane** der Cephalochordaten – sie sind paarig, segmental angeordnet und werden in der Coelomwand durch Gruppen monociliärer Zellen (**Cyrtopodozyten**) gebildet. Da die Exkretionskanälchen zudem in den Peribranchialraum münden, vereinigen sie Eigenschaften von Proto- und Metanephridien Da wir echte Protonephridien bei keiner Gruppe der Deuterostomia finden (nicht einmal bei Acoelomorphen und Chaetognathen), werden sie auch bei Lanzettfischchen keine „echten" Protonephridien darstellen. Darüber hinaus sind die Cyrtopodozyten – im Unterschied zu den Flammenzellen der Protonephridien - wahrscheinlich mesodermaler Herkunft.

Ontogenese

18.1.2

Die Ontogenese der Cephalochordata liefert uns Hinweise auf die phylogenetische Stellung dieses Taxons und der Chordata im Allgemeinen. Wie wir oben gesehen haben, sind viele Apomorphien der Cephalochordata auf die Anpassung an ein Leben in sandigen und schottrigen Sedimenten zurückzuführen, in denen sie mit dem Bauch schräg nach oben liegen „als hätte es keine dorso-ventrale Inversion gegeben" (s. 239). Auch der Entwicklungszyklus ist hoch komplex, **mit einem extrem asymmetrischen, freischwimmenden Juvenilstadium**.

Lanzettfischchen sind getrenntgeschlechtlich. Die **Furchung der Zygote erfolgt radiär**; weitere Stadien sind eine Blastula und **Invaginationsgastrula**. Bis hierher ähnelt die embryonale Entwicklung der Cephalochordata der Frühentwicklung der Hemichordata und Echinodermata. Im weiteren Verlauf zeigen sich jedoch die Innovationen der Chordata: Die Gastrula wird auf der Dorsalseite abgeflacht, so dass das Entomesoderm in Kontakt mit dem dorsalen Ektoderm gerät, wodurch die Entstehung der **Neuralplatte** induziert wird. Vom Dach des Urdarms schnürt sich die **Chorda dorsalis** ab, aus seitlichen Anteilen des Urdarms stülpen sich – stufenweise von vorne nach hinten – **Coelomtaschen** aus. Dies erfolgte ursprünglich symmetrisch, wobei die hinteren Coelomtaschen schizocoel, die vorderen enterocoel entstehen. Trotzdem beruht die Entwicklung der Lanzettfischchen – anders als bei den Wirbeltieren – nur auf einem einfachen Beugen, Zusammenfalten und Verschmelzen von Epithelien. **Wanderungen von Einzelzellen finden nicht statt**. Die Epithelgewebe wandeln sich nicht zum Mesenchym um oder umgekehrt, was auf ein **einfacheres System der genetischen Steuerung der Ontogenese** hinweist.

Nach der Bildung der ersten sieben bis acht Paare von Coelomtaschen zeigt sich eine zunehmende **Körperasymmetrie:** Die linksseitigen Coelomtaschen bleiben klein, während sich ihre rechten Gegenstücke vergrößern. Die Metamere der rechten Körperseite verschieben sich nach hinten. Lateral des Kiemendarms bildet sich ein Paar ektodermaler Falten, die in der Mittellinie der Bauchseite verschmelzen und so einen geschlossenen **Peribranchialraum** bilden. Nur eine kleine Öffnung, der **Atrioporus**, im hinteren Teil des Körpers bleibt unverschlossen. Der **Mund** bricht auf der linken Seite des Vorderkörpers durch, die ersten Kiemenspalten werden auf der rechten Seite des Embryos nahe der Bauchmittellinie gebildet. Nachdem diese auf die linke Körperseite verschoben wurden, bildet sich auf der rechten Seite eine neue Reihe von Kiemenspalten.

Es ist nicht ausgeschlossen, dass Cephalochordata keinen „echten" Mund haben und ihr „Mund" vielmehr die erste, umgestaltete, linke Kiemenspalte ist. Darauf weist auch die Innervation des Mundes durch zwei linke Spinalnerven hin. Es wurde oben bereits beschrieben, dass das Modell der dorso-ventralen Inversion gerade durch die Position des Mundes der Chordata problematisch ist. Eine mögliche Erklärung ist die Entstehung eines sekundären Mundes.

18.2 | Urochordata (= Tunicata, Manteltiere)

Übersicht

Urochordata (Urochordata = griech. Schwanzchordaten, Tunicata = lat. Bemantelte)

Größe, Morphologie. Solitäre Adulte: 0,3 mm–30 cm, Kolonien: bis mehrere m lang. Die „Larve" hat üblicherweise einen kugeligen Körper und ein schmales bewegliches Schwänzchen mit einem dorsalen und einem ventralen kutikularen Flossensaum. Die Form der Adulten ist sehr variabel, kugelig oder länglich. Die drei Habitustypen der Adulten sind: sessile Seescheide, freischwimmende fassförmige Salpe und freischwimmende Appendicularien mit einem Gehäuse und persistierendem „Larvenschwänzchen".

Vorkommen, Biologie. Weltweit, marin, bis in 500 m Tiefe. Solitär oder koloniebildend, sessil oder freischwimmend, Filtrierer. Hermaphroditen, Metagenese. Die frei schwimmenden „Larven" sind kurzlebig. Sie nehmen, obwohl sie einen voll entwickelten Kiemendarm besitzen, keine Nahrung auf.

Abb. 117 |

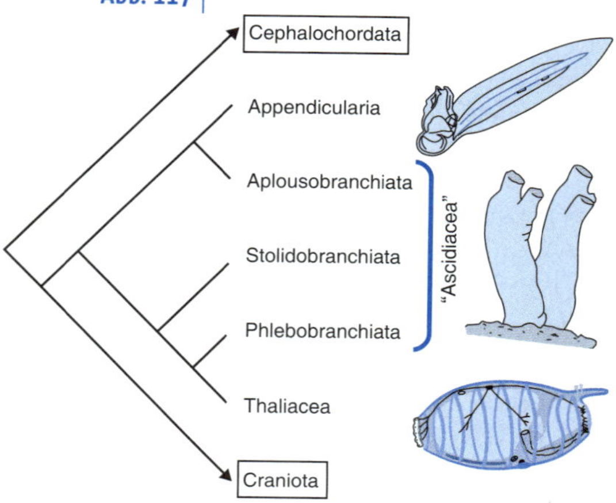

Verwandtschaftsdiagramm der Tunicaten.

System. Fünf hochrangigere Taxa: **Appendicularia**, **Aplousobranchiata**, **Stolidobranchiata**, **Phlebobranchiata**, **Thaliacea** (Pyrosomida + Doliolida + Salpida) (Abb. 117). Die Aplousobranchiata + Stolidobranchiata + Phlebobranchiata wurden traditionell als **„Ascidiacea"** zusammengefasst.

Morphologie

18.2.1 Diagnose

Gemeinsame Merkmale mit Cephalochordata:

- **Einschichtige Epidermis.**
- **Kiemendarm öffnet sich über Kiemenspalten in den Peribranchialraum, durch Cilienschlag wird Atemwasser in den Mundraum eingestrudelt.**
- **Endostyl.**

Gemeinsame Merkmale mit Wirbeltieren:

- **Tight junctions.**
- **Funktion der Chorda dorsalis auf Turgordruck beruhend.**
- **Aktivität der *Pax*-Gene in der Ontogenese des Kiemendarms.**
- **Neuromasten-Sinneszellen.**
- **Existenz von multiciliären Epithelien.**
- **Pigmentzellen neuroektodermaler Herkunft.**

Apomorphien der Urochordata:

- **Fester gallertiger Mantel (Tunica) aus Tunicin (zelluloseähnliches Polysaccharid), von der Epidermis gebildet, mit eingewanderten Mesoderm-Zellen.**
- **Notochord und Neuralrohr nur bei „Larven" ausgebildet, bei Adulten meist nur kleines Kopfganglion mit Nerven.**
- **Coelome bei Adulten bis auf das Perikard reduziert.**
- **Offenes Blutgefäßsystem. Periodische Herzschlagumkehr führt zu wechselnden Richtungen des Blutstroms.**
- **Fehlendes Exkretionssystem; Übernahme der exkretorischen Funktion durch spezifische Zellen (Nephrozyten) oder den Darm bzw. Speicherung der Stoffwechselprodukte (sogenannte Speicherniere).**
- **Hermaphroditen, unpaare Gonaden.**
- **Metagenese (Generationswechsel), vegetative Fortpflanzung kann zur Koloniebildung führen.**
- **Zweiphasischer Lebenszyklus (Schwimmlarve und frei oder sessil lebende Adulti), Metamorphose.**
- **Adhäsive Papillen (Haftorgane) am Kopf der Larven.**

Jungtier („Larve"). Da die Jungtiere der Manteltiere anderen Chordaten viel ähnlicher sind als ihre Adulti, sind sie für das Verständnis der Evolution der Chordaten besonders wichtig. Wir werden die Jungtiere der

Abb. 118

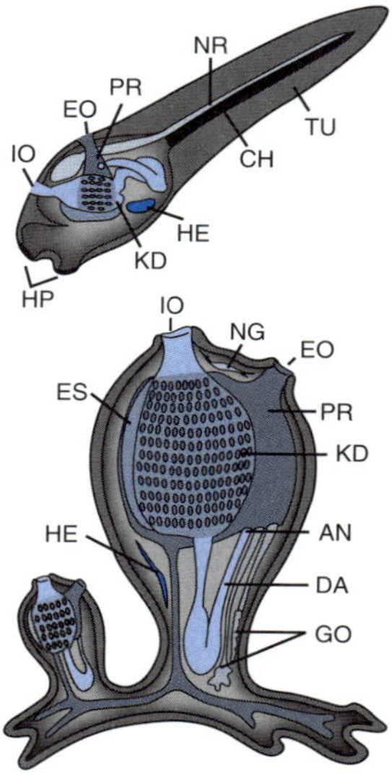

Morphologie der Manteltiere. Juveniles Stadium („Larve", oben), adulte „Seescheide" nach Metamorphose (unten). **AN** Anus, **CH** Chorda dorsalis, **DA** Darm, **EO** Egestionsöffnung, **ES** Endostyl, **GO** Gonaden, **HE** Herz, **HP** Haftpapillen, **IO** Ingestionsöffnung, **KD** Kiemendarm, **NG** Nervenganglion, **NR** Neuralrohr, **PR** Peribranchialraum, **TU** Tunica.

Manteltiere im Einklang mit den meisten Autoren als „Larven" bezeichnen. Die **„Larven" der Manteltiere sind jedoch ökologisch und morphologisch modifizierte Jungtiere**, die auf einer gleichen (wenn nicht höheren) Entwicklungsstufe stehen wie die Adulti. Sie sind mit den primären Larven des Trochophora- oder Dipleurula-Typs nicht vergleichbar.

Die Embryogenese der Tunicata stimmt in vielen Aspekten mit der Entwicklung der Cephalochordata überein, allerdings ist das **Mesoderm nicht segmentiert** und es wird **kein Coelom gebildet**. Die „Larve" ähnelt einer Kaulquappe (Abb. 118); sie hat einen **Kiemendarm**, der dem der erwachsenen Tiere entspricht, mit Endostyl und Kiemenspalten (ursprünglich drei bis vier Paare, die sich in Form des Buchstaben J verlängern, dann zerfallen und ein kompliziertes Netzwerk von kleinen Öffnungen bilden). Der **Peribranchialraum** entwickelt sich aus zwei ektodermalen Einstülpungen, die sich später auf der dorsalen Seite vereinigen und eine unpaare Ausstoßöffnung bilden. Das **Nervensystem** der „Larve" wird symmetrisch angelegt, aber das „larvale" Hirnbläschen verschiebt sich allmählich nach rechts, da auf der linken Seite das Hirnzentrum des Adultus angelegt wird. Eine auffällige **rechts-links Asymmetrie** existiert also auch bei Manteltieren. Die auffälligste Struktur des „Larvenkörpers" ist ein **Schwänzchen** mit einer Chorda dorsalis (Urochord), zwei Streifen von Längsmuskeln, Neuralrohr, länglichen Axonen und einer Reihe entodermaler Zellen ventral der Chorda.

Die zunächst freischwimmende Larve setzt sich auf einer Unterlage fest, wodurch eine **Metamorphose** induziert und das Schwänzchen vollständig resorbiert wird. Da der Bereich zwischen den Haftorganen im Vorderteil des Kopfes (adhäsive Papillen) und dem Mund schnell wächst, verschiebt sich der Mund auf die Oberseite des Tieres. Wenn wir die Aktivitätszonen von *Otx-*, *Pax-* und *Hox*-Genen im Nervensystem der „Larven" der Manteltiere mit der Situation bei Enteropneusten, Lanzettfischchen und Wirbeltieren vergleichen, können wir zusammenfassen, dass der Körper eines erwachsenen Manteltieres (oder zumindest sein Ektoderm) dem vorderen Teil des Kopfes der Wirbeltiere entspricht.

Adultus. Die **Epidermis** der Tunicata ist einschichtig und meist ohne Cilien. Die entodermalen Zellen sind jedoch multiciliär und die Sinnes- wie auch die Endostylzellen können multi- oder monociliär sein. Die Kutikula adulter Manteltiere enthält in der Regel **Tunicin**, einen Zellulosetyp, also einen im Tierreich höchst ungewöhnlichen Baustoff. Der histologische Bau des Mantels (**Tunica**) ist sehr unterschiedlich: Seescheiden bilden eine dicke Tunica mit Zellen, aus denen Muskelzellen entstehen. Diese Zellen werden daher für Mesoderm gehalten, obwohl sie wahrscheinlich von der Neuralleiste abstammen. Die Tunica der Salpen ist durchsichtig und besteht nur aus wenigen Zellen. Die Doliolida und Appendicularia bilden eine zelllose Kutikula, die regelmäßig gehäutet wird. Das Gehäuse der Appendicularia enthält kein Tunicin.

Die **Coelomräume** werden bis auf einen kleinen Rest reduziert, der den Herzbeutel bildet. Bei einigen „Seescheiden" finden sich in Form sogenannter Epikardialtaschen zwar ausgedehnte Ausstülpungen des Entoderms, die gelegentlich als Coelomhöhlen interpretiert wurden, aber sie entstehen erst sehr spät in der Ontogenese der „Larven". Das **Blutgefäßsystem** wird durch ein System von endothellosen Gefäßen und Hohlräumen gebildet, die nur von Basallaminae umhüllt werden. Auffallend ist das **Herz**, das das Blut alternierend nach vorne oder hinten treibt (Herzschlagumkehr). Der große **Kiemendarm** enthält zahlreiche Kiemenspalten und ein Endostyl, das einen endlosen Schleimfilm bildet.

Phylogenese

18.2.2

Die **traditionelle Systematik** gliedert die Manteltiere in drei Taxa: **Appendicularia, Ascidiacea und Thaliacea** (mit den Pyrosomiden, Dolioliden und Salpiden) (Abb. 117). Die Beziehungen zwischen diesen Gruppen waren lange Zeit unklar. Alle Autoren sind sich allerdings einig, dass die **„Ascidiacea" („Seescheiden") keine monophyletische Gruppe sind** und dass die Beziehungen zwischen den Hauptgruppen der „Ascidiacea", also Aplousobranchiata, Stolidobranchiata und Phlebobranchiata (= „echte Seescheiden") und sonstigen Manteltieren derzeit nicht abschließend aufgelöst sind. Zudem kennen wir **zwei seltsame Gruppen von tiefseelebenden Manteltieren mit unklarer Stellung**, Hexacrobylidae (= Sorberacea) und Octacnemidae, die insbesondere durch ihre räuberische Lebensweise und die damit verbundene Reduktion des Kiemendarms charakterisiert sind.

Molekulare Analysen identifizieren die Aplousobranchia und Appendicularia als basale Gruppen. Diese Schwestergruppen sind durch zwei bemerkenswerte Apomorphien gekennzeichnet – ihrem Nervensystem fehlen weitgehend oder völlig Serotoninzellen und ihre Schwänzchen sind nicht vertikal, sondern horizontal ausgerichtet, so dass der ursprünglich rechte Rand bei diesen Tieren oben liegt. Während die

„Larven" der Aplousobranchia mit dem „flukenartigen" Schlagen des Schwänzchens schwimmen, erzeugen die Schwanzbewegungen der Appendicularia einen Wasserstrom durch die Filter ihrer Gehäuse.

18.2.3 Appendicularia (= Copelata, = Larvacea)

Übersicht

Appendicularia (lat. mit kleinem Anhang, Rudertreiber, Larvenartige)

Größe, Morphologie: Die adulten Tiere sind freischwimmend, bis 5 cm lang; sie bilden ein sehr kompliziertes, gallertartiges Gehäuse, das durch einige Siebchen als Filtersystem fungiert. Der hindurchfließende Wasserstrom wird durch die Wellenbewegung des Schwänzchens erzeugt. Das Gehäuse wird alle paar Stunden abgeworfen und neu gebildet; Tunicin fehlt; proterandrische Hermaphroditen.

System. Circa 70 Arten: z.B. *Oikopleura dioica.*

18.2.4 „Ascidiacea" („Seescheiden")

Übersicht

„Ascidiacea" (griech. Schlauchige, Seescheiden)

Morphologie, Biologie, System. Die Adulti sind sessil, solitär oder kolonial und sind auf den ersten Blick ähnlich gebaut. Es handelt sich bei diesen Tieren jedoch um **eine Sammelgruppe** von nichtverwandten Taxa, die auf Grund molekularer, aber auch morphologischer Merkmale (Bau des Kiemendarms, Lage und Bau der Gonaden sowie der Neuraldrüse) und der ontogenetischen Entwicklung unterschieden werden können. Circa 1900 Arten. **Aplousobranchiata** (griech. nicht gefalteter Kiemendarm). Adulte Tiere sind circa 3 cm lang und durchsichtig, Gattungen *Aplidium, Clavelina, Didemnum.* **Stolidobranchiata** (griech. Kiemendarm mit Ausläufern). Adulte Tiere sind um 10–15 cm lang, Gattungen *Botrylus, Microcosmus; Molgula, Pyura.* **Phlebobranchiata** (griech. Kiemendarm mit Gefäßen). Adulte Tiere sind üblicherweise 10–20 cm lang, Gattungen *Ascidia, Ciona.*

Bedeutung. Einige Arten werden in Meeresaquarien gehalten, andere zum Verzehr gesammelt. Einige Arten bilden Aufwüchse an Schiffrümpfen. Besonders invasiv sind die Arten der Gattungen *Didemnum* und *Stylea.* Einige aus den Seescheiden gewonnene Stoffe sind von potenzieller pharmazeutischer Bedeutung als Antikrebsmittel (z.B. Didemnine, Aplidine). Wichtige Modellobjekte in der Regenerationsforschung.

18.2.5 Thaliacea (Salpen)

Übersicht

Thaliacea (griech. Salpen)

Morphologie, Biologie. Adulte Tiere sind freischwimmend, fassförmig.

Typisch ist ein **Generationswechsel**: Das Hauptstadium (**Oozoid**) pflanzt sich asexuell fort. Auf seiner Bauchseite entstehen durch Knospung Tochterindividuen, die bei einigen Arten mit Hilfe spezieller Zellen auf die Rückseite transportiert werden und zunächst über Ausläufer (Stolon) mit dem Oozoid eine verbundene **Kolonie** bilden. Diese trennt sich später von dem Muttertier und lebt dann selbständig. Die Koloniemitglieder (**Blastozoide**) sind kleiner als der Oozoid; sie unterscheiden sich morphologisch und funktionell. Die sexuelle Fortpflanzung wird von **Gonozoiden** übernommen. Die röhrenförmige Kolonie wird von einem gemeinsamen Mantel umhüllt und mehrere cm bis zu 20 m(!) lang.
System. Circa 50 Arten werden in drei „Ordnungen" eingeteilt: **Pyrosomida** (Feuerwalzen; z.B. Gattung *Pyrosoma* mit ausgeprägter Biolumineszenz). **Doliolida** (Cyclomyaria; z.B. *Doliolum*). **Salpida** (Desmomyaria; *Salpa*).

Fragen

1 Nennen Sie fünf Apomorphien der Cephalochordata.
2 Beschreiben Sie die Merkmale der Cephalochordata, die sie gemeinsam mit den Wirbeltieren haben.
3 Über welche Exkretionsorgane verfügen die Cephalochordata?
4 Nennen Sie die Apomorphien der Urochordata.
5 Nennen Sie die gemeinsamen Merkmale der Cephalochordata und Urochordata.
6 Nennen Sie die gemeinsamen Merkmale von Urochordata und Wirbeltieren.
7 Welche Habitustypen und welche Teiltaxa der Urochordata kennen Sie?
8 Die juvenilen Stadien der Urochordata werden üblicherweise als Larven bezeichnet. Diese Bezeichnung ist irreführend, warum?
9 Zeichnen Sie ein Schema des Bauplans eines Urochordaten, aus dem die Beziehungen zwischen dem Mund, Kiemendarm, Darm, Anus, Peribranchialraum und Atrioporus ersichtlich wird. Markieren Sie mit Pfeilen den Weg der Nahrung und des Wasserstroms.
10 Beschreiben Sie eine Kolonie und die „Arbeitsteilung" bei Salpen.

19 | Craniota (= Craniata, Schädeltiere)

Inhalt

Die **Craniota** (= Schädeltiere, im englischen Schrifttum als **„Craniata“** bezeichnet) werden häufig als Synonym der **Vertebrata** (= Wirbeltiere) betrachtet. Für einige Autoren sind die Vertebrata jedoch ein Subtaxon der Craniota, das die Myxinoida (Schleimaale) nicht einschließt. Es ist üblich, die Wirbeltiere als einen isolierten Zweig des Tierreichs darzustellen und den „Wirbellosen“) gegenüberzustellen. Diese Einteilung ist aus didaktischen Gründen praktisch und findet sich in Lehrkonzepten und in Museumssammlungen wieder. Dennoch sollte klar sein, dass sie irreführend ist, denn es gibt keine monophyletische Gruppe der „Wirbellosen“ („Evertebrata“). Die derzeit wahrscheinlichste systematische Einteilung der Craniota ist in Abb. 119 wiedergegeben. Wichtige Schwestergruppen sind die **Agnatha** (Kieferlose) und die **Gnathostomata** (Kiefermünder). Alle primär aquatischen Craniota (ohne **Tetrapoda**) wurden **früher** als **„Fische“** (**„Pisces“**) bezeichnet und mit Amphibien als **„Anamnia“** zusammengefasst. Es handelt sich jedoch um paraphyletische Gruppierungen. Wichtige Merkmale der Wirbeltiere sind grundsätzliche **Umstellungen in der Embryogenese** und die Entwicklung der **Neuralleiste**, die an der Entstehung von zahlreichen Geweben und Organen beteiligt ist, u.a. Gesichtsschädel, Kiemenapparat, Hautskelett, Zähne, Sinnesorgane, Teile des Nervensystem, Pigmentzellen und Nebennierenmark. Nahezu alle Apomorphien der Wirbeltiere, einschließlich der einzigartigen Wirbeltiergewebe (Knochen, Dentin, mineralisierter Knorpel), lassen sich unmittelbar von dieser neuen Zellpopulation ableiten.

19.1 | Morphologie und Entwicklung

Diagnose

Allgemeine Merkmale der Craniota:

- **Körper deutlich in Kopf (mit Gehirn und Hauptsinnesorganen), Rumpf und Schwanz eingeteilt.**

- **Segmentierung (Metamerie): Insbesondere die Myomere im Rumpf- und Schwanzbereich (durch Myosepten voneinander getrennt). Die Metamerie betrifft auch das Rumpf- und Schwanzskelett, das Nervensystem und einige innere Organe.**

- Allgemeine Chordaten-Merkmale (S. 236).
- Gemeinsame Merkmale mit den Cephalochordaten (S. 245).
- Gemeinsame Merkmale mit den Urochordaten (S. 249).

Apomorphien der Craniota

19.1.1

▶ Die **Haut** besteht aus zwei bis drei histologisch und embryologisch unterscheidbaren Lagen, die sich weiter differenzieren lassen: Die Epidermis ist mehrschichtig und kann alleine oder mit der Dermis Hautanhangsgebilde und Exoskelette bilden.

▶ Das **Skelett** besteht aus Knorpel- und Knochengewebe. In der Knochensubstanz treten Kollagen und als Mineral vorwiegend Calciumphosphat auf. Die Chorda dorsalis wird embryonal angelegt, ist bei vielen adulten Wirbeltieren jedoch meist unterschiedlich stark rückgebildet.

▶ Das **Neuralrohr** wird vergrößert und differenziert sich im Kopfbereich zu einem mehrteiligen Gehirn.

▶ Die **Neuralleiste**, die seitlich des Neuralrohrs entsteht, entsendet während der Embryogenese Zellen in verschiedene Körperregionen. Diese beteiligen sich an der Entstehung vieler Organe und unterschiedlicher Gewebetypen (darunter auch Knochengewebe).

Abb. 119

Verwandtschaftsdiagramm der Craniota. Die blaue Linie kennzeichnet eine Gruppe, deren Schwestergruppe unsicher ist.

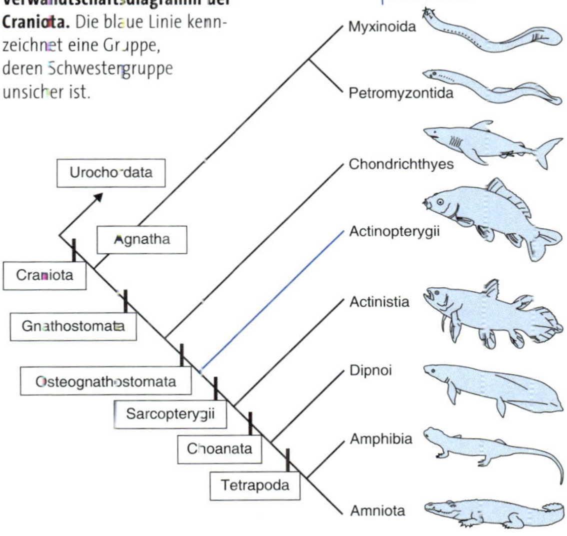

▶ Der mit Muskeln ausgestattete **Kiemendarm** dient primär der Atmung, aus dem Endostyl entsteht die Schilddrüse. **Weitere Apomorphien** sind die Hypophyse, Bauchspeicheldrüse, Leber, paarige Nieren, die endotheliale Auskleidung der Blutgefäße und Erythrozyten.

▶ Wirbeltiere haben einen **vervielfachten** (zumindest vervierfachten) ***Hox*-Komplex**.

Abb. 120

Aufbau der Haut von Amphibien. DE Dermis, **EP** Epidermis, **PZ** Pigmentzellen, **SD** Schleimdrüse (nach Rocek 2003).

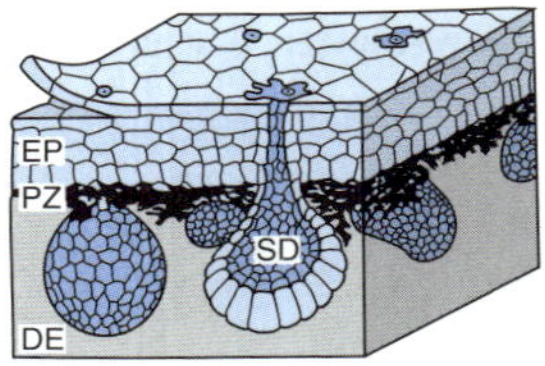

Abb. 121

Aufbau der Haut von Säugetieren.
BG Bindegewebe, **DE** Dermis, **EP** Epidermis, **HA** Haar, **HF** Haarfollikel, **MS** Haarfollikelmuskel, **NE** Nervenendigungen, **SD** Schweißdrüse, **TD** Talgdrüse (nach Rocek 2003).

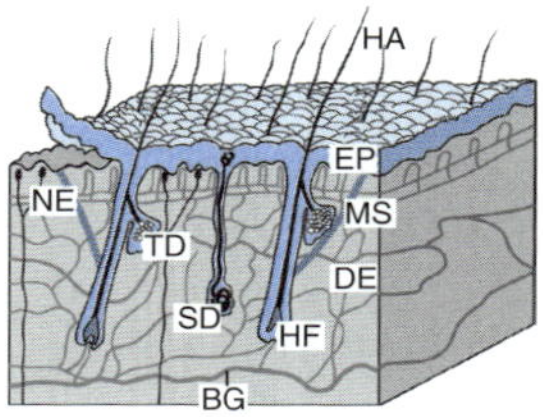

Abb. 122

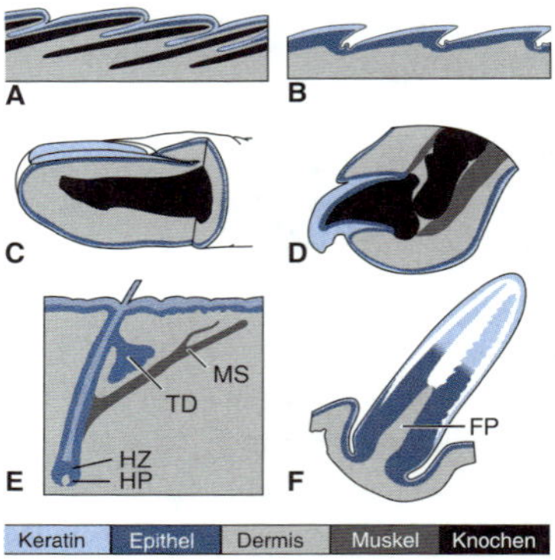

Aufbau der Hautanhangsgebilde bei Wirbeltieren. A) Fischschuppen, **B)** Hornschuppen, **C)** Nagel, **D)** Kralle, **E)** Haarfollikel, **F)** Anlage einer Vogelfeder. **FP** Federpapille, **HP** Haarpapille, **HZ** Haarzwiebel, **MS** Haarfollikelmuskel, **TD** Talgdrüse (Haarbalgdrüse).

19.1.2 Haut und Stützgewebe

Die **Haut (Integument)** (Abb. 120–122; Burda, Allg. Zoologie, 2005, S. 156) besteht **aus mehreren schichtweise angeordneten Geweben:** Unter der Oberhaut, **Epidermis** (histologisch Epithel, embryologisch Ektoderm), liegt die Lederhaut, **Dermis** oder Corium (histologisch Bindegewebe, embryologisch Mesoderm). Oberhaut und Lederhaut bilden zusammen die Cutis, unter der sich die unterschiedlich dicke Unterhaut, **Subcutis** befindet (histologisch überwiegend Fettgewebe, embryologisch Mesoderm). Die Epidermis ist mehrschichtig und lebenslang regenerierbar. Alte Zellen verhornen und werden abgestoßen. Epidermis und Dermis können verschiedene **Hautanhangsgebilde** und ein **Exoskelett** bilden.

Das vielleicht auffälligste Merkmal der Wirbeltiere ist die Entwicklung eines **Endoskeletts**, das aus den neuen Stützgeweben, **Knorpel- und Knochengewebe** besteht. Die **Chorda dorsalis** bleibt nur bei ursprünglichen Wirbeltieren das zentrale Stützorgan; bei den meisten adulten Wirbeltieren wird sie mehr oder weniger stark rückgebildet. Die zwischenzelluläre Knochensubstanz enthält **Kollagenfasern** und verschiedene Mineralien, insbesondere **Calciumphosphat**. Das Baumaterial der mineralisierten Skelette in anderen Tiergruppen ist vor allem Calciumcarbonat.

Als weitere Apomorphie der Wirbeltiere entwickelt sich das Skelett aus dem inneren Teil der Somiten, dem sogenannten **Sklerotom**, was histologisch und molekular bestätigt werden konnte (Box. 54).

Box 54

Evolution des Knochengewebes

Das **Endoskelett der ursprünglichen Wirbeltiere** war wahrscheinlich **knorpelig:** die ältesten bekannten Wirbeltiere (*Myllokunmingia, Haikouichthys*) zeigen keine Anzeichen einer Biomineralisation der Gewebe und hatten wahrscheinlich nur ein knorpeliges Kiemen-Endoskelett. Das Knorpelskelett der Knorpelfische repräsentiert jedoch wahrscheinlich keinen ursprünglichen Zustand.

Eine detaillierte phylogenetische Analyse von ursprünglichen Wirbeltieren (einschließlich kambrischer Fossilien) zeigte, dass die Evolution des Knochengewebes graduell verlaufen ist. **Das ursprüngliche Knochenskelett** wurde durch die Dermis produziert und war dementsprechend auf das **Hautskelett** beschränkt, dessen heutige Derivate vor allem die **Knochenschuppen** der Strahlenflosser, Quastenflosser und Lungenfische sind. Auch weitere vermeintlich typische Merkmale der Wirbeltiere, wie **Zahnbein** (**Dentin**) und **Zahnschmelz** (**Enamelum**) entstanden in verschiedenen Gruppen **mehrfach unabhängig** voneinander.

Die embryonale Entstehung des Sklerotoms wird durch molekulare Signale induziert, die bereits bei Cephalochordata auftreten. Das *Pax*-Gen der Lanzettfischchen, obwohl homolog den Genen, die für das Wirbeltiersklerotom kodieren, beteiligt sich nicht an der Entwicklung der Somiten. Wahrscheinlich wurde die Entstehung des Endoskeletts erst durch die Vermehrung der auf diese Signale reagierenden Gene ermöglicht.

Box 55

„Evo-Devo" des Gehirns

Die Bildung und Differenzierung des Gehirns der Chordaten wird von drei Genfamilien gesteuert. Das **Vorderhirn** (das bei Wirbeltieren das End- und Zwischenhirn mit Photorezeptoren umfasst) wird durch die ***Otx*-Genfamilie**, das **Mittelhirn** (mit Kleinhirn, Hörorganen und dem Grenzgebiet zwischen dem Mittel- und Hinterhirn) wird durch die ***Pax*-Genfamilie** (diese *Pax*-Zone fehlt bei Lanzettfischchen) und das **Hinterhirn und Rückenmark** durch ***Hox*-Gene** reguliert. Typisch für alle Chordaten ist, dass die *Hox*-Gene nur den hinteren Teil des Gehirns regulieren. Ähnlich reguliert erfolgt auch der Bau des Neuralrohrs bei larvalen Seescheiden, bei denen allerdings der ganze *Hox*-Komplex während der Metamorphose verloren geht. Es wird derzeit angenommen, dass das Gehirn ursprünglicher Chordaten, entsprechend der genetischen Steuerung der Hirndifferenzierung, zwei- bis dreiteilig war.

Nervensystem und Kopfsinnesorgane

19.1.3

Das **Neuralrohr** der Wirbeltiere ähnelt in manchen Aspekten noch dem Nervensystem der Lanzettfischchen. Sein Vorderteil ist aber deutlich vergrößert und differenziert sich in ein mehrteiliges **Gehirn**. Molekulare Studien zeigen, dass sich das Gehirn der Wirbeltiere, auch wenn

Abb. 123

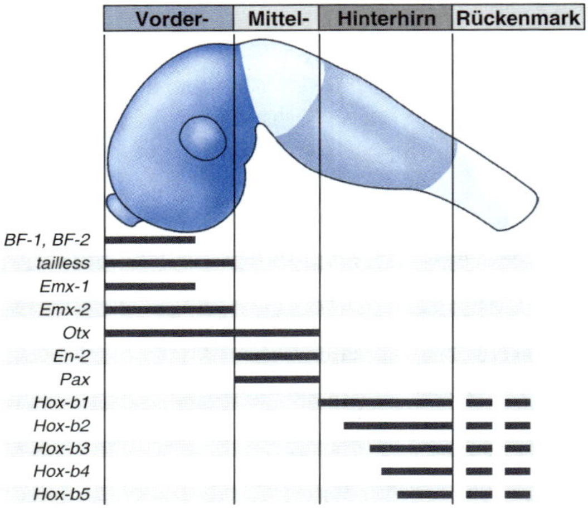

Genetische Steuerung der Gehirnentwicklung bei den Wirbeltieren (nach Allmann 2000).

es unvergleichlich komplizierter ist, aus dem Nervenzentrum ursprünglicher Chordaten ableiten lässt (Box 55, Abb. 123).

An den Kopfseiten finden sich bei Wirbeltierembryonen paarige ektodermale Verdickungen, sogenannte **Plakoden**, aus denen die spezialisierten **Sinnesorgane des Kopfes** gebildet werden (Abb. 124). Zu den Apomorphien der Wirbeltiere gehören paarige, seitlich liegenden **Kammeraugen**, das **Geruchsorgan** und das **Neuromastensystem** des Seitenlinienorgans, dessen Vorderteil ins Labyrinth umgewandelt ist. Das Labyrinth ist ein Sinnesorgan, mit dem Kopfdrehungen und Schwerkraftbeschleunigung wahrgenommen werden können. Den Plakoden kommt also eine zentrale Rolle im Umbau des Wirbeltierkopfes und des Kopfteiles des Zentralen Nervensystems zu. Ähnliche Zellgruppen, die sogar durch homologe Gene gesteuert werden, aber noch nicht in Plakoden gruppiert sind, finden sich bereits in den Porenrandbereichen der Peribranchialräume von Manteltieren und Lanzettfischchen.

19.1.4 Neuralleiste

Wichtige Merkmale der Wirbeltiere sind grundsätzliche **Umstellungen in der embryonalen Entwicklung** und die Entstehung eines „vierten Keimblattes" – der **Neuralleiste**. Auf der Dorsalseite des Embryos entsteht seitlich des Neuralrohrs aus zwei länglichen Streifen ektodermaler Zellen die paarige Neuralleiste (Abb. 124, Burda, Allg. Zoologie, 2005, S. 55). Diese wandert später tiefer in den Embryo ein. Die Neuralleiste ist an der Entstehung von etwa vierzig verschiedenen Geweben und Organen beteiligt, darunter dem Gesichtschädel, Kiemenapparat, Hautskelett, den Zähnen, Sinnesorganen, Teilen des Nervensystems, Pigmentzellen und dem Nebennierenmark. Nahezu alle Apomorphien der Wirbeltiere, einschließlich der einzigartigen Wirbeltiergewebe (einige Knochen, Dentin, mineralisierter Knorpel), lassen sich unmittelbar von dieser neuen Zellpopulation ableiten. Wirbeltiere zeichnen sich somit durch die einzigartige Bildungsweise mancher Gewebe aus, die bei Vertretern der „Nicht-Wirbeltiere" mesodermaler Herkunft sind.

Molekulare Untersuchungen zeigen, dass die Neuralleiste keine evolutive Neuheit der Craniota darstellt, denn die ursprünglichste Version einer Neuralleiste finden wir schon bei Manteltieren – aus dem Neuralrohr stammende Zellen wandern bei diesen in die Körperwand, wo sie sich in Pigmentzellen umwandeln. Man kann sich gut vorstellen, wie sich aus Nervenzellen, die sich über die Körperoberfläche ausbreiteten, das periphere Nervensystem der Wirbeltiere entwickelte (das periphere Nervensystem lässt sich auch aus Zellen der Neuralleiste ableiten). Als wichtigste Apomorphie der Wirbeltiere bliebe dann die **Fähigkeit der Neuralleistenzellen, Skelettgewebe zu bilden**.

Kiemendarm, endokrine Drüsen, Blutgefäße und Nieren

19.1.5

Bemerkenswert ist der **Umbau des Kiemendarmes** der Wirbeltiere (Abb. 110): Die Kiemenspalten spielen vor allem für die Atmung eine wichtige Rolle. Durch Kontraktionen der Pharynxmuskulatur wird ein Wasserstrom durch den Kiemendarm (= Pharynx) und die Kiemenspalten erzeugt. Bei ursprünglichen Chordaten wurde dieser Wasserstrom noch durch Bewegungen randständiger Cilien der Kiemenspalten erzeugt. Die Zahl der Kiemenspalten ist stark reduziert, maximal 13 Paare bei Schleimaalen, üblicherweise bilden Wirbeltiere jedoch nur noch sieben Paare Kiemenspalten aus. Embryonale Kiemenspalten werden als Kiemen- bzw. **Schlundtaschen** bezeichnet.

Das Endostyl produziert bei den Craniota keinen Schleimfilm mehr, sondern ist **in die Schilddrüse umgewandelt.** Diese Umwandlung können wir auch heute noch in der Metamorphose der „Larven" der Neunaugen beobachten. Zu den zahlreichen Apomorphien der Wirbeltiere zählt auch die Bildung einer **Hypophyse**, die durch die Fusion der Adenohypophyse des Munddachs mit der Neurohypophyse der Zwischenhirnbasis entsteht, und die Differenzierung der ursprünglich einheitlichen Darmdrüse in **Bauchspeicheldrüse und Leber**.

Typisch für die Wirbeltiere sind auch paarige **Nieren**, spezielle Exkretionsorgane, die sich von Metanephridien ableiten lassen. Die Niere besteht aus Nephronen, die sich aus Malpighi-Körperchen und den differenzierten Abführungskanälchen zusammensetzen. Malpighi-Körperchen sind Gefäßknäuel (Glomeruli) in der Bowman-Kapsel, in der der Primärharn filtriert wird.

Das geschlossene **Blutgefäßsystem** der Wirbeltiere unterscheidet sich von dem der Lanzettfischchen vor

Abb. 124

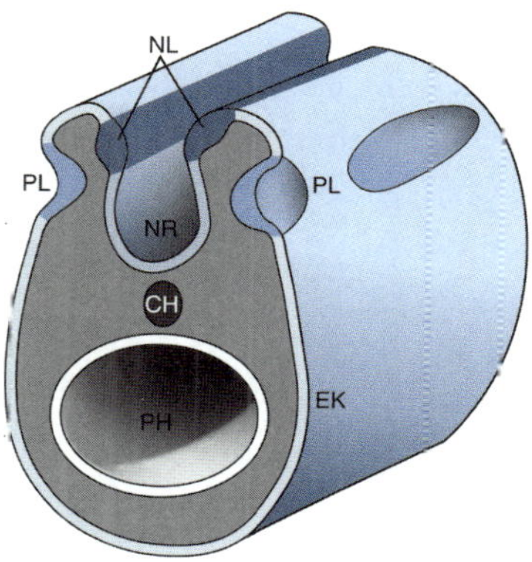

Entwicklung des Nervensystems (Neurulation) bei Vertebrata. Schematischer Querschnitt durch den Vorderteil eines Wirbeltierembryos. **CH** Chorda dorsalis, **EK** Ektoderm, **NL** Neuralleiste, **NR** Neuralrinne, **PH** Pharynx, **PL** Plakode.

allem durch den histologischen Bau der Gefäße: Die Gefäße der Wirbeltiere sind mit **Endothel** ausgekleidet, einem eigenen Epithel mesodermaler Herkunft. Spezialisierte rote Blutzellen, **Erythrozyten**, enthalten **Hämoglobin**, ein Molekül, das Sauerstoff binden und übertragen kann.

19.1.6 *Hox*-Komplex

Die Wirbeltiere unterscheiden sich von allen anderen Tieren durch die **unterschiedliche Anordnung ihres *Hox*-Komplexes**. Neben der **Duplikation** einzelner Gene (insbesondere der im „hinteren" Abschnitt liegenden) erfolgt die Duplikation des gesamten Komplexes. Globale Duplikationen fanden sogar mehrfach und unabhängig voneinander statt: sie erfolgten mindestens einmal an der Basis der Wirbeltiere, ein zweites Mal an der Basis der Kiefermünder (Gnathostomata), danach noch innerhalb der Strahlenflosser und ein weiteres Mal bei Neunaugen und Schleimaalen. Daher finden wir bei abgeleiteten Wirbeltieren zumindest **vier verschiedene *Hox*-Komplexe** vor. Die Vervielfachung ermöglichte eine unabhängige Evolution der neu entstandenen Genkopien und die Übernahme neuer Funktionen, ohne dass zwangsläufig ursprüngliche Funktionen verloren gingen. Hieraus resultiert der bedeutende Zuwachs der morphologischen und physiologischen Komplexität der Wirbeltiere.

Fragen

1. Skizzieren Sie ein Kladogramm der Craniota, in dem Sie die verwandtschaftlichen Beziehungen zwischen den Agnatha, Gnathostomata, Amniota, Amphibia und Tetrapoda darstellen. Während die Amniota ein Monophylum darstellen, sind die „Anamnia" paraphyletisch. Wieso?
2. Was ist die Neuralleiste und was ist ihre Bedeutung in der Evolution der Wirbeltiere?
3. Was sind die Plakoden?
4. Wie wird der Kiemendarm bei Wirbeltieren weiterentwickelt?
5. Beschreiben Sie den Aufbau der Haut der Wirbeltiere.
6. Nennen Sie verschiedene Typen von Hautanhangsgebilden und beschreiben Sie deren Bildungs- und Funktionsweise.
7. Vergleichen Sie Exo-, Endo- und Hydroskelette.
8. Charakterisieren Sie das Knochengewebe.

Basale Craniota

20

Chordata wurden bereits **in kambrischen Schichten** gefunden; bekannte Vertreter sind die erst kürzlich beschriebenen **Yuannozoa** und die bis Mitte der achtziger Jahre des 20. Jahrhunderts rätselhaften **Conodonta**. Zu den **Agnatha** (Kieferlose) zählen die rezenten **Myxinoida** (Schleimaale) und **Petromyzontida** (Neunaugen). Sie sind der überlebende Rest eines einstmals vielfältigen Taxons. Die **rezenten Agnatha** sind vor allem durch ihren weichen, **schuppenlosen aalförmigen Körper** gekennzeichnet. Traditionell werden die Neunaugen und Schleimaale als das basalste Taxon der Wirbeltiere, sogenannte **Cyclostomata** (Rundmäuler), betrachtet. Die **alternative Hypothese** postuliert, dass **Schleimaale die Schwestergruppe** aller anderen Wirbeltiertaxa **(„Vertebrata i.e.S.")** sind, zu denen auch die Neunaugen zählen. Molekulare Daten unterstützen die Monophylie der Cyclostomata. Sollte sich dies weiter bestätigen, würde es bedeuten, dass die Schleimaale extrem abgeleitet und sekundär vereinfacht sind und dass manche gemeinsame Merkmale von Neunaugen und Kiefermündern bereits in die Stammlinie der Wirbeltiere gehören. „Wirbeltiere" wäre somit nur ein Synonym für „Schädeltiere".

Kambrische Chordata | 20.1

Die Paläontologie liefert wichtige Hinweise für die Rekonstruktion der Stammesgeschichte der Wirbeltiere. Unlängst wurden in der kambrischen Lagerstätte Chengjiang frühe Chordaten gefunden, z.B. ***Haikouella*** und ***Yunnanozoon***, die den Vorfahren der Wirbeltiere wahrscheinlich sehr nahe standen. Diese Tiere wurden dem neuen „Stamm" **Yunnanozoa** zugeordnet. Neben dem wesentlich rätselhafteren „Stamm" Vetulicolia vertreten sie eine weitere Gruppe von Deuterostomiern, die nur aus kambrischen Lagerstätten bekannt ist. Vor allem *Haikouella* wurde bereits eingehend untersucht. Es zeigte sich, dass sie über einen Mundapparat verfügte, der in manchem dem Mund der Neunaugen ähnel-

Abb. 125

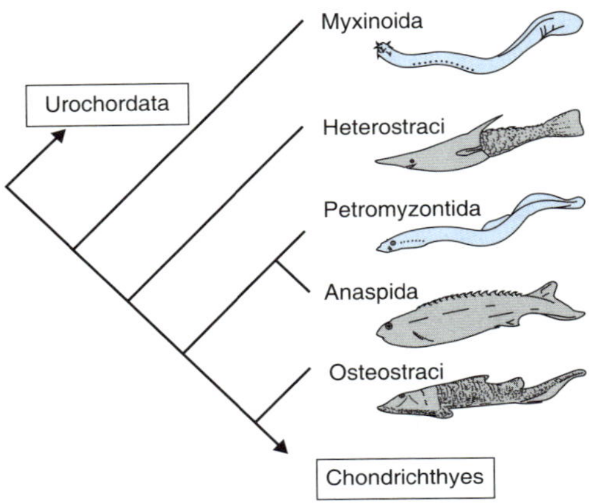

Verwandtschaftsdiagramm der Agnatha. Ausgestorbene Taxa sind grau dargestellt.

te. Ferner hatte sie eine Chorda dorsalis, einen durch Muskeltätigkeit ventilierten Kiemenapparat und aus der Neuralleiste abgeleitete Gewebe, paarige Augen und ein dreiteiliges Gehirn. Schädel und Innenohr waren nicht ausgebildet. Es handelte sich offensichtlich um ein Tier, das ähnlich wie die Lanzettfischchen eingenischt war – also um einen mikrophagen Organismus mit Endostyl und einer Reihe von Tentakeln, die ein Sieb vor dem Mund bildeten. *Haikouella* zeigt uns, dass die wesentlichen evolutionären Neuheiten der Wirbeltiere wahrscheinlich die Änderung der Funktionsweise des Kiemenapparats (von Geißeln zu Muskeln), die Differenzierung von Geweben, die sich aus Zellen der Neuralleiste ableiteten und die Entwicklung paariger Augen waren. Das Exoskelett entwickelte sich sicherlich erst viel später; die ersten Anzeichen einer Mineralisation von Geweben finden wir in der Bezahnung des Kiemenapparats. Diese Deutungen beruhen jedoch nur auf einigen Rekonstruktionen des bislang gefundenen Materials. Andere Autoren halten die Yunnanozoa für basale Deuterostomia.

Eine Gruppe von Fossilien, die in Schichten des Kambriums bis Trias gefunden wurde, blieb bis Mitte der achtziger Jahre des 20. Jahrhunderts rätselhaft: die **Conodonta**. Ursprünglich waren sie nur als kleine zahnförmige Fossilien bekannt, die aus Calciumphosphat bestanden. Erst sehr viel später wurden auch Reste von Weichteilgeweben gefunden und es zeigte sich, dass es sich um aalförmige Tiere mit komplizierten Apparaten von **Rachenzahnplatten** handelt, die mit „Conodonten“ besetzt waren. Diese Zahnplatten weisen größere Übereinstimmungen mit dem Mundapparat der Schleimaale auf. Ursprünglich wurde die Verwandtschaft von Conodonten und Pfeilwürmern (Chaetognatha) postuliert, aber heute besteht kein Zweifel darüber, dass die Conodonten mit den Agnatha nahe verwandt sind.

20.2 | Agnatha (Kieferlose)

Die rezenten Agnatha, **Myxinoida** (Schleimaale) und **Petromyzontida** (Neunaugen), sind der überlebende Rest einer einstmals beachtlichen Vielfalt kieferloser Organismen, von denen wir hier lediglich die Heterostraci, Anaspida und Osteostraci besprechen werden (Abb. 125).

Merkmale

20.2.1

Diagnose

Allgemeine Merkmale der Agnatha:

- **Fischförmige Körperform (bei rezenten Agnathen aalförmig).**
- **Flossenförmige Extremitäten.**
- **Kiemenatmende Wassertiere, alle Kiemenbögen dienen der Atmung.**

Apomorphien:

- **Hauptantriebsflosse ist die unpaare Schwanzflosse oder der Schwanzflossensaum. Bei einigen Arten treten Rücken- oder Analflosse auf, bei einigen fossilen Formen gab es paarige „Brustflossen", nie aber vier paarige Extremitäten.**
- **Die unpaare Nasenöffnung führt in den blinden „nasohypophysären" Sack oder öffnet sich in den Verdauungstrakt.**
- **Ein bis zwei Bogengänge im Innenohr.**

Fossile Agnatha

20.2.2

Die Kieferlosen sind Wassertiere, die ihre Blütezeit im frühen Paläozoikum (Ordovizium bis Devon, vor 470–355 Mio. Jahren) hatten (Abb. 4). Fossile Agnatha aus dieser Zeit werden traditionell als **„Ostracodermi"** zusammengefasst. Sie hatten auffällige knöcherne Exoskelette und eine Reihe von Kiemenspalten, jedoch weder Kiefer noch paarige, den Flossen der Wasserwirbeltiere entsprechende Extremitäten. Das knöcherne Endoskelett (Wirbelsäule) war wahrscheinlich nur sehr schwach ausgebildet. Die Kombination aus Schutzskelett, einer aktiven Bewegungsweise und der filtrierenden Nahrungsaufnahme machte aus ihnen sehr erfolgreiche Organismen. Zu den „Ostracodermi" werden basale Wirbeltiere (Pteraspida), Verwandte von Neunaugen (Anaspida), aber auch basale Gnathostomata (Galeaspida, Osteostraci, Pituriaspida) gestellt. Es handelt sich also um eine ziemlich heterogene Gruppierung, die auf keinen Fall monophyletisch ist. Nach anderen Analysen gehörten alle „Ostracodermi" in die Stammlinie der Gnathostomata und sind demnach mit den Neunaugen und Schleimaalen verwandt.

Phylogenese rezenter Agnatha

20.2.3

Die rezenten Agnatha sind vor allem durch ihren weichen, **schuppenlosen, aalförmigen Körper** gekennzeichnet. Der detaillierte **Bau des sogenannten „Zungenapparats" im Mundboden**, seiner Knorpel und Muskeln, weist darauf hin, dass Schleimaale und Neunaugen phylogenetisch zusammengehören, auch wenn die Gesamtarchitektur der Mundorgane deutlich

Abb. 126

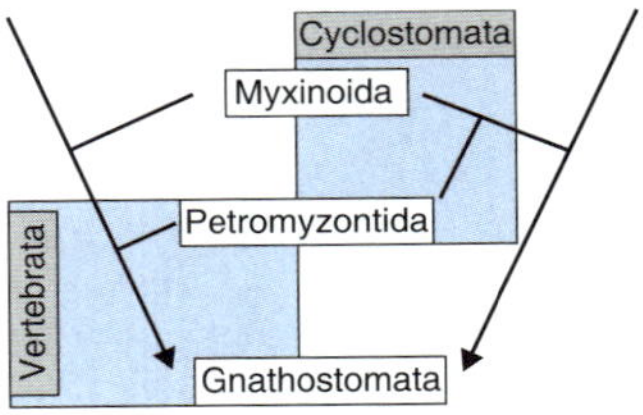

Zwei Hypothesen über die verwandtschaftlichen Beziehungen der rezenten Agnatha und Gnathostomata.

unterschiedlich ist. Dies ist die **traditionelle Lehrbuchmeinung**, nach der die Neunaugen und Schleimaale das erste Taxon der Wirbeltiere, die sogenannten **Cyclostomata** (Rundmäuler), bilden. Die **alternative Hypothese** postuliert, dass **Schleimaale das Schwestertaxon** aller anderen Wirbeltiertaxa (**„Vertebrata i.e.S.“**) bilden, zu denen neben den Gnathostomata auch die Neunaugen zählen (Abb. 126). Die Monophylie der Cyclostomata wird durch folgende Merkmale unterstützt: gut entwickelte Kammeraugen mit Cornea, Linse und Augenmuskeln mit entsprechender Innervation, unpaare Flossen mit Flossenstrahlen, Seitenliniensystem, zwei Bogengänge im Innenohr (Schleimaale haben nur einen, Kiefermünder haben drei Bogengänge), Vorkommen von Wirbeln und eine Reihe von physiologischen und biochemischen Ähnlichkeiten.

Die **molekulare Phylogenetik** unterstützt die traditionelle Hypothese: Praktisch immer, auch in einer umfangreichen Analyse von mehr als 200 Genen, kristallisieren sich die Neunaugen als Schwestergruppe der Schleimaale heraus. Die Wahrscheinlichkeit, dass die **Cyclostomata monophyletisch** sind, ist daher sehr hoch. Daraus würde folgen, dass die Schleimaale extrem abgeleitet und sekundär vereinfacht sind und dass manche gemeinsame Merkmale von Neunaugen und Kiefermündern bereits in die Stammlinie der Wirbeltiere gehören.

20.2.4 Myxinoida (Schleimaale)

Übersicht

Myxinoida (griech. Schleimfisch)

Größe, Morphologie. 30–60 cm (–110 cm) lang. Aalförmig. Zahlreiche mundständige Tentakel, Augen reduziert und subkutan, ein bis mehrere Paare äußerer Kiemenöffnungen. Fähigkeit große Menge Schleim zu produzieren (Name!).

Vorkommen, Biologie. Marin, in allen Ozeanen, in küstennahen Bereichen wie auch in großen Tiefen, in Bereichen mit Wassertemperaturen unter 20 °C, immer aber in Bodennähe. Direkte Entwicklung (ohne Metamorphose). Aasfresser, Räuber und Parasiten.

System. Eine Familie (Myxinidae, Schleimaale, Inger), fünf Gattungen, circa 60 Arten.

Bedeutung. Lieferanten des sogenannten „Aal-Leders“; häufig entwerten sie den Tiefsee-Fischfang durch Anfressen der Fische.

Petromyzontida (Neunaugen)

20.2.5 | Übersicht

Petromyzontida (griech. am Felsen festsaugend. Der deutsche Name Neunauge bezieht sich auf einen historischen Irrtum, wonach neben dem eigentlichen Auge auch die Nasenöffnung und die sieben seitlichen Kiemenspalten für Augen gehalten wurden.)

Größe, Morphologie. 15–100 cm lang. Aalförmig. Mund mit einer speziellen Saugscheibe, die mit zahlreichen Hornzähnchen und einem Raspelapparat ausgestattet ist. Unpaare Nasenöffnung. Die „Larve" (sogenannte Ammocoetes) ähneln dem Lanzettfischchen.

Vorkommen, Biologie. Marin und/oder limnisch, nur außerhalb der Tropen. Viele Arten sind anadrom, d.h. sie leben als Erwachsene im Meer, zum Laichen wandern sie in die Oberläufe von Bächen und Flüssen, in denen sie als Larven lebten. Räuberisch und Ektoparasiten von Fischen. Semelpar (reproduzieren sich nur einmal im Leben). „Larven" leben im Sand und Schlamm und strudeln Detritus und Kleinorganismen ein. Nach fünf bis sieben Jahren machen sie eine Metamorphose durch.

System. Circa 40 Arten, vier Gattungen, drei Familien: z.B. Petromyzontidae (Neunaugen).

Bedeutung. Einige Arten gelten als Schädlinge in der Fischereiwirtschaft, andere werden zum Verzehr gefangen (als „Lamprete").

Fragen

1. Welche kambrische Chordaten kennen Sie?
2. Welche rezente und fossile Agnathen kennen Sie? Erläutern Sie ihre verwandtschaftlichen Beziehungen.
3. Was ist der Unterschied zwischen den Taxa Agnatha und Cyclostomata?
4. Welche Apomorphien der Agnatha kennen Sie?
5. Worin unterscheiden sich Schleimaale und Neunaugen?
6. Beschreiben Sie den Lebenszyklus der Neunaugen.

21 | Gnathostomata (Kiefermünder)

Inhalt

Die Monophylie der Gnathostomata wird durch zahlreiche Apomorphien unterstützt. Dabei ist die **graduelle, mosaikartige Evolution einzelner Merkmale** gut belegt. Zu den Apomorphien zählen u.a. **das differenzierte knorpelig-knöcherne Endoskelett** (mit Schädel und Wirbelsäule), **zwei Flossenpaare**, Hautzähne, myelinisierte Axone, viele neue Hormone und ein einzigartiges adaptives Immunsystem. Die bedeutendste und namengebende, evolutionäre Neuheit der Kiefermünder ist die **Entwicklung der Kiefer** durch Abwandlung des vorderen Kiemenbogens. Die basale Linie der Gnathostomata wird durch die paläozoischen **Placodermi** (Plattenhäuter) repräsentiert. Die grundlegende phylogenetische Aufspaltung der heutigen Gruppen der Gnathostomata erfolgte zwischen den **Chondrichthyes** (Knorpelfische) und den **Osteognathostomata** (= Kiefermünder mit Knochenskelett). Zu den Osteognathostomaten gehören die **„Knochenfische"** (Flössler und Strahlenflosser) und die **Sarcopterygii** (Fleischflosser), mit zwei rezenten Arten der Quastenflosser, sechs Arten der Lungenfische und den Tetrapoden (Landwirbeltiere). Quastenflosser und Lungenfische sind zwar noch sehr fischähnlich, aber mit den Tetrapoden näher verwandt als mit dem Rest der übrigen Fische. Die Monophylie der Osteognathostomata wird vor allem durch das **endochondral gebildete Knochengewebe** unterstützt. Daneben werden das **ursprüngliche perichondrale Knochengewebe** sowie das **dermale Knochengewebe beibehalten**. **Die paarigen Flossen haben einen muskulösen basalen Teil**. Für die weitere Evolution der Wirbeltiere waren insbesondere die mit Luft gefüllten Ausstülpungen des Vorderdarms, aus denen **Schwimmblasen und Lungen** hervorgehen, bedeutend.

21.1 | Morphologie

21.1.1 | Apomorphien

Die **Monophylie** der Kiefermünder (Gnathostomata) ist unstrittig. Sie wird durch eine Vielzahl abgeleiteter Merkmale unterstützt. Dabei ist die graduelle Evolution einzelner Apomorphien der Kiefermünder gut belegt:

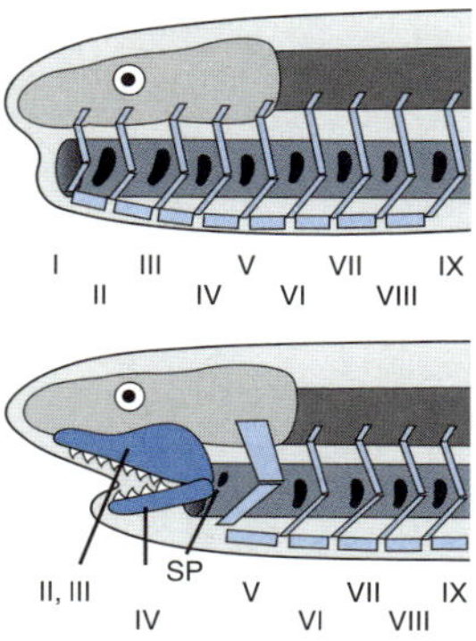

Abb. 127

Evolution der Kiefer. Oben: Situation bei Agnatha, Unten: Situation bei Chondrichthyes. Neurocranium in grau, Viscerocranium bestehend aus Kiemenbögen (I-IX) in blau. Der I. Kiemenbogen wird rückgebildet, aus den Kiemenbögen II und III entwickelte sich der Oberkiefer, aus dem IV. der Unterkiefer. Zwischen den Kiemenbögen befinden sich Kiemenspalten im Pharynx, **SP** Spiraculum (nach Rocek 2003).

Abb. 128

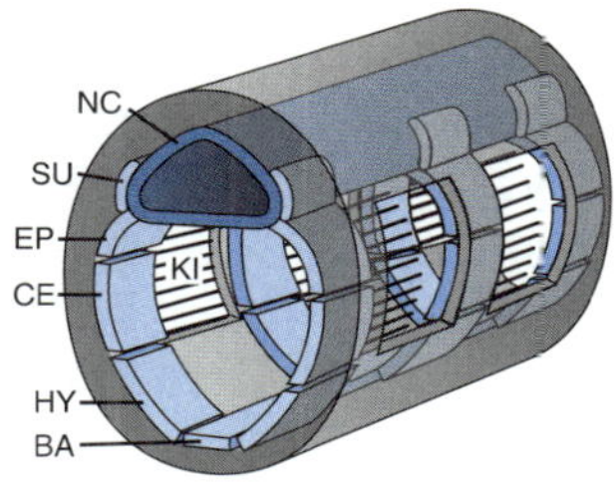

Schema der Kiemenbögen. BA Basibranchiale, **CE** Ceratobranchiale, **EP** Epibranchiale, **HY** Hypobranchiale, **KI** Kiemen, **NC** Neurocranium, **SU** Suprapharyngobranchiale (nach Rocek 2003).

Abb. 129

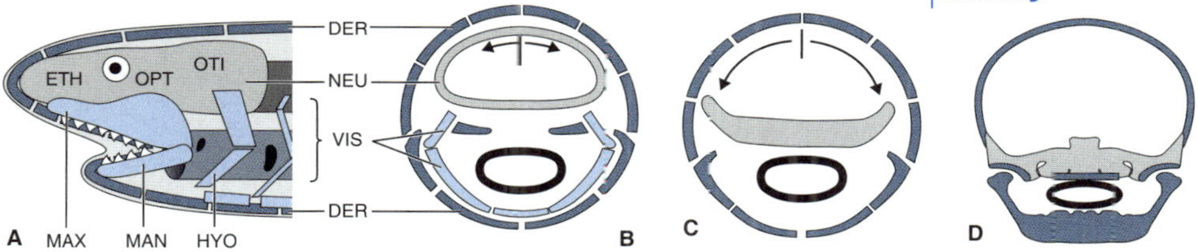

Die Komponente eines ursprünglichen Schädels und ihr Umbau. A Seitliche Ansicht, **B** Schematischer Querschnitt, **C** Öffnen des Chondrocraniums und seine Ergänzung um Deckknochen, **D** Das Schema der Verteilung von Chondrocranium und Dermatocranium im Schädel eines menschlichen Fötus. **DER** Dermatocranium (Desmocranium) in dunkelblau; **NEU** Neurocranium in grau (**ETH** ethmoidaler Teil = Riechkapsel, **OPT** optischer Teil = Augenkapsel, **OTI** otischer Teil = Ohrkapsel); **VIS** Viscerocranium hellblau (**MAX** Maxillare, **MA** Mandibulare, **HYO** Hyoidbogen =Zungenbeinbogen) (nach Cihak 1987).

- Das knorpelig-knöcherne Endoskelett besteht aus Schädel (Cranium) (Abb. 127–131), Rumpfskelett, dessen Achse durch die Wirbelsäule gebildet wird (Abb. 132–134) und dem Skelett der Extremitäten und unpaaren Flossen.
- Zwei Flossenpaare (Brust- und Bauchflossen), die über Gürtel an das Rumpfskelett anbinden, weiterhin eine unpaare Analflosse und die in den Rückenlappen der Schwanzflosse auslaufende Wirbelsäule (Abb. 132, 135).
- Die Rumpfmuskelsegmente (Myomere) sind durch ein längliches horizontales Myoseptum (Trennwand) in einen dorsalen und einen ventralen Teil geteilt (Abb. 132, 133).

Abb. 130

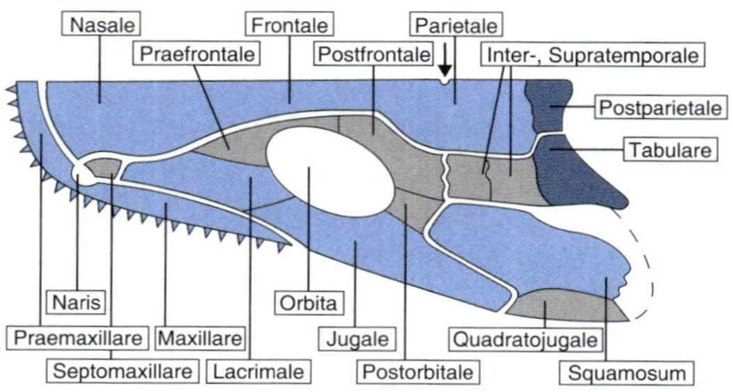

Schema des Dermatocraniums. Dargestellt sind die Deck- und Ersatzknochen. Pfeil bezeichnet die Parietalöffnung (nach Romer 1966).

Abb. 131

Schema der unterschiedlichen Typen der Kieferverbindungen.
A) Amphistylie, **B)** Hyostylie, **C)** Autostylie.
COL Columella, **HYM** Hyomandibulare, **HYO** Hyoideum, **MAN** Mandibulare, **MAX** Maxillare, **NEU** Neurocranium (nach Gaisler und Zima 2007).

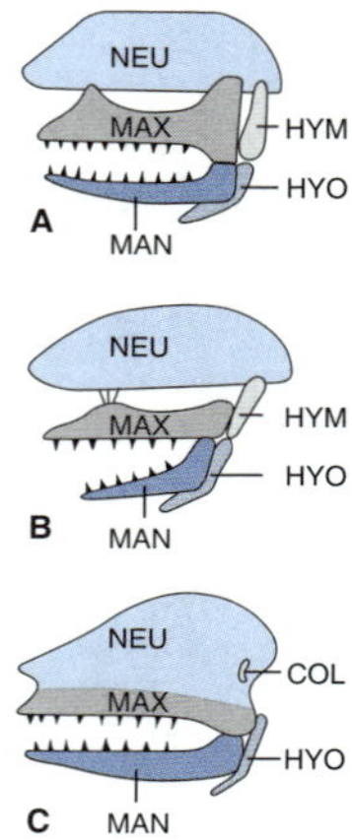

Abb. 132

Habitus und Organisation des Fischkörpers. AF Analflosse (Afterflosse), **CF** Caudalflossse (Schwanzflosse), **DF** Dorsalflosse (Rückenflosse), **HS** Horizontalseptum, **MM** Myomeren, **MS** Myosepten, **MU** Mund, **NA** Nasenöffnung, **OP** Operculum (Kiemendeckel), **PO** Praeoperculum, **PF** Pectoralflosse (Brustflosse), **RM** Rote Muskulatur, **VF** Ventral (Bauchflosse) (nach Sigmund 1972).

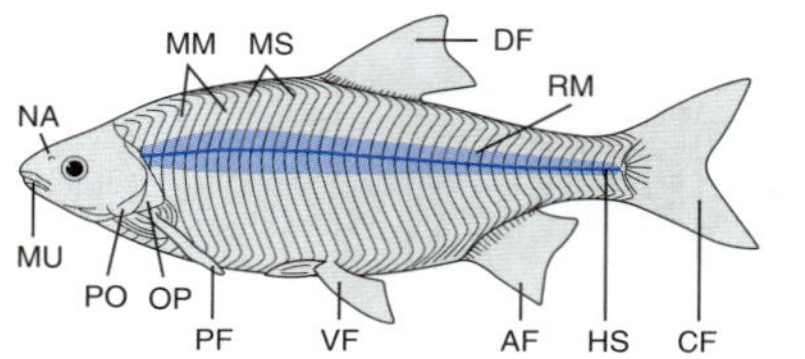

- Hautzähne mit einer knöchernen Basis und Dentinkrone, die von Zahnschmelz überzogen wird (Abb. 136).
- Die Axone der Nervenzellen sind myelinisiert, die dorsalen und ventralen Wurzel der Spinalnerven vereinigen sich zu gemeinsamen Nervensträngen.
- Ohrlabyrinth mit drei Bogengängen.
- Spermien werden über den Ausführkanal der Nieren (Wolff-Gang) freigesetzt.
- Viele neue Hormone, Drüsen und metabolische Mechanismen: So fungiert z.B. die Bauchspeicheldrüse auch als endokrine Drüse. Als neues Organ wird die Milz gebildet.
- Es gibt zwei verschiedene Formen von Aktin (Zytoskelettprotein): eines für die glatte, ein zweites für die quergestreifte Muskulatur.
- Ein unikates adaptives Immunsystem, das hauptsächlich auf Immunglobulinen und Rekombinase aktivierenden Genen beruht. Als Zelleffektoren dient eine Vielfalt von beweglichen Lymphozyten, die spezifische Immunrezeptoren tragen.

Schädel und Kiefer

21.1.2

Der Schädel (**Cranium**) besteht aus einem **Neurocranium** (Hirnschädel), **Viscerocranium** (Gesichtsschädel) und dem **Dermatocranium** (Deckschädel). Das Viscerocranium wird von sieben **Kiemenbögen** gebildet: Mandibularbogen (Kieferbogen), Hyoidbogen (Zungenbeinbogen) und fünf weiteren Kiemenbögen. Die erste Kiemenspalte befindet sich vor dem ersten nicht umgewandelten Bogen, die anderen vier Spalten öffnen sich zwischen den jeweiligen Kiemenbögen (Abb. 127–131). Das **Dermatocranium** besteht aus Schädeldach, Schädelseitenwand, Gaumendach und Mundrandelementen, die die Zähne tragen.

Die bedeutendste evolutionäre Neuheit der Kiefermünder war die **Entwicklung eines Kiefers** durch Abwandlung der vorderen Kiemenbögen (sogenannte Kieferkiemenbogen; Mandibularbogen). Dieser liegt mit zwei weiteren prämandibulären Bögen vor dem durch die *Hox*-Gene organisierten Körperteil. Diese Umwandlung wurde durch die Migration von Zellen der Neuralleiste ausgelöst. Jüngste molekular- und entwicklungsbiologische Analysen weisen auf einen komplexen Entstehungsmechanismus hin: Entgegen der gängigen Meinung scheint es, dass beide – der obere (Mandibulare) und untere Kiefer (Palatoquadratum) – aus dem ventralen Teil des Kieferkiemenbogens abstammen, während der dorsale Anteil offensichtlich nicht am Bau des Oberkiefers beteiligt ist.

Abb. 133

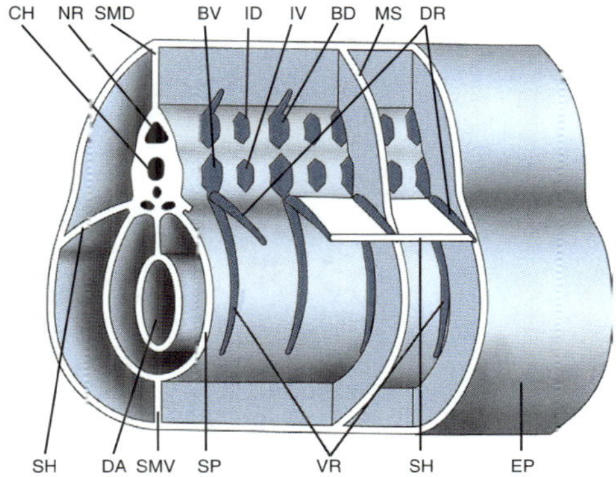

Grundorganisation des Achsenskeletts der Fische. **BD** Basdorsale, **BV** Basiventrale, **CH** Chorda dorsalis, **DA** Darm, **DR** dorsale Rippe, **EP** Epidermis, **ID** Interdorsale, **IV** Interventrale, **MS** Myoseptum, **NR** Neuralrohr, **SH** Septum horizontale, **SMD** Septum medianum dorsale, **SMV** Septum medianum ventrale, **SP** Somatopleura, **VR** ventrale Rippe (nach Grassé 1958, Sigmund 1972).

Abb. 134

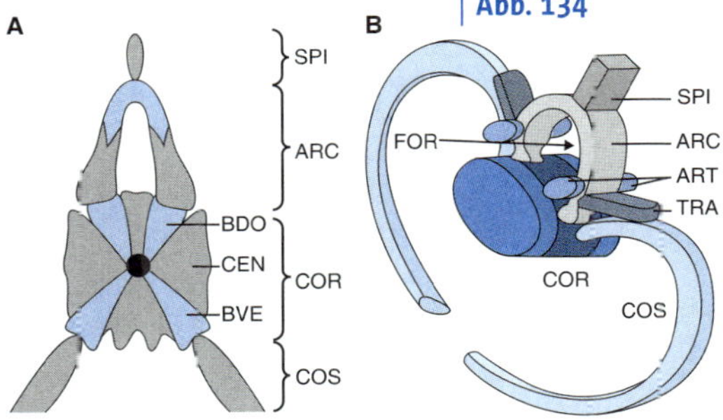

Schema eines Wirbels. A) Fischwirbel (Knorpelteile in Hellblau). **B)** Wirbel der Säugetiere. **ARC** Arcus vertebrae (Bogen), **ART** Processus articularis (Gelenkfortsatz), **BDO** Basidorsale, **BVE** Basiventrale, **CEN** Centrum vertebrae, **COR** Corpus vertebrae (Körper), **COS** Costa (Rippe), **FOR** Foramen intravertebrale, **SPI** Processus spinosus (Dornfortsatz), **TRA** Processus transversus (Querfortsatz) (nach Romer 1966, Sigmund 1972, Cihak 1987).

Wirbelsäule und Wirbel

21.1.3

Wirbel bestehen im Allgemeinen aus einem **Wirbelkörper** (Corpus vertebrae, wichtiger Lastträger), einem **Wirbelbogen** (Arcus vertebralis,

Abb. 135

Typen der Schwanzflossen von aquatischen Wirbeltieren (nach Gaisler und Zima 2007).

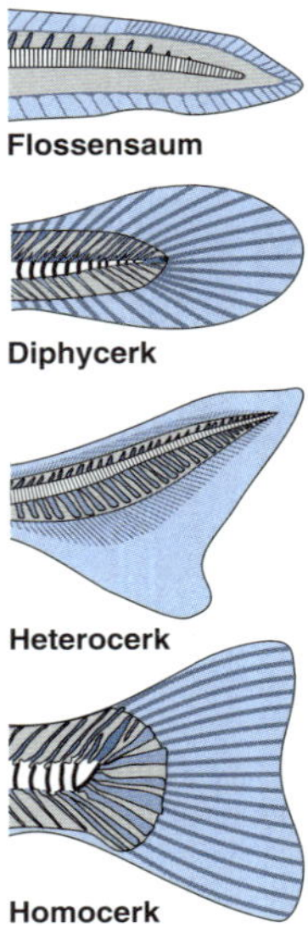

umschließt das Rückenmark), einem dorsalen **Dornfortsatz** (Processus spinosus, wichtiger Muskelansatz, antero-posteriore Bewegungen), zwei **Querfortsätzen** (Processus transversus, Muskelansatz, seitliche Bewegungen) und vier **Gelenkfortsätzen** (Processus articulares). Die Stabilisierung der Wirbelsäule erfolgt durch die **Wirbelsäulenbänder**. Zwischen den Wirbelkörpern liegen die flexiblen **Bandscheiben**, die faserknorplige Verbindungen zwischen den Wirbeln herstellen. Sie bestehen aus dem äußeren **Anulus fibrosus** und dem inneren **Nucleus pulposus**, einem Chordarest. Die verschiedenen Rumpfabschnitte weisen bei den Wirbeltieren verschiedenartige Wirbeltypen (Hals-, Brust, Lenden-, Kreuz- und Schwanzwirbel) auf.

Die beiden ersten Halswirbel bilden den **Atlas-** (Nicker, ringförmig, ohne Wirbelkörper) **Axis-** (Wender) **Komplex**. Folgende Wirbelkörper-Typen werden entsprechend der Ausformung der Gelenkflächen unterschieden: **amphicoel** (konkav zu beiden Seiten), **procoel** (konkav am vorderen Ende), **opisthocoel** (konkav hinten), **acoel** (flach). Diese sind mehr oder weniger spezifisch für viele Wirbeltiertaxa (Abb. 134).

21.1.4 Flossen

Flossen bestehen aus der Flossenhaut und dem Flossenskelett, den sogenannten Flossenstrahlen. Die Flossenstrahlen können hart (nur bei Strahlenflossern) oder weich sein. Die meisten Fische verfügen über paarige (Bauch- und Brustflossen) und unpaare Flossen (Rücken-, Schwanz- und Analflosse). In einigen Fischtaxa wird zudem zwischen Rücken- und Schwanzflosse eine skelettlose Fettflosse angelegt (z.B. Salmler, Welse, Lachse). Flossen können mannigfaltig geformt sein. Die Rückenflosse kann mit Giftdrüsen verbunden sein (Feuerfische u.a.). Die Schwanzflosse dient als Hauptantriebsorgan; anhand ihrer Form werden verschiedene Typen unterschieden (Abb. 135). Brust-, Becken- oder Analflossen können bei Männchen zu Kopulationsorganen umgestaltet werden (siehe Burda, Allg. Zoologie, 2005, S. 232).

21.1.5 Hautzähne

Die Hautzähne (Abb. 136) waren ursprünglich möglicherweise auf den Kiemenbögen platziert und begünstigten so die Entstehung der Kiefer. Bei heutigen Knorpelfischen bedecken sie als Plakoidschuppen den ganzen Körper einschließlich der Kiefer und der Rückenflossen. Auf dem Kiefer dienen die vergrößerten Schuppen als Zähne (wie auch bei anderen Wirbeltieren). Zahnschmelz-Dentin-Knochen sind metabolische Bildungen der mehrschichtigen Wirbeltierhaut: Zahnschmelz ist ektodermaler Herkunft, Dentin stammt aus dem ekto-mesodermalen Grenzbereich und Knochen stammt vom Mesoderm ab.

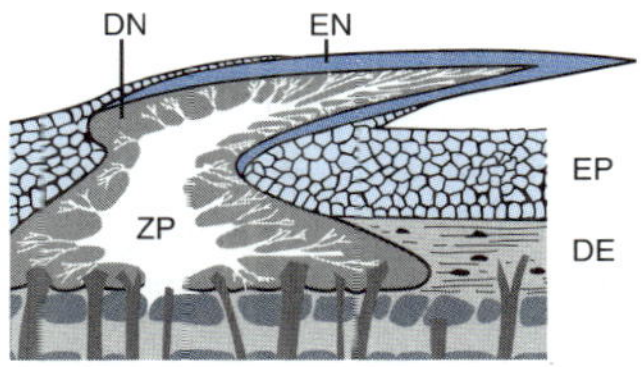

Abb. 136

Aufbau einer Plakoidschuppe. DE Dermis, **DN** Dentin (Zahnbein), **EN** Enamel (Zahnschmelz), **EP** Epithel, **ZP** Zahnpulpa (nach Gaisler und Zima 2007).

Phylogenese

21.2

Die phylogenetische **Aufspaltung** der heutigen Gruppen der Gnathostomata erfolgt **zwischen Chondrichthyes** (Knorpelfische) **und den Osteognathostomata**. Die Schwestergruppe der Knorpelfische und der Osteognathostomaten sind die paläozoischen **Placodermi** (Plattenhäuter) (Abb. 137).

Die **Osteognathostomata** (= Kiefermünder mit Knochenskelett) sind die Schwestergruppe der Knorpelfische. Zu diesem Taxon gehören neben den **„Knochenfischen"** auch die Tetrapoda (Landwirbeltiere). Auch nach dem Ausklammern der Knorpelfische bilden die restlichen „Fische" keine natürliche Gruppe. Die große Mehrheit der „Knochenfische" gehört zu den **Actinopterygii** (Strahlenflosser). Die zwei rezenten Arten der **Actinistia** (Quastenflosser), die sechs Arten der **Dipnoi** (Lungenfische) und die **Tetrapoden** gehören zum übergeordneten Taxon der **Sarcopterygii** (Fleischflosser). Quastenflosser und Lungenfische sind zwar noch sehr fischähnlich, aber mit den Tetrapoden deutlich näher verwandt als mit dem Rest der übrigen Fische. Unsicher ist die taxonomische Stellung der **Cladistia** (Flössler). Die Flössler wurden traditionell als eine basale Gruppe der Strahlenflosser

Abb. 137

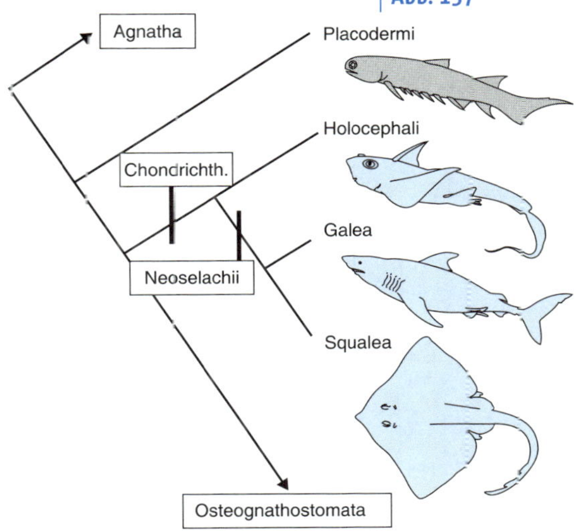

Verwandtschaftsdiagramm der basalen Gnathostomata. Chondrichth. = Chondrichthyes. Das ausgestorbene Taxon ist grau dargestellt.

angesehen. Sie unterscheiden sich von diesen jedoch in einer Reihe morphologischer Merkmale (s. u.). Die mit den Dipnoi geteilten Merkmale (Lungen, muskulöse Flossenansätze, „Larven" mit Außenkiemen) gelten entweder als Konvergenzen oder ursprünglich und von der Stammart der Osteognathostomata übernommen. Analysen der mitochondrialen Genome legen nahe, dass die Flössler zusammen mit den Fleischflossern ein den Tetrapoden nahestehendes Taxon bilden und dass auch die Flössler möglicherweise zu den Fleischflossern zählen. Die Frage ist zunächst also noch offen (Abb. 138).

Die Monophylie der Osteognathostomata wird vor allem durch ein **endochondral gebildetes, knöchernes Endoskelett** (knorpelige verknöchernde Elemente) unterstützt. Daneben werden das **ursprüngliche perichondrale Knochengewebe** sowie das **dermale Knochengewebe** (direkte Ossifikation von Bindegewebe) **beibehalten**. Die Dermalknochen bilden große Schädelknochen sowie Knochenschuppen auf Körper und Flossen. **Die paarigen Flossen haben einen muskulösen basalen Teil**, der von Schuppen bedeckt ist. Für die weitere Evolution der Wirbeltiere wird jedoch noch eine weitere evolutive Neuheit bedeutsam sein – mit Luft gefüllte Ausstülpungen des Vorderdarms, aus denen **Schwimmblasen und Lungen** hervorgehen.

Fragen

1. Nennen Sie die Apomorphien der Gnathostomata.
2. Aus welchen Elementen entsteht der Schädel?
3. Beschreiben Sie den Aufbau der Kiemenbögen.
4. Erläutern Sie die Evolution der Kiefer.
5. Welche Elemente enthält ein Wirbel?
6. Welche Wirbeltypen kennen Sie?
7. Welche Flossentypen kennen Sie?
8. Beschreiben Sie den Aufbau der Hautzähne (Plakoidschuppen).
9. Erstellen Sie ein Kladogramm der Gnathostomata, in dem Sie die verwandtschaftlichen Beziehungen zwischen den Chondrostei, Osteognathostomata, Actinopterygii, Dipnoi, Sarcopterygii und Tetrapoda darstellen.
10. Nennen Sie die wichtigsten Apomorphien der Osteognathostomata.

Basale Gnathostomata | 22

Inhalt

Alle basale Gnathostomata waren und sind aquatische, fischförmige Tiere. Die paläozoischen **Placodermi** (Plattenhäuter) waren große mit Knochenplatten gepanzerte Fische. **Chondrichthyes** (Knorpelfische) weisen den torpedoförmigen Hai- oder dorsoventral abgeflachten Rochenhabitus auf. Der Knochen ist sekundär reduziert, das Knorpelskelett wird durch Kalkeinlagerung versteift. Knorpelfische haben keine Wirbelkörper, dafür eine persistierende Chorda dorsalis, Plakoidschuppen und Hautzähne. Die zwei großen Subtaxa der Chondrichthyes sind die **Holocephali** (Chimären) und die **Elasmobranchii** (Plattenkiemer). Zu den „Knochenfischen" zählen die **Cladistia** (= Polypteriformes, Flössler), afrikanische Fische, die traditionell als eine basale Gruppe der Strahlenflosser angesehen werden. Sie unterscheiden sich von diesen jedoch in einer Reihe morphologischer Merkmale. Die mit den Dipnoi geteilten Merkmale (Lungen, muskulöse Flossenansätze, „Larven" mit Außenkiemen) gelten entweder als konvergente Bildungen oder als ursprünglich. **Actinopterygii** (Strahlenflosser) haben Flossen ohne muskulöse Ansätze und mit radiär angeordneten Flossenstrahlen. Zu den Strahlenflossern gehören die meisten Arten der „Fische". Sie haben alle aquatischen Habitate besiedelt und sind ökologisch und morphologisch außerordentlich vielfältig. Sie spielen eine enorme Rolle für die Ernährung der Weltbevölkerung. Das artenreichste und bekannteste Taxon der Strahlenflosser sind die Teleostei („moderne Fische").

Placodermi (Plattenhäuter) | 22.1

Übersicht

Placodermi (griech. Plattenhäuter)

Größe, Morphologie. Bis 6 (10?) m. Fischförmig, Kopf und vorderer Rumpf mit Knochenplatten gepanzert, zahnlos, als Beißorgane dienen scharfe Knochenplatten. Enorme Beißkraft, eventuell schon Saugschnappen.

Gelenk zwischen Neurocranium und Wirbelsäule. Verknöcherte Neural- und Hämalbögen, übrige Wirbelsäule knorpelig, Schwanzflosse meist heterocerk (Abb. 137).
Vorkommen, Biologie. Silur, Blütezeit im Devon. Sie entstanden im Süßwasser, besiedelten später das Meer. Carnivor, selten Detritusfresser.
System. Die wichtigen Subtaxa sind die **Athrodira** (z.B. *Dunkleosteus terrelli*, größtes Tier seines Zeitalters) und die **Antiarchi** (z.B. *Bothriolepis*).

22.2 | Chondrichthyes (Knorpelfische)

Übersicht

Chondrichthyes (griech. Knorpelfische)
Morphologie. Torpedoförmiger Hai- oder dorsoventral abgeflachter Rochenhabitus. Kein Dermatocranium, Knochen sekundär reduziert, das Knorpelskelett wird durch Kalkeinlagerung versteift, keine Wirbelkörper, dafür persistierende Chorda, ein bis zwei Rückenflossen, Schwanzflosse meist heterocerk. Plakoidschuppen. Keine Schwimmblase; die große Leber dient als Fettspeicher und hydrostatisches Organ, Spiraldarm, Kopulationsorgane aus Beckenflossen (Pterygopodia, Mixopterygia).
Vorkommen, Biologie. Weltweit, marin (wenige Arten limnisch). Carnivor, Räuber von meist größeren Beutetieren, nur die großen Arten (Walhai, Riesenhai, Teufelsrochen) leben von Plankton. Oviparie, Ovoviviparie, Viviparie, bei einigen Haien Bildung einer Plazenta.
System. Zwei Subtaxa: **Holocephali** (Chimären) und **Elasmobranchii** (Plattenkiemer). Eine andere Klassifikation unterscheidet zwischen **Chimeriformes, Batoidea, Squalimorphi** und **Galeimorphi** (Abb. 137). Circa 1000 Arten.
Bedeutung. Speisefische, Sportangelfische. Einige Arten gefährlich für Badende und Taucher. Die Haut wurde früher zu Leder verarbeitet (Chagrin) oder z.B. als Schleifmittel benutzt. Die fettreiche Leber wurde für die Ölgewinnung genutzt.

22.2.1 | Merkmale

Diagnose

Allgemeine Merkmale:

- **Riechhirn und Seitenlinienorgan im Bereich des Kopfes gut entwickelt.**
- **Herz mit Conus arteriosus, Darm mit Typhlosolis (Rinne, die die innere Darmoberfläche vergrößert).**
- **Große Eier, häufig ovovivipar oder vivipar.**

Apomorphien der Chondrichthyes:

- **Knorpeliges, verkalktes Endoskelett.**

- **Geschlossenes Neurocranium (Chondrocranium), der Unterkiefer wird durch ein einziges paariges Element (Mandibulare) gebildet.**
- **Plakoidschuppen und Hautzähne.**
- **Mund in Form eines Querspalts, üblicherweise unter dem verlängerten Rostrum liegend.**
- **Innere Befruchtung, die männlichen Kopulationsorgane (Pterygopodien, Mixipterygien) entstehen aus Teilen der Bauchflossen.**

Knorpelfische sind insbesondere durch die weitgehende oder vollständige **Rückbildung ihres Dermalskeletts** charakterisiert. Reste des knöchernen Dermalskeletts sind die **Plakoidschuppen**, die den Hautzähnen homolog sind. Plakoidschuppen und Zähne der Knorpelfische besitzen keinen Schmelz, sondern sind von mesodermalem **Vitrodentin** überzogen (Abb. 136). Die Knochenbildung durch perichondrale Ossifikation ist markant eingeschränkt. Die Versteifung des Skeletts wird durch den massiven und mineralisierten Knorpel erreicht, was ein schnelles und fast unbeschränktes Körperwachstum ermöglicht. Eines der auffälligsten Merkmale der Knorpelfische, den graduellen **Wechsel der** rostral positionierten **Zähne**, finden wir auch bei basalen Osteognathostomata und den ausgestorbenen Acanthodii, so dass es sich hierbei offensichtlich um ein ursprüngliches Merkmal der Gnathostomata handelt.

Vor der ersten Kiemenspalte liegt das **Spritzloch (Spiraculum)**. Hierbei handelt es sich um den Rest der zwischen dem Mandibular- und dem Hyoidbogen gelegenen Kiemenspalte, über die Wasser eingesaugt wird (Abb. 127, 129).

Holocephali (Chimären, Seekatzen)

22.2.2 Übersicht

Holocephali (griech. Ganzköpfe)

Größe, Morphologie. Bis 1,5 m. Zwei Rückenflossen (vordere Flosse aufrichtbar und mit langem Giftstachel am Vorderrand), peitschenförmiger Schwanz. Plakoidschuppen nur an Kopf, Rücken und Mixipterygien. Keine Wirbelkörper, keine Rippen. Kompakter Kopf (Holostylie) (Abb. 131). Hautkiemendeckel, so dass sich nach außen nur ein äußerer Kiemenspalt öffnet. Zähne zu Zahnplatten verschmolzen. Nasenlöcher mit Schlundraum verbunden. Urogenital- und Analöffnung sind getrennt. Männchen sind kleiner und haben am Kopf einen Auswuchs, womit sie die Weibchen bei der Paarung festhalten.

Vorkommen, Biologie. Atlantik, Pazifik, Indischer Ozean. Ernähren sich von benthischen hartschaligen Tieren. Ovipar, große hartschalige Eier.

System. Eine „Ordnung" **Chimaeriformes**, 34 Arten, sechs Gattungen, drei Familien: z.B. Chimaeridae (Kurznasenchimären).

22.2.3 Elasmobranchii (Plattenkiemer)

Übersicht

Elasmobranchii (griech. Plattenkiemer)

Größe, Morphologie, Vorkommen. Siehe Chondrichthyes. Fünf bis sieben Kiemenöffnungen liegen jeweils frei an den Kopfseiten, Kiemenbögen plattenartig verbreitet. Amphistylie (Abb. 131). Nasenlöcher mit Schlundraum nicht verbunden. Kloake. **System.** Die rezenten Elasmobranchii (= **Neoselachii**) werden in zwei Subtaxa eingeteilt: **Galea** und **Squalea**. Eine andere Klassifikation unterscheidet zwischen Chimeriformes, Batoidea, Squalimorphi und Galeimorphi. Die traditionelle Einteilung in Batoidei (Rochen) und Selachii (Haie) war künstlich. Circa 1060 Arten.

Übersicht

► **Galea**

Morphologie. Torpedoförmig, fünf Kiemenspalten, zwei Rückenflossen, Analflosse, Chorda zusammengedrückt, Wirbel verkalkt, großes Gehirn, viele Negativmerkmale. Pelagisch. **System.** Vier Subtaxa, 280 Arten.

Heterodontiformes (Stierkopfhaie). Bis 1,60 m. Rückenflossen mit Dornen. Kopf mit deutlichen Augenwülsten und abgerundeter Schnauze, Heterodontie, ernähren sich hauptsächlich von benthischen hartschaligen Tieren. Oviparie. Eine Familie (Heterodontidae, Stierkopfhaie), eine Gattung, acht Arten.

Orectolobiformes (Teppichhaie etc.). Bis 18 m lang. Kleiner Mund, Augen weit oben auf dem Kopf angeordnet, auffällige Nasengruben. 32 Arten, 14 Gattungen, sieben Familien: z.B. Ginglymostomatidae (Ammenhaie), Orectolobidae (Teppichhaie), Rhincodontidae (Walhaie).

Lamniformes (Makrelenhaie). Bis 15 m lang. Kiefergelenk weit hinter den Augen gelegen. Ohne Nickhaut. Spiracula reduziert, Ovoviviparie, Viviparie. Schnelle Schwimmer. 15 Arten, zehn Gattungen, sieben Familien: z.B. Lamnidae (Makrelenhaie), Cetorhinidae (Riesenhaie).

Carcharhiniformes (Grundhaie). Bis 8,5 m lang. Kiefergelenk weit hinter den Augen gelegen. Nickhaut. 224 Arten, sieben Familien: z.B. Carcharhinidae (Requiemhaie), Scyliorhinidae (Katzenhaie), Sphyrnidae (Hammerhaie).

► **Squalea.**

Morphologie. Hai- oder rochenförmig, d.h. Rumpf abgeflacht, Brustflossen stark vergrößert, meist von der Seite des Kopfes bis zum Schwanz reichend, Augen und Kiemenöffnungen auf der Körperoberseite, sechs bis sieben Kiemenspalten, keine oder bis drei Rückenflossen, mit Ausnahme der Hexanchiformes ist die Analflosse reduziert. **Vorkommen.** Leben meist auf oder nahe dem Meeresboden. **System.** Neun Subtaxa, 780 Arten.

Hexanchiformes (Kragenhaie, Grauhaie). Bis 5 m lang. Länglicher Körper, eine stachellose Rückenflosse, Analflosse, Spiraculum reduziert, vivipar. Fünf

Arten, zwei Familien: Hexanchidae (Grauhaie), Chlamydoselachidae (Kragenhaie).

Squaliformes (Hundshaie, Dornhaie). Bis 2 m lang. Torpedoförmig, zwei Rückenflossen mit vorderem Giftstachel. Pelagisch. 110 Arten, vier Familien: z.B. Squalidae (Dornhaie).

Squantiniformes (Engelhaie). Bis 2 m lang. Rochenähnlich mit großen vom Rumpf abgesetzten Brustflossen. Zwei Rückenflossen, große Spiracula, Endmund. Eine Familie (Squatinidae, Meerengel), 18 Arten.

Pristiophoriformes (Sägehaie). Bis 1,7 m lang. Torpedoförmig, zwei Rückenflossen, verlängertes Rostrum mit seitlich sägeartig angeordneten Zähnen (kleine und große Zähne alternieren), zwei langen Nasenbarteln. Vivipar. Eine Familie (Pristiophoridae, Sägehaie), zwei Gattungen, acht Arten.

Pristiformes (Sägefische). Bis 4,5 m lang. Torpedoförmig, zwei Rückenflossen, sägeartiges Rostrum mit gleich großen Zähnen, ohne Nasenbarteln. Ovovivipar, marin, in Australien und Neu-Guinea auch in Flüssen. Eine Familie (Pristidae, Sägefische), zwei Gattungen, sechs Arten.

Torpediniformes (Zitterrochen). Bis 1,8 m lang. Rochenartig, rundförmig, fleischiger Schwanz, Schwanzflosse, Rostrum undeutlich, elektrische Organe, kleine Augen, bis zu zwei Rückenflossen, ovovivipar. 14 Arten, elf Gattungen, vier Familien: z.B. Torpedinidae (Zitterrochen).

Rhinobatiformes (Geigenrochen). Circa 1 m lang. Haiförmige Rückenflossen. Ovovivipar. Küstengewässer, einige Arten auch in Flüssen. 45 Arten, sechs Gattungen, drei Familien: z.B. Rhinobatidae (Geigenrochen).

Rajiformes (Rochen). 0,3–3,5 m. Spitzes Rostrum, rhomboide Brustscheibe, schmaler Schwanz, Schwanzflosse reduziert bis gut entwickelt, auf dem Rücken oft eine Linie von Dornen. Schwache elektrische Organe, keine bzw. bis zu zwei Rückenflossen. Ovipar. Tiefsee bis Küstengewässer. Eine Familie (Rajidae, Echte Rochen), 26 Gattungen, 200 Arten.

Myliobatiformes (Stechrochen, Teufelsrochen etc.). Bis 7 m. Brustscheibe rhomboid, oval oder dreieckig, bei einigen Arten in Flügel auslaufend, Schwanz schmal, Schwanz- und Rückenflossen unterschiedlich entwickelt, die meisten Arten besitzen sägeartig angeordnete Dornen oder Stacheln mit Giftdrüsen am Schwanz. Ovovivipar. Einige Arten auch in Flüssen. 82 Arten, 33 Gattungen, zehn Familien: z.B. Myliobatidae (Adlerrochen), Dasyatidae (Stechrochen), Mobulidae (Mantarochen).

Cladistia (= Polypteriformes, Flössler) | 22.3

Übersicht

Cladistia (griech. Vielflössige)

Größe, Morphologie. Längliche Fische (30–100 cm) mit „kettenhemdartigem“ Panzer aus Ganoidschuppen, Rückenflossen in viele kleine Flössel aufgelöst, sekundär diphycerke Schwanzflosse, Gelenk der paarigen Flossen mit dem Schultergürtel erfolgt über zwei große basale Elemente, paarige Lungen als ventrale Ausstülpungen des Vorderdarms, große Spritzlöcher. „Larven“ mit Außenkiemen, die an den verlängerten Kiemendeckeln und nicht an den Kiemenbögen sitzen.

Vorkommen, Biologie. Sümpfe, flache Gewässer des tropischen Afrikas. Raubfische, „Larven“ heften sich mittels spezieller Sekrete aus Klebdrüsen an Pflanzen fest.

System. Eine Familie, zwei Gattungen: *Polypterus* (Flössler), *Erpetoichthys* (Flösselaal), elf Arten.

22.4 | Actinopterygii (Strahlenflosser)

Übersicht

Abb. 138

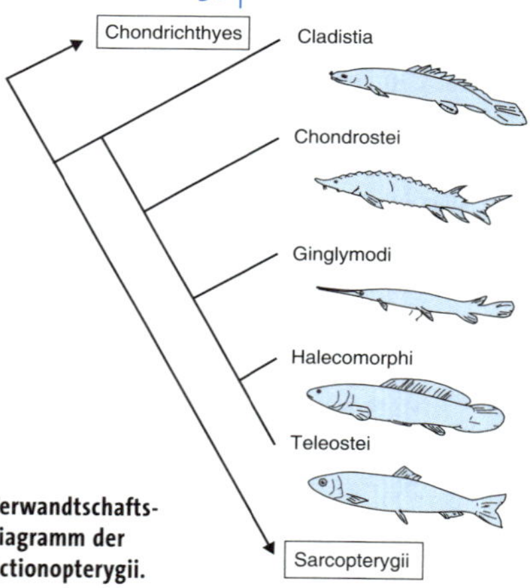

Verwandtschaftsdiagramm der Actionopterygii.

Actinopterygii (griech. Strahlenflosser)

Morphologie. Torpedoförmig, daneben diverse andere Habitustypen. Flossen ohne muskulöse Ansätze. Flossenstrahlen radiär angeordnet. Beweglicher Kieferapparat mit der Fähigkeit zum Saugschnappen. Eine einzige Rückenflosse, Ganoidschuppen.

Vorkommen, Biologie. Alle aquatischen Habitate, diverse Ernährungsweisen, diverse Forpflanzungsmodi.

System. Zwei hochrangige Taxa: **Chondrostei** und **Neopterygii** (Ginglymodi + Halecostomi). Die Halecostomi enthalten die Halecomorphi und die Teleostei (Abb. 138). Circa 30.000 Arten.

Bedeutung. Enormer Beitrag zur Ernährung der Weltbevölkerung.

Diagnose

Apomorphien der Actinopterygii:

- **Paarige Flossen ohne muskulöse Ansätze. Muskulatur und Endoskelett in den Rumpf einbezogen.**
- **Dermale Stützen (Lepidotrichien) der Flossen sind strahlenförmig (radiär) angeordnet** (Abb. 139).
- **Ganoidschuppen** (Abb. 140, Box 56).

Abb. 139

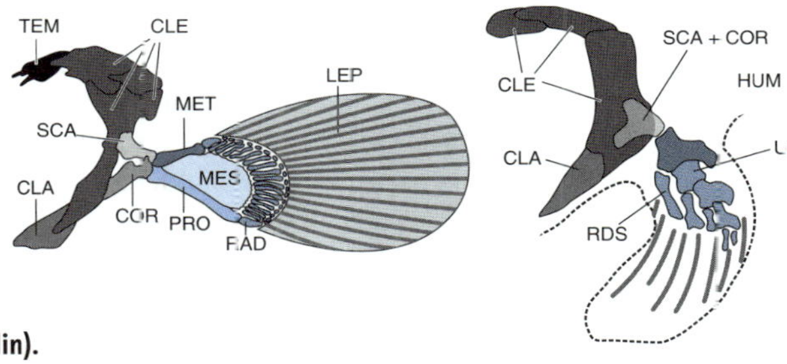

Schultergürtel und Brustflossenskelett von Flösselhechten (Cladistia) und eines basalen Fleischflossers, *Eusthenopteron* sp. (rechts). CLA Clavicula, **CLE** Cleithrum, **COR** Coracoid, **HUM** Humerus, **LEP** Lepidotrichia, **MES** Mesopterygium, **MET** Metapterygium, **PRO** Protopterygium, **RAD** Radien, **RDS** Radius, **SCA** Scapula, **TEM** Posttemporale, **ULN** Ulna (nach Gegenbaur, aus Starck 1978, Rocek 2002).

- **Zähne tragen Zahnkappen (Acrodin).**
- **Aus dem Darmdach stülpt sich die unpaare Schwimmblase aus, die überwiegend hydrostatische Funktion hat.**
- **An der Basis der Strahlenflosser fanden Duplikationen der *Hox*-Gen-Komplexe statt.**

Chondrostei (Knorpelganoide, Störe)

22.4.1 Übersicht

Chondrostei (griech. Knorpelknöcherne)

Größe, Morphologie. Bis 8 m, 1500 kg. Schnauze zu einem Rostrum ausgezogen, Barteln (Tastfäden) vor dem unterständigen Mund, heterocerke Schwanzflosse, Längsreihen großer verknöcherter Hautschuppen, Ganoidschuppen bei rezenten Arten nur auf der Schwanzwurzel. Skelett überwiegend knorpelig mit persistierender Chorda, unpaare Schwimmblase, Typhlosolis (= rinnenförmige Einstülpung der Darmwand).

Vorkommen. Limnisch und marin, Nordhalbkugel.

System. 30 Arten, zwei Familien: Acipenseridae (Störe, Hausen), Polyodontidae (Löffelstöre).

Bedeutung. Speisefische, Kaviar.

Ginglymodi (Kaimane)

22.4.2 Übersicht

Ginglymodi (griech. Scharniergelenkige)

Größe, Morphologie. Bis 3 m lang. Hechtförmig, Schnauze stark verlängert. Schwanzflosse heterocerk. Rumpf von einem starren Panzer aus rhombischen Ganoidschuppen bedeckt. Amphistylie. Gelenkig verbundene opisthocoele Wirbel. Chorda nur zwischen den Wirbeln erhalten. Schwimmblase dient auch als Hilfsatmungsorgan. Typhlosolis im hinteren Teil des Darms.

Vorkommen. Süß- und Brakgewässer Nord- und Mittelamerikas.

System. Zwei Gattungen: *Atractosteus* (Alligatorhecht), *Lepisosteus* (Knochenhecht).

Box 56

Fischschuppen

Abb. 140

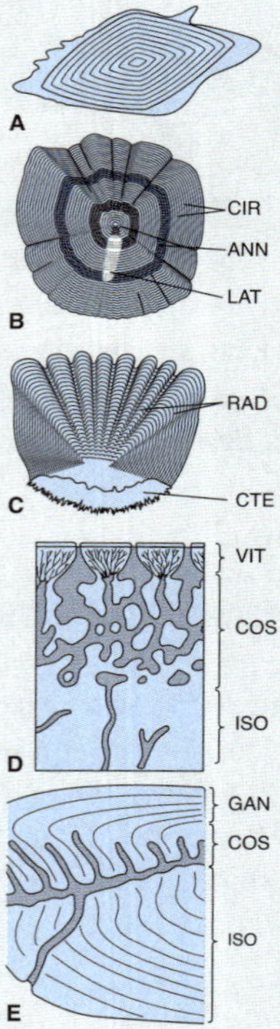

Typen der Fischschuppen. A) Ganoid- oder Cosmoidschuppe (kann bei rezenten Lungenfischen und *Latimeria* auch abgerundet sein), **B)** Cycloidschuppe, **C)** Ctenoidschuppe, **D)** Querschnitt durch eine Cosmoidschuppe, **E)** Querschnitt durch eine Ganoidschuppe. **ANN** Annulus (Wachstumsring), **CIR** Circuli (konzentrische Lamellen), **COS** Cosminschicht, **CTE** Ctenidien (Oberflächendorn des nicht überlappten Schuppenteils), **GAN** Ganoinschicht, **ISO** Isopedinschicht, **LAT** Kanälchen des Seitenlinienorgans, **RAD** Radiärkanälchen, **VIT** Vitrodentinschicht (nach verschiedenen Quellen).

Als **Plakoidschuppen (Abb. 136)** werden die Schuppen der Chondrichthyes bezeichnet. Es handelt sich um schuppenförmige Hautzähne, die so hart sind, dass die Haut von Haien als Schmirgelpapier genutzt wird. Diese Schuppen werden im Corium gebildet und bedecken entweder den ganzen Körper (Haie) oder nur Teile dessen (Rochen, Chimären). Im Mundbereich bilden sie Zähne (homolog den Zähnen der übrigen Wirbeltiere). Wie die Zähne, weisen Plakoidschuppen eine Pulpahöhle, eine Dentinschicht und einen Schmelzüberzug (Vitrodentin) auf. Die Pulpahöhle enthält Blutgefäße und Bindegewebe. **Cosmoidschuppen** (Abb. 140) kommen rezent nur noch bei *Latimeria* vor, sind jedoch ein ursprüngliches Merkmal der Sarcopterygii. Sie zeigen einen geschichteten Bau: basal bestehen sie aus einem in der Epidermis sitzenden Lamellenknochen, dem spongiöser Knochen aufgelagert ist. Dieser geht in das schuppenbildende Cosmin über, welches von Schmelz überzogenen wird. Die Struktur weist ein Kanalsystem und Vertiefungen auf, in denen Odontoblasten und Blutgefäße liegen. Bei Chondrostei, Ginglymodi und Halecomorphi kommen sogenannte **Ganoidschuppen** vor. Diese rhombisch geformten Schuppen enthalten eine knöcherne Unterlage aus Lamellenknochen und Cosmin, die von einer mehrschichtigen, perlmuttartig glänzenden Ganoinschicht überzogen werden. Ganoin ist eine zahnschmelzähnliche Substanz, die im Corium gebildet wird. Teleostier verfügen über **Elasmoidschuppen**, plattenförmige Knochenbildungen, die von der Epidermis bedeckt werden. Sie sind zweischichtig: die obere Schicht besteht aus Knochengewebe und Einlagerungen von Hydroxylapatit, die untere Schicht aus einer fibrillären Platte aus orthogonal ausgerichteten Kollagenfasern. Elasmoidschuppen sind dachziegelförmig angeordnet und weisen „Wachstumsringe" auf. Daher können sie zur Altersbestimmung herangezogen werden. Zwei Subtypen dieser Schuppen werden unterschieden: Die **Cycloidschuppe** (rund, glattrandig) und die **Ctenoidschuppe** (Hinterrand kammartig gezahnt).

22.4.3 | Halecomorphi (= Amiiformes, Kahlhechte)

Übersicht

Halecomorphi

Größe, Morphologie. Langgestreckt (bis 1 m). Undulierende Rückenflosse über circa einem Drittel der Körperlänge. „Pseudo"-homocerke Schwanzflosse. Spezielle Artikulation des Kiefers unter Beteiligung des Quadratum und Symplecticum. Die Cycloidschuppen sind mit Ganoin überzogen und überdecken sich dachziegelartig. Wirbel mit medianen Dornfortsätzen und Diplospondylie. Die Schwimmblase dient als Atmungsorgan. Typhlosolis. **Vorkommen, Biologie.** Nordamerika, limnisch. Brutpflege. **System.** Taxon in der Kreide weit verbreitet, rezent nur noch eine Art, *Amia calva* (Kahlhecht).

Teleostei („moderne" Knochenfische)

22,4.4

Übersicht

Teleostei (griech. vollständig Verknöcherte)
Größe, Morphologie. 7 mm (0,2 g: *Pandaka pygmaea*) –15 m (*Regalecus glesne*), 9 t: (*Mola mola*). Cycloidschuppen (ohne Ganoin), Typhlosolis fehlt, homozerke Schwanzflosse, Spiraculum reduziert. Zungenbogenkiemen reduziert, bewegliches Praemaxillare, unpaarer Vomer, Interoperculare im Kiemendeckel. Im Skelett der Brustflosse vier Radialia. Evolutionserfolg der Teleostei wahrscheinlich in der Vervollkommnung des Kaudalskeletts begründet (nur noch mit zwei Uralia, die jeweils mehrere fusionierte Wirbelanlagen enthalten), dadurch effizientere Bewegung ermöglicht. Verbesserung der Saugfähigkeit des Mundapparats bei der Nahrungsaufnahme ebenso von Bedeutung. **Vorkommen, Biologie.** Weltweit. Biologisch und ökologisch extrem vielfältig. In allen marinen und limnischen Habitaten, temporär sogar an Land (z.B. Schlammspinger). Oviparie, Ovoviviparie, Viviparie. Bei manchen Arten kommt Brutpflege vor. **System.** Mit Abstand artenreichste Wirbeltiergruppe. Taxon seit dem Oberen Trias nachgewiesen. Systematik aufgrund der Formenfülle komplex und umstritten. Morphologische und molekulare Analysen widersprechen sich vielfach. Zehn hochrangige Subtaxa, bis 42 „Ordnungen", 452 Familien und 4300 Gattungen, circa 28.500 Arten.

Übersicht

▶ **Osteoglossomorpha (Knochenzünglerfische)**
Meist große Süßwasserfische mit Schergebiss und kräftigen Zähnen auf den Zungenbeinknochen, große Schuppen, Duodenalschlinge rechts des Magens gelegen, lungenähnliche Schwimmblase. Seit Jura-Kreidegrenze nachgewiesen, Gondwana-Verbreitung. Zwei „Ordnungen", 217 Arten, sieben Familien: z.B. Osteoglossidae (Knochenzüngler), Pantodontidae (Schmetterlingfisch), Mormyridae (Nilhechte, Elefanten-Rüsselfische) besitzen ein elektrisches Organ, das zur Orientierung und Kommunikation in trüben, schlammigen Gewässern dient.

▶ **Elopomorpha (Tarpune, Aale etc.)**
Meist marine mittelgroße Fische, viele ursprüngliche Merkmale. „Leptocephalus-Larve" (Dünnkopf- oder Weidenblattlarve). Monophylie umstrit-

Abb. 141

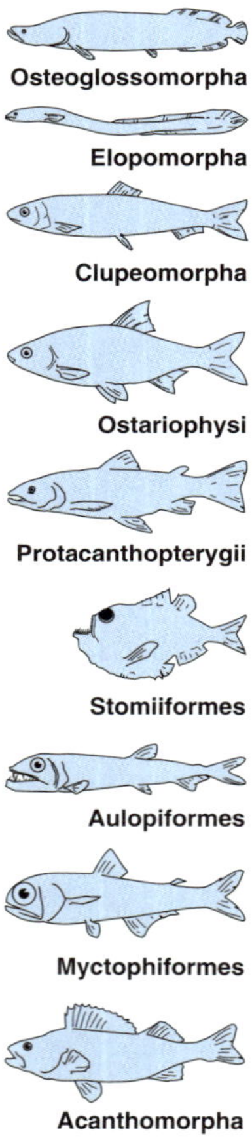

Habitus einiger repräsentativer Vertreter der Teleostei.

ten. Circa 850 Arten, circa 13 Familien, drei bis fünf „Ordnungen“: **Albuliformes:** Albulidae (Grätenfischartige), **Elopiformes**: Elopidae (Frauenfische), Megalopidae (Tarpunartige), **Anguilliformes**: Anguilidae (Aale), Muraenidae (Moränen).

▶ **Clupeomorpha (Heringe, Sardellen etc.)**

Meist marine, pelagische, planktophage Schwarmfische. Weiche Flossenstrahlen. Die Verbindung zwischen Innenohr und Schwimmblase in besonderer Weise ausgebildet. Wirtschaftlich wichtige Speisefische. 360 Arten, fünf Familien: z.B. Clupeidae (Heringe), Engraulidae (Sardellen).

▶ **„Ostariophysi“ (Karpfenfische, Welse, etc.)**

Circa zwei Drittel aller Süßwasserfische, wenige Arten marin. Schwimmblase wird durch Einschnürung in vordere und hintere Kammer unterteilt; der Ductus pneumaticus verlässt die Schwimmblase im Bereich dieser Einschnürung. Weber-Apparat (Kette von Knöchelchen, die den vorderen Teil der Schwimmblase mit dem endolymphatischen Raum des Innenohrs verbinden und der Schallübertragung dienen). Etwa 6500 Arten, fünf hochrangige Taxa:

Gonorhynchiformes. 35 Arten in drei Familien, z.B. Chanidae (Milchfische, wichtige Speisefische in Südostasien).

Cypriniformes. Circa 3270 Arten in sechs Familien, z.B. Cyprinidae (Karpfenartige, wichtige Speisefische), Cobitidae (Schmerlen).

Characiformes. 1340 Arten in 18 Familien, z.B. Characidae (Salmler, wichtige Zierfische).

Siluriformes. 2210 Arten in 35 Familien, z.B. Siluridae (Welse), Ictaluridae (Katzenwelse).

Gymnotiformes. 60 Arten in fünf Familien, z.B. Gymnotidae (Neuwelt-Messerfische, Zitteraal).

▶ **Salmoniformes (Lachsfische)**

Limnisch und marin lebende (anadrome Migration) Fische der Nordhalbkugel. Kleine Cycloidschuppen, üblicherweise eine Fettflosse zwischen Rücken- und Schwanzflosse. Wichtige Speise- und Sportangelfische. Circa 100 Arten, eine bis fünf Familien: Salmonidae (Lachse, Forellen).

▶ **Esociformes (Hechtfische)**

Räuberische Süßwasserfische der Nordhalbkugel, Rücken- und Analflosse weit nach hinten verschoben. 15 Arten, zwei Familien: z.B. Esocidae (Hechte).

▶ **Stomiiformes (Maulstachler).**

Bizarr aussehende Fische der Tiefsee. Größe 1,50–50 cm. Großer Mundspalt, weit hinter die Augen reichend. Leuchtorgane. Lange Zähne gelenkig mit dem Kiefer verbunden, nach vorne drehbar. Häufig Bartel am Unterkiefer. Circa 390 Arten, vier Familien: z.B. Stomiidae (Schuppendrachenfisch), Phosichthyidae (Leuchtfische).

▶ **Aulopiformes (Eidechsenfische).**
Fische mit großen, tief gespaltenen Mäulern und eidechsenähnlichen Köpfen, mit Fettflosse. Reduzierte Schwimmblase. Viele Arten sind Hermaphroditen und können sich selbst befruchten. Viele Tiefseeformen, einige leben bodennah in flachen Küstenbereichen. 220 Arten, acht Familien: z.B. Synodontidae (Eidechsenfische).

▶ **Myctophiformes (Laternenfische).**
Sehr abundante kleinere Tiefseefische, die nachts bei der Jagd bis auf 10 m aufsteigen, mit Leuchtorganen. 240 Arten, zwei Familien: z.B. Myctophidae (Laternenfischartige).

▶ **Acanthomorpha (Dorsche, Barsche etc.).**
Vordere Strahlen der Rücken- und Analflossen zu Stachelstrahlen umgewandelt. Viele wichtige Speisefische. Kronengruppe und vielfältigste von allen Linien der Teleostei. Die basale Linie wird durch die **Polymixiiformes** (Bartfische, fünf Arten) repräsenriert,
Lampridiformes (Glanzfische, circa 20 Arten) und die große, diversifizierte Gruppe der **Acanthopterygii** (Stachelflosser) mit circa 16.400 Arten, der folgenden „Ordnungen" angehören: **Batrachoidiformes** (Froschfische), **Gadiformes** (Dorschartige), **Ophiidiformes** (Eingeweidefische), **Lophiiformes** (Armflosser, Seeteufel, Anglerfische) und **Percopsiformes** (Barschlachse, mit circa 7000 Arten) mit Subtaxa: Mugiliformes (Meeräschenartige), Atheriniformes (Ährenfischverwandte), Beloniformes (Hornhechtartige), Cyprinodontiformes (Zahnkärpflinge), Stephanoberyciformes (Dornfischartige), Beryciformes (Schleimkopfartige), Zeiformes (Petersfischartige), Gasterosteiformes (Stichlingsartige), Synbranchiformes (Kiemenschlitzaalartige), Scorpaeniformes (Panzerwangen), Perciformes (Barschartige), Pleuronectiformes (Plattfische), Tetraodontiformes (Kugelfischverwandte).

Fragen

1 Gibt es ein Taxon der Fische? Wie wird diese Gruppierung heute eingeteilt?
2 Nennen Sie die wesentlichen Merkmale der Chondrichthyes.
3 Welche Teiltaxa gehören zu den Chondrichthyes?
4 Nennen Sie einige Arten der Knorpelfische und beschreiben Sie Habitus und Ökologie.
5 Nennen Sie die wichtigsten Apomorphien der Actinopterygii.
6 Beschreiben Sie den Habitus und die Biologie der Cladistia. Warum ist die phylogenetische Stellung der Cladistia unklar?
7 Nennen Sie die wesentlichen Merkmale und jeweils eine Art der Chondrostei, Ginglymodi und Halecomorphi.
8 Wie heißt das artenreichste und bekannteste Taxon der Actinopterygii? Nennen Sie aus diesem mindestens fünf Teiltaxa („Ordnungen") der einheimischen Fauna.
9 Welche Typen von Fischschuppen kennen Sie?
10 Nennen Sie zehn Arten von wichtigen Speisefischen und ordnen Sie diese taxonomisch ein.

23 | Basale Sarcopterygii

Inhalt

Die Schwestergruppe der Strahlenflosser sind die Fleischflosser (**Actinistia + Choanata**). Namengebend sind paarige **Flossen mit Muskelansätzen** und federförmig angeordneten Flossenstrahlen (nicht strahlenförmig wie bei Actinopterygii). Fleischflosser sind **primäre Wassertiere**; die Kombination von muskulösen Extremitäten und Lungen ermöglichte jedoch einzelnen Vertretern die erfolgreiche **Invasion des Landes**. Die ursprünglichen Fleischflosser waren **fischförmig** und einander sehr ähnlich. Bekannte **Actinistia** sind die zwei rezenten ***Latimeria***-Arten. Sie werden als „lebende Fossilien" bezeichnet. Die **Choanata** (Dipnoi + Tetrapoda, Abb. 119) weisen zahlreiche morphologische und molekularbiologische Gemeinsamkeiten auf, doch gerade die **Choanen** (innere Nasenöffnungen, die die Nasen- und Mundhöhle verbinden), sind mindestens zweimal unabhängig voneinander entstanden. Das rezente Vorkommen der **Dipnoi** (Lungenfische) gilt als Paradebeispiel einer Gondwana-Verbreitung. In die Stammlinie der **Tetrapoden** gehören die **Osteolepiformes** (mit dem berühmten Vertreter ***Eusthenopteron***). Die Entdeckung von ***Tiktaalik*** sorgte 2006 für große Aufregung. *Tiktaalik* scheint eine perfekte Übergangsform zwischen den Fleischflossern und den Tetrapoden zu sein. Auch frühe **devonische Tetrapoden** (vor 400–360 Mio. Jahren), wie ***Acanthostega***, ***Ichthyostega*** und ***Tulerpeton*** scheinen primär noch aquatisch gelebt zu haben.

23.1 | Morphologie

Diagnose

Ursprüngliche Merkmale:

- **Ursprüngliche Fleischflosser waren fischähnlich.**
- **Massive Kiefer.**
- **Zähne mit Zahnschmelz bedeckt.**

Apomorphien:

- **Cosmoidschuppen.**
- **Paarige Flossen mit Muskelansätzen und federförmig angeordneten Flossenstrahlen (nicht strahlenförmig wie bei Actinopterygii)** (Abb. 139).
- **Zwei Rückenflossen.**
- **Wirbelsäule läuft in den Rückenlappen der Schwanzflosse aus.**
- **Lungen.**
- **Das Blut wird aus dem Rumpf zum Herzen über die hintere Hohlvene geleitet.**
- **Augen von einem Ring kleiner Knochenplättchen umsäumt.**

Die **paarigen Brust- und Bauchflossen** der Fleischflosser unterscheiden sich deutlich von den Flossen der Strahlenflosser: Durch die Mitte des **Sarcopterygiums** verläuft eine Reihe von Knochenelementen, welche eine metapterygiale Achse bilden. Der basal (proximal) liegende metapterygiale Knochen (homolog dem Humerus und dem Femur) bildet die einzige Verbindung zwischen der Flosse und dem Rumpfskelett (Abb. 139).

Der **Schädel** der Fleischflosser ist **durch ein intracraniales Gelenk zwei geteilt.** Diese Art eines kinetischen Schädels finden wir bei rezenten Quastenflossern und einigen fossilen Gruppen. Man kann annehmen, dass dieses Gelenk bei den Lungenfischen und den Landwirbeltieren sekundär verloren gegangen ist. Ähnlich verhält es sich mit dem anderen potenziellen Merkmal der Fleischflosser, den rhombischen **Cosmoidschuppen** (siehe S. 280, Abb. 140). Dieser Schuppentyp findet sich fossil zwar in allen Subtaxa der Fleischflosser, aber bei keinem rezenten Vertreter mehr.

Phylogenese, System | 23.2

Die phylogenetischen Beziehungen der drei Subtaxa der Fleischflosser, **Actinistia** (Quastenflosser), **Dipnoi** (Lungenfische) und **Tetrapoda** (Vierbeiner), sind **noch immer umstritten**. Die **ursprünglichen Fleischflosser waren einander sehr ähnlich**, unabhängig davon, ob sie phylogenetisch den Lungenfischen, Quastenflossern oder Tetrapoden näher standen. Dieser Umstand, die **reiche fossile Überlieferung** und die fragliche Position der Flössler (Cladistia) erschwert die Erstellung eines allgemein akzeptierten Kladogramms. Moderne Vorstellungen der Phylogenese dieser Gruppe distanzieren sich von den bekannten **„Crossopterygii“** („Quastenflosser“), aus denen angeblich die Landwirbeltiere hervorgegangen sind. Diese Hypothese setzte die Monophylie von zwei unverwandten Gruppen voraus, den **Actinistia**, zu denen *Latimeria* gehört, und den **„Rhipidistia“**, die direkte Vorfahren der Landwirbeltiere gewesen sein sollen. Die früheren „Rhipidistia“ repräsentieren tatsächlich jedoch mindestens zwei unverwandte Gruppen: Die **Porolepiformes** stehen wahrscheinlich den Lungenfischen nahe, die **Osteolepiformes** waren vermutlich bereits Tetrapoden, obwohl sie noch im Wasser lebten und Flossen aufwiesen.

23.2.1 | Actinistia (= Coelacanthimorpha, Quastenflosser)

Übersicht

Actinistia (griech. Strahlenlose)
Größe, Morphologie. Bis 1,9 m lang, bis 100 kg. Fischförmig, beinartige, muskulöse Brust- und Bauchflossen, die beim Schwimmen kreuzgangartig bewegt werden.
Vorkommen, Biologie. Felsige Küsten des Indischen Ozeans (Komoren, Madagaskar, Südafrika, Sulawesi), 150–400 m Tiefe. Nachtaktiv, räuberisch, ovovivipar.
Entdeckungsgeschichte, Vertreter. Die Entdeckung von *Latimeria chalumnae* war 1938 eine der größten Sensationen der Wirbeltierzoologie des letzten Jahrhunderts. Vergleichbar sensationell war, dass 1997 eine zweite Art (*L. menadoensis*) in Südostasien entdeckt wurde, weit entfernt von der ersten bekannten *Latimeria*-Population.

Heute scheinen die Quastenflosser die basalste bekannte Gruppe der Fleischflosser zu sein. Heutige Quastenflosser sind zwar **„lebende Fossilien“** in dem Sinne, dass sie einer disjunkt verbreiteten Gruppe angehören, die wir lange für ausgestorben hielten, dennoch weisen sie selbstverständlich nicht ausschließlich ursprüngliche Merkmale auf.

Apomorphien sind z.B. die **reduzierte Wirbelsäule**, eine dicke röhrenförmige, **mit Flüssigkeit gefüllte Chorda**, ein größtenteils **knorpeliges Endoskelett**, ein **unpaarer, mit Öl gefüllter, vom Darm ausgehender Sack** (wahrscheinlich homolog der Schwimmblase und der Lunge anderer Osteognathostomata). **Ovoviparie.** Großes **Rostralorgan** an der Nase, das wahrscheinlich zur Wahrnehmung elektrischer Reize dient. **Marine Lebensweise**. Nicht nur die paarigen Extremitäten, sondern auch die **Anal- und die hintere Rückenflosse haben ein eigenes Skelett** mit besonderen Muskelansätzen; auch die **sekundär symmetrische Schwanzflosse** weist mittig ein selbständiges Flösschen auf, das dem Verlauf der Chorda folgt.

23.3 | Choanata (=Choanentiere)

Die verbliebenen zwei Taxa der Chordata, die **Dipnoi** (Lungenfische) **und die Tetrapoda** sind wahrscheinlich Schwestergruppen. Sie werden – nicht besonders glücklich (s.u.) – als **Choanata** bezeichnet. Die Stammlinie der Lungenfische schließt einen Teil der früheren **„Quastenflosser“ (Porolepifor-**

mes) ein, deren Angehörige z. T. noch sehr *Latimeria*-artig wirken. Somit gehören in das Umfeld der Stammart der Tetrapoden mehrere Gruppen fischähnlicher Wirbeltiere.

Als wichtige Apomorphien der Choanata sind Zähne mit kompliziert **gefaltetem Zahnschmelz** (Plicidentin) anzuführen, die wir allerdings bei den meisten rezenten Gruppen nicht mehr vorfinden, und ein eigenständiges **lymphatisches System**, das die Gewebeflüssigkeit in die Venen ableitet. Auch die Anatomie des Blutgefäßsystems ist bei Dipnoi und Tetrapoden in mancherlei Hinsicht identisch – die **Lungenarterien** transportieren das sauerstoffarme Blut in die Lungen und die **Lungenvenen**, verbunden in einem unpaaren Stamm, führen das sauerstoffreiche Blut aus den Lungen in den linken Herzvorhof. Gemeinsame Merkmale von Dipnoi und Tetrapoden finden sich auch im **Bau des Kiemenskeletts und der Extremitäten**. Das Merkmal, das den Choanaten den Namen gegeben hat, die **Choanen**, ist allerdings **konvergent entstanden**: Es handelt sich um „innere" Nasenöffnungen, die die Nasen- und Mundhöhle verbinden. Da die paläozoischen basalen Lungenfische (z.B. *Diabolepsis*) den ursprünglichen „fischähnlichen" Typ der Nasenöffnungen aufweisen, ist belegt, dass Choanen mindestens zweimal unabhängig voneinander bei Lungenfischen und Tetrapoden entstanden sind.

Dipnoi (Lungenfische) 23.3.1

Übersicht

Dipnoi (griech. Doppelatmer)
Größe, Morphologie. Bis 1,8 m. Plump, fischförmig. Endoskelett weitgehend knorpelig. Nur der Australische Lungenfisch verfügt über ursprüngliche, muskulöse Fleischflossen (Sarcopterygien), die übrigen Arten mit fadenförmigen Flossen. Kiemenatmung, daneben paarige (afrikanische und südamerikanische Arten) und unpaare Lungen (Australischer Lungenfisch). Große rautenförmige Schuppen beim Australischen Lungenfisch. Paarige massive Zahnplatten in Ober- und Unterkiefer, Choanen. Diphycerke Schwanzflosse.
Vorkommen, Biologie. Seit dem Silur nachgewiesen, Gondwana-Verbreitung. Lungenfische können Trockenperioden mehrere Jahre lang in selbst gegrabenen und mit Schleim ausgekleideten Schlammhöhlen überdauern, alle Körperfunktionen werden dann stark reduziert. Brutfürsorge.
System. Drei Familien, drei Gattungen: *Neoceratodus* (eine Art in Australien), *Lepidosiren* (eine Art in Südamerika); *Protopterus* (vier Arten in Afrika).

Osteolepiformes 23.3.2

Die evolutionären Schlüsselereignisse in der Geschichte der Kiefermünder vollzogen sich noch im Rahmen fischförmiger Gestalten unter aquatischen Lebensbedingungen. Die allmähliche Kumulation von evolutionären Neuheiten führt uns im mittleren und späteren Devon bis an die Schwelle der Landwirbeltiere. Aktuelle paläontologische, zoologische und molekularbiologische Forschungsergebnisse verengen kontinuierlich die Lücke zwischen den Fleischflossern und den Tetrapoden.

In die Stammlinie der Tetrapoden gehören die **Osteolepiformes** (mit dem berühmten Vertreter ***Eusthenopteron***). Diese Tiere waren aktive Prädatoren, die mit zylindrischen Körpern, großen Köpfen, dicken Schuppen und zwei Rückenflossen ausgestattet waren. Sie lebten vermutlich in seichten, limnischen Gewässern (Abb. 142). Morphologisch betrachtet, handelte es sich noch um „Fischgestalten", was im phylogenetischen Sinne jedoch unbedeutend ist.

Abb. 142

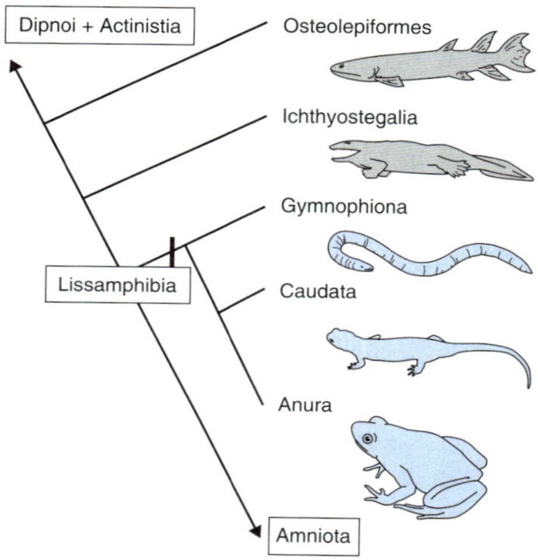

Verwandtschaftsdiagramm der basalen Tetrapoda.
Ausgestorbene Linien grau dargestellt.

Auch die ursprünglichen Tetrapoden waren fischähnlicher als wir bislang annahmen. Neu entdeckte fossile Fleischflosser stehen den Tetrapoden näher als den heutigen Quastenflossern oder Lungenfischen. Jüngste Fossilienfunde in Lettland zeigen, dass der Übergang von Fischen zu Amphibien ein rund 9–14 Millionen Jahre währender Prozess war. Heute scheinen die **Elpistostegalia** (= Panderichthyida), ein Subtaxon der Osteolepiformes, geeignete Kandidaten für die Schwestergruppe der Tetrapoden zu sein. Sie verfügen über paarige, muskulöse Flossen und weisen keine Rücken- und Analflosse mehr auf. Die Entdeckung von ***Tiktaalik*** sorgte 2006 für große Aufregung. *Tiktaalik* scheint eine perfekte Übergangsfom zwischen den Fleischflossern und Tetrapoden zu sein.

23.3.3 Ichthyostegalia

Auch frühe **devonische Tetrapoden** (vor 400–360 Mio. Jahren), wie ***Acanthostega***, ***Ichthyostega*** und ***Tulerpeton*** scheinen noch aquatisch gelebt zu haben. Einige von ihnen (z.B. *Acanthostega gunnari*) hatten funktionelle Kiemen und darüber hinaus Flossensäume am Schwanz, die keine Funktion am Lande gehabt haben können (Abb. 142). Auf der anderen Seite hatten diese Tiere bereits Beine, die sie wahrscheinlich einsetzten, um auf Seeböden zu laufen. Erstaunlicherweise verfügten sie über mehr als fünf Fingerstrahlen (*Acanthostega* acht Finger, *Ichthyostega* sieben, *Tulerpeton* sechs Finger). Studien der embryonalen Extremitäten-Entwicklung bei rezenten Tetrapoden belegen allerdings, dass entwicklungsbedingte Polydactylien lediglich Änderungen in der Dauer der Segmentierungsprozesse und Verzweigung der Extremitätenanlagen verlangen und somit nicht besonders schwierig zu erzeugen sind (Abb. 143). Die Evolution führte zur allmählichen Stabilisierung von pentadactylen Extremitäten bei den abgeleiteteren Gruppen der Tetrapoden.

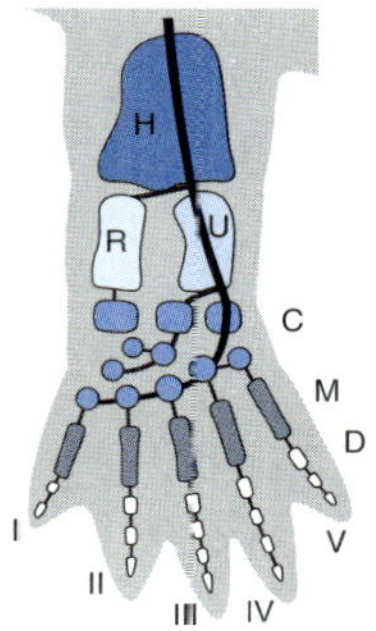

Abb. 143

Entwicklung des Extremitätenskeletts der Tetrapoden. **C** Carpus (Handwurzel), **D** Digiti (Finger), **H** Humerus, **M** Metacarpus (Mittelhand), **R** Radius, **U** Ulna, **I–V** 1.–5. Finger. Dargestellt sind die Entwicklungsachsen, von denen die postaxialen Stränge (Fingerstrahlen) abzweigen (nach Shubin und Alberch 1986, Hildebrand und Goslow 2001).

Fragen

1 Wodurch unterscheiden sich die Flossen der Actinopterygii und der Sarcopterygii?
2 Welche Teiltaxa gehören zu den Sarcopterygii?
3 Nennen Sie die wesentlichen Apomorphien der Sarcopterygii.
4 Welches Taxon der „Fische" ist mit den Tetrapoden am nächsten verwandt?
5 Wo kommen die Quastenflosser vor? Warum werden sie als „lebende Fossilien" bezeichnet?
6 Was sind die Choanen? Warum sind diese namengebenden Strukturen keine Apomorphien der Choanata?
7 Lungenfische sind ein Paradebeispiel für die Gondwana-Verbreitung. Was bedeutet das? Welche anderen Tiergruppen mit Gondwana-Verbreitung kennen Sie?
8 Welche wichtigen Fossilien gehören in die Stammlinie der Tetrapoden?
9 Aus welchem Zeitraum stammen die Fossilien der Ichthyostegalia?

24 | Tetrapoda

Inhalt

Die heutigen Tetrapoden trennten sich bereits im Devon in zwei Schwestergruppen: die **Lissamphibia (moderne Amphibien)** und die **Amniota (Amniontiere, Nabeltiere)**. Zu Letzteren gehören die Sauropsida („Reptilien" und Vögel) und die Säugetiere (Mammalia) (Abb. 144). Beide Gruppen sind **monophyletisch**, sofern wir uns auf **rezente Tetrapoden** beschränken. Probleme bereitet die Einordnung fossiler Stammlinienvertreter (z.B. die Gattungen *Ichthyostega*, *Acanthostega* und *Tulerpeton*). Einige **ausgestorbene „Amphibia"** sind vermutlich näher mit den ursprünglichen Amnioten als mit den rezenten Amphibien verwandt. **Apomorphien** der Tetrapoden sind u.a. ihre **pentadactylen** (fünfstrahligen) **Extremitäten**, der **mit der Wirbelsäule gelenkig verbundene Schädel** und das **Mittelohr mit einem Gehörknöchelchen** (Columella). Die grundsätzlichen **Unterschiede zwischen den Amphibien und den Amnioten** beruhen auf ihrer unterschiedlich starken **Bindung an das Wasser** und den daraus folgenden Modifikationen der **Entwicklungszyklen**. Amphibien unterscheiden sich von den Amnioten auch durch die **Art ihrer Atmung** – bei Amphibien gelangt die Luft durch Schlucken in die Lunge (positiver Druck), während Amnioten die Luft einsaugen (negativer Druck). Die **Lissamphibia** (moderne Amphibia) haben eine **reich vaskularisierte, unverhornte Haut** mit vielen Schleim- und Hautgiftdrüsen, die der Atmung, Osmoregulation und Verteidigung dienen. Ihre **drei Habitustypen** salamander- (Schwanzlurche), frosch- (Froschlurche) und „wurmförmig" (Blindwühlen) entsprechen auch der systematischen Einteilung in **drei Subtaxa**.

24.1 | Morphologie

Diagnose

Apomorphien der Tetrapoda:

- **Paarige pentadactyle Extremitäten.**
- **Kompaktschädel, freies Hyomandibulare, Schädel mit Wirbelsäule gelenkig verbunden.**

- **Mittelohr mit einem Gehörknöchelchen (Columella, Steigbügel), das sich aus dem Hyomandibulare herleitet.**
- **Wirbel mit einem Ossifikationszentrum.**
- **Zahlreiche Anpassungen an das Leben an Land.**

Paarige, pentadactyle (fünffingerige) **Extremitäten** entstanden durch die Umwandlung der paarigen Fleischflossen (Abb. 139, 143).

Die Hirnkapsel ist fest mit dem Oberkiefer verbunden, wodurch der **Schädel** kompakter wurde (Autostylie). Durch diese Entwicklung wurde das Hyomandibulare frei, das ursprünglich das Palatoquadratum am Hirnschädel befestigte (Abb. 131). In das Grundmuster der Tetrapoden gehört ferner ein unpaarer Condylus, der den Schädel mit der Wirbelsäule verbindet. Das von einer Kiemenspalte abgeleitete **Mittelohr** enthält mit der Columella das erste Gehörknöchelchen, welches sich vom Hyomandibulare ableitet. Die ursprüngliche Verbindung zwischen Ohr und Rachenraum blieb in Form der Eustachischen Röhre erhalten.

Die Wirbel fossiler Tetrapoden enthielten zwei Ossifikationszentren. Bei heutigen Tetrapoden finden wir nur Wirbel mit **einem** einzigen Ossifikationszentrum. Da die einheitlichen Wirbelkörper der Amphibien und Amnioten von unterschiedlichen Zentren gebildet werden (Hypozentrum, Pleurozentrum, Interzentrum) ist es wahrscheinlich, dass diese Wirbelzentren bei den Tetrapoden nicht homolog sind (S. 269, Abb. 134).

Auch die mit der **„Weichteilanatomie" und Physiologie** verbundenen **Anpassungen an das Leben an Land** sind gut nachvollziehbar: Reduktion der Kiemen (zumindest bei Adulten), Verschluss der Kiemenspalten, reine Lungenatmung bei Adulten, Larynx mit knorpeligem Verschlussskelett, welches die Kreuzung der Atmungs- und Verdauungswege absichert (Gaumensegel), Tränendrüsen und Augenlider, Trennung des Herzvorhofs in einen rechten und linken Teil und Bildung des Hornstoffs Keratin in Zellen der oberen Schicht der Oberhaut.

Die grundsätzlichen **Unterschiede zwischen den Amphibien und den Amnioten** beruhen auf ihrer unterschiedlich starken **Bindung an das Wasser** und in daraus folgenden Modifikationen der **Entwicklungszyklen**. Amphibien weisen einen zweiphasigen Lebenszyklus auf: Entwicklung über Kaul-

Abb. 144

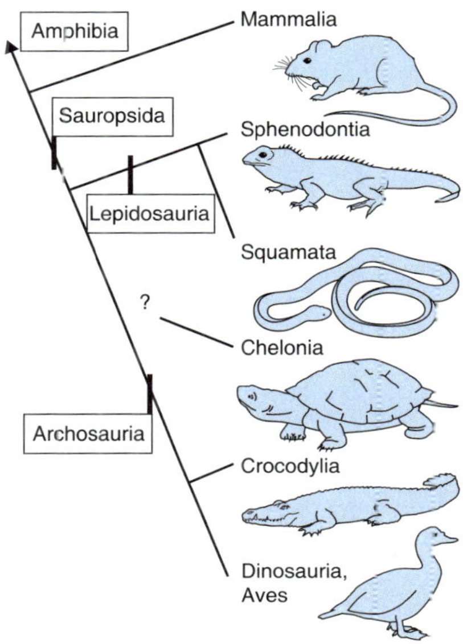

Verwandtschaftsdiagramm der Amniota.

quappen im Wasser, terrestrische Lebensweise als Adultus. Dennoch bleiben Amphibien auch als Adulte mit dem Wasser meist eng verbunden. Die Amniota haben sich vom Wasser hinsichtlich ihrer Entwicklung vollständig emanzipiert. Sie haben eine direkte Entwicklung und ihre Eier werden durch spezielle Schutzhüllen vor Austrocknung geschützt. Der zweiphasige Entwicklungszyklus stellt jedoch keine Apomorphie der rezenten Amphibien dar, da er bereits bei fossilen „Amphibien" entwickelt wurde. Auch neotene Formen sind fossil bereits bekannt („adulte Larven", heutigen Axolotln oder Grottenolmen vergleichbar). Amphibien unterscheiden sich von Amnioten auch durch die **Art ihrer Atmung** – bei Amphibien gelangt die Luft durch Schlucken in die Lunge (positiver Druck), während Amnioten die Luft mittels der Tätigkeit des Brustkorbs bzw. auch des Zwerchfells einsaugen (negativer Druck).

24.2 | Lissamphibia (Moderne Amphibia)

Diagnose

Apomorphien der Lissamphibia:

- **vierfingerige Vorderextremitäten.**
- **Reduktion einer Reihe von Schädelknochen.**
- **Pedicellate Zähne, die in Basalansatz (Pedicellus) und Krone geteilt sind.**
- **Das Mittelohr enthält zwei (üblicherweise verwachsene) Gehörknöchelchen (Columella und Extracolumella), Papilla amphibiorum als Sinnespithel im Innenohr.**
- **In der Netzhaut des Auges entwickelt sich ein neuer Typ von Sehzellen („Grünstäbchen"). Spezialisierte Muskulatur des Augapfels.**
- **Reich vaskularisierte Haut mit vielen Schleim- und Hautgiftdrüsen, die der Atmung und Osmoregulation dienen.**
- **Die Rippen erreichen nicht das Brustbein oder fehlen.**

Übersicht

Lissamphibia (griech. Glatte beidseitig lebende , d.h. im Wasser und auf dem Lande)

Morphologie. Drei Habitustypen: salamander- (Schwanzlurche), frosch- (Froschlurche) und „wurmartig" (Blindwühlen). Nackte, schuppenlose Haut. Äußere Kiemen bei aquatischen „Larven", Lungen bei terrestrischen Adulten. Kreislauf- und Exkretionsorgane der „Larven" noch sehr „fischähnlich" und sehr verschieden von denen der Adulten.

Vorkommen, Biologie. Nahezu weltweit verbreitet (bis auf Antarktis). Limnisch, terrestrisch. Zweiphasiger Entwicklungszyklus mit Lebensraumwechsel, die Adulten bleiben meist dennoch stärker an das Wasser gebunden, da ihre Epidermis nur schwach verhornt ist und daher ein vergleichsweise geringer Austrocknungsschutz besteht. Hautatmung, leben nicht im Meer. Trocken- und Winterperioden werden häufig eingegraben überdauert. Oviparie, Ovoviparie, selten Viviparie, oft Brutpflege. Adulte stets carnivor. Weltweiter Rückgang der Amphibienarten (Habitatzerstörung, steigende UV-Einstrahlung etc.).

System

24.2.1

Lissamphibia (= rezente Amphibien) stellen das Kronentaxon der Amphibia dar, die neben den Lissamphibia auch die ausgestorbenenen Formen einschließt. Lissamphibia sind seit dem Unteren Jura nachgewiesen. Die circa 6000 Arten werden in zwei Schwestergruppen **Gymnophiona** und **Batrachia** (= Caudata + Anura) eingeteilt (Abb. 142).

Übersicht

▶ Gymnophiona (Blindwühler)

Größe, Morphologie. 7–150 cm. Regenwurmförmig. Geringelte Haut, Knochenschuppen in der Lederhaut. Reduktion der Beine und der Extremitätengürtel, kurzer oder fehlender Schwanz. Kompaktschädel. Augen reduziert, oft nur noch subkutan. Paarige, zurückziehbare Tentakel am Kopf (Chemosensoren), Männchen mit Kopulationsorgan (Phallodeum). **Vorkommen, Biologie.** Pantropische Verbreitung. Subterran, seltener aquatisch. Innere Befruchtung, Oviparie und Viviparie. **System.** Die Stammlinie, die neben den rezenten Gymnophiona auch die ausgestorbenen Formen aus dem Jura einschließt, wird als **Apoda** (= Beinlose) bezeichnet. Circa 170 Arten, sechs Familien: z.B. Ichthyophiidae (Fischwühlen), Caeciliidae (Erdwühlen).

▶ Caudata (Schwanzlurche)

Größe, Morphologie. 2,7–150 cm lang. Ursprünglicher Amphibientypus mit vielen plesiomorphen Merkmalen: langgestreckter Körper, Schwanz und etwa gleich lange Vorder-und Hinterbeine. Kein Trommelfell und Mittelohr. Hohe Regenerationsfähigkeit. **Vorkommen, Biologie.** Weitgehend auf der Nordhalbkugel. Limnisch, terrestrisch, selten baumlebend. Neotenie kommt häufig vor. Äußere oder innere Befruchtung, oft Spermatophoren. Brutpflege selten (Bewachen der Eier). **System.** Die Stammlinie, die neben den rezenten Caudata auch die ausgestorbenen Formen (z.B. *Karaurus*) einschließt, wird als **Urodela** bezeichnet. Circa 560 Arten, zehn Familien: z.B. Sirenidae (Armmolche), Cryptobranchidae (Riesensalamander), Hynobiidae (Winkelzahnmolche), Amphiumidae (Aalmolche), Plethodontidae (Lungenlose Salamander), Salamandridae (Echte Salamander und Molche), Ambystomatidae (Querzahnmolche), Proteidae (Olme).

▶ Anura (Frösche)

Größe, Morphologie. 1–30 cm. Kurzer Körper, Verkürzung der Wirbelsäule (sieben oder weniger präsakrale Wirbel), Verschmelzung postsakraler Wirbel zu einem dornförmigen Knochenstab, Urostyl, stabförmig verlängertes Ilium. Schwanz rückgebildet. Hinterbeine länger als Vorderbeine. Üblicherweise Schwimmhäute zwischen Zehen der Hinterbeine. Üblicherweise Trommelfell, vokale Tiere. **Vorkommen, Biologie.** Weltweit bis auf Antarktis, feuchte, aber auch trockene Habitate. Üblicherweise äußere Befruchtung. Oviparie, Ovoviviparie, selten Viviparie. Häufig intensive Brutpflege, auch durch die Männchen. **System.** Die Stammlinie, die neben den rezenten Anura auch die ausgestorbenen Linien einschließt (z.B. *Triadobatrachus* aus dem Trias) wird als **Salientia** bzw. **Ecaudata** bezeichnet. Circa 5000 Arten, 20–23 Familien (derzeit in Revision): z.B. Ascaphidae (Schwanzfrösche), Discoglossidae (Unken), Pipidae (Krallenfrösche und Wabenkröten), Pelobatidae (Knoblauchkröte), Bufonidae (Echte Kröten), „Hylidae" (Laubfrösche), Leptodactylidae (Südfrösche), Dendrobatidae (Pfeilgiftfrösche), „Ranidae" (Echte Frösche), Rhacophoridae (Ruderfrösche).

Fragen

1 Nennen Sie die wesentlichen Merkmale der Tetrapoden.

2 Welche hochrangigen Teiltaxa gehören zu den Tetrapoden?

3 Worauf beruhen die grundsätzlichen Unterschiede zwischen den Amphibien und Amnioten?

4 Nennen Sie die Apomorphien der Lissamphibia.

5 Nennen Sie die Teiltaxa der Lissamphibia und ihre Unterscheidungsmerkmale.

6 Nennen Sie zehn Arten von Lissamphibien, die in der heimischen Fauna vertreten sind.

Amniota, Sauropsida | 25

Inhalt

Die **Amnioten** sind morphologisch und ökologisch enorm vielfältig, trotzdem ist ihre Monophylie nie angezweifelt worden. Wichtige und namengebende Apomorphien sind die wesentlich veränderte Struktur der Eier und die Entwicklung weiterer **embryonaler Schutzhüllen** (Chorion und Amnion). Alle Amnioten haben eine **innere Befruchtung**. Die **unterschiedlichen Nahrungsstrategien** führten zur Weiterentwicklung des Kauapparates. Durch die teilweise Auflösung des Exocranium und die Bildung von ein oder zwei Öffnungen im Schädeldach (sogenannte **Schläfenfenster**) bietet sich den Kaumuskeln mehr Platz. Die Kanten dieser Fenster entwickelten sich zu Bögen, die eine größere Ursprungsfläche für die Muskulatur boten, was die Entwicklung kräftiger Muskelstränge und kräftigerer Gebisse ermöglichte. Je nach Ausbildung und Organisation dieser Fenster bzw. Bögen unterscheidet man mindestens drei Grundtypen der Amnioten-Schädel: **anapsid**, **diapsid** und **synapsid**. Mehrfach unabhängig voneinander entwickelte sich innerhalb der Amnioten ein mehr oder weniger ausgeprägtes **sekundäres Gaumendach**. Die Amniota teilen sich in zwei phylogenetische Hauptlinien: **Sauropsida und Mammalia.** Die **Sauropsida** sind u.a. durch die **Verschmelzung der ersten Halswirbel** charakterisiert; ferner wird **Harnsäure** als Exkretionsprodukt gebildet. Die einzelnen phylogenetischen Linien der Sauropsida (**„Reptilien" + Vögel**) haben unterschiedliche anagenetische Ebenen der Entwicklung erreicht und es ist daher nicht einfach, ausgeprägte Synapomorphien für sie zu finden. Die phylogenetischen Beziehungen der einzelnen Subtaxa der Sauropsiden bieten bis heute Anlass zu kontroversen Diskussionen. **Umstritten** ist vor allem **die Stellung der Schildkröten** (Chelonia), **sowie der Fischsaurier** (Ichthyosauria). Die Sauropsida werden in die paläozoischen **„Parareptilia"** und in die **Eureptilia** untergliedert. Zu Letzteren gehören die **Lepidosauria** (Brückenechsen und Squamaten), **Plesiosaurier** (ausgestorbene Meeresreptilien) und die **Archosauria** (Krokodile, Flugsaurier und Dinosaurier – Letztgenannte schließen die rezenten Vögel ein).

25.1 | Amniota

Die Amnioten (= Sauropsida + Säugetiere) sind morphologisch und ökologisch enorm vielfältig (Abb. 144), trotzdem ist ihre Monophylie nie angezweifelt worden.

Diagnose

Apomorphien der Amniota:

- **Wesentlich veränderte Struktur der Eier** (Abb. 145) **und Entwicklung weiterer embryonaler Schutzhüllen** (Abb. 146).
- **Direkte Entwicklung: keine aquatischen Larven.**
- **Innere Besamung, Penis als Begattungsorgan.**
- **Epidermis mit Hornschicht (Stratum corneum), Krallen an den Zehen.**
- **Okzipitaler Abschnitt des Schädels und dessen Anbindung an die Wirbelsäule sind umgebaut.**
- **Horizontales Myoseptum wird rückgebildet.**
- **Tendenz zur Unterteilung der Herzkammer und Trennung der Körper- und Lungenkreisläufe.**
- **Saugatmung (Unterdruck-, bzw. Brustatmung).**
- **Niere der Adulten unsegmentiert; sie entsteht aus dem Metanephros.**
- **Seitenlinienorgane mit den zugehörigen Plakoden sind reduziert.**
- **Palium und Striatum im Endhirn vergrößert.**
- **Akkomodation des Auges durch Veränderung der Form der Linse.**
- **Drittes Augenlid im inneren Augenwinkel (Membrana nicticans).**
- **Ein bis zwei Blinddärme.**

25.1.1 | Ei und embryonale Schutzhüllen

Die Eier sind dotterreich, so dass die Furchung auf die Eioberfläche beschränkt wird. Der Embryo entwickelt sich aus einer mehrschichtigen Keimscheibe. Das Ektoderm und das somatische Mesoderm dieser Scheibe bildet Falten um den Embryo, die in Form zweier Keimhüllen verschmelzen. Sie bilden das innen liegende **Amnion** und die äußere **Serosa (Chorion).** Aus der Bauchseite des Embryos stülpt sich, zwischen Amnion und Serosa, die **Allantois** (embryonaler **Harnsack**) aus, die als embryonales Atmungs-, Resorptions- und Exkretionsorgan dient. Das embryonale Entoderm umwächst die Dottermasse und bildet auf diese Weise einen abgeschlossenen **Dottersack** (Burda, Allg. Zoologie, 2005, S. 58–59). Der gesamte Komplex wird außen durch mehrere Eihüll-

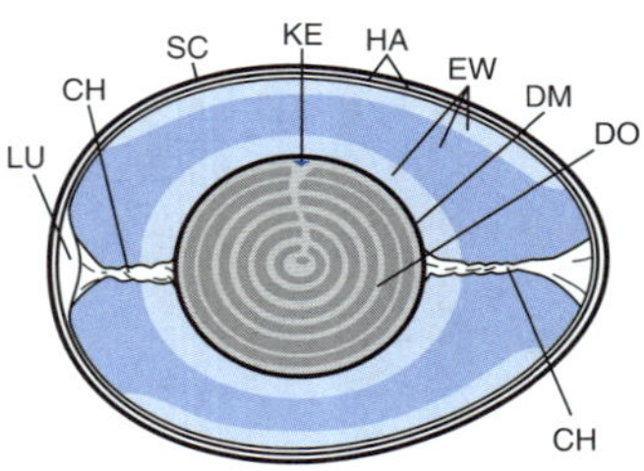

Abb. 145 | **Aufbau des Vogeleies.** **CH** Chalaza (Hagelschnur), **DM** Dottermembran, **DO** Dotter, **EW** Eiweiß, **HA** Häute, **KE** Keim, **LU** Luftblase, **SC** Schale (nach Gaisler und Zima 2007).

schichten geschützt. Die Entwicklung dieser embryonalen Hüllen beeinflusst den Charakter der Embryogenese dramatisch. Auffällig ist ferner die massive Produktion von **Stammzellen** im Bereich des Organisationszentrums des Embryos (sogenannte Hensen-Knoten).

Schläfenfenster

25.1.2

Die Vielfalt der Nahrungsstrategien (Herbivoren, Carnivoren, die ihre Nahrung abbeißen und portionieren) löste Selektionsdrücke zur Weiterentwicklung des Kauapparates aus. Bei den Anamnia haben die Kaumuskeln ihren Ursprung zwischen dem Exo- und Endocranium. Um diesen Muskeln mehr Platz bieten zu können, musste sich das Exocranium teilweise auflösen, und es bildeten sich ein oder zwei Öffnungen im Schläfenbereich des Schädeldachs. Weil durch diese Öffnungen des Exocranium das Endocranium sichtbar ist (als Boden der Grube), werden sie als Fenster bezeichnet. Die Kanten dieser Fenster bieten eine größere Ursprungsfläche für die Muskulatur, was die Entwicklung kräftiger Muskelstränge und kräftigerer Gebisse ermöglichte. Als die Kaumuskeln nach ventral expandierten, verjüngte sich der untere Rand des Fensters in eine schmale Brücke, den **Jochbogen**. Das Vorhandsein und die Entwicklung der Schläfenfenster ist ein wichtiges Merkmal, das bei der Klassifikation der hochrangigen Amnioten-Taxa eingesetzt wird. Entsprechend unterscheidet man mindestens drei Grundtypen der Schädel: anapsid, diapsid und synapsid (apsid = griech. Bogen) (Abb. 147).

Als **anapsider** Schädel wird ein Schädel ohne Fenster und ohne Jochbögen bezeichet. Einen solchen Typ finden wir bei den Amphibien sowie bei den ursprünglichen Amnioten aus dem Karbon (daher ist es schwierig diese Formen voneinander zu unterscheiden). Einen Sondertyp dieses Schädels weisen auch die Schildkröten auf. Der **diapside** Schädel weist zwei Schläfenfenster und damit auch zwei „Jochbögen" auf. Zu den Diapsida gehören alle Sauropsida außer den Schildkröten. Insbesondere bei rezenten Vögeln und Schlangen ist dieser Schädeltyp sekundär jedoch weiter stark modifiziert. Der **synapside** Schädel hat primär nur das untere Schäfenfenster und einen Jochbogen. Die Evolution dieses Typs können wir in der Linie der Säugetiere gut verfolgen (Abb. 147).

Abb. 146

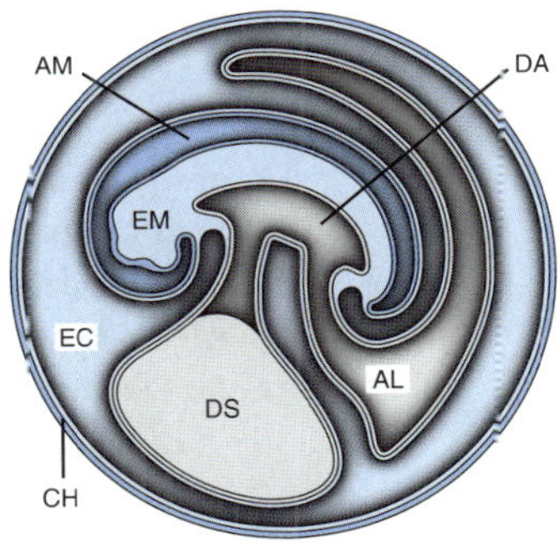

Embryonale Schutzhüllen. AL Allantois, **AM** Amnionhöhle, **CH** Chorion, **DA** Darm, **DS** Dottersack, **EC** extraembryonales Coelom, **EM** Embryo (nach Gaisler und Zima 2007).

Abb. 147

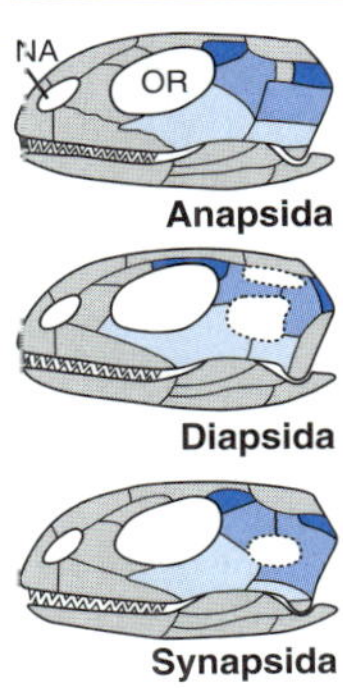

Bau des Schädeldaches und Schläfenfenster bei Amnioten – einige Beispiele. NA Nasenöffnung, **OR** Orbita. **Dunkelblau:** Postfrontale, Supratemporale; **mittelblau:** Postorbitale, Squamosum; **hellblau:** Jugale und Quadratojugale (nach Starck 1978).

25.1.3 Sekundäres Gaumendach

Mehrfach unabhängig voneinander entwickelte sich innerhalb der Amnioten (manche Schildkröten, Krokodile, Säugetiere) ein mehr oder weniger ausgeprägtes sekundäres Gaumendach. Es entsteht durch die Ausdehnung der flachen Deckknochen der Oberkiefer (Praemaxillaria und Maxillaria) und der Gaumenknochen (Palatina). Zwischen dem sekundären Gaumen und dem Boden der Hirnkapsel liegt ein paariger Gang, Ductus nasopharyngeus, der der Zuführung der Luft von den äußeren zu den inneren Nasenöffnungen, Choanen, dient. Die Choanen werden mit der Entwicklung des sekundären Gaumens mehr und mehr nach hinten verschoben. Ein gut entwickelter sekundärer Gaumen ermöglicht die Aufnahme und Bearbeitung der Nahrung im Mund bei gleichzeitiger Atmung. Auch das Aufsaugen der Milch bei Säugetieren wird auf diese Weise ermöglicht.

25.2 Sauropsida

Diagnose

Apomorphien der Sauropsida:

- **Verschmelzung der ersten Halswirbel.**
- **Die Muskulatur der Regenbogenhaut (Iris) ist quergestreift (und nicht glatt wie bei den Amphibien und Säugetieren).**
- **Als Exkretionsprodukt wird Harnsäure gebildet.**

Box 57

Wohin gehören die Schildkröten?

Schildkröten verfügen, wie die paläozoischen **„Parareptilia“,** über **anapside Schädel** (Abb. 147). Allerdings ist die Anordnung der Knochen in der Schläfenregion bei den Schildkröten etwas anders als bei „Parareptilien“, was die Hypothese unterstützt, dass ihre Schläfenfenster sekundär reduziert wurden. **Molekulare Studien** zeigen übereinstimmend, dass die **Schildkröten in den Verwandtschaftskreis der Archosauria** (Krokodile, Dinosaurier inkl. Vögel) gehören. Diese Eingruppierung lässt sich durch morphologische Merkmale jedoch kaum unterstützen. **Kombinierte morphologisch-molekulare Analysen** deuten die **Schildkröten** als **Schwestergruppe aller übrigen Sauropsiden**. Sie bestätigen also den Stammbaum, der aufgrund morphologischer Befunde seit vielen Jahrzehnten akzeptiert ist. Die Klärung aufgrund von Fossilien ist ebenfalls schwierig, da sich die potenziell mit den Schildkröten nah verwandten Tiere sowohl in die Parareptilia als auch in die Archosauria einordnen lassen. Wenn die Schildkröten „verkappte“ Archosauria wären, hätten sie viele Merkmale reduzieren müssen, die in das Grundmuster der Sauropsiden gehören. Hier wären zuerst der diapside Schädel und die Verlängerung der Halswirbel zu nennen.

Die einzelnen phylogenetischen Linien der Sauropsida (**„Reptilien“ + Vögel**) haben unterschiedliche anagenetische Ebenen der Entwicklung erreicht und es ist daher nicht einfach, ausgeprägte Synapomorphien für sie zu finden. Die phylogenetischen Beziehungen der einzelnen Subtaxa der Sauropsiden bieten bis heute Anlass zu kontroversen Diskussionen. **Umstritten ist vor allem die Stellung der Schildkröten** (Chelonia) (Box 57), **sowie der Fischsaurier** (Ichthyosauria). Auch die Beziehungen zwischen den übrigen Gruppen der Sauropsida sind nicht vollständig geklärt. Wie bei den Arthropoden, hängt auch hier viel von der **Einbeziehung oder dem Ausschluss fossiler Vertreter in die Analysen** ab. Der Einschluss fossiler Arten ändert die Kombinationen der Daten wesentlich, aus denen wir deduzieren, was ein abgeleitetes homologes Merkmal ist.

Abb. 148

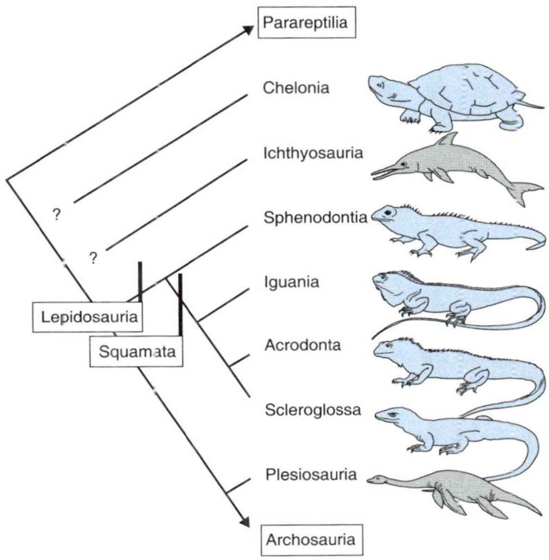

Verwandtschaftsdiagramm der Sauropsida. Ausgestorbene Taxa grau dargestellt.

Die Sauropsida werden in die paläozoischen **„Parareptilia“** (deren Monophylie kontrovers diskutiert wird und von der Interpretation der phylogenetischen Stellung der Schildkröten abhängig ist) und in die **Eureptilia** untergliedert. Zu Letzteren gehören die **Lepidosauria** (Brückenechsen und Squamata), **Plesiosauria** (ausgestorbene Meeresreptilien) und die **Archosauria** (Krokodile, Flugsaurier und Dinosaurier, die auch die rezenten Vögel einschließen; Abb. 144, 148, 150).

Chelonia (Schildkröten)

25.2.1 Übersicht

Chelonia (griech. Schildkröten)

Größe, Morphologie. 8–250 cm lang, bis 860 kg schwer. Anapsider Schädel, allerdings mit einer Einkerbung im kaudalen Teil des Exocraniums, die die Funktion des Schläfenfensters erfüllt. Zähne fehlen, dafür Hornscheiden zum Zerreiben der Nahrung, sekundärer Gaumen. Der zweiteilige Panzer besteht aus Rücken- (Carapax) und Bauchpanzer (Plastron), beide sind durch Knochen- oder Knorpelbrücken oder Ligamente verbunden (Abb. 149). Der Panzer besteht aus Schildchen, die als Derivate der Haut (= Hornschicht) und der Hautknochen entstehen. Die Knochenschildchen sind mit der Wirbelsäule und den Rippen verwachsen. Die Lun-

Abb. 149

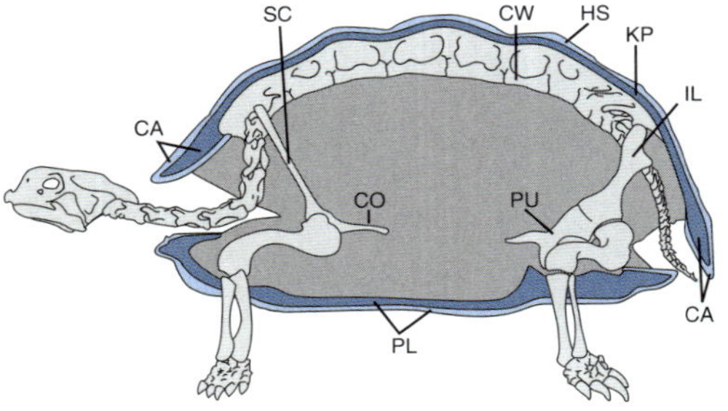

Schildkrötenskelett und -panzer (Lateralansicht). CA Carapax, **CO** Coracoid, **CW** Wirbelkörper, **HS** Hornschild, **KP** Knochenplatte, **IL** Ilium, **PL** Plastron, **PU** Pubis, **SC** Scapula (nach Rogers 1986).

genventilation erfolgt durch spezielle Muskeln, die mittels der Eingeweide an die Lungen drücken, sowie durch Bewegungen der Vorderextremitäten und des Kopfes.

Vorkommen, Biologie. Weltweit in tropischen und gemäßigten Gebieten. Ökologisch vielfältig. Marin, limnisch, amphibisch, terrestrisch (auch in semiariden und ariden Habitaten). Auf Inselgruppen (Galapagos und Seychellen) entwickelten sich Riesenformen. Die Männchen der Meeresschildkröten leben permanent marin; nur die Weibchen kehren zur Eiablage an den Strand zurück, an dem sie geschlüpft sind. Carnivor (die meisten Wasserschildkröten) oder herbivor (die meisten Landschildkröten). Geschlechtsdetermination durch Temperatur beeinflussbar. Die meisten Schildkrötenarten sind bedroht.

System. Die Stammlinie die neben den rezenten Chelonia auch die ausgestorbenen Linien (z.B. *Proganocheleys* aus dem Trias) einschließt, wird als **Testudinata** bezeichnet. Zwei Subtaxa, 11–13 Familien, circa 300 Arten. **Pleurodira** (Halswender): Chelidae (Schlangenhalsschildkröten), Pelomedusidae (Pelomedusenschildkröten) und **Cryptodira** (Halsberger), Chelydridae (Alligatorschildkröten), Platysternidae (Großkopfschildkröten), Cheloniidae (Seeschildkröten), Dermochelyidae (Lederschildkröten), Trionychidae (Weichschildkröten), Emydidae (Sumpfschildkröten), Testudinidae (Landschildkröten).

25.2.2 Ichthyosauria (= Ichthyopterygia, Fischsaurier)

Übersicht

Ichthyosauria (griech. Fischechsen.)

Größe, Morphologie. 2–3 m (–15 m). Delfinähnlich, lange Schnauze, meist bezahnt, breite Flossen, senkrecht orientierte hypocerke Schwanzflosse, Rückenflosse. Große Augen. Schläfenfenster sehr hoch positioniert (sogenannte Parapsida bzw. Euryapsida).

Vorkommen, Biologie. Trias bis Kreide, weltweit, marin. Die Ichthyosaurier sind die am besten an das Leben im Wasser angepassten Sauropsiden. Sie waren vivipar und ernährten sich vorwiegend von Cephalopoden (insbesondere Kalmaren) und Fischen.

System. 30 Gattungen: z.B. *Ichthyosaurus*, *Ophthalmosaurus*.

Lepidosauria

25.2.3

Diagnose

Plesiomorphien der Lepidosauria:
- **Diapsider Schädel.**
- **Parietalöffnung und Parietalauge zumindest teilweise erhalten.**
- **Stark seitlich abstehende Beine.**
- **Hornschuppen.**

Apomorphien:
- **Regelmäßige Häutung.**
- **Zähne wachsen aus den Kieferwänden, sitzen nicht in Sockeln.**
- **Kloake querspaltig, zwei Hemipenes (nicht homolog mit Penis).**

Lepidosauria (Sphenodontia + Squamata) haben ihren Ursprung schon sind seit dem Perm nachgewiesen. Ihre enorme Radiation begann jedoch (ähnlich wie bei den Säugetieren) erst am Ende des Mesozoikums und im Tertiär.

Übersicht

Sphenodontia (= Rhynchocephalia, Brückenechsen)

(griech. Keilzahnige, lat. Schnabelköpfe)

Größe, Morphologie. Bis 80 cm lang. Gräuliche Echsen, diapsid (die Ausbildung eines zweiten „Jochbogens" führte zum deutschen Namen). Die Zähne des Praemaxillare sind zu einem schnabelähnlichen Fortsatz verschmolzen (zweiter Name!), Zähne auf dem Munddach. Äußerer Gehörgang und Trommelfell fehlen, wohl entwickeltes Parietalauge. Neben Brust-, auch Hals- und Bauchrippen. Schwanzautotomie.

Vorkommen, Biologie. Endemisch in Neuseeland. Stark bedroht. Über die Lebensweise ist relativ wenig bekannt. Niedriges Temperaturoptimum (um 12 °C), langsame Stoffwechselrate, langsame ontogenetische Entwicklung, hohes Alter. Oviparie. Bevorzugte Beute sind Arthropoden (Heuschrecken), Vogeleier, Echsen.

System. Gruppe vor 60 Mio. Jahren weitgehend ausgestorben, rezent zwei endemische Arten, *Sphenodon punctatus*, *Sphenodon guntheri* (Letztere erst 1989 beschrieben).

Squamata (Schuppenkriechtiere) (lat. Schuppige)

Größe, Morphologie. Bis 9 m. Echsen- und Schlangengestalten. Apomorphien: Epidermis mit vielgestaltigen Hornschuppen. Das untere Schläfenfenster ist ventral geöffnet, woduch das Quadratum beweglich wird (Streptostylie). Zweigeteilte Zungenspitze, gut entwickeltes Jacobson-Organ. Gut entwickelte paarige Hemipenes. Extremitäten wurden wiederholt unabhängig voneinander reduziert.

Vorkommen, Biologie, Ökologie. Weltweit bis auf Polarregionen. Als wechselwarme Tiere kommen sie jedoch hauptsächlich in den wärmeren Regionen der Erde vor. Ökologisch sehr vielfältig, meist terrestrisch, amphibisch, selten marin.

System. Größtes Taxon der „Reptilien", circa 6000 Arten. Wahrscheinlich zwei Subtaxa: **Iquania** und **Scleroglossa**. Systematik der Squamata in Diskussion. Die traditionelle Einteilung der Squamata in Echsen (Sauria, Lacertilia) und Schlangen (Ophidia, Serpentes), bzw. Doppelschleichen (Amphisbaenia) ist heute überholt, da die „Lacertilia" ein Paraphylum sind, seitdem die Schlangen in die Nähe der Warane eingeordnet wurden.

Übersicht

▶ Iquania

Länge: 2,80–200 cm. Die Frontalia verschmelzen bereits während der Embryonalentwicklung miteinander, Postfrontale ist zurückgebildet oder ganz verschwunden. Zur Jagd wird die fleischige, nur wenig gespaltene, Zunge genutzt. Meist tagaktiv, langer Schwanz, keine Autotomiefähigkeit. Drei Familien. **Iguanidae** (Leguane), circa 800 Arten in Tropen und Subtropen Amerikas bis Süden der USA, Madagaskar, Fiji, Tongo. **Agamidae** (Agamen), circa 390 Arten in Tropen und Subtropen der Alten Welt. **Chamaeleonidae** (Chamäleons), circa 160 Arten in Madagaskar, Afrika, Südasien, Südeuropa.

▶ Scleroglossa

Scleroglossa jagen mit Hilfe der Kiefer und ihrer pleurodonten Zähne. Die Zunge unterstützt die Chemoperzeption. Sie werden in die Gekkota und Autarchoglossa eingeteilt.

Gekkota. 3,50–80 cm lang. Ihre Apomorphien sind u.a. amphicoele Wirbel, Konfiguration der Schädelknochen, paarige Eizähne. Zwei Familien: Gekkonidae (Geckos), circa 1500 Arten mit mediterraner, tropischer und subtropischer Verbreitung und Pygopodidae (Flossenfüßer), circa 40 Arten in Australien und Neuguinea.

Autarchoglossa. Eine morphologisch und ökologisch sehr vielfältige Gruppe. Ihre Apomorphie ist u.a. nur ein einziger gerader Bauchmuskel (m. rectus abdominis). Zwei Subtaxa. **Scincomorpha** mit sieben Familien: z.B. Scincidae (Skinke), mit 116 Gattungen und circa 1300 Arten, Länge 7–65 cm. Weltweit in warmen Gebieten. Lacertidae (Echte Eidechsen), circa 250 Arten; Europa, Asien, Afrika, Länge bis 90 cm. Teiidae (Schienenechsen), circa 120 Arten in Amerika, Länge 15–140 cm. (Einige Arten der Gattung *Cnemidophorus* sind parthenogenetisch.) Amphisbaenidae (Doppelschleichen) circa 150 Arten wurmartiger, unterirdisch lebender Echsen in Südamerika, Afrika, Mittelmeerraum, Südwestasien. Länge 9–75 cm. **Anguimorpha** werden in zwei Subtaxa eingeteilt; ***Anguioidea*** mit zwei Familien, darunter Anguidae (Blindschleichen) mit circa 120 Arten schlangenförmiger Echsen in Amerika, Europa, Asien. Länge bis 125 cm. **Varanoidea** mit den Familien Varanidae (Warane), circa 60 Arten in Tropen und Subtropen, Afrika, Asien und Australien. Länge 20–310 cm; Helodermatidae (Krustenechsen), zwei Arten von plumpen Echsen mit Giftzähnen und -drüsen im Unterkiefer, Süd-USA bis Guatemala. Länge bis 1 m; und circa 3000 Arten von Schlangen **Serpentes** (= Ophidia), Länge 10 cm bis über 9 m. Ökologisch vielfältige Gruppe, die arboreale, terrestrische, aquatische (marine und limnische), semiaquatische, subterrane Formen mit diversen Jagdstrategien einschließt. Insgesamt 15–18 Familien: z.B. Aniliidae (Rollschlangen), Boidae (Riesenschlangen, circa 70 Arten), Acrochordidae (Warzenschlangen, 18 Arten), Colubridae (Nattern, 1900 Arten), Elapidae (Giftnattern, Kobras, Mambas etc., 300 Arten; Giftdrüsen mit Neurotoxin), Viperidae (Vipern, Klapperschlangen, Kreuzotter, 230 Arten, Giftdrüsen mit Hämotoxin).

Plesiosauria

25.2.4 Übersicht

Plesiosauria (griech. Fast-Echsen)

Größe, Morphologie. Bis 15 m. Meeresechsen mit torpedoförmigen, länglichen Körpern, zum Teil sehr langen Hälsen und gleichartigen, paddelförmigen Vorder- und Hinterextremitäten. Bauchrippenpanzer, kurzer Schwanz. („Nessie"-Habitus). Unterer Jochbogen rückgebildet, sogenannter euryapsider Schädel.

Vorkommen, Biologie. Jura bis Kreide. Marin, zeitweise weltweit verbreitet. Die Tiere bewegten sich als „Unterwasserflieger". Carnivora, die sich von Fischen, Tintenfischen und Fischsauriern ernährten. Fortpflanzung unbekannt, aufgrund ihrer starken Anpassung an das Wasser wahrscheinlich vivipar. Unklar ist, ob die nachgewiesenen Magensteine als Ballast oder zum Zerreiben der Nahrung dienten.

System. Zwei Subtaxa: **Pliosauroidea** (*Pliosaurus*, *Kronosaurus*) und **Plesiosauroidea** (*Plesiosaurus*, *Elasmosaurus*).

Archosauria

25.2.5 Diagnose

Apomorphien der Archosauria:

- **Diapsider Schädel mit vielen Öffnungen: Charakteristisch ist insbesondere das antorbitale Fenster zwischen Nasenöffnung und Orbita.**
- **Scheitelöffnung für das Parietalauge fehlt.**
- **Thekodonte Bezahnung: Die Zähne sind in Gruben (Alveolen) eingesenkt.**
- **Tendenz zur Verkürzung der Vorderextremitäten und Verschiebung der Hinterbeine unter den Körper. Tendenz zur Bipedie.**

- **Am Hinterbein bildet sich ein spezielles Knöchelgelenk (sogenanntes mesotarsales oder crurotarsales Gelenk).**
- **Das Sternum fehlt bei ursprünglichen Formen.**
- **Tendenz zur Rückenpanzerung: viele Dinosaurier und Krokodile mit sehr starker Panzerung des Rückens.**
- **Herzkammern (fast) vollständig getrennt.**
- **Reduktion der Harnblase.**
- **Transparente Nickhaut schützt das Auge.**
- **Brutpflege: Einige Dinosaurier, Krokodile und die Vögel betrieben oder betreiben intensive Brutpflege.**

Phylogenese und System. Die Archosaurier sind seit dem Oberperm nachgewiesen (*Archosaurus rossicus*); sie entfalteten sich im Trias (**„Thecodontia"**: eine paraphyletische Gruppe von mittelgroßen carnivoren, eidechsenartigen, sowie auch bipeden Echsen) und insbesondere in Jura und Kreide („Zeitalter der Dinosaurier"). Die Archosauria werden in zwei Hauptlinien eingeteilt: **Crocodylotarsi** (Phytosauria und Crocodylia) und **Ornithodira** (Pterosauria und Dinosauria inklusive Vögel). Nur die Krokodile und die Vögel überlebten die Kreide-Tertiär-Grenze.

Übersicht

Crocodylia (Krokodile)

Größe, Morphologie. 1 bis über 8 m. Massige, archaisch wirkende „Echsen" mit massiven Schädeln. Schwanz lang, seitlich komprimiert. Mesotarsales Knöchelgelenk, fünf Zehen an vorderen und vier Zehen an hinteren Beinen. Einige fossile Formen waren biped. Große, sich nicht überlappende Knochenschuppen (Osteoderme). Paarige verschließbare Nasenöffnung auf der Schnauzenspitze, unpaarer Nasengang, sekundärer Gaumen, Zunge mit Mundboden verwachsen, Heterodontie. Vertikale Pupillen. Getrennte Herzkammer, Zwerchfell (nicht homolog mit dem Zwerchfell der Säugetiere). Penis.

Vorkommen, Biologie. Krokodile sind fossil seit dem Oberperm bekannt; sie entfalteten sich besonders in der Untertrias. Tropen und Subtropen. Semiaquatische Lebensweise in Flüssen und Seen, einige Arten vertragen auch Brachwasser und *Crocodylus porosus* wurde im Meer bis 1500 km vor der Küste beobachtet. Oviparie. Intensive Brutpflege: Anlegen und Bewachen von Nisthaufen, meist in unmittelbarer Wassernähe, Hilfe beim Öffnen der Eischalen und Transport der Jungen im Maul zum Wasser. Temperaturabhängige Geschlechtsbestimmung.

System. Drei Familien, 23 Arten: Gavialidae (Gaviale, eine Art in Indien), Alligatoridae (Alligatoren, Kaimane, acht Arten in Nord- und Südamerika, China) und Crocodylidae (Krokodile, 14 Arten in Amerika, Afrika, Asien, Australien).

Abb. 150

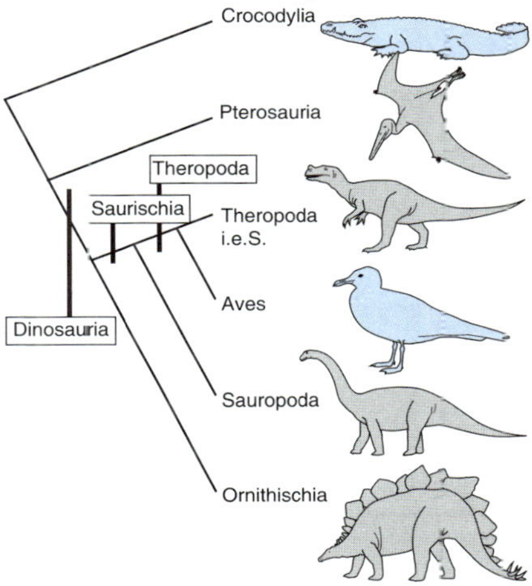

Verwandtschaftsdiagramm der Archosauria. Ausgestorbene Linien in grau dargestellt.

Pterosauria (Flugsaurier) (griech. Flügelechsen)

Größe, Morphologie. Von Sperlingsgröße bis zur Spannweiten von 12 m. Hautmembranflügel (wie Fledermäuse), die Haut war am vierten Finger (bei den großen Arten auch an den Hinterbeinen) aufgespannt. Pneumatisierte Knochen, Fell, wahrscheinlich Homoiothermie. Die kleinen Langschwanzflugsaurier hatten relativ kurze Mittelhandknochen und (z.T. heterodonte) Zähne im Schnabel, die bei einigen Arten reusenartig angeordnet waren. Die meist zahnlosen Kurzschwanzflugsaurier (bis 12 m) hatten eher kurze Mittelhandknochen und einen großen Brustbeinkamm (wie Vögel). Wahrscheinlich liefen die kleinen Arten biped, während die Riesenformen sich am Boden auf allen Vieren fortbewegten.

Vorkommen, Biologie. Von Obertrias bis zur Kreide-Tertiär-Grenze vor etwa 65 Mio. Jahren. Weltweit. Die Flugsaurier eroberten als erste Vertebraten erfolgreich den Luftraum. Kleine Arten waren ausdauernde und aktive Flieger, die großen Arten waren eher spezialisierte Segelflieger. Häufig an Meeresküsten oder anderen großen Gewässern, viele auch in Wäldern, Gebirgen und sogar in Wüsten. Ernährung durch Insekten, Filtrieren von Plankton aus dem Wasser, mindestens eine Art jagte Fische von der Wasseroberfläche aus. Oviparie.

System. Circa 100 Arten bekannt, zwei Subtaxa: die paraphyletischen kleineren **„Rhamphorhynchoidea“** (Langschwanzflugsaurier: z.B. Gattung *Rhamphorhynchus*) und die größeren **Pterodactyloidea** (Kurzschwanzflugsaurier: z.B. Gattungen *Pterodactylus*, *Pteranodon*, *Quetzalocoatlus*).

Dinosauria (griech. schreckliche Echsen)

Größe, Morphologie. Von Sperlinggröße bis zu Riesenformen, bis zu 80–100 t schwer, 40 m lang und 18 m hoch. Hinterbeine länger als vordere. Primär biped, bei manchen Formen säulenförmige gerade Beine, die unter und nicht neben den Körper reichten. „Reptilienartige“ Hautschuppen, bei einigen Arten Federn, oft Panzerung aus Osteodermen. Eine Öffnung im Acetabulum; Pubis und Ischium verlängert und nach unten gerichtet.

Vorkommen, Biologie. Von Obertrias bis zur Kreide-Tertiär-Grenze vor etwa 65 Mio. Jahren (wenn wir die Vögel ausklammern). Weltweit, bis zu den Spitzen der späteren Nord- und Südkontinente bei z.T. sehr niedrigen Temperaturen. Dominierende Tiergruppe des Mesozoikum. Nutzung aller terrestrischen Habitate (nie aquatisch!). Carnivorie oder Herbivorie. Bei herbivoren Riesenformen wurden häufig Magensteine (Gastrolithen) nachgewiesen. Homoiothermie. Manche Arten sozial. Oviparie und Brutpflege.
System. Zwei Subtaxa: **Saurischia** (= carnivore Theropoda, inklusive **Aves** - Vögel, z.B. Gattungen *Tyrannosaurus*, *Velociraptor*, *Archaeopteryx*) + herbivore Sauropoda, z.B. *Argentinosaurus, Brachiosaurus, Diplodocus*) und herbivore **Ornithischia** (z.B. *Iguanodon, Stegosaurus, Triceratops*). Bei den Saurischa ist das Schambein schräg nach vorne gerichtet, bei den Ornithischia weist es einen kurzen vorderen und einen langen hinteren Abschnitt auf. Letzterer ist nach hinten gerichtet und verläuft parallel zum Sitzbein.

25.3 | Aves (Vögel)

25.3.1 | Morphologie

Vögel sind das **am stärksten abgeleitete Taxon der rezenten Sauropsiden**. Dies wird durch eine hohe Zahl von Merkmalen eindrucksvoll belegt:

Diagnose

Plesiomorphien der Vögel (Sauropsiden-Merkmale):

- **Trockene Haut: Die einzige Hautdrüse ist die Bürzeldrüse, die aber auch häufig reduziert wird. An einigen Körperstellen (Schnabel, Fuß) bleibt das verhornte Integument des Reptiltyps erhalten.**
- **Tropibasischer, teilweise kinetischer Schädel mit einem Condylus** (Abb. 152).
- **Laufextremität mit Intertarsalgelenk (= Mesotarsalgelenk)** (Abb. 151).
- **„Reptilienniere“ mit Harnsäure als Exkretionsprodukt.**
- **Oviparie; die hoch entwickelte Brutfürsorge wurde aus der Stammlinie der Archosaurier übernommen.**

Apomorphien:
Gemeinsamkeiten mit Dinosauriern:

- **Schlüsselbeine verwachsen zum Gabelbein (Furcula).**
- **Die Hinterbeine dienen der bipeden Bewegung und werden nie reduziert. Der erste Zeh des Hinterbeins ist nach hinten gerichtet.**
- **Tibia und proximale Tarsalknochen verschmelzen zum Tibiotarsus.**
- **S-förmiger, beweglicher Hals.**
- **Federn.**

| Abb. 151

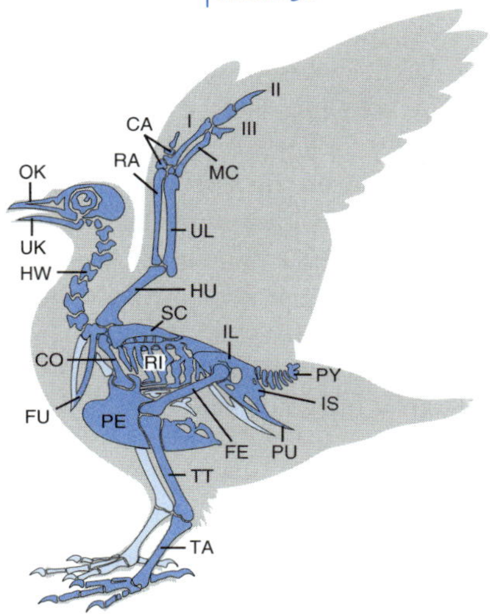

Vogelskelett. CA Carpalia, **CO** Coracoid, **FE** Femur, **FU** Furcula, **HU** Humerus, **HW** Halswirbel, **IL** Ilium, **IS** Ischium, **MC** Metacarpale, **OK** Oberkiefer, **PE** Brustbeinkamm, **PU** Pubis, **PY** Pygostyl, **RA** Radius, **RI** Rippen, **SC** Scapula, **TT** Tibiotarsus, **UK** Unterkiefer, **UL** Ulna, **TA** Tarsusmetatarsus, **I–III** 1.–3. Finger.

| Abb. 152

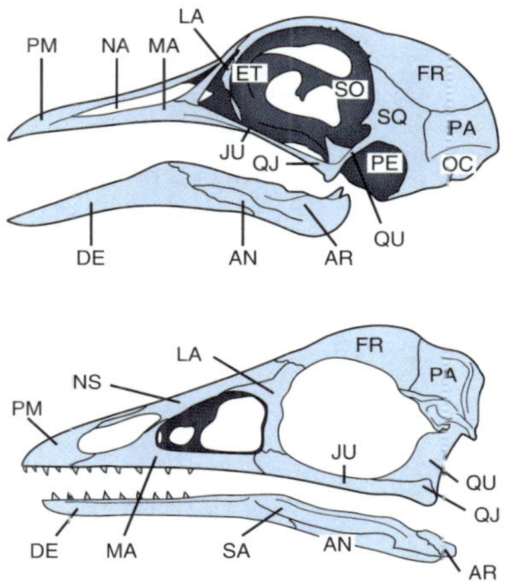

Schädel eines modernen Vogels (oben) und von *Archaeopteryx* (unten). AN Angulare, **AR** Articulare, **DE** Dentale, **ET** Ethmoidale, **FR** Frontale, **JU** Jugale, **LA** Lacrimale, **MA** Maxillare, **NA** Naris (Nasenöffnung), **NS** Nasale, **OC** Occipitale, **QJ** Quadratojugale, **QU** Quadratum, **PA** Parietale, **PE** Petrosum, **PM** Praemaxillare, **SA** Supraangulare, **SO** Septum orbitale, **SQ** Squamosum (nach Gaisler und Zima 2007, Rocek 2002).

Einzigartige Vogelmerkmale:

- **Flügel.**
- **Schnabel.**
- **Verlängerung der Ulna, die länger als der Humerus ist.**
- **Öffnung im Acetabulum (vorhanden noch bei Dinosauria) ist rückgebildet.**
- **Das Endhirn wird durch die hoch entwickelten Basalganglien (Neostriatum = Hyperstriatum) vergrößert.**
- **Das Jacobson-Organ und der „0". Hirnnerv (N. terminalis) fehlen.**
- **Schärfe- und Farbensehen hoch entwickelt.**
- **Relativ kleine Lungen mit Parabronchien und Luftsäcken.**
- **Vierkammeriges Herz, Aortenbogen nur rechts ausgebildet, der linke Bogen wird in der Embryogenese rückgebildet.**
- **Endothermie, Homoiothermie.**
- **Eier mit Kalkschale.**
- **Hochentwickelte Brutfürsorge.**

Die zahlreichen Apomorphien der Vögel entstanden nicht zeitgleich. Anhand des reichen fossilen Materials lässt sich die **graduelle Evolution** der Vögel Schritt für Schritt nachverfolgen. Die spektakulärste Apomorphie der Vögel, die **Federn**, entstand bereits in der Stammlinie der Dinosaurier (Abb. 153). Die Vorderextremitäten sind in **Flügel** umgewandelt, deren Skelett ist in charakteristischer Weise umgebaut und im distalen Abschnitt verkürzt (Abb. 151). Die Hinterbeine dienen zum Laufen, Springen, Klettern, Schwimmen oder Greifen. Der erste Finger ist meist nach hinten gerichtet. Die Kiefer tragen bei rezenten Vögeln einen unbezahnten **Schnabel** (viele „Kreidevögel" wiesen allerdings noch Zähne auf; Abb. 152, 154). Der Körper ist **durch zahlreiche Fusionen von Knochen** (Notarium, Synsacrum, Pygostyl) versteift. Als gewaltige Muskelansatzfläche der Flugmuskulatur dient der **Brustbeinkamm** (Carina; Abb. 151). Ferner entwickelte sich eine **Einweglunge mit Parabronchien**, die die Höchstleistungen des Vogelflugs ermöglicht (Burda, Allg. Zoologie, 2005, S. 124–125).

25.3.3 Phylogenese und System

Abb. 153

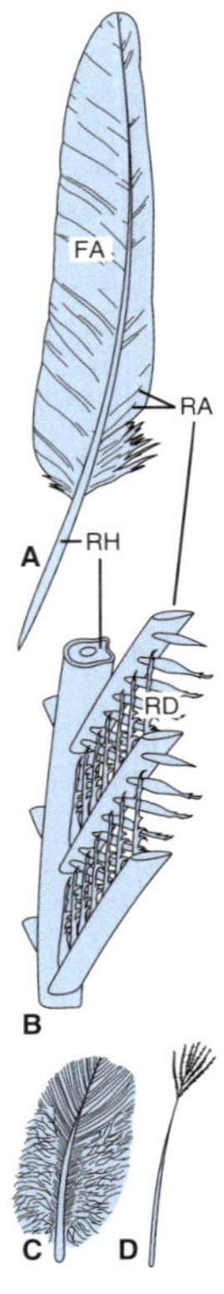

Aufbau der Vogelfeder. **A)** Konturfeder, **B)** Aufbau im Detail, **C)** Daunenfeder, **D)** Fadenfeder. **FA** Fahne, **RA** Ramus, **RD** Radien (Strahlen), **RH** Rhachis (Kiel: Spule + Schaft).

Die Vögel sind nur unter Ausblendung der Fossilien die Schwestergruppe der Krokodile, denn sie entstammen einem Subtaxon der diversifizierten Dinosaurier, der **Maniraptora** (Theropoda, Saurischia) (Abb. 150). Die Maniraptora zeichneten sich u.a. durch eine höhere Beweglichkeit im Handgelenk aus, was ein wichtiger Schritt für die Entwicklung der Flügel war. Weiterhin besaßen sie bereits verschiedene Federtypen. Einen spektakulären Fund stellt *Microraptor gui* aus China dar, der 2003 beschrieben wurde. Es handelte sich um einen Maniraptor, der die Vorder- und Hinterbeine zu zwei Paar Flügel entwickelte („Doppeldecker"). Der bekannteste Vorfahr der Vögel, *Archaeopteryx lithographica* aus dem Oberen Jura in Solnhofen, wurde traditionell für das fast ideale „Übergangsglied" zwischen Reptilien und Vögeln gehalten, da er ein Mosaik von plesiomorphen („Reptilien-„) und apomorphen (Vogel-) Merkmalen aufweist. Es zeigt sich jedoch, dass einige der angeblichen Vogelmerkmale bereits Apomorphien der Theropoden waren.

Alle rezenten Vögel gehören zu dem Taxon der **Neornithes**, das bereits seit der Oberen Kreide bekannt ist. Schon in der Kreide differenzierten sie sich in die **Paleognathae** und **Neognathae**, die sich durch feste bzw. bewegliche Verbindungen im Bereich des Gaumens unterscheiden. Die große Radiation der modernen Vögel begann, ähnlich wie die der plazentalen Säugetiere, zu Beginn des Tertiärs. Der sekundäre Verlust der Flugfähigkeit kam in der Evolution der Vögel relativ häufig vor. Die Singvögel wurden im Miozän zum dominanten Vogeltaxon.

Die Phylogenese der Neornithes ist in vielen Belangen nur unvollständig verstanden. Nach traditioneller Klassifikation werden zwei Taxa („Überordnungen“ oder „Unterklassen“), Palaeognathae und Neognathae, unterschieden. Dieses System wurde oft kritisiert, aber auch die neueren Untersuchungen der mitochondrialen und nuklearen DNA haben diese Einteilung bestätigt. Die verwandtschaftlichen Beziehungen zwischen einzelnen (circa 30) „Ordnungen“ sind nicht abschließend gelöst und es ist möglich, dass auch das 2007 publizierte Schema, an dem wir uns hier orientieren, revidiert werden wird (Abb. 155, 156). Insgesamt sind circa 10.000 Vogelarten bekannt, die in circa 200 Familien eingeteilt wurden. In den letzten 400 Jahren sind 135 Vogelarten ausgestorben. In der Übersicht können wir weder alle „Ordnungen“ noch alle Familien aufführen.

Übersicht

▸ Palaeognathae (Urkiefervögel)

Die Gaumenkomponenten sind fest (unbeweglich) durch Nähte verbunden. Weitere gemeinsame Merkmale sind: kleine Zunge, Bau des Beckens, freie Schwanzwirbel, Penis, einfachere Befiederung, Bürzeldrüse fehlt. Die Männchen betreiben Brutpflege, die Jungen sind Nestflüchter. Zwei „Ordnungen“.

Tinamiformes (= Crypturi, Steißhühner). Süd- und Mittelamerika. Masse 45–1800 g. Hühnerähnlich, kurze Flügel, Weibchen größer und bunter. Schlechte Flieger. Monogam oder polyandrisch. Eine Familie (Tinamidae, Pampashühner), 47 Arten.

Struthioniformes (= Ratitae, Laufvögel). Gondwana-Verbreitung, s.u.. Masse: 3,5–150 kg. Kurze Flügel, Flugunfähigkeit, Reduktion der Crista sterni und des Coracoids, Scapula und Coracoid miteinander verschmolzen. Mächtige Beine, Tendenz zur Reduktion der Zehen. Zehn Arten, fünf Familien: Apterygidae (Kiwis, drei Arten in Neuseeland), Struthionidae (eine Art: Afrikanischer Strauß), Rheidae (Nandus, zwei Arten in Südamerika), Dromaiidae (Emus, eine Art in Australien), Casuariidae (Kasuare, drei Arten in Neuguinea und Nordaustralien).

Abb. 154

Beispiele für Schnabelformen bei Vögeln. 1 Kormoran, 2 Pelikan, 3 Löffler, 4 Tölpel, Reiher, 5 Ente, 6 Flamingo, 7 Falke, 8 Adler, 9 Kernbeißer, 10 Fichtenkreuzschnabel, 11 Schnepfe, 12 Specht, 13 Auerhuhn, 14 Taube, 15 Ziegenmelker, 16 Kohlmeise, 17 Großer Brachvogel, 18 Säbelschnäbler, 19 Kolkrabe, 20 Racke.

Abb. 155

Habitus typischer Vertreter hochrangiger Vogeltaxa.

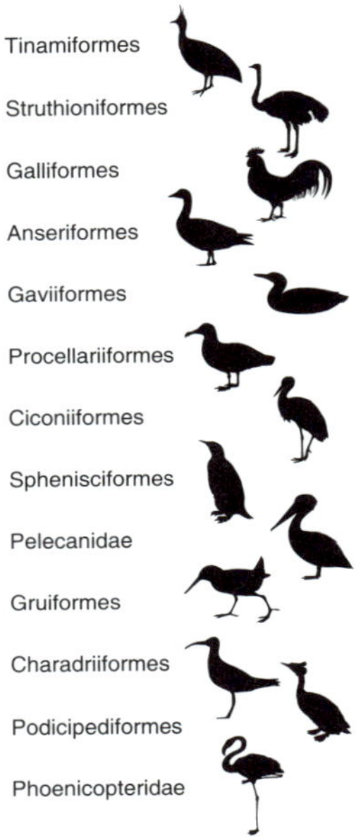

Abb. 156

Habitus typischer Vertreter hochrangiger Vogeltaxa.

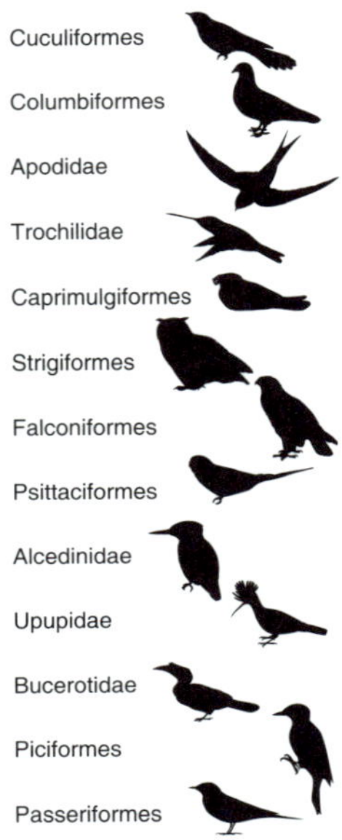

► Neognathae (Neukiefervögel)

Die Gaumenknochen (z.B. Palatinum und Pterygoid) sind untereinander beweglich verbunden. Morphologisch und ökologisch sehr diversifizierte Gruppe; dies erschwert die Identifizierung weiterer morphologischer oder verhaltensökologischer Synapomorphien. Als basale Gruppe werden die **Galloanseres** (= Galliformes + Anseriformes) betrachtet. Ihre Schwestergruppe sind alle restlichen neognathen Vögel, die als **Neoaves** bezeichnet werden. 26–28 „Ordnungen", circa 10.000 Arten.

Galliformes (Hühnervögel). Masse: 43 g–5 kg. Stämmige Vögel, kräftige Beine, kleiner Kopf, starker Schnabel, großer Kropf, großer Muskelmagen, lange Blinddärme. Laufen und scharren viel, fliegen meist wenig, meist Bodenbrüter. Nestflüchter. 291 Arten, sieben Familien: Meleagrididae (Truthühner), Tetraonidae (Raufußhühner), Phasianidae (Fasanenartige). Das Haushuhn ist die domestizierte Form von *Gallus gallus* (Bankivahuhn), Numididae (Perlhühner). Megapodiidae (Großfußhühner, Thermometerhühner) und Cracidae (Hokkohühner), werden manchmal als eine eigene „Ordnung" Craciformes betrachtet.

Anseriformes (Gänsevögel). Masse: 230 g–22,5 kg. Wasservögel, kompakter Körper mit vergleichsweise kleinem Kopf. Schwimmhäute zwischen den Vorderzehen, Dunen mit kurzer Rhachis. Nestflüchter. 152 Arten, zwei Familien: Südamerikanische Anhimidae (Wehrvögel, drei Arten) und weltweit verbreitete Anatidae (Entenvögel) mit Siebschnabel.

Gaviiformes (Seetaucherartige). Masse 1–6,4 kg. Zylindrischer Körper, Beine hinten positioniert, Schwimmhäute, Flügel kurz und spitz, gute Flieger, Schwimmer und Taucher. Piscivor, Nestflüchter. Außerhalb der

Brutzeit in Küstenbereichen arktischer und subarktischer Meere. Eine Familie (Gaviidae), fünf Arten.

Procellariiformes (Röhrennasen). Masse: 23 g – 11,5 kg. Vögel mit langen Flügeln und kurzem Schwanz. Die Nasenöffnungen liegen am Ende röhrenförmiger Schnabelaufsätze, gut entwickelter Geruchssinn, Salzdrüsen. Meeresvögel, vorwiegend in Südhalbkugel. Vier Familien, 110 Arten: Procellariidae (Möwensturmvögel), Diomedeidae (Albatrosse), Hydrobatidae (Sturmschwalben).

Ciconiiformes (Schreitvögel). Masse: 59 g–9 kg. Langbeinige Vögel, die langsam schreitend nach Nahrung suchen. Langer Schnabel, dreikammeriger Magen. Nesthocker. Diese „Ordnung" ist eines der umstrittensten Vogeltaxa. Unlängst wurden zahlreiche traditionelle „Ordnungen" (einschließlich Pinguine, Greifvögel etc.) als Familien den Ciconiiformes zugeordnet. Diese extreme Sichtweise wurde inzwischen wieder aufgegeben und die Abgrenzung dieses Taxons ähnelt nun wieder der traditionellen Einteilung. 113 Arten, drei Familien: Ardeidae (Reiher), Ciconiidae (Störche), Threskiornithidae (Ibisse, Löffler).

Sphenisciformes (Pinguine). Masse: 1–46 kg. Flugunfähige Vögel, die hervorragend schwimmen und tauchen. Flügel zu Schwimmflossen umgebildet, die Zehen der kräftigen Beine weisen nach vorn, haarartiges Gefieder. Knochen nicht pneumatisiert. Koloniebrüter. Oft wird ihre Verwandtschaft mit Gaviiformes und Procelariiformes angenommen. Marin, piscivor. Südhalbkugel. Eine Familie (Spheniscidae), 17 Arten.

Pelecaniformes (Ruderfüßer). Masse: 0,5–15 kg. Wasservögel mit Ruderfüßen, die vier Zehen sind durch Schwimmhäute verbunden. Knochen stark pneumatisiert. Halssack. Schnabel tief gespalten. Koloniebrüter, Nesthocker. Nestlinge stecken bei der Fütterung ihren Kopf tief in den Schlund der Eltern. Piscivor. Monophylie unsicher. Circa 70 Arten, fünf bis zehn Familien: z.B. Fregatidae (Fregattvögel), Pelecanidae (Pelikane), Sulidae (Tölpel), Phalacrocoracidae (Kormorane), Anhingidae (Schlangenhalsvögel). Nach molekularen Untersuchungen gehören zu Pelecaniformes auch der Schuhschnabel (*Balaeniceps*) und der Hammerkopf (*Scopus*).

Gruiformes (Kranichvögel). Masse: 16 g–12 kg. Kleine bis große Vögel, welche schreiten, laufen oder schwimmen. Fuß mit hoch positioniertem oder fehlendem 1. Zeh, Kropf fehlt, zwei dorsale Carotiden. Bodenbrüter. Nestflüchter. Herbivor oder omnivor. Monophylie unsicher. 202 Arten, elf Familien: z.B. Gruidae (Kraniche), Rallidae (Rallenvögel). Unklar ist vor allem die Stellung der Otididae (Trappen) und Kagus (Rhynochetidae).

Charadriiformes (Regenpfeiferartige). Masse: 0,2–2 kg. Häufig Bewohner von Küsten-, See- und Flussufern, Feuchtgebieten oder Ödflächen. Die Nahrung wird überwiegend am Boden gesucht. Morphologisch vielfältig. Üblicherweise mit Schwimmfuß, 1. Zehe oft reduziert. Schnabelspitze beweglich. Kropf fehlt, Blinddärme groß, zoophag. Nestflüchter. Nach den Passeriformes die vielfältigste „Ordnung". Nach den jüngsten Untersuchungen ist die Monophylie wahrscheinlich. Manchmal werden drei höhere Subtaxa unterschieden: Charadriformes, Lariformes und Alciformes. 351 Arten, 19 Familien: z.B. Alcidae (Alkenvögel), Haematopodidae (Austernfischer), Jacanidae (Blatthühnchen), Laridae (Möwen), Stercorariidae (Raubmöwen), Charadriidae (Regenpfeifer), Recurvirostridae (Säbelschnäbler), Scolopacidae (Schnepfenvögel), Sternidae (Seeschwalben), Burhinidae (Triele).

Podicipediformes (Lappentaucherartige). Masse: 120 g–1,5 kg. Tauchvögel der Binnengewässer, weltweit. Beine weit hinten am Rumpf sitzend. Zehen mit Schwimmlappen, Die Ähnlichkeiten mit den Seetauchern beruhen auf Konvergenz. Federfressen, mächtige Bürzeldrüse. Komplexe Balz, Schwimmnester, Nestflüchter, Junge werden auf dem Rücken der Eltern getragen. Eine Familie (Podicipedidae), 22 Arten.

Phoenicopteriformes (Flamingos). Masse: 1,5–4,1 kg. Langbeinige und langhalsige Stelzvögel, die sich als Filtrierer von Plankton ernähren. Schnabel in der Mitte fast rechwinklig abgebogen mit einem Seihapparat (Hornplatten, die wie ein Sieb wirken). Rosafarbene Gefieder. Schwimmhäute. Koloniebrüter. Kegelförmige Schlammnester. Eine Familie (Phoenicopteridae), fünf bis sechs Arten.

Cuculiformes (Kuckucksvögel). Masse: 17–800 g. Beide mittlere Zehen nach vorne, beide äußere nach hinten gerichtet. Schnabel meist lang und leicht nach unten gebogen. Kropf fehlt. Drei Familien, die oft als selbständige „Ordnungen" aufgefasst werden. Die afrikanischen Musophagidae (Turakos, 23 Arten) haben farbenprächtige, grün oder rot gefärbte Gefieder. Hierbei handelt es sich um echte Pigmente und nicht um die Folge von Lichteinfall und Lichtbrechung der Federstruktur wie bei anderen Vögeln. Cuculidae (Kuckucke, 136 Arten) sind zoophag, viele Arten sind Brutparasiten. Opisthocomidae (eine Art: Hoatzin). Diese südamerikanischen Vögel werden in Lehrbüchern vor allem wegen der Jungvögel erwähnt, deren 1. und 2. Finger Krallen aufweisen, mit deren Hilfe sie in Bäumen herumklettern.

Columbiformes (Taubenvögel). Masse: 30–2500 g. Gedrungene Vögel mit kleinem Kopf, kurzem Hals, schlankem Schnabel, kurzen Beinen und aniosodactylen Füßen. Die Nasenlöcher werden von einer Wachshaut bedeckt, Wasser wird saugend aufgenommen, die Jungen werden mit Kropfmilch gefüttert. Circa 40 Gattungen, eine Familie: Columbidae, circa 310 Arten.

Apodiformes (Seglervögel). Masse: 2–150 g. Dauer- oder Schwirrflieger mit langen zugespitzten Flügeln, wobei Humerus und Ulna verkürzt sind. Kurze, schwache Beine. 424 Arten, drei Familien: Apodidae (Segler, 92 Arten), Trochilidae (Kolibris, circa 340 Arten).

Caprimulgiformes (Schwalmartige). Masse: 40–500 g. Dämmerungs- und nachtaktive Vögel mit weichen Federn und Tarnfärbung. Robuster Kopf am kurzen Hals, weit gespaltener Schnabel, lange Flügel, langer Schwanz, kurze Beine. 105 Arten in fünf Familien: z.B. Steatornithidae (Fettschwalme), Caprimulgidae (Ziegenmelker).

Strigiformes (Eulen). Masse: 40 –4000 g. Meist nacht- oder dämmerungsaktive Raubvögel, die ihre Beute mit den Fängen ergreifen. Großer, breiter Kopf mit großen, nach vorn gerichteten Augen. Sehr gutes Gehör. Gefieder weich, geräuschloser Flug. In den frühen Zeiten der Ornithologie wurden sie zu den Greifvögeln gezählt. Später wurden die Ähnlichkeiten als Konvergenz betrachtet. Neuere Arbeiten deuten allerdings darauf hin, dass die Eulen doch mit den Greifvögeln nahe verwandt sind. Zwei Familien: Tytonidae: (Schleiereulen, 17 Arten) und Strigidae (Echte Eulen, 160 Arten).

Falconiformes (Greifvögel). Masse: 28 g–15 kg. Tagaktive, meist kräftige Raubvögel, die ihre Beute mit den Fängen ergreifen. Krallen dolchartig, Oberschnabel hakenförmig mit schneidenden Kanten, die Schnabelbasis wird von einer unbefiederten, oft auffallend gefärbten Wachshaut bedeckt. Die Monophylie der Falconiformes wird insbesondere im Zusammenhang mit der Stellung der Neuweltgeier diskutiert, die seit längerem für Verwandte der Störche gehalten werden. Aktuelle Studien zeigen jedoch, dass die Falconiformes wohl doch monophyletisch sind und wahrscheinlich sogar die Eulen einschließen. Circa 300 Arten, fünf Familien: Accipitridae (Habichtartige: Habichte, Adler, Geier etc.), Falconidae (Falkenartige), Pandionidae (Fischadler), Sagittariidae (Sekretäre), Cathartidae (Neuweltgeier, Kondore).

Psittaciformes (Papageien). Masse: 10–3000 g. Baumvögel mit Kletterfuß, zwei Zehen sind nach vorn und zwei Zehen nach hinten gestellt (= Zygodaktylie) und Greifschnabel. Der Oberschnabel ist gelenkig mit dem Hirnschädel verbunden, kräftige Zunge, gut entwickelter Kropf. Meist bunt gefärbt. Höchster Grad der Cerebralisation unter den Vögeln. Jüngst wurde ein Schwestergruppenverhältnis zwischen den Papageien und Singvögeln vorgeschlagen. Oft sozial, Nesthocker, Höhlenbrüter, langsame Entwicklung. Zwei Familien: Psittacidae (Eigentliche Papageien, circa 330 Arten) und Cacatuidae (Kakadus, 21 Arten).

Coraciiformes (Rackenvögel). Masse: 6–4000 g. Häufig bunte, meist tropische Vögel mit unterschiedlichem Aussehen und Lebensweisen. Großer Kopf, großer oder langer Schnabel, kurzer Hals, kurze Beine, die drei vorderen Zehen sind miteinander teilweise verwachsen (= Syndaktylie). Circa 195 Arten, zehn Familien, die manchmal in vier selbständige, allerdings miteinander sehr nah verwandte „Ordnungen“ gruppiert werden: z.B. Coraciidae (Racken, 11 Arten), Meropidae (Bienenfresser, 26 Arten),

Alcedinidae (Eisvögel, circa 90 Arten), Upupidae (eine Art: Wiedehopf), Bucerotidae (Nashornvögel).

Piciformes (Spechtvögel). Masse: 7–500 g. Baumvögel mit ausgezeichnetem Klettervermögen. Zygodaktyler Kletterfuß, langes Zungenbein und lange bewegliche Zunge. Höhlenbrüter. Circa 400 Arten, neun Familien, z.B. Picidae (Spechte), Ramphastidae (Tukane), Indicatoridae (Honiganzeiger).

Passeriformes (Sperlingsvögel). Masse: 5–1200 g. Spezialisierte Flieger und Sänger von sehr verschiedenem Aussehen, ökologisch sehr diversifiziert. Sperrrachen und Sperrverhalten der Jungen, Syrinx (= 2. Stimmapparat), Nesthocker, komplizierte Nester, anisodaktyle Füße, die Kralle der Hinterzehe ist die größte. 5900 Arten (mehr als 50% aller Vogelarten), 73–90 Familien, z.B. Corvidae (Rabenvögel), Fringillidae (Finken), Hirundinidae (Schwalben), Paridae (Meisen), Passeridae (Sperlinge), Sylviidae (Grasmücken), Turdidae (Drosselvögel).

Weitere Vogeltaxa. Weitere oben nicht behandelte Taxa sind **Coliiformes** (Mausvögel), **Pteroclidiformes** (Flughühner), **Turniciformes** (Laufhühnchen) und **Trogoniformes** (Trogone).

Fragen

1. Die Amnioten leben primär an Land. Die Evolution welcher Merkmale ermöglichte ihre Emanzipation vom Wasser?
2. Führen Sie die verschiedenen Schädeltypen der Amniota auf, die aufgrund der unterschiedlichen Fensterung unterschieden werden.
3. Welche Tiergruppen gehören zu den Sauropsida?
4. Warum wurde die „Klasse“ der Reptilien aufgelöst und können wir heute noch von einer „Klasse“ der Vögel sprechen?
5. Warum ist die Stellung der Schildkröten innerhalb der Sauropsida umstritten?
6. Mit welchem Teiltaxon der Squamaten sind die Schlangen am nächsten verwandt?
7. Welche Tiergruppen gehören zu den Archosauria? Was sind ihre gemeinsamen Merkmale?
8. Nennen Sie zehn Apomorphien der Vögel.
9. Welches Teiltaxon der „Reptilien“ ist mit den Vögeln am nächsten verwandt? Nennen Sie die ausgestorbene „Reptilien-Gruppe“ aus denen die Vögel hervorgingen.
10. Welche Großgruppen der Vögel werden heute unterschieden?

Mammalia (Säugetiere) | 26

Inhalt

Die letzte Gruppe der Amniota mit denen wir, der traditionellen anthropozentrischen Sicht folgend, unser Buch abschließen, sind die Säugetiere (Mammalia). Sie sind die sogenannte „Krone aller Tiere“, auch wenn das Kladogramm diese Deutung nicht hergibt. Wir könnten den Text ebenso gut mit den Sauropsiden abschließen. Die Monophylie der Mammalia ist unumstritten. Sie weisen zahlreiche **Apomorphien** auf, wie synapside Schädel, sekundäres Kiefergelenk, Cochlea und drei Gehörknöchelchen, differenziertes Gebiss, Milchdrüsen, kernlose Erythrozyten oder ein Haarkleid. Das hoch komplexe Syndrom evolutionärer Neuheiten ist **graduell** und **mosaikartig entstanden**. Die phylogenetische Aufspaltung der „modernen“ Säugetiere erfolgte zwischen den **Prototheria** (ovipare Säugetiere) und **Theria** (vivipare Säugetiere). Die Prototheria schließen neben den rezenten **Monotremata** (Kloakentiere) auch ausgestorbene Vertreter ein. In die Stammlinie der Theria können die Eutriconodonta, Multituberculata, „Eupantotheria“, Metatheria und Eutheria eingefügt werden. Nur die zwei letztgenannten Taxa enthalten neben vielen ausgestorbenen Formen die rezenten Säugetiere. Zu den Metatheria gehören die **Marsupialia** (Beuteltiere), zu den Eutheria die **Placentalia** (Plazentatiere). **In den letzten Jahren wurde der Stammbaum der Placentalia heftig durcheinandergewürfelt.** Sie werden derzeit **in drei hochrangige Taxa** („Überordnungen“) aufgegliedert: eine ursprünglich afrikanische Gruppe **Afrotheria** (mit den Elefanten, Schliefern, Seekühen, Erdferkeln, Goldmullen, Borstenigeln und Rüsselspringern), die südamerikanische Gruppe der **Xenarthra** („Zahnarmen“: Gürteltiere, Faultiere und Ameisenbären) und eine dritte Gruppe, die den gesamten Rest der ursprünglich auf der Nordhalbkugel beheimateten plazentalen Säugetiere umfasst, **die Boreoeutheria**.

26.1 | Apomorphien

Diagnose

Apomorphien der Mammalia:

- **Synapsider Schädel.**
- **Sekundäres Kiefergelenk.**
- **Drei Gehörknöchelchen im Mittelohr.**
- **Heterodontie und Diphyodontie.**
- **Cochlea und Corti-Organ.**
- **Differenzierte faziale (Gesichts-)muskulatur.**
- **Homoiothermie, Haarkleid, Talg- und Schweißdrüsen.**
- **Tasthaare, hoch entwickelter Geruchssinn, Ultraschall-Hören.**
- **Milchdrüsen, sekundärer Gaumen, Saugzunge und Lippen.**
- **Großes Gehirn mit Neocortex.**
- **Nur der linke Aortenbogen ist entwickelt.**
- **Kernlose Erythrozyten.**
- **Bronchoalveolare Lungen, Zwerchfell (Diaphragma).**
- **Rotation der Extremitäten unter den Körper.**

Abb. 157 |

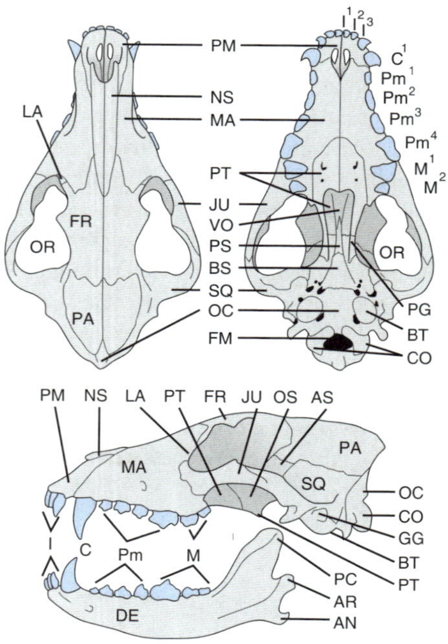

Schädel eines Hundes in Dorsal-, Ventral- und Seitenansicht. **AN** Processus angularis, **AR** Processus articularis, **AS** Alisphenoid, **BS** Basisphenoid, **BT** Bulla tympani, **CO** Condyli, **DE** Dentale, **FM** Foramen occipitale magnum, **FR** Frontale, **GG** Gehörgang, **JU** Jugale, **LA** Lacrimale, **MA** Maxillare, **NS** Nasale, **OC** Occipitale, **OR** Orbita, **OS** Orbitosphenoid, **PA** Parietale, **PC** Processus coronoideus, **PG** Pterygoid, **PM** Praemaxillare, **PS** Praesphenoid, **PT** Palatinum, **SQ** Squamosum, **VO** Vomer. Gebiss: **I** Incisivus (Schneidezahn), **C** Caninus (Eckzahn), **Pm** Praemolar (vorderer Backenzahn), **M** Molar (hinterer Backenzahn) (nach Sigmund 1972).

Der **Schädel** der Säugetiere ist **synapsid** mit einer einzigen Schläfengrube (Abb. 147). Diese verschmilzt bei den heutigen Säugetieren in der Regel mit der Orbitahöhle (Abb. 157). Säugetiere haben das primäre Kiefergelenk (Quadratum-Articulare-Gelenk) aufgegeben und durch ein **sekundäres Kiefergelenk** (= Squamosum-Dentale-Gelenk) ersetzt. Bei dieser Umgestaltung wurden das Articulare und das Quadratum frei und als zweites und drittes Gehörknöchelchen (**Hammer und Amboss**) ins Ohr verlagert (Abb. 158). Das **Gebiss** ist morphologisch und funktionell differenziert (= **Heterodontie**: Aufteilung der Zähne in Incissivi, Canini, Prämolaren und Molaren) mit zwei Zahngenerationen (= **Diphyodontie**) (Abb. 157, 159). Die Lagena des Innenohrs ist gewunden (1,5 bis 6 Windungen) und bildet die **Cochlea** (Schnecke). Diese enthält das **Corti-Organ** mit einer bei anderen Tieren nie gesehenen, geometrischen Anordnung und Differenzierung der Haarzellen (Burda, Allg. Zoologie, 2005, S. 277).

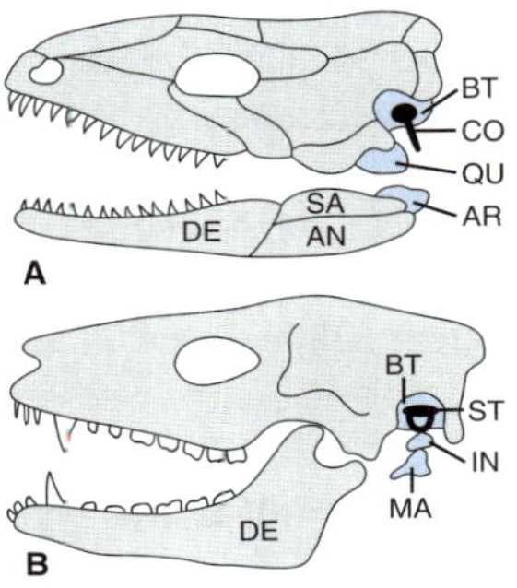

Abb. 158

Primäres (oben) und sekundäres (unten) Kiefergelenk. AN Angulare, **AR** Articulare, **BT** Bulla tympani, **CO** Columella, **DE** Dentale, **IN** Incus, **MA** Malleus, **QU** Quadratum, **SA** Supraangulare, **ST** Stapes (nach Kardong 1995).

Die unabhängig von den Vögeln entwickelte **Homoiothermie** der Säugetiere ist mit der Entwicklung einer neuartigen ektodermalen Wärmeisolation, nämlich dem **Haarkleid** verbunden. Die Haut der Säugetiere ist mit zahlreichen spezialisierten **Hautdrüsen** ausgestattet, z.B. Talg- und Schweißdrüsen. Von Schweißdrüsen lassen sich **Milchdrüsen** ableiten, deren Sekrete der Ernährung der Nachkommen dienen. Diese neue Nahrungsquelle kann von den Jungen aufgenommen werden, da Säugetiere durch weitere evolutionäre Neuheiten zum **Saugen befähigt sind:** Bildung eines **sekundären Gaumens**, einer **Saugzunge** und von **Lippen**.

Das **Gehirn** der Säugetiere ist auffallend groß. Es weist als neue Struktur die reich gefaltete Rinde des Endhirns (**Neocortex**) auf. Das Kleinhirn und die Riechkolben sind ebenfalls vergrößert. Die spezielle **Ausbildung der Sinnesorgane** steht mit der **ursprünglichen** vermutlich **nächtlichen Lebensweise** in funktionellem Zusammenhang. Charakteristisch für die Säugetiere sind **Tasthaare** (Schnurrhaare, Sinushaare, Vibrissen), die jedoch bei einigen Arten (darunter beim Menschen) sekundär wieder verloren gingen. Die Entfaltung des **Geruchssinns** bei den Säugetieren ist präzedenzlos: Die Riechrezeptoren werden von circa 1000 Genen kodiert; diese stellen die größte Genfamilie im ganzen Säugetiergenom dar. Einzigartig unter den Wirbeltieren (und abgesehen von einigen Insekten unter allen Tieren) ist auch die Fähigkeit einzelner Säugetiere, Schallfrequenzen über 10 kHz und insbesondere **Ultraschall** (über 16 kHZ) hören zu können.

Abb. 159

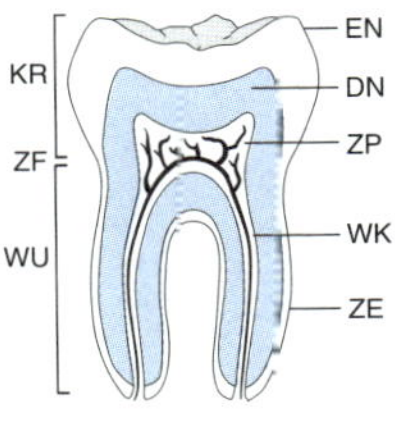

Bau des Molaren eines Säugetieres. DN Dentin (Zahnbein), **EN** Enamelum (Zahnschmelz), **KR** Krone, **WK** Wurzelkanal, **WU** Wurzel, **ZE** Zement, **ZF** Zahnfleischlinie, **ZP** Zahnpulpa (nach Kardong 1995).

Als einzige Wirbeltiere verfügen Säugetiere über **kernlose Erythrozyten**, was den Hämoglobinmolekülen in diesen Blutzellen mehr Raum bietet. Durch die Fähigkeit der Säuger viel Sauerstoff binden zu können, wird ihre sehr aktive Lebensweise unterstützt. Die **Rotation der Extremitäten** unter den Körper und der damit verbundene Übergang von einer schlängelnden Fortbewegung zum effektiveren „Laufen" ist charakteristisch für die Säugetiere (vergleichbare biomechanische Lösungen entwickelten unabhängig davon auch einige Dinosauria).

26.2 | Phylogenese und System

Das hoch komplexe Syndrom evolutionärer Neuheiten ist selbstverständlich nicht auf einmal entstanden. Die **mosaikartige Evolutionsgeschichte der Säugetiere** ist dank Dutzender verschiedener fossiler „Übergangsformen" gut dokumentiert, was allerdings zu unterschiedlichen „Definitionen" führte, was ein Säugetier ist (Box 58). Säugetiere gehören zu den Synapsiden und für ihre Stammgruppe werden die **Cynodontia** (Trias - Jura) gehalten. Gut belegt ist die Gruppe der **Morganuocodonta.** Im Mesozoikum waren Säugetiere noch relativ klein. Das 2001 beschriebene *Hadrocodium wui* aus China, circa 195 Mio. Jahre alt, wog nur etwa 2 g, das größte mesozoische Säugetier, *Repenomamus giganticus*, nur circa 12 kg.

Die phylogenetische Aufspaltung der „modernen" Säugetiere erfolgt zwischen den **Prototheria** (Ovipare Säugetiere) und **Theria** (Vivipare Säugetiere). Die Prototheria schließen neben den rezenten **Monotremata** (Kloakentiere) auch ausgestorbene Vertreter ein. In die Stammlinie der Theria können die Eutriconodonta, Multituberculata, „Eupantotheria", Meta-

Box 58

Säugetierähnliche Reptilien und reptilähnliche Säugetiere

Die „administrative" Entscheidung, dass ein Säugetier über ein sekundäres Kiefergelenk verfügen muss, ist populär. Wie dieses können aber nahezu alle weiteren Apomorphien der Säugetiere frühen Stammlinienvertretern (sogenannten **reptilähnlichen Säugetieren**) zugeordnet werden. So verfügen z.B. *Diarthrognathus* bereits über ein primäres und ein sekundäres Kiefergelenk. Die einzige sinnvolle Herangehensweise wie man die Säugetiere unter Einbeziehung der paläontologischen Belege als monophyletische Gruppe abgrenzen kann, ist die Einfügung der Fossilfunde in die Stammlinie. Alle paläozoischen „säugetierähnlichen Reptilien" würden dann in die Stammeslinie der Synapsida gehören; sie werden also zu den „reptilähnlichen Säugetieren". Die Säugetiere werden als Taxon markant älter und ihre Vielfalt wird weiter erhöht.

theria und Eutheria eingefügt werden. Nur die zwei Letztgenannten enthalten neben vielen ausgestorbenen Formen auch die rezenten Säugetiere. Zu den Metatheria gehören die **Marsupialia** (Beuteltiere), zu den Eutheria die **Placentalia** (Plazentatiere) (Abb. 160).

Abb. 160

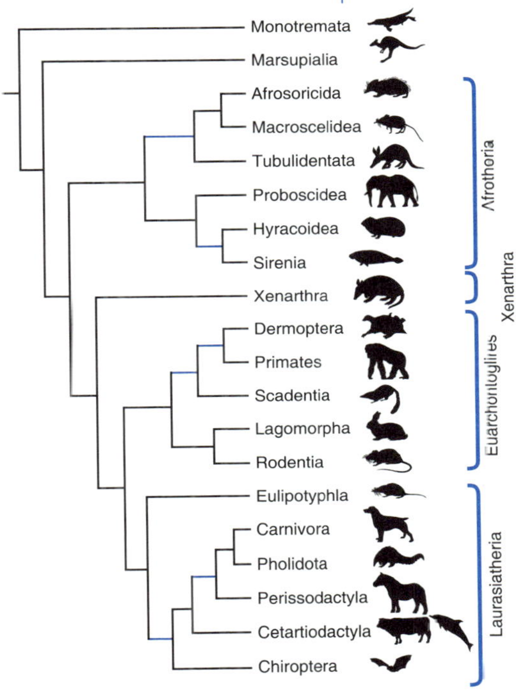

Verwandtschaftsdiagramm der Säugetiere. Blaue Linien kennzeichnen Gruppen, deren Monophylie nicht gesichert ist bzw. deren phylogenetische Beziehungen unsicher sind.

In den letzten Jahren wurde der Stammbaum der Placentalia heftig durcheinandergewürfelt. Während morphologische Analysen ziemlich verlässlich die hochrangigen Taxa („Ordnungen", wie z.B. Primaten, Wale oder Raubtiere) identifizieren können, gelang es nicht, die Beziehungen dieser Taxa untereinander eindeutig zu klären. Dagegen zweifelten einige molekulare Analysen seit langem an der Natürlichkeit mancher Taxa, wodurch z.T. auch die Klassifikation oberhalb der „Ordnungen" unsicher wurde.

Eine der großen Überraschungen der **molekularen Analysen** war die Feststellung, dass **Wale (Cetacea) ein Subtaxon der Paarhufer (Artiodactyla)** und ihre nächsten Verwandten die Flusspferde sind. Auch als die nahe Verwandtschaft der Wale und Paarhufer allgemein anerkannt wurde, erschien die Vorstellung, dass Delphine und Bartenwale in direkter Umgebung von Flusspferden entstanden sein sollen, zunächst wenig glaubwürdig, obwohl Flusspferde und Wale einige wesentliche Merkmale teilen, wie z.B. die Fähigkeit der Jungtiere, Milch unter Wasser aufnehmen zu können.

Das andere Taxon, das durch molekulare Studien in Frage gestellt wurde, waren die **Nagetiere (Rodentia)**. Die Behauptung, dass Meerschweinchen keine Nagetiere seien, sondern Angehörige einer eigenständigen „Ordnung" der Säugetiere, wurde oft als Musterbeispiel der erfolgreichen Rekonstruktion der Stammesgeschichte mittels molekularer Methoden angeführt. Aber seit 2001 wurden mehrere Arbeiten publiziert, die die Phylogenese der Säugetiere aufgrund der Untersuchungen einer großen Anzahl verschiedener Gene revidieren. In die Studien wurden Modellarten aus allen bedeutenden Subtaxa der Säugetiere einbezogen. Die Ergebnisse waren weitaus „realistischer“ als die ersten „revolutionären“ Kladogramme. Das Meerschweinchen ist nun wieder ein Nagetier und auch alle anderen **Säugetierordnungen wurden als natürliche Taxa** bestätigt (außer die Paarhufer, zwischen denen sich hartnäckig die Wale gruppieren). Die nächsten **Verwandten der Nagetiere sind die Hasenartigen** (Lagomorpha); was jeder sieht, aber in Lehrbüchern hundert Jahre lang bestritten wurde.

Darüber hinaus kristallisiert sich derzeit eine überzeugende grundlegende Hypothese zur Phylogenese der Plazentalia heraus. Diese lassen sich **in drei hochrangige Taxa** („Überordnungen“) aufgliedern: eine ursprünglich afrikanische Gruppe **Afrotheria** (mit den Elefanten, Schliefern, Seekühen, Erdferkeln, Goldmullen, Borstenigeln und Rüsselspringern), die südamerikanische Gruppe der **Xenarthra** („Zahnarme“: Gürteltiere, Faultiere und Ameisenbären) und eine dritte Gruppe, die den gesamten Rest der ursprünglich auf der Nordhalbkugel beheimateten plazentalen Säugetiere umfasst, **Boreoeutheria**. Letztere spalten sich in die Laurasiatheria und Euarchontoglires auf (Abb. 160).

26.2.1 Prototheria („Erstsäugetiere“)

Übersicht

Prototheria

Dieses Taxon schließt, neben den rezenten **Monotremata** (= Kronengruppe), auch die ausgestorbenen mesozoischen **Australosphenida** ein. Die (sekundäre) Schädelseitenwand wird aus der sogenannten Lamina anterior des Felsenbeins gebildet. Ausgestorbene Vertreter hatten Zähne, die Molarhöcker waren linear angeordnet. Im Schultergürtel sind Coracoid und Interclavicula noch erhalten, im Beckengürtel epipubische Knochen. Wahrscheinlich waren alle Prototheria ovipar.

Monotremata (Kloakentiere). Masse: 0,5–10 kg. In vielen Aspekten die ursprünglichsten rezenten Säugetiere mit Oviparie, Kloake, ohne Zitzen. Apomorphien: u.a. schnabelförmige, zahnlose Kiefer, massives Chondrocranium, Männchen mit Giftdrüse und Sporn am Schenkel. Tasthaare fehlen. Die Cochlea ist nur gebogen, das Corti-Organ ist wenig differenziert. Reliktartige Verbreitung, Australien und Neuguinea. Zwei Familien: Ornithorhynchidae (eine rezente Art: Schnabeltier), Tachyglossidae (vier rezente Arten: Schnabeligel).

26.2.2 Theria

Übersicht

▶ Theria

Die (sekundäre) Schädelseitenwand wird aus dem Keilbeinflügelknochen (Alisphenoid) gebildet. Der Schultergürtel weist nur noch die

Scapula und die Clavicula auf. Die Molaren haben ursprünglich drei Höcker (= tribosphenisches Muster). Die Austrittsöffnung des Harn- und Geschlechtsapparats und die Analöffnung sind durch einen Damm (Perineum) getrennt. Viviparie. Hochrangige Subtaxa: **Multituberculata** („Nagetiere des Mesozoikums"), „Eupantotheria" (Jura), Boreosphenida (Kreide), **Metatheria** (ausgestorbene Gruppen + **Marsupialia**), **Eutheria** (ausgestorbene Formen, z.B. *Eomaia scannsoria* aus der Kreide und **Placentalia**).

Marsupialia (Beuteltiere). Doppelpenis, doppelter Uterus und Vagina, meistens Dottersackplazenta, Jungen nach kurzer Tragzeit unreif geboren, lange postnatale Entwicklung an der Zitze im Beutel oder einer Hautfalte. Sieben hochrangige Taxa („Ordnungen") mit insgesamt 21 Familien und 334 Arten.

- **Didelphimorphia (Oppossums)**, Masse: 18 g–6 kg. Amerika. Boden- und Baumbewohner, *Chironectes* und *Lutreolina* semiaquatisch. Rattenhabitus. Ursprüngliche Dentition (Zahndurchbruch), 50 Zähne. Carnivor oder omnivor. Beutel reduziert. Die Didelphiomorphia stellen die basale Linie aller Marsupialia dar. 93 Arten, eine Familie, Didelphidae (Beutelratten).
- **Paucituberculata (Mausoppossums)**, Masse: 15–40 g. Reliktgruppe in montanen Regenwäldern Südamerikas. Reduzierte oder modifizierte untere Schneidezähne. Kein Beutel. Schwestergruppe der australischen Beuteltiere. Sechs Arten, eine Familie: Caenolestidae (Opossummäuse).
- **Peramelida (= Peramelemorphia, Nasenbeutler)**, Masse: 140–5000 g. Rattenähnlich, relativ lange, dünne Hinterbeine (hoppelnde Fortbewegung), lange spitze Schnauze, der Beutel öffnet sich nach hinten. Australien, Neu Guinea, Tasmanien. Zwei rezente Familien: z.B. Peramelidae (Nasenbeutler).
- **Microbiotheriida**, Masse: 15–30 g. Reliktgruppe, die heute nur noch mit einer Art, *Dromiciops gliroides* (Chiloé-Beutelratte), überlebt. Obwohl im Südwesten Südamerikas beheimatet, ist sie näher mit australischen Beuteltieren verwandt.
- **Notoryctoidea (Beutelmulle)**, Masse: 40–70 g. Spezialisierte subterrane Beuteltiere, die morphologisch und ökologisch den Goldmullen bzw. Maulwürfen ähneln (Konvergenz!). Kommt in geringer Abundanz in sandigen Gebieten Westaustraliens vor. Wenig erforscht. Zwei Arten: z.B. *Notoryctes typhlops*.
- **Dasyuroidea (Raubbeutler),** Masse: 5 g–12 kg. Australische Beuteltiere, die aufgrund der Besetzung vergleichbarer ökologischer Nischen konvergent Arten entwickelten, die morphologisch den plazentalen Raubtieren und Spitzmäusen stark ähneln. Boden-, seltener Baumbewohner. Australien, Tasmanien. 71 Arten, drei Familien: Dasyuridae (Beutelmarder, Beutelmäuse, Beutelteufel), Myrmecobiidae (*Myrmecobius fasciatus*, Ameisenbeutler), Thylacinidae (*Thylacinus cynocephalus*, Beutelwolf, wurde Anfang des 20. Jahrhunderts ausgerottet).

- **Diprotodontia (Kängurus etc.)**, Masse: 7 g–95 kg. Ein Paar meißelartige Schneidezähne im Unterkiefer, das besonders groß und nach vorne gerichtet ist. 2. und 3. Zehe der Hinterbeine sind zusammengewachsen. Meist herbivor, mit Tendenz zur Arborikolie. Australien, Tasmanien, Neuguinea, östliches Indonesien, Salomonen. Unter den ausgestorbenen Arten finden sich herbivore Riesenformen, sowie carnivore Arten (Beutellöwe). 79 Arten, elf Familien: z.B. Phascolarctidae (Koalas), Vombatidae (Wombats), Macropodidae (Kängurus), Petauridae (Gleitbeutler), Phalangeridae (Kletterbeutler).

Placentalia (Plazentatiere). Embryonale Entwicklung im Trophoblast ist verlängert, Bildung einer Allantochorion-Plazenta. Der Trophoblast verhindert die immunologische Reaktion der Mutter gegen den Embryo. Epipubis und Beutel fehlen. Harnleiter und Müller-Gänge verlaufen parallel. Unpaare Vagina, Uterushörner unterschiedlich stark verschmolzen. Milchzitzen in zwei Reihen, Skrotum kaudal vom Penis gelegen. Penis unpaar, nicht gespalten. Anzahl der Zähne reduziert (ursprünglich 44). Die aktuelle Interpretation des Systems ist durch das Kladogramm (Abb. 160) dargestellt. Die Placentalia schließen 18–20 rezente und 13 ausgestorbene „Ordnungen" ein. Mehr als 90% der rezenten Säugerspezies sind Placentalia.

- **Tubulidentata (Röhrenzähner)**, Masse: 40–100 kg. Auffällige Tiere mit Röhrenzähnen ohne Wurzeln (die Zahnsubstanz wird aus sehr vielen Dentinkanälchen gebildet), Schweineohren, Schweinerüssel und kräftiger Känguruschwanz, dicke nackte Haut mit Borsten. Afrika. Eine Art: *Orycteropus afer* (Erdferkel).

- **Afrosoricida (Tenrekartige)**, Masse: 5–2400 g. Heterogene Gruppe mit maulwurf-, igel-, otter- und spitzmausähnlichen Arten (morphologische und ökologische Konvergenz!) aus Afrika, Madagaskar und Mauritius. Früher wurden sie in der inzwischen aufgelösten „Ordnung Insectivora" geführt. Kloake. Zwei Familien: Tenrecidae (Tenreks, Otterspitzmäuse, circa 30 Arten) und Chrysochloridae (Goldmulle, circa 20 Arten).

- **Macroscelidea (Rüsselspringer)**, Masse: 25–440 g. Spitzmausähnliche Tiere mit langen beweglichen Schnauzen und langen Hinterbeinen. Große Augen. Nestflüchter. Afrika. 15 Arten, eine Familie: Macroscelidae.

- **Proboscidea (Rüsseltiere)**, Masse: 2–7,5 t. Größte Landsäugetiere. Nase und Oberlippe zu Rüssel umgebildet, Stoßzahn (vergrößerter I^2), drei Milch- und drei Dauermolaren. Von Letzteren ist nur einer in Funktion, Fußpolster, zwei brustständige Zitzen. Asien, Afrika. 170 ausgestorbene Arten (z.B. *Mammuthus primigenius*, Mammut, verwandt mit dem afrikanischen Elefanten). Eine rezente Familie (Elephantidae) mit zwei bis drei rezenten Arten (der Afrikanische Waldelefant wird manchmal als selbständige Art betrachtet).

- **Hyracoidea (Schliefer)**, Masse: 1,3–5,5 kg. Stämmige, kaninchengroße Tiere, vier Vorder- und drei Hinterzehen mit nagelartigen Hufen, 2. Zehe mit Putzkralle, obere Schneidezähne analog wie bei Nagetieren gebaut, Verdauungsapparat unterschiedlich modifiziert. Tagaktiv, Nestflüchter. Afrika, Asien, felsen- oder baumbewohnend. Vier Arten, eine Familie: Procaviidae.
- **Sirenia (Seekühe)**, Masse: 200 kg–1 t. Permanent aquatisch. Zylindrischer Körper, Vorderbeine zu paddelförmigen Flossen mit Hufresten umgewandelt, Hinterextremitäten reduziert, horizontale Schwanzflossen, nahezu unbehaarte Haut, zwei brustständige Zitzen (Vorbild für die Legende von den Seejungfrauen). Hornplatten am Gaumen und Zunge, mehrkammeriger Magen. Herbivor. Küstengewässer des tropischen Ozeans (bis auf amerikanische Westküste), Mündungen großer Flüsse. Die Riesenseekuh (*Hydrodamalis gigas*, 10 t) des Behring-Meers wurde im 18. Jahrhundert kurz nach ihrer Entdeckung ausgerottet. Sechs rezente Arten, zwei Familien: Dugongidae (Gabelschwanzkühe), Trichaechidae (Rundschwanzkühe).
- **Xenarthra (Nebengelenktiere)**, Masse: 85 g–60 kg. Lenden- und Brustwirbel mit zusätzlichen Gelenken und Fortsätzen, Schneide- und Eckzähne fehlen, Backenzähne mehr oder weniger reduziert. Sternale Rippenenden verknöchert, großer Proc. coracoideus, niedriger Metabolismus. Neue Welt. 29 Arten, vier Familien, die manchmal als zwei bis drei selbständige „Ordnungen" bewertet werden: Myrmecophagidae (Ameisenbären), Bradypodidae (Dreifinger-Faultiere), Megalonychidae (Zweifinger-Faultiere), Dasypodidae (Gürteltiere).
- **Lagomorpha (Hasenartige)**, Masse: 20 g–7 kg. Nagegebiss (s.u.), zwei Paare oberer Incisivi hintereinander liegend, erstes Paar groß mit Zahnschmelz auf der gesamten Oberfläche, zweites Paar als kleine Stiftzähne. Leicht gebauter Schädel, Maxillare siebartig perforiert, Blinddarm mit Spiralfalte, Caecotrophie. Scrotum vor dem Penis gelegen. 92 Arten, zwei Familien: hamsterähnliche, kurzohrige Ochotonidae (Pfeifhasen) und Leporidae (Hasen, Kaninchen) mit langen Ohrmuscheln und langen Hinterextremitäten.
- **Rodentia (Nagetiere)**, Masse: 5 g–66 kg. Im Ober- und Unterkiefer jeweils ein Paar große, wurzellose, dauerwachsende und nur auf der Außenseite von Schmelz bedeckte Schneidezähne (Nagezähne). Anstelle der Eckzähne ist eine Lücke (Diastema) vorhanden. Kaumuskulatur sehr differenziert. Nach der Anordnung des Musculus masseter-Komplexes werden die „Unterordnungen" Protrogomorpha, Sciuromorpha, Myomorpha und Caviomorpha, nach der Position des Processus angulare am Unterkiefer die „Unterordnungen" Sciurognatha und Hystricognatha unterschieden. Das System der Nagetiere ist noch nicht gesichert und auch

die molekulare Phylogenetik konnte noch nicht zum Konsens gelangen. Die molekulare Evolution verlief innerhalb des Taxons sehr schnell und in einzelnen Linien ungleichmäßig. 28–33 Familien, deren Beziehungen untereinander kontrovers diskutiert werden. Ein Monophylum, **Sciuromorpha**, könnten myomorphe Gliridae (Bilche) + sciuromorphe Sciuridae (Hörnchen) + protrogomorphe Aplodontidae (Stummelschwanzhörnchen) bilden. Eine weitere monophyletische Gruppierung, **Hystricomorpha**, vereinigt die Diatomyidae (Laotische Felsenratte, ein unlängst entdecktes „lebendes Fossil") und die Ctenodactylidae (Kammfinger) mit allen **Hystricognathi** mit circa 17 Familien, z.B. Hystricidae, (Stachelschweine); Bathyergidae (Sandgräber) und **Caviomorpha**, die meisten südamerikanischen Nagetiere (z.B. Caviidae, Meerschweinchenartige; Echimyidae, Stachelratten). Eine Schwesterstellung nehmen die **Castorimorpha** (Castoridae, Biber) und nordamerikanischen **Geomyioidea** (Geomyidae, Taschenratten und Heteromyidae, Taschenmäuse) ein. Die Kronengruppe **Myomorpha** enthält die Schwesterfamilien Dipodidae (Springmäuse) und **Muroidea** (Mäuseverwandte, mit einer bis acht Familien, z.B. Muridae, Mausartige; Cricetidae, Hamster; Spalacidae, Blindmäuse). Zu Muroidea zählen möglicherweise auch die **Anomaluromorpha** (Anomaluridae, Dornschwanzhörnchen und Pedetidae, Springhasen). Die Rodentia sind die größte Säugetierordnung, weltweit verbreitet, circa 2300 Arten. Sie sind ökologisch vielfältig angepasst und besiedeln die verschiedensten Habitate und Nischen. Einige Arten sind wichtige Schädlinge, Krankheitsvektoren, Fleisch- und Pelzlieferanten, andere wichtige Modelle in der biomedizinischen Forschung, Haustiere oder „Landschaftsarchitekten" (Biber).

- **Scandentia (Spitzhörnchen)**, Masse: 25–300 g. Eichhörnchenähnlich, verlängerte Schnauze, Ohrmuschel vom Primatentyp. Insektenfressergebiss. Weit entwickeltes Gehirn und Sehsinn, geschlossene Orbitahöhle. Meist arborikol, meist diurnal. Süd- und Südostasien. Eine Familie: Tupaiidae (Tupaias), 20 Arten.
- **Dermoptera (Pelzflatterer)**, Masse: 1–1,8 kg. Erinnern an Spitzhörnchen mit großer Flughaut. Diese ist zwischen Hals, Vorder- und Hinterextremitäten und Schwanz aufgespannt. Hervorragende Gleiter. Kammartige untere Incisivi. Südostasien. Eine Familie: Cynocephalidae (Gleitflieger), zwei Arten.
- **Primates (Herrentiere)**, Masse: 55 g–200 kg. Primär arborikol. Heterogene Gruppierung von Tieren mit unterschiedlichem Evolutionsniveau: Wenig spezialisiert. Clavicula, pentadactyle Extremitäten, Greiffuß, Trends zur erhöhten Beweglichkeit der Extremitäten, Entwicklung von Nägeln statt Krallen, Diurnalität, Vollständiges bunodontes Gebiss (d.h. viereckige Molarkronen mit gerundeten Höckern). Hoch entwickeltes

visuelles System, geschlossene, nach vorne gerichtete Orbitahöhlen. Hoher Cerebralisationsgrad. Hodensack, ein bis drei Paare brustständiger Zitzen. Typische K-Strategen. Abgesehen vom Menschen sind Primaten in den Tropen, seltener auch den Subtropen (bis auf Australien) verbreitet. 405 Arten, 15 Familien, zwei hochrangige Taxa: **Strepsirrhini und Haplorhini. Strepsirrhini** (Feuchtnasenaffen, Halbaffen) mit sieben Familien: Daubentoniidae (Fingertiere), Cheirogaleidae (Makis), Lemuridae (Lemuren), Galagidae (Galagos) und **Haplorrhini** (Trockennasenaffen). Subtaxa der Haplorrhini sind die **Tarsiiformes** (Koboldmakis) und **Anthropoidea** (Eigentliche Affen), Letztere mit zwei Subtaxa: **Platyrrhini**, Breitnasenaffen, Neuweltaffen, fünf Familien: Pitheciidae (Sakiaffen), Atelidae (Klammerschwanzaffen), Callitrichidae (Krallenaffen), Aotidae (Nachtaffen), Cebidae (Kapuzinerartige). **Catarrhini** (Schmalnasenaffen, Altweltaffen) mit drei Familien: Cercopithecidae (Meerkatzenartige), Hylobatidae (Gibbons) und Hominidae (Menschenaffen, Mensch). Erst neuere genetische Untersuchungen haben gezeigt, dass unsere Art auffällig nah mit den Schimpansen verwandt ist.

- **Eulipotyphla („Insektenfresser“)**, Masse: 1,5–2000 g. Phylogenetisch umstrittene Gruppe von räuberischen, insektivoren Tieren. Verlängerter Schädel, kleine Hirnkapsel. Vollständiges Gebiss. Das Maxillare reicht bis in die Orbitahöhle, Reduktion des Blinddarms und der Schambeinsymphyse. Früher wurden den Insectivoren auch Goldmulle, Tenreks, Elefantenspitzmäuse und sogar Spitzhörnchen zugeordnet. Circa 450 Arten, vier rezente Familien, zwei „Ordnungen“: **Erinaceomorpha** (Erinaceidae, Igel) und **Soricomorpha** (Solenodontidae, Schlitzrüssler), Talpidae (Maulwürfe) und Soricidae (Spitzmäuse).
- **Chiroptera (Fledertiere)**, Masse: 1,7–1500 g. Einzige Säugetiere die aktiv fliegen können. Zwischen den verlängerten Fingern, den Hinterextremitäten (und dem Schwanz) ist eine Flughaut aufgespannt. Daumen kurz und mit Kralle. Brustbeinkamm. Hüftgelenk modifiziert. Ihre Monophylie wurde früher in Frage gestellt, gilt heute jedoch als gesichert. Mit mehr als 1100 Arten das zweitgrößte Säugertaxon, 18 Familien, zwei „Unterordnungen“: **Megachiroptera** und **Microchiroptera.** Megachiroptera (Flughunde) haben keinen Schwanz, kein vomeronasales Organ, orientieren sich vor allem optisch, frugi- und pollivor. Eine Familie (Pteropidae) mit 185 Arten. Möglicherweise sind die Megachiroptera die Schwestergruppe der Hufeisennasen. Microchiroptera (Fledermäuse) mit zwei Subtaxa: Rhinolophoidea (Hufeisennasen) mit 170 Arten in fünf Familien (z.B. Rhinolophidae) und Vespertilioniformes (Eigentliche Fledermäuse) mit circa 930 Arten in zwölf Familien (z.B. Vespertilionidae, Phyllostomidae). Typisch für die Microchiroptera ist u.a. die Fähigkeit zur Echolokation. Arten der gemäßigten Zone halten Winterschlaf. Diverse

Nahrungsspezialisierungen.

- **Cetartiodactyla**, dieses Taxon enthält zwei morphologisch und ökologisch sehr verschiedene Subtaxa: die vermutlich paraphyletischen **„Artiodactyla“** (Paarhufer) und die **Cetacea** (Wale). Die Wale sind wahrscheinlich am nächsten mit den Flusspferden verwandt. Apomorphien der Cetartiodactyla sind: Astragalus (Sprungbein) mit oberer und unterer Gelenkrolle und übereinstimmender Bau des Penis (keine Eichel, kein Baculum, im eingezogenen Zustand S-förmig), drei primäre Bronchi, Bau der Blastozyste. Die Monophylie des Taxons wird ferner durch molekulargenetische und paläontologische Befunde unterstützt. **„Artiodactyla“ (Paarhufer)**, Masse: 2 kg–4,5 t. Zwei funktionelle Zehen (3. und 4.) der Extremitäten tragen Klauen, 2. und 5. Zehen unterschiedlich ausgebildet. Tendenz zum Verschmelzen der Knochen des Unterarms bzw. Unterschenkels. Blinddarm reduziert, Magen einfach oder mehrkammerig, Uterus bicornis. Zehn Familien, circa 220 Arten. Nach Art der Dentition werden **traditionell** unterschieden: **Bunodontia** (z.B. Suidae, Schweine, Hippopotamidae, Flußpferde) und **Selenodontia,** die wiederum zwei Subtaxa einschließen: **Tylopoda** (Camelidae, Kamele) und **Ruminantia** (z.B. Giraffidae, Giraffen, Bovidae, Rinder, Cervidae, Hirsche). **Jüngst erfolgte eine neue Einteilung in Tylopoda**, **Suina** (Schweineartige) und **Cetruminantia**. Die Cetruminantia enthalten die **Ruminantia** (Wiederkäuer, Tragulidae, Hirschferkel und Pecora, Stirnwaffenträger) und die **Cetancodonta** (Hippopotamidae, Flusspferde und Wale, Cetacea). **Cetacea (Wale)**, Masse: 20 kg–190 t. Extrem ans Wasserleben angepasste Säugetiere, die an Land nicht überleben können. Fischartiger, stromlinienförmiger Körper. Vorderbeine in Flossen umgewandelt. Hinterextremitäten bis auf Beckenreste reduziert. Horizontale Schwanzflosse und Rückenflosse (falls vorhanden) ohne Skelett. Geruchssinn nicht entwickelt, Nasenöffnung(en) im Dienste der Atmung nach dorsal verlagert. Gehörgang geschlossen, Gehör jedoch gut entwikkelt, dicke Epidermis. Circa 80 Arten werden 13 Familien und traditionell zwei „Unterordnungen“ zugeordnet: **Mysticeti** (Bartenwale) mit vier Familien: z.B. Balaenidae (Glattwale), Balaenopteridae (Furchenwale), Eschrichtiidae (Grauwal) und „**Odontoceti**“ (Zahnwale) mit neun Familien: z.B. Physeteridae (Pottwale), Iniidae (Amazonasdelphine), Monodontidae (Gründelwale), Phocoenidae (Schweinswale), Delphinidae (Delphine). Die phylogenetische Stellung der Pottwale ist umstritten.

- **Perissodactyla (Unpaarhufer)**, Masse: 110 kg bis 3,6 t. Apomorphien: 1. Fingerstrahl und 1. und 5. Zehenstrahl reduziert, die Symmetrieachse der Extremitäten verläuft durch den 3. Strahl (mesaxonisch). Im Unterschied zu den Ruminantia sind die oberen Schneidezähne vorhanden. Einfacher Magen, großer Blinddarm. 17 Arten, drei rezente Familien: Equidae (Pferde), Rhinocerotidae (Nashörner) und Tapiridae (Tapire).

- **Pholidota (Schuppentiere)**, Masse: 4,5–33 kg. Panzer aus scharfrandigen, dachziegelartig angeordneten Hornschuppen. Starke Beine mit Krallen. Zahnlos, lange Leimrutenzunge, Kaumagen mit Hornzähnen zum Zerreiben der Insektennahrung. Das Junge wird auf der Schwanzwurzel getragen. Nahrungsspezialisten (Ameisen, Termiten). Afrika, Asien. Eine Familie: Manidae (Schuppentiere), sieben Arten.
- **Carnivora (Raubtiere)**, Masse: 50 g bis 3,7 t. Heterogene Gruppe räuberischer Säugetiere. Zehen mit Krallen, große Eckzähne, Brechscherenapparat (P4/M1), ausladende Jochbögen, die große Schläfengrube dient als Ursprung für den kräftigen Schläfenmuskel, Fusion der Augenhöhle und des Schläfenfensters. 286 Arten, 11–15 Familien. Früher wurden Carnivora in zwei „Unterordnungen" oder (noch früher) „Ordnungen" eingeteilt: „Fissipedia" (Landraubtiere) und Pinnipedia (Wasserraubtiere). Pinnipedia (Robben etc.) sind jedoch die Schwestergruppe der Bären und somit sind die „Fissipedia" paraphyletisch. Moderne Systematik unterscheidet folgende zwei hochrangige Taxa: **Feloidea** mit sechs Familien: z.B. Felidae (Katzen), Viverridae (Schleichkatzen), Hyanidae (Hyänen), Herpestidae (Mangusten) und **Canoidea** mit neun Familien: Canidae (Hunde), Ursidae (Bären), Phocidae (Hundsrobben), Odobenidae (Walross), Otariidae (Ohrenrobben), Ailuridae (Kleine Panda), Mephitidae (Stinktiere), Procyonidae (Kleinbären) und Mustelidae (Marder).

Fragen

1. Nennen Sie zehn Apomorphien der Säugetiere und ordnen Sie diese funktionell zu.
2. Nennen Sie die drei hochrangigen Teiltaxa der Mammalia und führen Sie für jedes Teiltaxon drei Apomorphien auf.
3. Erläutern Sie den Unterschied zwischen den Begriffen Prototheria versus Monotremata, Metatheria versus Marsupialia und Eutheria versus Placentalia.
4. Nennen Sie die Schwestergruppe der Wale.
5. Welche Teiltaxa gehören zu den Afrotheria?
6. Welche Teiltaxa gehören zu den Xenarthra?
7. Welche Teiltaxa gehören zu den Boreoeutheria?
8. Welche Überlegungen führten zur Errichtung folgender Teiltaxa: Afrotheria, Xenarthra, Boreoeutheria?
9. Welche Tiere sind die nächsten Verwandten der Primaten?
10. Nennen Sie die hochrangigen Taxa („Ordnungen") der Säugetiere, die in der heimischen Fauna vertreten sind und stellen Sie ihre verwandtschaftlichen Beziehungen in einem Kladogramm dar.

Literaturverzeichnis

Wie andere Lehrbücher auch ist dieses Buch ein Kompilationswerk. Die verwendeten Quellen konnten aus Platzgründen und um den Lesefluss nicht zu behindern, nicht vollständig zitiert werden. Die Liste der Literatur stellt nur eine Auswahl und einen Bruchteil von einigen modernen, insbesondere deutschsprachigen Kompendien dar, die den hier behandelten Stoff vertiefen und erweitern. Auch die Quellen der Abbildungen konnten nicht vollständig zitiert werden. In Lehrbüchern kursieren viele Abbildungen, die mehr oder weniger graphisch modifiziert wurden, und die jedoch auf eine gemeinsame Herkunft zurückzuführen sind. Der Ursprung der Originalabbildung liegt häufig lang zurück, meist ist er kaum noch nachvollziehbar. Die meisten Abbildungen in diesem Lehrbuch entstanden aufgrund der umfangreichen Recherche und Kompilation von Daten, Abbildungen und Fotografien in Lehr- und Fachbüchern und wissenschaftlichen Facharbeiten. In Hinsicht auf den dynamischen Charakter der modernen Systematik und auf die immer wachsenden Möglichkeiten des Internets, muss man den Studierenden bei Interesse und Bedarf das Recherchieren im Internet (Google, Google Scholar, Tree of Life, Wikipedia, Web of Science etc.) nachdrücklich empfehlen.

Ax P. (1996): A new approach to the phylogenetic order in nature. Bd. 1 (Multicellular animals). Springer, Berlin.

Ax P. (1995): Das Phylogenetische System der Metazoa. Bd. 1. Springer, Berlin.

Ax P. (2000): The phylogenetic system of the Metazoa. Bd. 2. Springer, Berlin.

Ax P. (2001): Das Phylogenetische System der Metazoa. Bd. 3. Springer, Berlin.

Bininda-Emonds O.R.P. (2004): The evolution of supertrees. TREE, 19(6): 315-322.

Bininda-Emonds O.R.P. et al. (2007): The delayed rise of present-day mammals. Nature 446: 507-512.

Burda H. (2005): Allgemeine Zoologie. UTB basic. Ulmer, Stuttgart.

Cihak R. (1987, 1988, 1997): Anatomie I, II, III (tschech.). Avicenum, Prag.

Cracraft J., Donoghue M.J. (Hersg.) (2004): Assembling the Tree of Life. Oxford Univ. Press.

Dunn C.W. et al. (2008): Broad phylogenomic sampling improves resolution of the animal tree of life. Nature 452: 745-749.

Feldhammer G.A. (1999): Mammalogy. McGraw-Hill, Boston.

Gaisler J., Zima J. (2007): Zoologie der Wirbeltiere (tschech.). Academia, Praha.

Giribet G. (2003): Molecules, development and fossils in the study of metazoan evolution; Articulata versus Ecdysozoa revisited. Zoology, 106: 303-326.

Giribet G. et al. (2007): A modern look at the Animal Tree of Life. Zootaxa, 1668: 61-79.

Hackett S.J. et al. (2008): A phylogenomic study of birds reveals their evolutionary history. Science, 320: 1763-1767.

Helmkampf M. et al. (2008): Phylogenomic analyses of lophophorates (brachiopods, phoronids and bryozoans) confirm the Lophotrochozoa concept. Proc. Roy. Soc. B., 275: 1927-1933.

Hentschel E.J., Wagner G.H. (2004): Wörterbuch der Zoologie. Spektrum Akad., München.

Hickman C.P. et al. (2008): Zoologie. Auflage: 13., aktualisierte Auflage. Pearson Studium, München.

Hildebrandt M., Goslow G.E. (2004): Vergleichende und funktionelle Anatomie der Wirbeltiere. Springer, Berlin-Heidelberg.

Jenner R.A. (2004): Towards a phylogeny of the Metazoa: evaluating alternative phylogenetic positions of Platyhelminthes, Nemertea, and Gnathostomulida, with a critical reappraisal of cladistic characters. Contrib. to Zoology, 73(1-2): 3-163.

Kaestner A., Starck D. (1995): Lehrbuch der speziellen Zoologie, Bd. 2/5, Wirbeltiere. Spektrum Akad., Heidelberg - Berlin.

Kaestner A., Dathe H.H.. (2002): Lehrbuch der speziellen Zoologie, Bd. 1/5, Wirbellose. Spektrum Akad., Heidelberg - Berlin.

Kamm K. et al. (2006): Axialpatterning and diversification in the Cnidaria redate the *Hox* system. Current Biol., 16: 920–926.

Kardong K.V. (1995): Vetrebrates. Wm.C.Brown Publ. Oxford.

Kuratani S. (2003): Evolutionary developmental biology and vertebrate head segmentation: a perspective from developmental constraint. *Theor. Biosci.*, 122: 230–251.

Lang J. et al. (1971): Zoologie der Wirbellosen (tschech.). SPN, Praha.

Lecointre, G., Le Guyader, H. (2001): Biosystematik. Springer, Berlin, Heidelberg.

Margulis L., Schwartz K.V. (1998): Five Kingdoms. W.H. Freeman, New York.

Mayr E., Bock W.J. (2002): Classifications and other ordering systems. J. Zool. Syst. Evol. Res., 40: 169–194.

Mayr G. (2008): Avian higher-level phylogeny: well-supported clades and what we can learn from a phylogenetic analysis of 2954 morphological characters J. Zool. Syst. Evol. Res., 46(1): 63–72.

Mickoleit G. (2004): Phylogenetische Systematik der Wirbeltiere. Verl. Dr. Friedrich Pfeil, München.

Nielsen C. (2001): Animal Evolution: Interrelationships of the Living Phyla. 2nd Ed. Oxford University Press, Oxford.

Nielsen C. (2008): Six major steps in animal evolution: are we derived sponge larvae? Evolut. Dev., 10: 241-257.

Papacek M. et al. (2000): Zoologie (tschech.). Scientia. Praha.

Pough F.H. et al. (1999): Vertebrate life. Prentice-Hall, New Jersey.

Prasad A. et al. (2008): Confirming the phylogeny of mammals by use of large comparative sequence data sets. Mol. Biol. Evol., 25: 1795-1808.

Richter S., Sudhaus W. (Hersg.) (2004): Kontroversen in der phylogenetischen Systematik der Metazoa. Goecke & Evers, Keltern.

Rocek Z. (2002): Geschichte der Wirbeltiere (tschech.). Academia, Praha.

Rosypal S. (2003): Neue Übersicht der Biologie (tschech.). Scientia, Praha.

Ruppert E.E. et al. (2003): Invertebrate Zoology. A Functional Evolutionary Approach. Aufl. 7, Cengage Learning Services, Hampshire.

Schierwater B., DeSalle R. (2007): Can we ever identify the Urmetazoan? Integr Comp Biol 47: 670-676.

Starck D. (1978): Vergleichende Anatomie der Wirbeltiere. Bd. 1, 2. Springer Verlag, Berlin.

Struck T.H. et al. (2007): Annelid phylogeny and the status of Sipuncula and Echiura. BMC Evolut. Biol., 2007, 7: 57.

Sudhaus W., Rehfeld K. (1992): Einführung in die Phylogenetik und Systematik. Gustav Fischer Verlag, Stuttgart, Jena, New York.

Telford M.J. (2006): Animal phylogeny. Curr. Biol. 16: R981-R985.

Tree of Life, web project: <http://www.tolweb.org/tree/> (Hier findet man zahlreiche Literaturquellen.)

Valentine J.W. (2004): On the origin of phyla. Univ. Chicago Press.

Tudge C. (2000): The variety of life. Oxford Univ. Press.

Wägele J.-W. (2001): Grundlagen der phylogenetischen Systematik. Verl. Dr. Friedrich Pfeil, München.

Waloszek D., Maas A. (2005): The evolutionary history of crustacean segmentation: a fossil-based perspective. Evolut. Dev., 7: 515-527.

Westheide W., Rieger R.M. (Hersg.) (2006): Spezielle Zoologie, Bd. 1. Einzeller und Wirbellose Tiere. Spektrum Akad. Verl., München.

Westheide W., Rieger R.M. (Hersg.) (2004): Spezielle Zoologie, Bd. 2. Wirbel- oder Schädeltiere. Spektrum Akad. Verl., München.

Wiesemüller B., Rothe H., Henke W. (2002): Phylogenetische Systematik. Springer. Berlin, Heidelberg.

Willmann R. (2003): Die phylogenetischen Beziehungen der Insecta: Offene Fragen und Probleme. Verh. Westd. Entom. Tag 2001: 1-64.

Zrzavý J. (2001): Ecdysozoa versus Articulata: clades, artifacts, prejudices. J. Zool. syst. Evolut. Res., 39: 159-163.

Zrzavý J. (2003): Gastrotricha and metazoan phylogeny. Zool. Scripta., 32: 61-81.

Zrzavý J. (2006): Phylogenese des Tierreichs (tschech.). Scientia, Praha.

Zrzavý J., Hypsa V. (2003): Myxozoa, Polypodium, and the origin of the Bilateria: The phylogenetic position of „Endocnidozoa" in light of the rediscovery of *Buddenbrockia*. Cladistics, 19(2): 164-169.

Zrzavý J., Rican O. (2003): Morphological and molecular supertrees for metazoan phyla: Conflict and accord in diverse comparative. Cladistics, 19: 162-163.

Register

A

B

H

I

J

K

L

M

N

O

P

Q

R